高等教育"十三五"规划教材

环 境 影 响 评 价

主　编　赵　丽

副主编　高彩玲　邢明飞

U0353277

中国矿业大学出版社

内 容 简 介

本书是根据《中华人民共和国环境影响评价法》《中华人民共和国环境保护法》及最新的环境标准、环境影响评价技术导则及技术方法的要求编写而成的。全书共分十五章,主要内容包括绪论、环境影响评价制度、环境法规与环境标准、环境评价方法与技术、污染源评价与工程分析、大气环境影响评价、地表水环境影响评价、地下水环境影响评价、固体废物环境影响评价、声环境影响评价、土壤环境影响评价、生态影响评价、其他类型环境影响评价、规划环境影响评价和环境影响评价成果总结。

本书可作为环境类、水文地质类、市政工程类及建筑类等相关专业的本科生、硕士生的教材,也可供从事环境保护及相关领域的技术人员、管理人员及科研人员参考。

图书在版编目(CIP)数据

环境影响评价/赵丽主编. —徐州:中国矿业大
学出版社,2018.9
ISBN 978 - 7 - 5646 - 4077 - 4

Ⅰ. ①环… Ⅱ. ①赵… Ⅲ. ①环境影响—评价 Ⅳ.
①X820.3

中国版本图书馆 CIP 数据核字(2018)第 184481 号

书　　名	环境影响评价	
主　　编	赵　丽	
责任编辑	周　红	
出版发行	中国矿业大学出版社有限责任公司	
	(江苏省徐州市解放南路　邮编 221008)	
营销热线	(0516)83884103　83885105	
出版服务	(0516)83995789　83884920	
网　　址	http://www.cumtp.com　E-mail:cumtpvip@cumtp.com	
印　　刷	徐州市今日彩色印刷有限公司	
开　　本	787×1092　1/16　**印张** 22.5　**字数** 562 千字	
版次印次	2018 年 9 月第 1 版　2018 年 9 月第 1 次印刷	
定　　价	36.00 元	

(图书出现印装质量问题,本社负责调换)

前　言

环境影响评价是高等院校环境科学与工程专业的一门重要专业必修课。根据我国环境影响评价工作发展的实际需要,结合高校环境影响评价课程的教学要求和建设项目环境影响评价工作的实践经验,本着与时俱进的思想和为国家培养环境评价事业优质人才的目的,根据国家最新法律法规、标准、技术导则和最新科研成果,在参阅了大量国内外同类教材及期刊文献并结合自身的科研工作积累的经验基础上编写此书。

本教材作为高等教育"十三五"规划教材,是为高等学校环境科学与工程专业本科生的环境影响评价课程所编写的教材,预设课堂教学学时数为40~60学时。全书共分十五章,第一章绪论主要介绍了环境评价的基本概念,第二章主要介绍了我国的环境影响评价制度,第三章主要介绍了我国的环境法规及环境标准体系等相关知识,第四章主要介绍了环境评价的方法与技术,第五章主要介绍了污染源评价与工程分析的基本内容,第六、七、八、九、十、十一、十二章分别介绍了大气、地表水、地下水、固体废物、声、土壤及生态环境影响评价的主要内容,第十三章介绍了环境风险评价、清洁生产、公众参与及环境影响后评价的相关内容,第十四章介绍了规划环境影响评价的主要内容,第十五章主要介绍了环境影响评价文件的类型及编制的主要内容。

本书由河南理工大学赵丽担任主编,河南理工大学高彩玲、邢明飞担任副主编,焦作市中站区环保局刘春及孟州市环保局许华参编。具体编写分工如下:第一章、第二章由赵丽编写,第三章第一节、第二节由刘春编写,第三章第三节由赵丽编写,第四章至第六章由赵丽编写,第七章、第八章由高彩玲编写,第九章由邢明飞编写,第十章由高彩玲编写,第十一章、第十二章由赵丽编写,第十三章第一节、第二节由赵丽编写,第十三章第三节、第四节由刘春编写,第十四章由许华编写,第十五章由赵丽编写。全书由赵丽统稿,由邢明飞进行校对。

本书编写过程中,研究生孙艳芳、刘靖宇、田云飞、赵豫、付坤、孙超、张垒为本书的编写提供了大量的素材,并参与了部分章节的核对和编写工作。在编写过程中,本书还参考了国内外部分同类教材和相关文献,在此向作者表示感谢。河南理工大学的王明仕教授、王海邻及杨伟副教授为本书提出了许多宝贵意见,河南理工大学对本书的出版进行了资助,在此一并表示感谢。

由于时间和水平有限,书中不妥、缺点、错误之处在所难免,敬请各位读者批评指正。

编 者

2018 年 6 月

目　　录

第一章 绪 论

第一节 环境与环境系统

一、环境与环境系统

（一）环境的定义

1. 概念

环境是 20 世纪中叶以来使用最多的名词和术语之一，它的含义和内容都非常丰富。从哲学的角度来看，环境是一个相对的概念：指相对于某一特定主体的客体。明确环境的主体是正确掌握环境概念的前提。在不同的学科中，环境的定义有所不同，其差异源于对主体的界定。例如，在社会学中，环境被认为是以人为主体的外部世界；在生态学中，环境则被认为是以生物为主体的外部世界。在环境科学中，环境是指以人类为主体的外部世界，主要是地球表面与人类发生相互作用的自然要素及其总体。它是人类生存发展的基础，也是人类开发利用的对象。

《中华人民共和国环境保护法》中所称的环境，是指影响人类生存和发展的各种天然的和经过人工改造的自然因素的总体，包括大气、水、海洋、土地、矿藏、森林、草原、湿地、野生生物、自然遗迹、人文遗迹、自然保护区、风景名胜区、城市和乡村等。这是一种把环境中应当保护的要素或对象界定为环境的工作定义，其目的是从实际工作的需要出发，对环境一词的法律适用对象或适用范围做出规定，以利于法律的准确实施。

环境影响评价中所指的环境，是以人为主体的环境，即围绕着人群的空间以及其中可以直接、间接影响人类生存和发展的各种自然因素和社会因素的总体，包括自然因素的各种物质、现象和过程及在人类历史中的社会、经济成分。或者说，环境是指人类以外的整个外部世界，它包括人类赖以生存和发展的各种天然的自然要素，例如大气、水、土壤、岩石、太阳光和各种各样的生物；还包括经人类改造的物质和景观，即经过人工改造的自然因素，例如农作物、家畜家禽、耕地、矿山、工厂、农村、城市、公园和其他人工景观等。除此之外，居住环境、生产环境、交通环境和其他社会环境也是环境影响评价中所指的环境范畴。

2. 环境的基本特性

（1）整体性与区域性

环境的整体性又称为环境的系统性,是指各环境要素或环境各组成部分之间,因有其相互确定的数量与空间位置,并以特定的相互作用而构成的具有特定结构和功能的系统。因此,环境的整体性体现在环境系统的结构和功能方面。环境系统的各要素或各组成部分之间通过物质、能量流动网络而彼此关联,在不同的时刻呈现出不同的状态。环境系统的功能也不是各组成要素功能的简单加和,而是由各要素通过一定的联系方式所形成的、与结构紧密相关的功能状态。

环境的整体性是环境最基本的特性。因此,对待环境问题也不能采用孤立的观点。任何一种环境因素的变化,都可能导致环境整体质量的降低,并最终影响人类的生存和发展。例如,燃煤排放 SO_2,不仅恶化了大气环境质量,形成的酸沉降会酸化水体和土壤,进而导致水生生态系统和农业生态环境质量恶化,最终减少了农业产量并降低了农产品的品质。

同时,环境又有明显的区域差异,这一点生态环境表现得尤为突出。环境的区域性指的就是环境特性存在的区域差异。例如,内陆的季风和逆温、滨海的海陆风,就是地理区域不同导致的大气环境差异。海南岛是热带生态系统,西北内陆却是荒漠生态系统,这是气候不同造成的生态环境差异。环境的区域性不仅体现了环境在地理位置上的变化,还反映了区域社会、经济、文化、历史等的多样性。因此研究环境问题又必须注意其区域差异造成的差别和特殊性。

（2）变动性和稳定性

环境的变动性是指在自然的、人为的或两者共同的作用下,使环境的内部结构和外在状态始终处于不断变化之中。环境的稳定性是相对于变动性而言的。所谓稳定性是指环境系统具有一定的自我调节功能的特性,也就是说,环境结构与状态在自然的和人类社会行为的作用下,所发生的变化不超过这一限度时,环境可以借助于自身的调节功能使这些变化逐渐消失,环境结构和状态可以基本恢复到变化前的状态。例如,生态系统的恢复,水体自净作用等,都是这种调节功能的体现。

环境的变动性和稳定性是相辅相成的。变动是绝对的,稳定是相对的。前述的"限度"是决定能否稳定的条件,而这种"限度"由环境本身的结构和状态决定。目前的问题是由于人口快速增长、工业迅速发展、人类干扰环境和无止境的需求与自然的供给不成比例,各种污染物与日俱增,自然资源日趋枯竭,从而使环境发生剧烈变化,环境的稳定性遭到严重破坏。因此,人类社会必须自觉地调控自己的行为,使之适应环境自身的变化规律,以求得环境资源的可重复利用,并向着更加有利于人类社会生存发展的方向变化。

（3）资源性与价值性

环境提供了人类存在和发展的空间,同时也提供了人类必需的物质和能量。环境为人类生存和发展提供必需的资源,这就是环境的资源性。也可以说,环境就是资源。

环境资源包括物质性（包含以物质为载体的能量性）和非物质性两方面。环境资源包括空气资源、生物资源、矿产资源、淡水资源、海洋资源、土地资源、森林资源等,这些环境资源属于物质性方面。环境提供的美好景观和广阔空间,是另一类可满足人类精神需求的资源,体现了环境非物质性的一面。环境也提供给人类多方面的服务,尤其是生态系统的环境服务功能,如涵养水源、防风固沙、保持水土等,都是人类不可缺少的生存与发展条件。

环境具有资源性,当然就具有价值性。人类的生存与发展,社会的进步,一刻都离不开环境。从这个意义上来看,环境具有不可估量的价值。

（二）环境系统

1. 环境要素

环境要素是指构成人类环境整体的各个独立的、性质不同而又服从总体演化规律的基本物质组分。环境要素分为自然环境要素和社会环境要素，目前研究较多的是自然环境要素。因此，环境要素通常就是指自然环境要素。环境要素主要包括：水、大气、土壤、岩石、生物和阳光等，由它们组成环境的结构单元，环境的结构单元又组成环境的整体或环境系统。如水组成水体，全部水体总称为水圈；由大气组成大气层，全部大气层总称为大气圈；由土壤组成农田、草地和林地等，由岩石构成岩体，全部土壤和岩石组成土壤—岩石圈；由生物体组成生物群落，全部生物总称为生物圈。阳光是地球的能量来源，提供辐射能为其他要素所吸收。

环境因子指环境中对人类或人类社会产生直接或间接影响的环境要素及其影响的表征因子。环境要素强调环境的基本物质组成，而环境因子则更强调对人类的影响。

2. 环境系统

根据环境的内涵和整体性等基本特性以及人类社会与环境之间复杂的相互关系，可以将环境视为一个系统——环境系统。地球表面各种环境要素及其相互关系的总和称为环境系统。环境系统概念的提出，是把环境作为一个统一的整体看待，避免人为地把环境分割成互不相关、支离破碎的各个部分。环境系统的内在本质在于各种环境要素之间的相互关系和相互作用。揭示这种本质，对研究和解决当前许多环境问题有重大意义。环境系统与生态系统的区别是：前者着眼于环境整体，着眼于人与环境的关系以及各个环境要素之间的关系；而后者侧重于生物彼此之间及生物与环境之间的相互关系。环境系统从地球形成后就存在，而生态系统是在生物出现后才存在的。

环境系统的范围可以是全球性的，也可以是局部性的。例如，一个城市或一个海岛都可以是一个单独的环境系统。全球环境系统由许多亚系统交织而成，如大气-海洋系统、地下水-岩石系统、土壤-生物系统等。环境系统的局部与整体有着不可分割的关系，局部环境变化，会影响全球环境。例如，热带森林过量采伐，森林面积缩小，将会影响全球气候。环境系统与环境要素紧密联系在一起，当各个环境要素之间处于一种协调和适配关系时，环境系统就处于稳定的状态；反之，环境系统就处于不稳定的状态。

第二节 环境质量与环境价值

一、环境质量

（一）环境质量的概念

环境质量表述环境优劣的程度，指在一个具体的环境中，环境总体或某些要素对人群健康、生存和繁衍以及社会经济发展适宜程度的量化表达。环境质量是因人对环境的具体要求而形成的评定环境的一种概念。

环境由各种自然环境要素和社会环境要素构成，因此环境质量包括综合环境质量和各要素环境质量，如大气环境质量、水环境质量、土壤环境质量、声环境质量等。

下面就目前的认识，给出有助于理解环境质量概念的若干要点。

1. 环境系统与环境质量

应该从环境系统的观点去认识环境质量。环境质量是环境系统长期演化过程所体现的一种本质属性,它由环境系统的内部结构及其与外部环境之间的相互关系所决定。环境质量是由相互联系的各个部分质量所组成的有机整体。

2. 主客体之间关系的刻画

人类或人类社会主体与环境客体之间存在需要和满足需要的关系。这种关系的定量化或半定量化描述,可以通过环境质量及其评价去实现。

3. 环境质量的多维性

人类社会对环境的需要是多方面的,对环境质量的判断和评定是多角度的。

4. 环境质量的客观性

承认环境质量具有客观实在性。它能客观反映环境系统的自然环境功能状况和社会环境功能状况。

5. 环境质量认识的主观性

环境质量反映了人类主体对环境系统所表现出来的对人类生存、繁衍以及社会经济发展适宜程度的一种主观认识,与人们的主观意愿有关。

6. 环境质量变异性

环境质量具有自然因素和人为因素引起的变异性特征。环境质量变异性体现了环境系统本身及其演化的诸多特征。

(二)环境质量参数

根据环境质量的客观属性提出环境质量参数的概念,它是用以表征环境质量的现状及其变化趋势所采用的一组参数。通常环境质量各组成要素的状况可以由一系列表征参数加以描述。例如,以 pH、化学需氧量(COD)、溶解氧浓度(DO)和微量有害化学元素的含量、农药含量、细菌菌群数等参数表征水环境质量。而对一个完整的环境系统的环境质量而言,环境质量参数涉及范围广泛,包括自然的、污染环境的、社会经济或文化的等各个方面。表 1-1 列举了部分环境质量参数。

表 1-1   环境质量参数

类型		环境质量参数
地质		岩性、矿物、地球化学元素
地貌		山地坡度、山地高度、山脉走向、河谷形态参数、第四系化学组成
土壤		土壤矿物类型、成土母质特征、土壤物理性状、土壤化学性质、土壤微生物、土壤污染程度、土壤环境背景值、土地利用状况、土壤侵蚀程度
大气		平均风速、主导风向、平均气温、极端气温、气温垂直分布、相对湿度、平均降水量、降水天数、降水量极值、能见度、日照量、大气稳定度、空气污染物浓度
水体	地表水体	水位、流速、流态、地表水流量、季节变化频率和持续时间、湖泊和水库动态蓄水量和更新周期、地表水环境背景值、水体水质物理参数、水体水质化学参数、水生生物种群、泥沙量、底泥污染物组分
	地下水体	地下水埋藏深度、地下水水位、流速、流量、地下水储量、地下水补给量、地下水流态、地下水开采量、地下水环境背景值、地下水水质参数

类型	环境质量参数
生物	动植物类型、分布、种群量、优势种、形态特征、生态习性、珍稀或濒临灭绝的物种群体个数、区域生物多样性水平
电磁辐射与环境噪声	总声压级、计权声级、响度级、感觉噪声级、清晰度指数、语言干扰级、噪声评价数、电磁辐射和放射性水平
社会经济	人口结构及动态,村镇、城市工业区与居住区分布,劳动就业、收入分配和消费,社会经济结构,工业总产值,环保投资程度,工业"三废"排放与污染物总量控制,人群健康状况和营养水平,城乡基础设施建设,工业万元产值消耗资源、能源量
文化	教育水平、文化娱乐、国民环境教育及环境保护意识水平,人文遗迹分布、效益与保护状况
景观	人均公共绿地面积,绿化覆盖率,自然遗迹、风景名胜区、自然保护区分布、环境效益与保护状况

（三）环境质量变异

环境质量变异是指环境系统在人和自然力作用下所引起的环境质量变动及演化过程。这种环境质量变动及演化过程所遵循的客观规律称为环境质量的变异规律。

环境质量变异按照影响源可以划分为由人类社会行为所导致的环境质量变异和由自然力导致的环境质量变异两类,但实际的环境质量变异通常都是自然力和人类社会行为共同作用所导致的结果。在具体研究环境质量变异规律时,将人为影响导致的环境质量变异和自然因素导致的环境质量变异划分开来是必要的,首先研究未受人类社会活动影响的自然环境系统质量变异固有的规律性,然后再分析人类社会活动对原有规律的破坏及可能引起的环境质量变异现象,即分析自然作用与人为影响叠加后环境质量变异所呈现的规律性。

研究环境质量变异的演化规律、变化程度和程度变化,获取环境质量变异信息,找出环境质量变异规律,是研究和建立研究区环境质量演化史的基本依据,是进一步展开环境质量变异预测及环境影响评价的前提。从某种意义上讲,如果没有客观存在的环境质量变异,环境评价也就失去了其实际意义。

二、环境价值

根据价值哲学中关系论的观点,价值是指主体与客体之间需要和满足需要的关系。即主体有某种需要,客体就能够满足这种需要,那么对主体来说,这个客体就有价值。因此可以说价值是主体需要与客体是否满足需要之间关系的主体性描述。

环境价值是指人类社会主体对环境客体与主体需要之间关系的定性或定量描述。比如人类社会主体对清洁的水源、洁净的大气以及美丽的自然景观等有需求,而客体环境能够满足人类社会的这种需求,那么对主体人类社会来说,客体环境就有价值,即环境价值。这种价值类似于经济学中所讲的使用价值,但它又不能完全用传统的劳动价值论去解释和认识。

第三节 环境影响与环境评价

一、环境影响

（一）环境影响的定义

环境影响是指人类活动（经济活动、社会活动和政治活动）对环境的作用和导致的环境变化以及由此引起的对人类社会和经济的效应。因此，环境影响的概念包括人类活动对环境的作用和环境对人类的反作用两个层次。研究人类活动对环境的作用是认识和评价环境对人类的反作用的手段和前提条件，而认识和评价环境对人类的反作用是为了制定出缓和不利影响的对策措施，改善生活环境，维护人类健康，保证和促进人类社会的可持续发展，这也是我们研究环境影响的根本目的。一般而言，环境对人类的反作用要远比人类活动对环境的作用复杂。

环境影响的程度与人类的开发活动密切相关，开发活动的性质、范围和地点不同，受影响的环境要素变化的范围和程度也不同。在研究一项开发活动对环境的影响时，首先应该注意那些受到重大影响的环境要素的质量参数（或称环境因子）的变化。例如，一个大型的燃煤火力发电厂，其周围大气中二氧化硫浓度显著增加，城市污水经过一级处理后排入海湾会使排放口附近海水中有机物浓度显著升高，最终影响原有水生生态的平衡。

（二）环境影响的分类

环境影响有多种不同的分类，比较常见的有三种分类方法。

1. 按照影响来源划分

根据影响来源不同，环境影响可分为直接影响、间接影响和累积影响。

直接影响是指由于人类活动的结果而对人类社会或者其他环境的直接作用，而这种直接作用诱发的其他后续结果则为间接影响。直接影响与人类活动在时间上同时，在空间上同地；而间接影响在时间上推迟，在空间上较远，但是在可合理预见的范围内。如空气污染造成人体呼吸道疾病，这是直接影响，而由于疾病导致工作效率降低，收入下降等则属于间接影响。又如某一开发建设项目造成大气和水体的质量变化，或改变区域生态系统结构，造成区域环境功能改变，这是直接影响；而导致该地区人口集中、产业结构和经济类型的变化是间接影响。直接影响一般比较容易分析和测定，而间接影响就不太容易。间接影响空间和时间范围的确定以及影响结果的量化等，都是环境影响评价中比较困难的工作。确定直接影响和间接影响并对其进行分析和评价，可以有效地认识评价项目的影响途径、范围以及影响状况等，对于如何缓解不良影响和采用替代方案有着重要意义。

累积影响是指一项活动的过去、现在及可以预见的将来影响具有累积性质，或多项活动对同一地区可能叠加的影响。当建设项目的环境影响在时间上过于频繁或在空间上过于密集，以至于各项目的影响得不到及时消除时，都会产生累积影响。累积影响的实质是各单项活动影响的叠加和扩大。

2. 按照影响效果划分

按照影响效果划分，环境影响可分为有利影响和不利影响。这是一种从受影响对象的损益角度进行划分的方法。有利影响是指对人群健康、社会经济发展或其他环境的状况和功能有积极的促进作用的影响。反之,对人群健康有害,对社会经济发展或其他环境状况有消极阻碍或破坏作用的影响,则为不利影响。需注意的是,不利与有利是相对的,可以相互转化,而且不同的个人、团体、组织等由于价值观念、利益等的不同,对同一环境的评价会不尽相同,导致同一环境变化可能产生不同的环境影响。有利和不利的环境影响的确定,要考虑多方面的因素,是一个比较困难的问题,也是环境影响评价工作中经常需要认真考虑、调研和权衡的问题。

3. 按照影响性质划分

按照影响性质划分,环境影响可分为可恢复影响和不可恢复影响。可恢复影响是指人类活动造成的环境某特性改变或某价值丧失后可能恢复的影响,如油轮泄油或者海底油田泄漏事件,造成大面积海域污染,但经过一段时间后,在人为努力和环境自净作用下,又可恢复到污染以前的状态,这是可恢复影响。而有的开发建设活动使某自然风景区改变成为工业区,造成其观赏价值或舒适性价值的完全丧失,这是不可恢复影响。一般认为,在环境承载力范围内对环境造成的影响是可恢复的;超出了环境承载力范围的,则为不可恢复影响。

另外,环境影响还可分为:短期影响和长期影响;暂时影响和连续影响;地方、区域、国家和全球影响;建设阶段、运行阶段和服务期满后影响;单个影响和综合影响等。

（三）环境影响的共同特征

一项拟议的开发行动,无论是一个建设项目或者是区域的社会经济发展项目,都包含了无数的活动,它们对环境的影响是多种多样的。虽然各种影响的性质不同,但具有某些共同的特征。

1. 一种环境影响

一项拟议的开发行动对环境产生的影响是十分复杂的。人们在进行环境影响分析时,一般是通过影响识别,将拟议行动所产生的复杂影响分解成很多单一的环境影响或者称作一种环境影响;然后分别和互相联系地进行研究,在这基础上再进行综合。一种影响限于单一的环境因子的变化,这种变化是由开发行动的特定活动所引起的。

2. 环境影响的性质

（1）影响可以是好的(对人群有利)或不好的(对人群不利),分别以(＋)或(－)表示。但是,对于一种影响是好还是坏的判别是是否具有社会性。环境影响是施加于人类和人群的,其中只有极少数是仅影响个人或不影响个人的。由于影响的后果不可能均匀分配于全社会或每个人,而总是某些人赞成,某些人反对;某些人受影响小,某些人受影响大;某些人受益,某些人受害。重要的是全面了解哪些人受益,受益的情况和程度如何?哪些人受害,受害的情况和程度如何? 这类信息对拟议行动的决策十分重要。

（2）环境影响可以是明显或显著的,也可以是潜在、可能发生的(或潜能的)。在很多场合下,潜在的(潜能的)影响往往比明显的影响严重。例如饮用水水源有机污染物浓度偏高的明显影响是水味较差,而潜在影响则是这种水经消毒后可能产生致癌物质。

（3）在一个环境影响因素作用下,环境因子的变化具有空间分布的特征。例如城市污水排入河道后,河流中的溶解氧浓度沿着河流发生变化,在离排放口不同距离的断面上,溶解氧浓度是不同的。

（4）环境影响随时间而变化,这种影响所产生的变化是长期或短期的。它包含两方面的含义:① 在拟议行动的不同时期有不同影响。例如,造纸厂在施工阶段,向河流中排放泥浆水,使河水中悬浮固体(SS)浓度增高,在运行阶段则排放含草屑、纸浆纤维的废水,也使河水中 SS 浓度增高,但影响的性质不同。② 一种影响随着时间延续,影响的强度和性质也发生变化。例如,向海湾水域排放含汞废水,海水中汞离子浓度随即升高,随着时间的延续,发生汞离子的迁移变化,海水中汞离子浓度降低,但水域底泥和一些小生物体内的甲基汞浓度增加,形成了不同性质的新的影响。

(5) 环境因素引起环境因子变化的可能性和大小是随机的,具有一定概率分布的特征。例如,一个城市的污水均匀地排入一条河流,在某些季节的某些日子出现河水的 BOD_5 超标,这种超标出现的时间并不完全呈周期性变化,而是随机的。

(6) 环境影响是可逆或不可逆的。有些影响是可逆的,例如施工期打桩噪声,在施工结束后即消失、复原。而改变土地利用方式,绿色植被消失,代之水泥或沥青铺砌则是不可逆的影响。一般来说,所谓可逆和不可逆影响是相对的;可逆影响是可以恢复的,不可逆影响是不可恢复的。不可逆影响主要是作用于不可更新资源产生的。不可恢复性也指环境资源某些价值的丧失或不可恢复。例如,破坏野生生物独一无二的栖息地;增加一个河口湾的淡水注入量从而改变其淡-咸水平衡;占用稀有植物保留地;改变有特殊风景的河流的流量的行动,如建坝、泄洪道、人工湖、游泳池、渠道和游览设施等改变水流方向的项目。一个开发项目还可诱发对资源产生不可逆和不可恢复性影响的行动。例如,一个运输设施会促进土地开发、资源开采、旅游等对该地区有不可逆性影响的行动。

(7) 各种影响之间相互联系、可以转化。例如排放燃煤废气造成大气中 SO_2 和 TSP 浓度的增加,而 SO_2 和 TSP 在一起又会产生协同作用,增强污染的危害。

(8) 原发性(初级)环境影响往往产生继发性(次级)影响。原发性(初级)影响是开发行动的直接结果,继发性(次级)影响是由原发性影响诱发的影响。例如,一块农田改变为城市工业和居住用地,使原来的农作物和绿色植被消失是原发性影响,随后,工厂和居住区发展起来,人口增加,能耗增加,继而增加了对大气、水环境质量的影响,大气和水质下降后,又引起居民健康方面的问题,等等。一般来说,继发性影响应与原发性影响一样受到重视。

(9) 影响的效应是短期的或长期的。短期影响常是由行动直接产生的;长期影响常引起继发性影响。一项开发行动常兼有短期和长期效应。例如,穿过港湾、沼泽的公路工程会使这些地区不能用于其他类型的开发,并对这些地区的生态系统产生永久性损害。建大型娱乐场和大公园会使该地区的社会经济条件发生惊人的变化。使用除莠剂和杀虫剂能消灭不良物种,但长期使用则可对其他植物的生长产生永久性损害或导致生态平衡的破坏。建造废水处理厂会产生噪声、尘土或土壤侵蚀等短期影响,但却具有改善水质的长期效应。

典型的短期效应包括:使用活性污泥处理废水的系统和焚烧炉燃烧垃圾等产生的臭气;新增人口使学校、交通、社会服务、废水和固体废物处理等基础设施超过负荷;一个地区的特征发生重大改变的效应(在建筑物不高的街区中建造一座高层建筑物,提高建筑密度,增加人口密度),有独特自然特点的地区发生重大改变;破坏一个历史性建筑,一个地区的经济基础发生改变等。

二、环境评价

（一）环境评价概念

环境评价一般是指对一切可能引起环境质量变异的人类社会行为（包括政策、法令、规划、经济建设在内的一切活动）产生的环境影响，从保护环境和建设环境的角度进行定性和定量的评定。若从广义上讲是对环境系统的结构、状态、质量、功能的现状进行分析，对可能发生的变化进行预测，对其与社会、经济发展活动的协调性进行定性或定量的评定等。

（二）环境评价的特点

1. 系统性

一个完整的环境评价过程包括对客体环境变化规律的认识，对主体人类社会各种活动结果的分析，对客体环境与主体人类社会之间需求关系和满足程度的评定，对主体、客体以及主体与客体之间关系演化趋势的预测等，是一个复杂的系统评价过程。

2. 客观性

客体环境与主体需求是客观存在的，主体与客体之间的需求关系及满足程度也是一种客观存在，建立在环境质量客观性和环境价值客观性基础之上的环境评价同样具有客观性特征。环境评价要遵循客观规律。

3. 价值性

环境评价是人类主体对环境系统状况的价值进行的判断和评定，不具有价值或不具有潜在价值的环境客体一般是没有评价意义的。环境评价的对象是环境价值，而环境影响评价则是对人类活动的影响所导致的环境价值变异做出评判。

4. 主观性

环境评价带有主观性色彩。环境评价毕竟是环境系统的价值在人类意识中的反映，自然带有主观判断的成分。因此，环境评价的结论可能是正确的，也可能是错误的。

5. 变异性

环境评价要刻画环境质量的变异规律，并对环境价值变异做出价值判断。环境评价的理论侧重点、应用的方法、评价的对象、评价的范围、评价工作的详细程度、评价的结论等都会随不同的环境质量变异规律而发生变化，也会因评价主体的不同，道德、信仰、准则的不同以及环境评价标准的不同而发生一些改变。

（三）环境评价基本内容与评价目标

1. 环境评价的基本内容

（1）对环境质量（客体）变异进行识别。

（2）对人类社会（主体）生存发展的需要进行分析。

（3）对环境系统的价值进行判断和评估。

（4）对人类社会行为与环境系统质量改变之间的关系进行评定。

2. 环境评价的目的

环境评价的目的在于调整人类社会自身的行为，协调人类社会与自然环境之间的关系，使在人类社会行为作用下的环境质量朝着更加有利于满足人类社会可持续发展需要的方向变化。

（四）环境评价的作用和地位

1. 理论意义

环境评价的内涵与外延问题是继环境质量内涵与外延问题之后环境评价学中又一个基础研究课题,环境评价问题的研究对建立环境评价学体系具有重要的理论意义。

2. 环境科学方法论体系建立方面的意义

环境评价学的研究领域非常广泛,涵盖了传统意义上的"环境质量评价"和现已广泛应用的"环境影响评价"的研究内容。环境评价是判断和评判环境系统价值的一种科学方法,对完善环境科学方法论具有重要意义。

3. 实践意义

从环境保护和环境建设角度对一切可能引起环境质量变异的人类社会行为进行评价,可以为人类社会调整自身的行为、实现可持续发展提供行动依据和技术保障。环境评价已成为现代环境科学和环境工程工作者认识环境、保护环境和建设环境的重要科学工作。另外,环境评价已成为高等院校环境类专业的主干专业课程之一,是环境类专业毕业生就业的一个有发展前景的工作领域。

4. 环境管理层次上的意义

环境评价是环境管理工作的一个重要组成部分,是做好环境管理工作的基础。经过几十年的发展,环境评价的内容和手段日益丰富多样,体系逐渐完整,已由传统的环境管理措施发展成为环境科学的一个主体分支学科——环境评价学。

（五）环境评价的类型划分

由于环境评价的领域广泛,目前还没有一个公认的完整统一的环境评价类型划分方案。研究者可以从不同角度出发,对环境评价进行不同的类型划分。表1-2给出了目前比较常见的几种基本分类。

表 1-2   环境评价的类型划分

分类依据	分 类	说 明
评价时间	回顾评价、现状评价、预断评价	回顾评价是根据历史资料对研究区过去一定历史时间的环境质量进行评价;现状评价是根据近期环境资料,一般是根据1～3年监测资料,对研究区环境质量的现状进行评价;预断评价是根据环境影响预测和评定的结果对研究区环境质量变异进行预测评价
评价空间范围	局部环境评价、区域环境评价、流域环境评价、海域环境评价、全球环境评价	在环境影响空间范围比较小的局部地段开展的环境评价称为局部环境评价。对环境影响空间范围比较大的整个区域的环境质量现状及其变异进行的评价称为区域环境评价,多指区域开发活动环境影响评价。针对整个流域的环境质量现状及其变异进行的环境评价称为流域环境评价。对海域环境质量状况开展的环境评价通常称为海域环境评价。全球环境评价是针对人类活动造成的全球环境问题(如温室效应、臭氧层空洞、酸雨、生物多样性锐减、人口问题等)开展的环境评价
评价要素	单个环境要素评价、多环境要素联合评价、环境系统综合评价	针对不同环境要素,如大气、地表水、地下水、土壤等分别开展的环境评价称为单个环境要素评价。而土壤和农作物联合评价,地表水、地下水、土壤水联合评价等均属多环境要素联合评价。环境系统综合评价是指环境系统中各种环境要素的全面评价

分类依据	分类	说明
评价层次	建设项目环境影响评价、区域开发活动环境影响评价、规划环境影响评价、战略环境影响评价	对建设项目可能造成的环境影响进行分析、预测和评估属于建设项目环境影响评价的主要内容。区域开发活动环境影响评价是对开发区内进行的一系列开发活动可能产生的环境影响的综合评价。规划环境影响评价是指国务院有关部门、设区的市级以上地方人民政府及其有关部门，对其组织编制的土地利用的有关规划，区域、流域、海域的建设、开发利用规划，在规划编制过程中组织进行的环境影响评价。战略环境影响评价是指一个国家或地区在法规、政策、计划、规划等发展战略制定和实施阶段所开展的环境影响评价
环境影响的性质与类别	社会经济环境影响评价，公共政策环境影响评价，生态影响评价，环境风险评价，累积影响评价，生命周期评价，环境影响后续评价，环境健康影响评价，固体废弃物环境影响评价，环境噪声、电磁、振动影响评价，视觉影响评价	对拟议中的项目或政策、建议可能引起的社会经济环境变化进行的环境影响评价称为社会经济环境影响评价。公共政策环境影响评价是环境影响评价在政策层次上的应用，它是指对公共政策及其各种替代选择方案的环境影响进行的评价过程，通常属于战略环境影响评价的一部分。生态影响评价狭义上是指对拟议开发建设活动对自然生态系统结构和功能的影响进行的评价。针对人类活动可能造成环境危害后果的概率事件所进行的评价称为环境风险评价。对累计影响的产生、发展过程进行系统的识别和评价称为累积影响评价。对产品从最初的原材料开采、产品生产、产品使用到产品用后最终处理处置的全过程进行的跟踪检测和环境评价称为生命周期评价。环境影响后续评价指在开发建设的政策、计划、规划或项目实施之后开展的环境影响评价。环境健康影响评价指拟建设项目可能引起的环境质量变异对人群健康造成的影响进行的评价。针对生活和工业固体废弃物对水、大气、土壤等环境要素以及对人群健康可能造成的影响进行的评价称为固体废弃物环境影响评价。环境噪声、电磁、振动影响评价是针对工厂、矿山、道路、交通、发电厂、高压输变电线路、建设项目施工等引起的环境噪声、电磁、振动进行的评价。视觉影响评价是对拟建设项目可能引起的环境景观改变所导致的视觉质量的变化所进行的评价过程

（六）环境质量、环境价值与环境评价的关系

环境质量是客观存在的，它能反映环境系统的自然环境功能状况和社会环境功能状况，可以作为评价环境价值的因素之一。环境价值是指人类社会主体对环境客体与主体需要之间关系的定性或定量描述，它表达了人类（主体）对环境质量（客体）的认识。环境评价是对环境价值这一评价对象进行评定，而环境影响评价则是评价主体对规划和建设项目实施后可能导致的环境价值变化作出判断和评估。环境评价是对环境价值及其变异性的评价。

思　考　题

1. 什么是环境、环境要素和环境系统？
2. 举例说明环境影响的概念。
3. 如何理解环境质量、环境价值和环境评价的关系？
4. 简述环境评价的概念及其分类。
5. 简述环境评价的基本内容和评价目的。

第二章　环境影响评价制度

第一节　环境影响评价概述

一、环境影响评价概念

环境影响评价(Environmental Impact Assessment,EIA)是指对拟议中的政策、规划、计划、发展战略、开发建设项目(活动)等可能对环境产生的物理性、化学性、生物性的作用及其造成的环境变化和对人类健康和福利的可能影响进行系统地分析和评价,并从经济、技术、管理、社会等各方面提出减缓、避免这些影响的对策措施和方法。在《中华人民共和国环境影响评价法》(修订版)(2016年9月1日起施行)中明确指出,本法所称的环境影响评价,是指对规划和建设项目实施后可能造成的环境影响进行分析、预测和评估,提出预防或者减轻不良环境影响的对策和措施,进行跟踪监测的方法与制度。

环境影响评价来自于环境质量评价,其实质就是环境质量评价中的环境质量预断评价。随着环境影响评价的不断发展,目前环境影响评价已经逐步形成了完整的理论和方法体系,并在许多国家的环境管理工作中以制度化的形式固定下来。

二、环境影响评价遵循的原则

环境影响评价是一种过程,这种过程的重点是在决策和开发建设活动开始之前,体现出环境影响评价的预防功能。决策后或开发建设活动开始前,通过对环境进行监测和持续性研究,环境影响评价还在延续,不断验证其评价结论,并反馈给决策者和开发者,进一步修改和完善其决策和开发建设活动。《中华人民共和国环境影响评价法》要求:"环境影响评价必须客观、公开、公正,综合考虑规划或者建设项目实施后对各种环境因素及其所构成的生态系统可能造成的影响,为决策提供科学依据",这是环境影响评价遵循的基本原则。环境影响评价总的原则是突出环境影响评价的源头预防作用,坚持保护和改善环境质量。具体包括以下几方面:

1. 依法评价原则

环境影响评价过程中应贯彻执行我国环境保护相关法律法规、标准、政策和规划等,优化项目建设,服务环境管理。

2. 科学评价原则

规范环境影响评价方法,科学分析项目建设对环境质量的影响。环境影响评价包含建设项目原料的理化性质、生产工艺及污染物产生环节、污染源源强的核定、环境影响预测模式选择、减少或降低污染产生的措施等,涉及行业类型较多,每一个环节都需要采取科学的方法和手段。

3. 突出重点

根据建设项目的工程内容及其特点,明确与环境要素间的作用效应关系,根据规划环境影响评价结论和审查意见,充分利用符合时效的数据资料及成果,对建设项目主要环境影响予以重点分析和评价。

三、环境影响评价的基本内容

(1) 对规划和建设项目实施后可能造成的环境影响进行分析、预测和评估。

(2) 对各种替代方案(包括项目不建设或地区不开发的方案)、管理技术、减缓措施进行比较。

(3) 编制出清楚的环境影响报告书和环境影响报告表,以使专家和非专家都能了解可能影响的特征及其重要性。

(4) 进行广泛的公众参与和严格的行政审查。

(5) 能够及时为决策提供有效信息。

四、环境影响评价的基本功能

环境影响评价只有 4 种基本功能,分别是判断功能、预测功能、选择功能和导向功能。

(1) 评价的判断功能。其是指以人为中心,以人的需要为尺度,判断评价目标引起环境状态的改变是否影响人类的需求和发展的要求。

(2) 评价的预测功能。由于评价的对象为拟议中的政策、规划、计划、发展战略、开发建设项目(活动)等,因此评价的结果也就具有了预测的功能,其实是对人类活动可能对环境所造成影响的一种预判。

(3) 评价的选择功能。其实质就是通过评价帮助人们对各种预案或活动做出取舍,从而以人的需要为尺度选择最有利的结果。

(4) 评价的导向功能。其是环境影响评价的最为重要的一种功能,主要表现在价值导向功能和行为导向功能等方面,在前 3 种功能的基础上,对拟议中的活动进行的导向和调控。

五、环境影响评价的重要性

环境影响评价是一项技术,也是正确认识经济发展、社会发展和环境发展之间相互关系的科学方法,是正确处理经济发展使之符合国家总体利益和长远利益,强化环境管理的有效手段,对确定经济发展方向和保护环境等一系列重大决策都有重要的指导作用。环境影响评价是对一个地区的自然条件、资源条件、环境质量条件和社会经济发展现状进行综合分析研究的过程,它是根据一个地区的环境、社会、资源的综合能力,使人类活动不利于环境的影响限制到最小。

其重要性表现在以下几个方面:

1. 保证建设项目选址和布局的合理性

合理的经济布局是保证环境与经济持续发展的前提条件,而不合理的布局则是造成环境污染的主要原因。环境影响评价是从开发活动所在区域的整体出发,考虑建设项目的不同选址和布局对区域整体的影响,并进行多方案比较和取舍,选择最有利的方案,保证建设项目选址和布局的合理性。

2. 指导环境保护措施的设计

一般建设项目的开发建设活动和生产活动都要消耗一定的资源,给环境带来一定的污染和破坏,因此必须采取相应的环境保护措施。环境影响评价是针对具体的开发建设活动或生产活动,综合考虑项目特点和环境特征,通过对污染治理措施的技术、经济和环境论证,可以得到相对合理的环境保护对策和措施,指导环境保护措施的设计,强化环境管理,把因人类活动而产生的环境污染或生态破坏限制在最小范围。

3. 为区域经济社会发展提供导向

环境影响评价可以通过对区域的自然条件、资源条件、社会条件和经济发展状况等进行综合分析,掌握该地区的资源、环境和社会承载能力等状况,从而对该地区发展方向、发展规模、产业结构和布局等做出科学的决策和规划,以指导区域活动,实现可持续发展。

4. 推荐科学决策和民主决策进程

环境影响评价是在决策的源头考虑环境的影响,并要求开展公众参与,充分征求公众的意见,其本质是在决策过程中加强科学论证,强调公开、公正,对我国决策民主化、科学化具有重要的推进作用。

为贯彻落实党和国家对环境保护公众参与的具体要求,满足公众对良好生态环境的期待和参与环境保护事务的热情,2015 年环境保护部(现更名为生态环境部)先后发布了《环境保护公众参与办法》《关于印发〈建设项目环境影响评价信息公开机制方案的通知〉》(环发〔2015〕162 号),作为新修订的《中华人民共和国环境保护法》的重要配套细则。希望通过《办法》《通知》的出台,切实保障公民、法人和其他组织获取环境信息、参与和监督环境保护的权利,畅通参与渠道,规范引导公众依法、有序、理性参与,促进环境保护公众参与更加健康地发展。

5. 促进相关环境科学技术的发展

环境影响评价涉及自然科学和社会科学的众多领域,包括基础理论研究和应用技术开发。环境影响评价工作中遇到的问题必然是对相关环境科学技术的挑战,进而推动相关环境科学技术的发展。

第二节　环境影响评价制度的产生和发展

一、环境影响评价制度

环境影响评价制度是指把环境影响评价工作以法律、法规或行政规章的形式确定下来从而必须遵守的制度,与环境影响评价是两个不同的概念。环境影响评价只是分析预测人为活动造成环境质量变化的一种科学方法和技术手段,本身并不具备强制效用。当其被法律强制规定为指导人们开发活动的必需行为时,就成为环境影响评价制度,只有当环境影响评价成为一个国家制度时,环境影响评价工作就具有了强制性。在我国《环境影响评价法》中规定:"国务院有关部门、设区的市级以上地方人民政府及有关部门,对其组织编制的土地利用的有关规划,区域、流域、海域的建设、开发利用规划,应当在规划中组织进行环境影响评价,编写该规划有关环境影响的篇章或者说明";"在中华人民共和国领域和中华人民共和国管辖的其他海域内建设对环境有影响的项目,应当依照本法进行环境影响评价",这表明,环境影响评价在我国是一项强制性的法律制度。

二、环境影响评价制度的产生和发展

(一)国外环境影响评价

环境影响评价这个概念最早是 1964 年在加拿大召开的国际环境质量评价学术会议上提出的,而环境影响评价作为一项正式的法律制度则首创于美国。1969 年美国《国家环境政策法》(National Environmental Policy Act,NEPA)把环境影响评价作为联邦政府管理中必须遵循的一项制度。根据该法第一章第二节的规定,美国联邦政府机关在制定对环境具有重大影响的立法议案和采取对环境有重大影响的行动时,应由负责官员提供一份详细的环境影响评价报告书。到 20 世纪 70 年代末美国绝大多数州相继建立了各种形式的环境影响评价制度。1977 年,纽约州还制定了专门的《环境质量评价法》。自美国的环境影响评价制度确立以后,环境影响评价很快得到其他国家的重视。瑞典在其 1969 年的《环境保护法》中对环境影响评价制度做了规定,日本于 1972 年由内阁批准了公共工程的环境保护办法,首次引入环境影响评价思想。澳大利亚于 1974 年制定的《环境保护法》、法国于 1976 年通过的《自然保护法》第 2 条均规定了环境影响评价制度,英国于 1988 年制定了《环境影响评价条例》。进入 20 世纪 90 年代以后,德国、加拿大、日本也先后制定了以《环境影响评价法》为名称的专门法律。俄罗斯也于 1994 年制定了《俄罗斯联邦环境影响评价条例》。我国台湾地区、香港地区亦有专门的环境影响评价法或条例。据统计,到 1996 年全世界已有 85 个国家制定了有关环境影响评价的法律。环境影响评价制度不仅为多数国家的国内立法所吸收,而且也已为越来越多的国际环境条约所采纳,如在《跨国界的环境影响评价公约》《生物多样性公约》《气候变化框架公约》等中都对环境影响评价制度做了规定,环境影响评价制度正逐步成为一项各国以及国际社会通用的环境管理制度和措施。

(二)国内环境影响评价的发展概况

1972 年联合国斯德哥尔摩人类环境会议之后,我国加快了环境保护工作的步伐,并开始对环境影响评价制度进行探讨。1979 年颁布的《中华人民共和国环境保护法(试行)》中,对这一制度做了规定。该法第 6 条规定:"一切企业、事业单位的选址、设计、建设和生产,都必须防止对环境的污染和破坏。在进行新建、改建和扩建工程时,必须提出对环境影响的报告书,经环境保护部门和其他有关部门审查批准后才能进行设计",这标志着我国从立法上正式确立了环境影响评价制度。我国环境影响评价的发展大体上经历了以下几个阶段:

1. 环境影响评价的准备与初步尝试阶段(1973～1978 年)

1973 年在北京召开的第一次全国环境保护会议,标志着我国的环境保护工作揭开了序幕。这次会议上提出了"全面规划、合理布局、综合利用、化害为利、依靠群众、大家动手、保护环境、造福人民"的三十二字环境保护方针,成为接下来一段时间的行动纲领。在这一阶段,我国陆续开展了一些环境评价工作,如北京西郊环境质量评价研究等。这些尝试为我国环境影响评价工作的开展在理论和技术上打下了基础,也积累了丰富的经验。

2. 环境影响评价的规范建设与提高阶段(1979～1989 年)

1979 年《中华人民共和国环境保护法(试行)》标志着环境影响评价制度在我国正式实施,该法规定新建、扩建和改建工程必须提交环境影响报告书。1981 年《基本建设项目环境保护管理办法》的颁布,进一步明确了环境影响评价的适用范围、评价内容、工作程序等细节问题。相对前一阶段,该阶段的环境影响评价工作向规范、有序的目标前进。据不完全统计,1979～1988 年间全国共完成大中型建设项目环境影响报告书两千多份。

3. 环境影响评价制度的强化和成熟阶段(1990～1998 年)

1989 年 12 月 26 日第七届全国人民代表大会常务委员会第十一次会议通过《中华人民共和国环境保护法》,并于同日公布实施。《中华人民共和国环境保护法》对环境影响评价制度进行了完善和补充,在这一阶段不但环境影响评价的管理进一步规范和强化,环境影响评价的理论和技术方法也得到了长足的发展。

4. 环境影响评价的全面提高阶段(1999～2003 年)

1998 年 11 月 29 日国务院第 253 号令发布实施了《建设项目环境保护管理条例》,这是我国有关建设项目管理的第一个行政法规。这标志着我国建设项目的环境影响评价工作进入一个新的阶段。该条例的第二章对建设项目的环境影响评价工作做了详细的规定,第二章第七条提出了国家根据建设项目对环境的影响程度,对建设项目的环境保护实行分类管理的要求。该条例还对报告书的内容、报告书的审批等进行了详细的规定。该条例的发布实施,在接下来的时间内对我国建设项目的环境影响评价工作起到了重要的作用,也使我国环境影响评价制度进入了持续提高的阶段。

5. 环境影响评价的法制完善阶段(2003 年至今)

《中华人民共和国环境影响评价法》(以下简称《环评法》)由中华人民共和国第九届全国人民代表大会常务委员会第三十次会议于 2002 年 10 月 28 日通过,自 2003 年 9 月 1 日起施行。该法的颁布实施,标志着我国的环境影响评价工作正式进入法治完善的阶段。该法的第二章增加了规划的环境影响评价内容,并对评价单位的资质、评价的审批以及法律责任的相关内容做了详细的规定,是环境影响评价工作的一个纲领性文件。

《环评法》自 2003 年实施以后,在预防环境污染和生态破坏方面发挥了重要作用,但一系列立法漏洞也日益暴露出来,《环评法》的修订势在必行。2016 年 7 月 2 日第十二届全国人民代表大会常务委员会第二十一次会议通过环评法的修订,2016 年 9 月 1 日起施行。修订后的《环评法》具有以下亮点:一是弱化了项目环评的行政审批要求。环评行政审批不再作为可行性研究报告审批或项目核准的前置条件,不再将水土保持方案的审批作为环评的前置条件。二是强化了规划环评。修改后的《环评法》规定,专项规划的编制机关需对环境影响报告书结论和审查意见的采纳情况作出说明,不采纳的,应当说明理由。三是加大了处罚力度。修改前的《环评法》对未批先建违法企业处罚只有停止施工、补做环评、接受处罚,最多处罚 20 万元。这就导致违法企业成本低、守法企业成本高。新修改的《环评法》提高了未批先建的违法成本,大幅度提高了惩罚的限额。根据违法情节和危害后果,可对建设项目处以总投资额 1% 以上 5% 以下的罚款,并可以责令恢复原状。项目如果是上亿元的话,罚款可以超过百万元。可以责令恢复原状,则意味着企业前期投资将会"打水漂",这将对企业产生强大威慑力。

第三节　环境影响评价类型

一、建设项目环境影响评价

建设项目环境影响评价广义指对拟建项目可能造成的环境影响(包括环境污染和生态破坏,也包括对环境的有利影响)进行分析、论证的全过程,并在此基础上提出采取的防治措施和对策;狭义指拟议中的建设项目在建设前即可行性研究阶段对其进行选址、设计、施工等过程,特别是运营和生产阶段可能带来的环境影响进行预测和分析,提出相应的防治措施,为项目选址、设计和建成投产后的环境管理提供科学依据。

二、规划环境影响评价

规划环境影响评价是指在规划编制阶段,对规划实施可能造成的环境影响进行分析、预测和评价,并提出预防或者减轻不良环境影响的对策和措施的过程。这一过程具有结构化、系统性和综合性的特点,规划应有多个可替代的方案。通过评价将结论融入拟制定的规划中或提出单独的报告,并将成果体现在决策中。

三、战略环境影响评价

战略环境影响评价(Strategic Environmental Assessment,以下简称 SEA)是环境影响评价在政策、计划和规划层次上的应用。欧美一些国家还称之为计划 EIA(Programmatic EIA)或政策、计划和规划 EIA(Policy,Plan,Program EIA 或 PPPs EIA);同时由于政策在战略范畴中的核心地位,也有人称 SEA 为政策 EIA。但由于法律是政策的定型化和具体化,因此认为 SEA 还应包括法律,也就是说,SEA 是 EIA 在战略层次包括法律、政策、计划和规划上的应用,是对一项具体战略及其替代方案的环境影响进行的正式、系统和综合的评价过程,并将评价结论应用于决策中,其目的是通过 SEA 消除或降低因战略失效造成的环境影响,从源头上控制环境问题的产生。开展 SEA 研究的意义主要表现在两个方面:一方面,SEA 不仅有利于克服目前项目 EIA 的不足,而且有利于建立和完善面向可持续发展的 EIA 体系;另一方面,SEA 还为建立环境与发展综合决策机制提供技术支持。

四、后评价和跟踪评价

环境影响后评价是指在开发建设活动正式实施后,以环境影响评价工作为基础,以建设项目投入使用等开发活动完成后的实际情况为依据,通过评估开发建设活动实施前后污染物排放及周围环境质量变化,全面反映建设项目对环境的实际影响和环境补偿措施的有效性,分析项目实施前一系列预测和决策的准确性和合理性,找出出现问题和误差的原因,评价预测结果的正确性,提高决策水平,为改进建设项目管理和环境管理提供科学依据,是提高环境管理和环境决策的一种技术手段。

《环境影响评价法》提出了要加强环境影响的跟踪评价和有效监督,因在项目建设、运行过程中,有可能产生不符合经审批的环境影响评价文件的情形;也有可能项目投产或使用后,造成严重的环境污染或生态破坏,损害公众的环境权益,必须及时调整防治对策和改进措施。其次,现行的环境影响评价监督措施主要是配套实施"三同时"制度。但"三同时"制度只注重形式上的监督检查,而且只注重对污染治理设施和污染情况的监督检查。对环境资源要素、区域生态环境的影响等方面,监督检查一直缺乏有效的措施。第三,由于环境影响评价制度本身所存在主客观方面的原因,同时在执行中可能会出现一些考虑不到的情况,致使环境影响评价不能达到预期的效果,导致评价的最终结果可能出现较大的偏差甚至错误。当然作为一种预测性评价机制,出现一定程度的偏差是正常的,也是不可避免的,这就要求加强对环境影响评价工作的监督以减小偏差并避免错误的出现。因此,为改进评价方式、方法,根据情况的变化采取新的预防或者减轻不良环境影响的对策和措施,总结经验教训,避免同类错误的再次发生。综合考虑区域经济建设、资源利用与环境保护的关系,协调区划环境功能与发展目标,满足可持续发展的战略需求,都需要建立一种环境影响效果评价的制度来进行监督、检测和评价。

第四节　环境影响评价程序

环境影响评价程序指按一定的顺序或步骤指导完成环境影响评价工作的过程。其程序可以分为管理程序和工作程序。管理程序用于指导环境影响评价的监督与管理;工作程序用于指导环境影响评价的工作内容和进程。

一、环境影响评价的管理程序

建设项目环境影响评价的管理程序如图 2-1 所示。

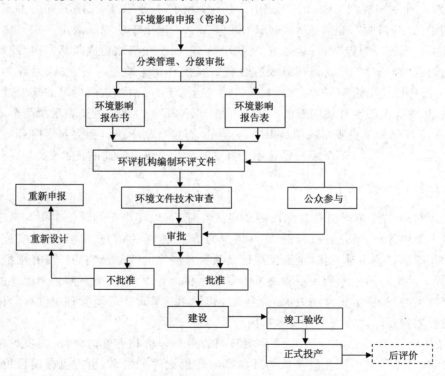

图 2-1　我国建设项目环境影响评价管理程序

建设项目环境影响评价是从建设单位的环境影响申报(咨询)开始。根据分类管理、分级审批的原则,建设单位根据项目性质和环境特征,委托有资质单位担任环评报告的编制单位。环评单位根据项目类别和环境特点,依据《建设项目环境影响评价分类管理名录》(环保部令第 44 号,2017),确定环境影响评价文件的类型(环境影响报告书、环境影响报告表、环境影响登记表),按照建设项目环境影响评价总纲及导则的要求,开展环境影响评价文件的编制工作。期间开展公众参与,征求公众意见。环境影响评价文件需经环境保护管理部门的评估或咨询机构开展技术评审后出具评估意见,再报审批部门审批,建设单位获得批文后方能施工。在施工结束后再向审批环境影响评价文件的环境保护主管部门提出竣工验收申请,完成竣工验收报告(监测报告、调查报告),并在通过竣工验收后才能正式投产。在项目建设、运行过程中产生不符合经审批的环境影响评价文件的情形的,建设单位应当组织环境影响的后评价,采取改进措施,并报原环境影响评价文件审批部门和建设项目审批部门备案;原环境影响评价文件审批部门也可以责成建设单位进行环境影响的后评价,采取改进措施。建设项目的环境影响评价文件经批准后,建设项目的性质、规模、地点、采用的生产工艺或者防治污染、防止生态破坏的措施发生重大变动的,建设单位应当重新报批建设项目的环境影响评价文件。

1. 分类管理

1998 年 11 月 29 日中华人民共和国国务院令第 253 号发布了《建设项目环境保护管理条例》,开始对建设项目环境影响评价实行分类管理,并于 2017 年 7 月 16 日对该条例进行了修改公布。修改后的《建设项目环境保护管理条例》第七条规定,国家根据建设项目对环境的影响程度,对建设项目的环境保护实行分类管理:① 建设项目对环境可能造成重大影响的,应当编制环境影响报告书,对建设项目产生的污染和对环境的影响进行全面、详细的评价;② 建设项目对环境可能造成轻度影响的,应当编制环境影响报告表,对建设项目产生的污染和对环境的影响进行分析或专项评价;③ 建设项目对环境影响很小,不需要进行环境影响评价的,应该填报环境影响登记表。

建设项目环境影响报告书,应当包括:① 建设项目概况;② 建设项目周围环境现状;③ 建设项目对环境可能造成影响的分析和预测;④ 环境保护措施及其经济、技术论证;⑤ 环境影响经济损益分析;⑥ 对建设项目实施环境监测的建议;⑦ 环境影响评价结论。

建设项目环境影响报告表、环境影响登记表的内容和格式,由国务院环境保护行政主管部门规定。

《建设项目环境影响评价分类管理名录》(环保部令第 44 号,2017)于 2016 年 12 月 27 日由环境保护部部务会议审议通过,自 2017 年 9 月 1 日起施行。2015 年 4 月 9 日公布的原《建设项目环境影响评价分类管理名录》(环境保护部令第 33 号)同时废止。该名录将建设项目分成具体的 50 个大类、192 类项目,不仅仅考虑其对环境的影响大小,而且要按建设项目所处环境的敏感性质和敏感程度来确定建设项目环境影响评价的类别,并对其实行分类管理。该名录将依法设立各级各类保护区和对建设项目产生的环境影响特别敏感的区域,主要包括生态保护红线范围内或者其外的下列区域:

① 自然保护区、风景名胜区、世界文化和自然遗产地、海洋特别保护区、饮用水水源保护区。

② 基本农田保护区、基本草原、森林公园、地质公园、重要湿地、天然林、野生动物重要

栖息地、重点保护野生植物生长繁殖地、重要水生生物的自然产卵场、索饵场、越冬场和洄游通道、天然渔场、水土流失重点防治区、沙化土地封禁保护区、封闭及半封闭海域。

③ 以居住、医疗卫生、文化教育、科研、行政办公等为主要功能的区域,以及文物保护单位。

建设项目所处环境的敏感性质和敏感程度是确定建设项目环境影响评价分类的重要依据。涉及环境敏感区的项目,应当严格按照名录确定其环境影响评价类别,不得擅自提高或降低环境影响评价类别。环境影响评价文件应就该项目对环境敏感区的影响做重点分析。

跨行业、复合型建设项目,其环境影响评价类别按其中单项评价等级最高的类别确定。

2016 年修改实施的《中华人民共和国环境影响评价法》对需要进行环境影响评价的规划项目实行分类管理,明确要求对"一地三域"的规划及"十专项"规划中的指导性规划应当编制该规划有关环境影响的篇章或说明;对"十专项"规划中的非指导性规划应当编制环境影响报告书。其中"一地三域"指土地利用的有关规划,区域、流域、海域的建设、开发利用规划;"十专项"指工业、农业、畜牧业、林业、能源、水利、交通、城市建设、旅游、自然资源开发的有关专项规划。

专项规划的环境影响报告书应当包括下列内容:
① 实施该规划对环境可能造成影响的分析、预测和评估。
② 预防或者减轻不良环境影响的对策和措施。
③ 环境影响评价的结论。

2. 分级审批

分级审批是指建设对环境有影响的项目,不论投资主体、资金来源、项目性质和投资规模,其环境影响评价文件均按照规定确定分级审批权限,由国家生态环境部、省(自治区、直辖市)和市、县等不同级别环境保护行政主管部门负责审批。例如,河南省项目分级审批的依据是《环境保护部审批环境影响评价文件的建设项目目录(2015 年本)》《河南省环境保护厅审批环境影响评价文件的建设项目目录(2016 年本)》等文件。规定各级环境保护部门负责建设项目环境影响评价的审批工作如下:

(1) 国家生态环境部负责审批环境影响评价文件的建设项目类型有:① 核设施、绝密工程等特殊性质的建设项目;② 跨省、自治区、直辖市行政区域建设项目;③ 由国务院审批或核准的建设项目,由国务院授权有关部门审批或核准的建设项目,由国务院有关部门备案的对环境可能造成重大影响的特殊性质的建设项目。

(2) 国家生态环境部可以将法定由其负责审批的部分建设项目环境影响评价文件的审批权限委托给该项目所在地的省级环境保护部门,并应当向社会公告。

受委托的省级环境保护部门,应当在委托范围内,以生态环境部的名义审批环境影响评价文件。受委托的省级环境保护部门不得再委托其他组织或个人。

国家生态环境部应当对省级环境保护部门根据委托审批环境影响评价文件的行为负责监督,并对该审批行为的后果承担法律责任。

(3) 国家生态环境部直接审批环境影响评价文件的建设项目目录、生态环境部委托省级环境保护部门审批环境影响评价文件的建设项目目录,由生态环境部制定、调整并发布。

(4) 国家生态环境部负责审批以外的建设项目环境影响评价文件的审批权限,由省级环境保护部门按照建设项目的审批、核准和备案权限,建设项目对环境的影响性质和程度以及下述原则提出分级审批建议,报省级人民政府批准后实施,并抄报生态环境部。

① 有色金属冶炼及矿山开发、钢铁加工、电石、铁合金、焦炭、垃圾焚烧及发电、制浆等对环境可能造成重大影响的建设项目环境影响评价文件由省级环境保护部门负责审批。

② 化工、造纸、电镀、印染、酿造、味精、柠檬酸、酶制剂、酵母等污染较重的建设项目,其环境影响评价文件由省级或地级市环境保护部门负责审批。

③ 法律和法规关于分级审批管理另有规定的,按照有关规定执行。

(5) 建设项目可能造成跨行政区域的不良环境影响,有关环境保护部门对该项目的环境影响评价结论有争议的,其环境影响评价文件由共同的上一级环境保护部门审批。

3. 审批程序

根据《国务院关于修改〈建设项目环境保护管理条例〉的决定》(2017 年 10 月 1 日起施行)的有关规定,对建设项目环境保护审批事项和流程进行了简化,删去环境影响评价单位的资质管理、建设项目环境保护设施竣工验收审批规定;将环境影响登记表由审批制改为备案制,将环境影响报告书、报告表的报批时间由可行性研究阶段调整为开工建设前,环境影响评价审批与投资审批的关系由前置"串联"改为"并联";取消行业主管部门预审等环境影响评价的前置审批程序,并将环境影响评价和工商登记脱钩。

根据《中华人民共和国环境影响评价法》《建设项目环境保护管理条例》《建设项目环境影响评价文件审批程序规定》(国家环境保护总局令第 29 号)的有关规定,环境影响评价文件从申请到受理,再到审查,最后到批准基本遵循如下审批程序:

(1) 申请与受理

建设单位按照《建设项目环境影响评价分类管理名录》的规定,委托环境影响评价机构编制环境影响报告书、环境影响报告表或填报环境影响登记表,向环境保护部门提出申请,提交材料,也可以采取公开招标的方式,选择从事环境影响评价工作的单位,对建设项目进行环境影响评价。

任何行政机关不得为建设单位指定从事环境影响评价工作的单位,进行环境影响评价。

(2) 审查

依法应当编制环境影响报告书、环境影响报告表的建设项目,建设单位应当在开工建设前将环境影响报告书、环境影响报告表报有审批权的环境保护行政主管部门审批;建设项目的环境影响评价文件未依法经审批部门审查或者审查后未予批准的,建设单位不得开工建设。

环境保护行政主管部门可以组织技术机构对建设项目环境影响报告书、环境影响报告表进行技术评估,并承担相应费用;技术机构应当对其提出的技术评估意见负责,不得向建设单位、从事环境影响评价工作的单位收取任何费用。

(3) 批准

经审查通过的建设项目,环境保护行政主管部门作出予以批准决定,并书面通知建设单位。对不符合条件的建设项目,作出不予批准的决定,书面通知建设单位,并说明理由。依法应当填报环境影响登记表的建设项目,建设单位应当按照国务院环境保护行政主管部门的规定将环境影响登记表报建设项目所在地县级环境保护行政主管部门备案。环境保护行政主管部门应当开展环境影响评价文件网上审批、备案和信息公开。

4. 其他有关规定

没有行业主管部门的建设项目,环境保护行政主管部门直接审批建设项目环境影响评价文件;有行业主管部门的,其环境影响报告书或者环境影响报告表应当经行业主管部门预审后,报有审批权的环境保护行政主管部门审批;海岸工程建设项目环境影响报告书或者环境影响报告表,经海洋行政主管部门审核并签署意见后,报环境保护行政主管部门审批。

环境保护行政主管部门审批环境影响报告书、环境影响报告表,应当重点审查建设项目的环境可行性、环境影响分析预测评估的可靠性、环境保护措施的有效性、环境影响评价结论的科学性等,并分别自收到环境影响报告书之日起 60 日内、收到环境影响报告表之日起 30 日内,作出审批决定并书面通知建设单位。

建设项目的环境影响评价文件自批准之日起超过五年方决定该项目开工建设的,其环境影响评价文件应当报原审批部门重新审核;原审批部门应当自收到建设项目环境影响评价文件之日起 10 日内,将审核意见书面通知建设单位。逾期未通知的,视为审核同意。

5. 环境影响评价报告的质量控制

(1) 建立内部审核制度

为保证环境影响评价文件编制质量,环评单位应制定相应的环境影响评价文件质量保证管理制度,如《环境影响评价质量管理办法》《环境影响评价报告书(报告表)内部审核制度》《环评人员的考核培训制度》及《项目竣工运行后的回访跟踪制度》等,并结合本单位情况,制定有关工作流程、现场踏勘、分级审核、责任追究等方面的具体要求。鉴于环评市场良莠不齐,且公众对环境影响评价的要求和期待都有很大的提高,因此一套完善的内部审核制度显得十分必要。

一般来说,项目主持人(环境影响评价工程师)具体负责环境影响评价报告的编制质量,可以承担主要章节的编写;多名专职技术人员承担各章节的具体编写;另有经验丰富的环境影响评价工程师负责报告的审核;最后由评价机构的总工程师或副总工程师审定。

(2) 注重附图和附表的绘制

环境影响评价文件中往往会用到大量的附图、附表,清晰、精美的图表也会为评价文件增色不少。以大气环境影响评价为例,报告书中常见的附图包括:① 污染源点位及环境空气敏感区分布图,包括评价范围底图、项目污染源、评价范围内其他污染源、主要环境空气敏感区、地面气象台站、探空气象台站、环境监测点等;② 基本气象分析图,包括年、季风向玫瑰图等;③ 常规气象资料分析图,包括年平均温度月变化曲线图、温廓线、风廓线图等;④ 复杂地形的地形示意图;⑤ 污染物浓度等值线分布图,包括评价范围内出现区域浓度最大值(小时平均浓度及日平均浓度)时所对应的浓度等值线分布图,以及长期气象条件下的浓度等值线分布图。

环境影响评价文件中常见的附表包括:① 采用估算模式计算结果表;② 污染源调查清单表,包括:污染源周期性排放系数统计表、点源参数调查清单、面源参数调查清单、体源参数调查清单、颗粒物粒径分布调查清单等;③ 常规气象资料分析表,包括:年平均温度的月变化、年平均风速的月变化、季平均风速的日变化、年均风频的月变化、年均风频的季变化及年均风频等;④ 环境质量现状监测分析结果;⑤ 预测点环境影响预测结果与达标分析。

环境影响评价文件中常见的附件包括:① 环境质量现状监测原始数据文件(电子版或文本复印件);② 气象观测资料文件(电子版),并注明气象观测数据来源及气象观测站类别;③ 预测模型所有输入文件及输出文件(电子版),应包括:气象输入文件、地形输入文件、程序主控文件、预测浓度输出文件等。附件中应说明各文件意义及原始数据来源。

不同评价等级对附图、附表、附件要求不同,实际工作中可以根据导则要求针对不同评价等级提供相应材料。

二、环境影响评价的工作程序

分析判定建设项目选址选线、规模、性质和工艺路线等与国家和地方有关环境保护法律法规、标准、政策、规范、相关规划、规划环境影响评价结论及审查意见的符合性,并与生态保护红线、环境质量底线、资源利用上线和环境准入负面清单进行对照,作为开展环境影响评价工作的前提和基础。环境影响评价工作一般分为三个阶段,即调查分析和工作方案制定阶段,分析论证和预测评价阶段,环境影响报告书(表)编制阶段,具体流程见图 2-2。

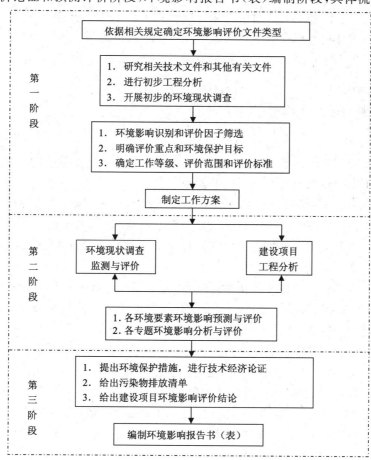

图 2-2　建设项目环境影响评价工作程序图

1. 前期准备、调研和工作方案阶段

环境影响评价第一阶段,主要完成以下工作内容:接受环境影响评价委托后,首先是研究国家和地方有关环境保护的法律法规、政策、标准及相关规划等文件,确定环境影响评价文件类型。在研究相关技术文件和其他有关文件的基础上进行初步的工程分析,同时开展初步的环境状况调查及公众意见调查。结合初步工程分析结果和环境现状资料,可以识别建设项目的环境影响因素,筛选主要的环境影响评价因子,明确评价重点和环境保护目标,确定环境影响评价的范围、评价工作等级和评价标准,最后制订工作方案。

2. 分析论证和预测评价阶段

环境影响评价第二阶段,主要工作是做进一步的工程分析,进行充分的环境现状调查、监测并开展环境质量现状评价,之后根据污染源强和环境现状资料进行建设项目的环境影响预测,评价建设项目的环境影响,并开展公众意见调查。若建设项目需要进行多个厂址的比选,则需要对各个厂址分别进行预测和评价,并从环境保护角度推荐最佳厂址方案;如果对原选厂址得出了否定的结论,则需要对新选厂址重新进行环境影响评价。

3. 环境影响评价文件编制阶段

环境影响评价第三阶段,其主要工作是汇总、分析第二阶段工作所获得的各种资料、数据,根据建设项目的环境影响、法律法规和标准等相关要求以及公众的意愿,提出减少环境污染和生态影响的环境管理措施和工程措施,从环境保护的角度确定项目建设的可行性,给出评价结论和提出进一步减缓环境影响的建议,并最终完成环境影响报告书或报告表的编制。

三、环境影响评价工作等级的确定

1. 评价工作等级

环境影响评价工作等级是指需要编制环境影响评价和各专题的工作深度的划分,对大气、地表水、地下水、噪声、土壤、生态、人群健康等各单项环境要素划分为三个评价等级:一级、二级和三级。一级评价对环境影响进行全面、详细、深入评价,二级评价对环境影响进行较为详细、深入评价,三级评价可只进行环境影响分析,具体的评价工作等级内容要求或工作深度参阅专项环境影响评价技术导则、行业建设项目环境影响评价技术导则的相关规定。

各环境要素专项评价工作等级按建设项目特点,所在地区的环境特征、相关法律法规、标准及规划、环境功能区划等因素进行划分。其他专项评价工作等级划分可参照各环境要素评价工作等级划分依据。

(1)建设项目的工程特点主要包括工程性质,工程规模,能源、水及其他资源的使用量及类型,污染物排放特点如污染物种类、性质、排放量、排放方式、排放去向、排放浓度等,工程建设的范围和时段,生态影响的性质和程度等。

(2)项目所在地区的环境特征主要包括自然环境条件和特点、环境敏感程度、环境质量现状、生态系统功能与特点、自然资源及社会经济环境状况,以及建设项目实施后可能引起现有环境特征发生变化的范围和程度等。

(3)国家或地方政府所颁布的有关法律法规、标准及规划,包括环境和资源保护法规及其法定保护的对象,环境质量标准和污染物排放标准,环境保护规划、生态保护规划、环境功能区划和保护区规划等。

2. 评价范围

根据建设项目可能的影响范围(包括直接影响、间接影响、潜在影响等)确定环境影响评价范围,其中项目实施可能影响范围内的环境敏感区等应重点关注。

根据环境功能区划和保护目标要求,按照确定的各环境要素的评价等级和环境影响评价技术导则等相关规定,结合拟建项目污染和破坏特点及当地环境特征,分别确定各环境要素具体的现状调查和预测评价范围,并在地形地貌图上标出范围,特别应注明关心点位置。

思 考 题

1. 什么是环境影响评价? 环境影响评价有哪些基本内容和基本功能?
2. 建设项目环境影响评价的分类管理有哪些内容?
3. 简述环境影响评价的工作程序。
4. 环境影响评价工作等级的划分依据是什么?
5. 建设项目环境影响报告书包括的主要内容有哪些?
6. 简述中国环境影响评价制度的特征。

第三章 环境法规与环境标准

第一节 环 境 法 规

一、环境影响评价的法规依据

我国的环境影响评价与环境保护的法律法规体系密不可分,环境影响评价的依据是环境保护的法律法规和环境标准。环境法律法规和标准及环境目标反映的是一个地区、国家和国际组织的环境政策,也是其环境基本价值的体现。

环境影响评价的法律法规与标准体系,是指国家为保护改善环境、防治污染及其他公害而定的体现政府行为准则的各种法律、法规、规章制度及政策性文件的有机整体框架系统。这是开展环境影响评价的基本依据。

二、环境保护法律法规体系

我国目前建立了由法律、国务院行政法规、政府部门规章、地方性法规和地方政府规章、环境标准、环境保护国际条约等六个层面组成的完整的环境保护法律法规体系。该体系以《中华人民共和国宪法》中关于环境保护的规定为基础,以综合性环境基本法为核心,以相关法律关于环境保护的规定为补充,由若干相互联系协调的环境保护法律、法规、规章、标准及国际条约所组成的一个完整而又相对独立的法规法律体系。

（一）法律

1.《宪法》中关于环境保护的规定

2018 年 3 月 11 日通过修订的《中华人民共和国宪法》第二十六条规定:"国家保护和改善生活环境和生态环境,防治污染和其他公害。"第九条规定:"国家保障自然资源的合理利用,保护珍贵的动物和植物。禁止任何组织或者个人用任何手段侵占或者破坏自然资源。"宪法的这些规定是环境保护立法的依据和指导原则。

2. 环境保护法中的规定

为保护和改善环境,防治污染和其他公害,保障公众健康,推进生态文明建设,促进经济社会可持续发展,1989 年 12 月 26 日颁布实施了《中华人民共和国环境保护法(试行)》,标志着我国的环境保护工作进入法治轨道,带动了我国环境保护立法工作的全面发展。

2015 年 1 月 1 日正式实施的《中华人民共和国环境保护法》是现阶段我国环境保护的综合性法,在环境保护法律体系中占据核心地位。该法分为"总则""监督管理""保护和改善环境""防治污染和其他公害""信息公开和公众参与""法律责任"及"附则"七章内容。其中第十九条明确规定:编制有关开发利用规划,建设对环境有影响的项目,应当依法进行环境影响评价。第六十一条规定:建设单位未依法提交建设项目环境影响评价文件或者环境影响评价文件未经批准,擅自开工建设的,由负有环境保护监督管理职责的部门责令停止建设,处以罚款,并可以责令恢复原状。

3. 环境保护单行法

环境保护单行法是针对特定的污染防治对象或资源保护对象而制定的。它分为三类:第一类是自然资源保护法,如《中华人民共和国森林法》《中华人民共和国草原法》《中华人民共和国渔业法》《中华人民共和国矿产资源法》《中华人民共和国土地管理法》《中华人民共和国水法》《中华人民共和国野生动物保护法》《中华人民共和国水土保持法》《中华人民共和国气象法》等;第二类是污染保护法,如《中华人民共和国水污染防治法》《中华人民共和国大气污染防治法》《中华人民共和国固体废弃物污染环境防治法》《中华人民共和国环境噪声污染防治法》《中华人民共和国海洋环境保护法》《中华人民共和国放射性污染防治法》《中华人民共和国环境影响评价法》等;第三类是其他类的法律,如《中华人民共和国清洁生产促进法》《中华人民共和国循环经济促进法》等。这些法律中都有关于环境影响评价的相关规定。

4. 环境影响评价法

2002 年 10 月 28 日通过的《中华人民共和国环境影响评价法》是一部独特的环境保护单行法,该法规定了规划和建设项目环境影响评价的相关法律要求,是我国环境立法的重大发展。《中华人民共和国环境影响评价法》将环境影响评价的范畴从建设项目扩展到规划,即战略层次,力求从策略的源头防止污染和生态破坏,标志着我国环境与资源立法进入了一个新的阶段。该法于 2016 年 7 月 2 日第十二届全国人民代表大会常务委员会第二十一次会议重新修订,并于 2016 年 9 月 1 日起施行。

(二)环境保护行政法规

环境保护行政法规是由国务院制定并公布的环境保护规定文件。它分为两类:一类是为执行某些环境保护单行法而制定的实施细则或条例,如 2013 年 9 月国务院印发的《大气污染防治行动计划》(大气十条)、2015 年 4 月国务院印发的《水污染防治行动计划》(水十条)等;另一类是针对环境保护工作中某些尚无相应单行法的重要领域而制定的条例、规定或办法,如 2017 年 10 月 1 日实施的《国务院关于修改〈建设项目环境保护管理条例〉的决定》等。

(三)环境保护部门规章

环境保护部门规章是由国务院环境保护行政主管部门单独发布的或者与国务院有关部门联合发布的环境保护规范文件,以及政府其他有关行政主管部门依法制定的环境保护规范性文件。环境保护部门规章是以环境保护法律和行政法规为依据制定的,或针对某些尚无法律法规调整的领域而做出的相应规定。国家生态环境部先后出台了一系列的部门规章,成为环境影响评价制度体系的重要组成部分。如《建设项目环境影响评价分类管理名录》(原环境保护部令第 44 号)、《建设项目环境影响评价文件分级审批规定》、《建设项目环境影响评价资质管理办法》、《环境行政处罚办法》等。

（四）环境保护地方性法规和地方政府规章

环境保护地方性法规和地方政府规章是地方权力机关和地方行政机关依据宪法和相关法律法规制定的环境保护规范性文件。这些规范性文件是根据本地的实际情况和特殊的环境问题，为实施环境保护法律法规而制定的，具有较强的可操作性。目前我国各地都存在着大量的环境保护地方性法规及规章，如《北京市实施〈中华人民共和国水污染防治法〉办法》(2002年9月1日起施行)、《大连市环境保护局拆除闲置防治污染设施审批管理规定》(2006年11月4日起施行)等。

（五）环境标准

环境标准是国家为了维护环境质量、实施污染控制，按照法定程序制定的各种技术规范和要求，是具有法律性质的技术标准。如《地表水环境质量标准》(GB 3838—2002)、《污水综合排放标准》(GB 8978—1996)、《环境影响评价技术导则 声环境》(HJ 2.4—2009)等。环境保护法律中都规定了实施环境标准的条款，使其成为环境执法必不可少的依据和环境保护法规的重要组成部分。

（六）环境保护国际公约

环境保护国际公约是指我国缔结和参加的环境保护国际公约、条约和议定书。目前我国已部署了40多个环境保护国际公约和条约，如《保护臭氧层的维也纳公约》(1985)、《联合国气候变化框架公约》(1992)、《关于持久性有机污染物的斯德哥尔摩公约》(2001)等。国际公约与我国环境法有不同规定时，优先适用国际公约的规定，但我国声明保留的条款除外。

三、环境保护法律法规体系中各层次间关系

环境保护法律法规体系框架图如图3-1所示。

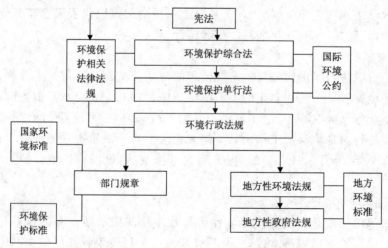

图3-1　环境保护法律法规体系框架图

（一）法律层次的效力等同

《中华人民共和国宪法》是环境保护法律法规体系的基础，是制定其他各种环境保护法

律、法规、规章的依据。在法律层次上，无论是综合法、单行法还是相关法，其中有关环境保护要求的法律效力是等同的。

（二）后法大于先法

如果法律规定中出现不一致的内容，按照发布时间的先后顺序，遵循后颁布法律的效力大于先前颁布法律的效力原则。

（三）行政法规的效力次于法律

国务院环境保护行政法规的地位仅次于法律，部门行政规章、地方性环境法规和地方性环境规章均不得违背法律和环境保护行政法规。地方法规和地方政府规章只在制定本法规、规章的辖区内有效。

（四）国际公约优先

我国参加和签署的环境保护国际公约与我国环境法规有不同规定时，优先适用国际公约的规定，但我国声明保留的条款除外。

四、环境影响评价中的重要法律法规

（一）中华人民共和国环境影响评价法（2016 年 9 月 1 日实施）

该法作为一部环境保护单行法，具体规定了规划和建设项目环境影响评价的相关法律要求，是我国环境立法的重大进展，成为我国环境影响评价工作的直接法律依据。其内容包括总则、规划的环境影响评价、建设项目的环境影响评价、法律责任和附则，共五章三十七条。

（1）总则规定了环境影响评价的立法目的、法律定义、适用范围、基本原则等。

（2）规划的环境影响评价规定了规划环境影响评价的类型、范围及评价要求、公众参与；规定了专项规划环境影响报告书的主要内容、报审时限、审查程序和审查时限、报告书结论和审查意见；规定了规划有关环境影响的篇章或说明的主要内容和报送要求等内容。

（3）建设项目的环境影响评价规定了建设项目环境影响评价的分类管理和分级审批制度，规定了提供环境影响评价技术服务的机构的资质审查及要求，规定了建设项目的环境影响报告书的编写内容、公众参与意见等内容。

（4）法律责任规定了规划编制机关、规划审批机关、项目建设单位、环境评价技术服务机构、环境保护行政主管部门或者其他部门的主管人员和相关工作人员违反本法规定所必须承担的法律责任。

（5）附则规定了省级人民政府可根据本地的实际情况，制定具体办法对辖区的县级人民政府编制的规划进行环境影响评价；规定了中央军事委员会按本法原则制定军事设施建设项目的环境影响评价办法。

（二）建设项目环境保护管理条例

该条例是国务院于 1998 年 11 月 29 日发布的关于建设项目环境管理的第一个行政法规，为了防止建设项目产生新的污染、破坏生态环境，对建设项目的环境影响评价进行了全面、详细、明确的规定。2017 年 6 月 21 日，《国务院关于修改〈建设项目环境保护管理条例〉的决定》公布，自 2017 年 10 月 1 日起施行。

（三）规划环境影响评价条例

该条例由国务院在 2009 年 8 月 17 日发布并从 2009 年 10 月 1 日起施行。为了加强对

规划的环境影响评价工作,提高规划的科学性,从源头预防环境污染和生态破坏,促进经济、社会和环境的全面协调可持续发展,该条例对规划环境影响评价进行了全面、详细、具体、系统的规定。具体内容包括总则、评价、审查、跟踪评价、法律责任和附则,共三十六条。

(四)环境影响评价技术导则

环境影响评价作为一种科学的评价方法和技术手段,在理论研究和实际应用过程中不断地得到改进和完善,为公正、准确地评价规划和建设项目的环境影响提供了技术保证,同时作为一项必须履行的法律义务,也成为一项需要由环境保护行政主管部门审批的法律制度。

1994年4月1日我国开始实施第一个环境影响评价技术导则,即《环境影响评价技术导则 总纲》(HJ/T 2.1—93),其中规定了厂矿企业、事业单位建设项目环境影响评价的一般性原则、方法、内容及要求。2016年12月,环境保护部发布先行标准《建设项目环境影响评价技术导则 总纲》(HJ 2.1—2016)。目前,已经发布或修订的环境影响评价技术导则见表3-1。

表 3-1　　　　　　　　　　　　我国环境影响评价技术导则

序号	导则名称	标准号	备注
1	建设项目环境影响评价技术导则 总纲	HJ 2.1—2016	代替 HJ 2.1—2011
2	环境影响评价技术导则 地表水环境	HJ 2.3—2018	代替 HJ/T 2.3—93
3	环境影响评价技术导则 大气环境	HJ 2.2—2018	代替 HJ/T 2.2—2008
4	环境影响评价技术导则 声环境	HJ 2.4—2009	代替 HJ/T 2.4—1995
5	环境影响评价技术导则 地下水环境	HJ 610—2016	代替 HJ 610—2011
6	环境影响评价技术导则 生态影响	HJ 19—2011	代替 HJ/T 19—1997
7	环境影响评价技术导则 输变电工程	HJ 24—2014	
8	辐射环境保护管理导则 电磁辐射环境影响评价方法与标准	HJ/T 10.3—1996	
9	500 kV超高压送变电工程电磁辐射环境影响评价技术规范	HJ/T 24—1998	
10	工业企业土壤环境质量风险评价基准	HJ/T 25—1999	
11	环境影响评价技术导则 民用机场建设工程	HJ/T 87—2002	
12	规划环境影响评价技术导则 总纲	HJ 130—2014	代替 HJ/T 130—2003
13	开发区区域环境影响评价技术导则	HJ/T 131—2003	
14	环境影响评价技术导则 水利水电工程	HJ/T 88—2003	
15	环境影响评价技术导则 石油化工建设项目	HJ/T 89—2003	
16	建设项目环境风险评价技术导则	HJ/T 169—2004	
17	环境影响评价技术导则 陆地石油天然气开发建设项目	HJ/T 349—2007	
18	环境影响评价技术导则 城市轨道交通	HJ 453—2008	
19	规划环境影响评价技术导则 煤炭工业矿区总体规划	HJ 463—2009	
20	环境影响评价技术导则 农药建设项目	HJ 582—2010	

第二节 环境标准概述

一、环境基准与环境标准

（一）环境基准

环境质量基准简称环境基准（Environmental Criteria），是指环境中污染物或有害因素对特定对象（一般为人和生物等）不产生不良或有害影响的最大剂量或浓度，一般可用剂量-反应关系表示。它是制定环境质量标准的重要科学依据。例如大气中 SO_2 年平均浓度超过 0.115 mg/m^3 时，会对人体健康产生有害影响，这个值就是大气中 SO_2 的环境基准，亦即保护人类健康的大气环境质量基准。此外还有保护鱼类的渔业基准以及保护其他动植物和物种的有关基准，例如六价铬在浓度大于 16 mg/L 时，大马哈鱼生长速度就会减慢。

（二）环境标准

1. 环境标准的概念

《中华人民共和国环境保护标准管理办法》中将环境标准（Environmental Standard）定义为：环境标准是为保护人群健康、社会物质财富和维持生态平衡，对大气、水、土壤等环境质量，对污染源的监测方法以及其他需要所制定的标准的总称。

环境基准是依据科学实验的结果制定的，并没有考虑到社会、经济等条件的影响，在上升为环境标准之前，不具有法律效力。环境标准则是环境管理部门根据环境基准，考虑到社会政治、经济和技术条件等许多方面的因素制定的切实可行的技术规定，是环境保护政策的决策结果，是环保法规的执法依据。因此环境标准与环境基准完全不同。

2. 环境标准的作用

环境标准在环境规划、环境管理、环境法规制定以及实施中起到积极、重要的作用，环境标准的主要作用包括：制定环境计划和环境规划的主要依据；进行环境评价的准绳；实施环境管理的技术基础；实施环境保护法的重要依据。

二、环境标准体系

（一）定义

按照环境标准的性质、功能和内在联系进行分类、分级，构成一个统一的有机整体，称之为环境标准体系。

（二）环境标准体系的结构

环境标准体系随各个时期人类环境价值观的变化、社会经济的发展及技术进步，而不断地充实和发展。我国的环境标准体系目前分为国家级和地方级两级，详见图3-2。国家级环境标准，包括六类，即国家环境质量标准、国家污染物排放标准、国家环境方法标准、国家环境标准物质标准、国家环境基础标准以及国家环保仪器设备标准。地方环境保护标准包括地方环境质量标准和地方污染物排放标准。

1. 国家环境标准

（1）国家环境质量标准

国家环境质量标准是为了保障人群健康、维护生态环境和保障社会物质财富，并考虑

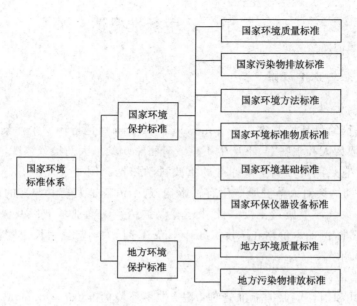

图 3-2　国家环境标准体系

技术、经济条件,对环境中有害物质和因素所作的限制性规定。国家环境质量标准是一定时期内衡量环境优劣程度的标准,从某种意义上讲是环境质量的目标标准。

我国已颁布的环境质量标准主要有环境空气质量标准、地表水环境质量标准、海水水质标准、渔业水质标准、景观娱乐用水水质标准、地下水水质标准、土壤环境质量标准、城市区域环境噪声标准等。

我国现行的主要环境质量标准见表 3-2。

表 3-2　　　　　　　　　　　我国颁布的主要环境质量标准

序号	标准号	标准名称	序号	标准号	标准名称
1	GB 3095—2012	环境空气质量标准	9	GB 9660—88	机场周围飞机噪声环境标准
2	GB 3097—1997	海水水质标准	10	GB 10070—88	城市区域环境振动标准
3	GB 3838—2002	地表水环境质量标准	11	GB 11339—89	城市港口及江河两岸区域环境噪声标准
4	GB 11607—89	渔业水质标准	12	GB 5979—86	海洋船舶噪声级规定
5	GB/T 14848—2017	地下水质量标准	13	GB 5980—2009	内河船舶噪声级规定
6	CJ 3020—93	生活饮用水水源水质标准	14	GB 15618—1995	土壤环境质量标准
7	GB 5084—2005	农田灌溉水质标准	15	GB 5749—2006	生活饮用水卫生标准
8	GB 3096—2008	声环境质量标准			

（2）国家污染物排放标准

国家污染物排放标准是根据国家环境质量标准，以及使用的污染控制技术，并考虑经济承受能力，对排入环境的有害物质和产生污染的各种因素所作的限制性规定，是对污染源控制的标准。国家污染源排放标准对已有污染源的污染物排放管理以及建设项目环境影响评价具有重要作用。

污染物排放标准按污染物的状态分为气态污染物、液态污染物和固态污染物排放标准，还有物理污染（如噪声，振动，电磁辐射等）控制标准；按其适用范围可分为通用（综合）排放标准和行业排放标准，行业排放标准又可分为指定的部门行业污染物排放标准和一般行业污染物排放标准。

我国现行的主要污染物排放标准，见表3-3。

（3）国家环境方法标准

国家环境方法标准是为监测环境质量和污染物排放规范（采样、分析、测试、数据处理等分析方法、测定方法、采样方法、实验方法、检验方法、生产方法、操作方法等）所作的统一规定。环境监测中最常见的是分析方法、测定方法、采样方法。

（4）国家环境标准物质标准

国家环境标准物质标准是为保证环境监测数据的准确、可靠，对用于量值传递或质量控制的材料、实物样品制定的标准物质。标准样品在环境管理中起的特别作用，可用来评价分析仪器、鉴别其灵敏度；评价分析者的技术使操作技术规范化。

（5）国家环境基础标准

国家环境基础标准是对环境标准工作中需要统一的技术术语符号代号（代码）、图形、指南、导则、量纲单位及信息编码等所作的统一规定。环境标准体系中它处于指导地位，是制定其他环境标准的基础。

（6）国家环保仪器设备标准

国家环保仪器设备标准是为了保证仪器监测数据的可比性、可靠性和保证污染治理设备运行的效率，对有关环境保护仪器设备的各项技术要求编制的统一的规范和规定。

以上六类国家环境标准又可分为强制性标准和推荐性标准两大类。环境质量标准和污染物排放标准以及法律、法规规定必须执行的标准属于强制性标准，强制性标准必须执行。强制性标准以外的环境标准属于推荐性标准。国家鼓励采用推荐性标准，推荐性标准被强制性标准引用，也必须强制执行。

2. 地方环境标准

地方环境标准是对国家环境标准的补充和完善，由省、自治区、直辖市人民政府制定。近年来为控制环境质量的恶化趋势，一些地方拟将总量控制指标纳入地方环境标准。

（1）地方环境质量标准

对于国家环境质量标准中未做出规定的项目，可以制定地方环境质量标准，并报国务院行政主管部门备案。

（2）地方污染物排放（控制）标准

对于国家污染物排放标准中未作规定的项目，可以制定地方污染物排放标准；对于国家污染物排放标准已规定的项目，可以制定严于国家污染物排放标准的地方污染物排放标准；省、自治区、直辖市人民政府制定机动车、船的大气污染物地方排放标准严于国家排放

表 3-3 我国颁布的主要污染物排放标准

序号	标准号	标准名称	序号	标准号	标准名称
1	GB 16297—1996	大气污染物综合排放标准	23	GB 15580—2011	磷肥工业水污染物排放标准
2	GB 14554—93	恶臭污染物排放标准	24	GB 15581—2016	烧碱、聚氯乙烯工业污染物排放标准
3	GB 14761.1—93	轻型汽车排气污染物排放标准			
4	GB 14621—93	摩托车排气污染物排放标准	26	CB/T 31962—2015	污水排入城镇下水道水质标准
5	GB 4915—2013	水泥工业大气污染物排放标准	27	GB 18466—2005	医疗机构水污染物排放标准
6	GB 9078—1996	工业炉窑大气污染物排放标准	28	GB 18486—2001	污水海洋处置工程污染控制标准
7	GB 13223—2011	火电厂大气污染物排放标准	29	GB 12348—2008	工业企业厂界环境噪声排放标准
8	GB 13271—2014	锅炉大气污染物排放标准	30	GB 12523—2011	建筑施工场界环境噪声排放标准
9	GB 16171—2012	炼焦化学工业污染物排放标准	31	GB 12525—90	铁路边界噪声限值及其测量方法
10	GB 18483—2001	饮食业油烟排放标准（试行）	32	GB 14227—2006	城市轨道交通车站站台声学要求和测量方法
11	GB 14621—2011	摩托车和轻便摩托车排气污染物排放限值及测量方法（双怠速法）	33	GB 16169—2005	摩托车和轻便摩托车加速行驶噪声限值及测量方法
12	GB 14622—2002	摩托车排气污染物排放限值及测量方法（工况法）	34	GB 16170—1996	汽车定置噪声限值
13	GB 8978—1996	污水综合排放标准	35	GB 18597—2001	危险废物贮存污染控制标准
14	GB 3552—2018	船舶水污染物排放控制标准	36	GB 18599—2001	一般工业固体废物贮存、处置场污染控制标准
15	GB 3544—2008	制浆造纸工业水污染物排放标准	37	GB 18598—2001	危险废物填埋污染控制标准
16	GB 4914—2008	海洋石油勘探开发污染物排放浓度限值	38	GB 16889—2008	生活垃圾填埋污染物控制标准
17	GB 13456—2012	钢铁工业水污染物排放标准	39	GB 18484—2001	危险废物焚烧污染控制标准
18	GB 13458—2013	合成氨工业水污染物排放标准	40	GB 18485—2001	生活垃圾焚烧污染控制标准
19	GB 4287—2012	纺织染整工业水污染物排放标准	41	CJ/T 3083—1999	医疗废弃物焚烧设备技术要求
20	GB 13457—92	肉类加工工业水污染物排放标准	42	CJ 3025—93	城市污水处理厂污水污泥排放标准
21	GB 18596—2001	畜禽养殖业污染物排放标准	43	GB 18918—2002	城镇污水处理厂污染物排放标准
22	GB 19431—2004	味精工业污染物排放标准	44	GB 6249—2011	核动力厂环境辐射防护规定

标准的,须报经国务院批准。

3．我国环境标准的分级

环境标准分为国家环境标准和地方环境标准两级,我国的地方标准是省、自治区、直辖市的地方标准。环境基础标准、环境标准物质标准和环境方法标准只有国家级标准。

国家级标准具有全国范围的共性,它是由国家按照环境要素和污染因素规定的环境标准,具有普遍意义。而地方标准和行业标准带有区域性和行业特殊性,它们是对国家标准的补充和具体化,通常地方环境标准更为严格。

4．我国环境标准的两种执行规定

我国针对国家环境标准和地方环境标准又规定了所谓强制性标准和推荐性标准。凡是环境保护法规、条例和标准化方法上规定的强制执行的标准为强制性标准,如污染物排放标准、环境基础标准、环境方法标准、环境标准物质标准和环保仪器设备标准中的大部分标准均属强制性标准,环境质量标准中的警戒线标准也属强制性标准,其余属推荐性标准。

5．环境标准与环境保护法的关系

环境标准是环境法规的重要组成部分,我国环境标准所具有的法律约束性,是我国环境保护法所赋予的。在各种防治污染法规中都明确规定了实施环境标准的条款。如果没有各类环境标准,环境保护法规将难以具体执行。我国的环境标准在环境保护法规体系中的位置如图3-3所示。

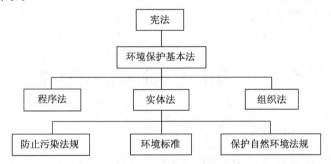

图 3-3 环境标准与环境保护法的关系图

三、环境标准的制定

（一）环境标准制定的原则

（1）保证人体健康和生态系统不被破坏。制定环境标准要综合研究污染物浓度与人体健康和生态系统关系的资料,并进行定量的相关分析,以确保符合保证人体健康和生态系统不被破坏的环境质量标准能容许的污染物浓度。

（2）合理协调与平衡实现标准的代价和效益之间的关系。对制定的环境标准要进行尽可能详细的损益分析,剖析代价和效益之间的各种关系,加以合理的处置,以确保社会可以负担得起并有较大的收益,努力做到为实施环境标准投入费用最小而收益最大,进行数学模拟求取最优解。

（3）遵循区域差异性原则。各地区人群构成和生态系统的结构功能不同,对污染物敏感程度会有差异,不同地区技术水平和经济能力也会有较大差异。为此,要充分注意这些地域差异性,因地制宜地制定环境标准。世界上一些较大国家都是先划分环境质量控制区,具体的环境标准下放到州和地方政府去做。我国是一个地域广大、环境条件复杂多样的大国,因此,环境标准的制定一定要注意区域差异性原则。

（二）环境标准制定的依据

（1）以环境基准值作为制定环境质量标准的科学依据。

（2）以国家环境保护法以及有关的政策、法规作为法律依据。

（3）以当前国内外各种污染物监测、评价和处理技术水平作为技术依据。

（4）以环境质量的目前状况、污染物的背景值和长期的环境规划目标作为环境标准实施时间段的事实性依据。

（5）以国家的财力水平和社会承受能力作为标准制定的经济合理性和社会适应性的依据。

（三）环境标准制定的主要环节

（1）组成环境质量标准编制组并制定环境质量标准编制计划,这是环境质量标准制定的组织环节。

（2）开展科学实验和全面调查及专题研究工作,这是环境质量标准制定的技术环节,包括环境基准值确定、污染物背景值确定和污染现状评价,确定污染物稀释规律,确定环境质量远期、近期规划目标,统一名词术语和分析方法。

（3）初步拟定分级标准值,进行可行性调查检验和修正,通过社会、经济、技术评定,这是环境质量标准制定的验证、反馈环节。

（4）环境质量标准的审批和颁布。

第三节　我国常用的环境评价标准

一、我国常用的环境质量标准

（一）《环境空气质量标准》(GB 3095—2012)

本标准规定了环境空气质量功能区划分、标准分级、污染物项目、取值时间及浓度限值、采样和分析方法及数据统计的有效性。本标准适用于全国范围的环境空气质量评价。

将环境空气质量功能区分为两类:一类区为自然保护区、风景名胜区和其他需要特殊保护的区域;二类区为居住区、商业交通居民混合区、文化区、工业区和农村地区。

环境空气功能区质量要求:一类区适用一级浓度限值,二类区适用二级浓度限值。一、二类环境空气功能区质量要求见表3-4和表3-5。

（二）《地表水环境质量标准》(GB 3838—2002)

1. 主要内容

本标准将标准项目分为地表水环境质量标准基本项目、集中式生活饮用水地表水源地补充项目和集中式生活饮用水地表水源地特定项目。按照地表水环境功能分类和保护目标,规定了水环境质量应控制的项目、限值以及水质评价、水质项目的分析方法和标准的实施与监督。

表 3-4　　　　　　　　　　　　　　环境空气污染基本项目浓度限值

序号	污染物项目	平均时间	浓度限值		单位
			一级	二级	
1	二氧化硫（SO_2）	年平均	20	60	$\mu g/m^3$
		24 小时平均	50	150	
		1 小时平均	150	500	
2	二氧化氮（NO_2）	年平均	40	40	
		24 小时平均	80	80	
		1 小时平均	200	200	
3	一氧化碳（CO）	24 小时平均	4	4	mg/m^3
		1 小时平均	10	10	
4	臭氧（O_3）	日最大 8 小时平均	100	160	$\mu g/m^3$
		1 小时平均	160	200	
5	颗粒物（粒径小于等于 10 μm)	年平均	40	70	
		24 小时平均	50	150	
6	颗粒物（粒径小于等于 2.5 μm)	年平均	15	35	
		24 小时平均	35	75	

表 3-5　　　　　　　　　　　　　　环境空气污染物其他项目浓度限值

序号	污染物项目	平均时间	浓度限值		单位
			一级	二级	
1	总悬浮颗粒物（TSP）	年平均	80	200	$\mu g/m^3$
		24 小时平均	120	300	
2	氮氧化物（NO_x）	年平均	50	50	
		24 小时平均	100	100	
		1 小时平均	250	250	
3	铅（Pb）	年平均	0.5	0.5	
		季平均	1	1	
4	苯并[a]芘[BaP]	年平均	0.001	0.001	
		24 小时平均	0.002 5	0.002 5	

2. 适用范围

本标准适用于中华人民共和国领域内江河、湖泊、运河、渠道、水库等具有使用功能的地表水水域。具有特定功能的水域,执行相应的专业用水水质标准。

地表水环境质量标准基本项目适用于全国江河、湖泊、运河、渠道、水库等具有使用功能的地表水水域。集中式生活饮用水地表水源地补充项目和特定项目适用于集中式生活饮用水地表水源地一级保护区和二级保护区。集中式生活饮用水地表水源地特定项目由县级以上人民政府环境保护行政主管部门,根据本地区地表水水质特点和环境管理的需要进行选择,集中式生活饮用水地表水源地补充项目和选择确定的特定项目作为基本项目的补充指标。

3. 水域环境功能和标准分类

依据地表水水域环境功能和保护目标按功能高低依次划分为五类:

Ⅰ类主要适用于源头水、国家自然保护区;

Ⅱ类主要适用于集中式生活饮用水地表水源地一级保护区、珍稀水生生物栖息地、鱼虾类产卵场、仔稚幼鱼的索饵场等;

Ⅲ类主要适用于集中式生活饮用水地表水源地二级保护区、鱼虾类越冬场、洄游通道、水产养殖区等渔业水域及游泳区;

Ⅳ类主要适用于一般工业用水区及人体非直接接触的娱乐用水区;

Ⅴ类主要适用于农业用水区及一般景观要求水域。

对应地表水上述五类水功能,将地表水环境质量标准基本项目标准值分为五类,不同功能类别分别执行相应类别的标准值。水域功能类别高的标准值严于水域功能类别低的标准值。

4. 基本项目中的常用项目标准限值

基本项目中的常用项目标准限值见表 3-6。

表 3-6 　　　　　　地表水环境质量标准基本项目标准限值 　　　　　单位:mg/L

序号	类别 项目	Ⅰ类	Ⅱ类	Ⅲ类	Ⅳ类	Ⅴ类
1	水温/℃	人为造成的环境水温变化应限制在:周平均最大温升≤1,周平均最大温降≤2				
2	pH 值(无量纲)	6~9				
3	溶解氧	饱和率90% (或7.5)	≥6	≥5	≥3	≥2
4	高锰酸盐指数	≤2	≤4	≤6	≤10	≤15
5	化学需氧量(COD)	≤15	≤15	≤20	≤30	≤40
6	五日生化需氧量(BOD_5)	≤3	≤3	≤4	≤6	≤10
7	氨氮(NH_3-N)	≤0.15	≤0.5	≤1.0	≤1.5	≤2.0
8	总磷(以 P 计)	≤0.02 (湖、库 0.01)	≤0.1 (湖、库 0.025)	≤0.2 (湖、库 0.05)	≤0.3 (湖、库 0.1)	≤0.4 (湖、库 0.2)
9	总氮(湖、库,以 N 计)	≤0.2	≤0.5	≤1.0	≤1.5	≤2.0
10	铜	≤0.01	≤1.0	≤1.0	≤1.0	≤1.0
11	锌	≤0.05	≤1.0	≤1.0	≤2.0	≤2.0
12	氟化物(以 F 计)	≤1.0	≤1.0	≤1.0	≤1.5	≤1.5
13	硒	≤0.01	≤0.01	≤0.01	≤0.02	≤0.02
14	砷	≤0.05	≤0.05	≤0.05	≤0.1	≤0.1
15	汞	≤0.000 05	≤0.000 05	≤0.000 1	≤0.001	≤0.001
16	镉	≤0.001	≤0.005	≤0.005	≤0.005	≤0.01

序号	类别 项目	Ⅰ类	Ⅱ类	Ⅲ类	Ⅳ类	Ⅴ类
17	铬(六价)	≤0.01	≤0.05	≤0.05	≤0.05	≤0.1
18	铅	≤0.01	≤0.01	≤0.05	≤0.05	≤0.1
19	氰化物	≤0.005	≤0.05	≤0.2	≤0.2	≤0.2
20	挥发酚	≤0.002	≤0.002	≤0.005	≤0.01	≤0.1
21	石油类	≤0.05	≤0.05	≤0.05	≤0.5	≤1.0
22	阴离子表面活性剂	≤0.2	≤0.2	≤0.2	≤0.3	≤0.3
23	硫化物	≤0.05	≤0.1	≤0.2	≤0.5	≤1.0
24	粪大肠菌群(个/L)	≤200	≤2 000	≤10 000	≤20 000	≤40 000

5. 水质评价的原则

地表水环境质量评价根据应实现的水域功能类别选取相应类别标准,进行单因子评价,评价结果应说明水质达标情况,超标的应说明超标项目和超标倍数。

丰、平、枯水期特征明显的水域应分水期进行水质评价。

集中式生活饮用水地表水源地的水质评价项目应包括本标准中的基本项目、补充项目以及由县级以上人民政府环境保护行政主管部门选择确定的特定项目。

(三)《地下水质量标准》(GB/T 14848—2017)

1. 主要内容与适用范围

主要内容:本标准规定了地下水的质量分类、指标及极限,地下水质量调查与监测,地下水质量评价等内容。

适用范围:本标准适用于地下水质量调查、监测、评价与管理。

2. 地下水质量分类及质量分类指标

为保护和合理开发地下水资源,防止和控制地下水污染,保障人民身体健康,促进经济建设,特制定本标准。该标准是地下水勘查评价、开发利用和监督管理的依据。

(1)地下水质量分类

依据我国地下水水质状况和人体健康风险,参照生活饮用水、工业、农业等用水质量要求,按各组分含量高低(pH 除外)分为五类。

Ⅰ类:地下水化学组分含量低,适用于各种用途;

Ⅱ类:地下水化学组分含量较低,适用于各种用途;

Ⅲ类:地下水化学组分含量中等,以 GB 5749—2006 为依据,主要适用于集中式生活饮用水水源及工农业用水;

Ⅳ类:地下水化学组分含量较高,以农业和工业用水质量要求以及一定水平的人体健康风险为依据,适用于农业和部分工业用水,适当处理后可作生活饮用水;

Ⅴ类:地下水化学组分含量高,不宜作为生活饮用水水源,其他用水可根据使用目的选用。

(2)地下水质量分类指标

根据地下水指标含量特征,地下水指标分为常规指标和非常规指标(见表 3-7),它是地下水质量评价的依据。以地下水为水源的各类专门用水,在地下水质量分类管理基础上,可按有关专门用水标准进行管理。

表 3-7 地下水质量常规指标及限值

序号	指标	Ⅰ类	Ⅱ类	Ⅲ类	Ⅳ类	Ⅴ类
1	色(铂钴色度单位)	≤5	≤5	≤15	≤25	>25
2	嗅和味	无	无	无	无	有
3	浑浊度/NTUa	≤3	≤3	≤3	≤10	>10
4	肉眼可见物	无	无	无	无	有
5	pH	6.5~8.5			5.5~6.5,8.5~9.0	<5.5 或>9.0
6	总硬度(以 $CaCO_3$ 计)/(mg/L)	≤150	≤300	≤450	≤650	>650
7	溶解性总固体/(mg/L)	≤300	≤500	≤1 000	≤2 000	>2 000
8	硫酸盐/(mg/L)	≤50	≤150	≤250	≤350	>350
9	氯化物/(mg/L)	≤50	≤150	≤250	≤350	>350
10	铁(Fe)/(mg/L)	≤0.1	≤0.2	≤0.3	≤2.0	>2.0
11	锰(Mn)/(mg/L)	≤0.05	≤0.05	≤0.10	≤1.50	>1.50
12	铜(Cu)/(mg/L)	≤0.01	≤0.05	≤1.00	≤1.50	>1.50
13	锌(Zn)/(mg/L)	≤0.05	≤0.5	≤1.00	≤5.00	>5.00
14	铝(Al)/(mg/L)	≤0.01	≤0.05	≤0.20	≤0.50	>0.50
15	挥发性酚类(以苯酚计)/(mg/L)	≤0.001	≤0.001	≤0.002	≤0.01	>0.01
16	阴离子表面活性剂/(mg/L)	不得检出	≤0.1	≤0.3	≤0.3	>0.3
17	耗氧量(COD_{Mn}法,以 O_2 计)/(mg/L)	≤1.0	≤2.0	≤3.0	≤10.0	>10.0
18	氨氮(以 N 计)/(mg/L)	≤0.02	≤0.10	≤0.50	≤1.50	>1.50
19	硫化物/(mg/L)	≤0.005	≤0.01	≤0.02	≤0.10	>0.10
20	钠/(mg/L)	≤100	≤150	≤200	≤400	>400
微生物指标						
21	总大肠菌群/(MPNb/100 mL)或(CFUc/100 mL)	≤3.0	≤3.0	≤3.0	≤100	>100
22	菌落总数/(CFUc/mL)	≤100	≤100	≤100	≤1 000	>1 000
毒理学指标						
23	硝酸盐(以 N 计)/(mg/L)	≤2.0	≤5.0	≤20.0	≤30.0	>30.0
24	亚硝酸盐(以 N 计)/(mg/L)	≤0.01	≤0.10	≤1.00	≤4.80	>4.80
25	氰化物/(mg/L)	≤0.001	≤0.01	≤0.05	≤0.1	>0.1
26	氟化物/(mg/L)	≤1.0	≤1.0	≤1.0	≤2.0	>2.0
27	碘化物/(mg/L)	≤0.04	≤0.04	≤0.08	≤0.50	>0.50

序号	指标	Ⅰ类	Ⅱ类	Ⅲ类	Ⅳ类	Ⅴ类
28	汞(Hg)/(mg/L)	≤0.000 1	≤0.000 1	≤0.001	≤0.002	>0.002
29	砷(As)/(mg/L)	≤0.001	≤0.001	≤0.01	≤0.05	>0.05
30	硒(Se)/(mg/L)	≤0.01	≤0.01	≤0.01	≤0.1	>0.1
31	镉(Cd)/(mg/L)	≤0.000 1	≤0.001	≤0.005	≤0.01	>0.01
32	铬(六价)(Cr^{6+})/(mg/L)	≤0.005	≤0.01	≤0.05	≤0.10	>0.10
33	铅(Pb)/(mg/L)	≤0.005	≤0.005	≤0.01	≤0.10	>0.10
34	三氯甲烷/(μg/L)	≤0.5	≤6	≤60	≤300	>300
35	四氯化碳/(μg/L)	≤0.5	≤0.5	≤2	≤50	>50.0
36	苯/(μg/L)	≤0.5	≤1.0	≤10.0	≤120	>120
37	甲苯/(μg/L)	≤0.5	≤140	≤700	≤1 400	>1 400
放射性指标[d]						
38	总 α 放射性/(Bq/L)	≤0.1	≤0.1	≤0.5	>0.5	>0.5
39	总 β 放射性/(Bq/L)	≤0.1	≤1.0	≤1.0	>1.0	>1.0

注：[a] NTU 为散射浊度单位；[b] MPN 表示最可能数；[c] CFU 表示菌落形成单位；[d] 放射性指标超过指导值,应进行核素分析和评价。

(四)《土壤环境质量标准》(GB 15618—1995)

为防止土壤污染,保护生态环境,保障农林生产,维护人体健康,制定本标准。该标准按土壤应用功能、保护目标和土壤主要性质,规定了土壤中污染物的最高允许浓度指标值及相应的监测方法。本标准适用于农田、蔬菜地、茶园、果园、牧场、林地、自然保护区等地的土壤。

1. 土壤环境质量分类

根据土壤应用功能和保护目标,划分为以下三类:

Ⅰ类主要适用于国家规定的自然保护区(原有背景重金属含量高的除外)、集中式生活饮用水水源地、茶园、牧场和其他保护地区的土壤,土壤质量基本上保持自然背景水平。这一类土壤中的重金属含量基本上处于自然背景水平,不致使植物体发生过多的积累,并使植物含量基本上保持自然背景水平。自然保护区土壤应保持自然背景水平,纳入Ⅰ类环境质量要求;但某些自然保护区(如地质遗迹类型),原有重金属背景含量较高,则可除外,不纳入Ⅰ类要求。为了防止土壤对地表水或地下水水源的污染,集中式生活饮用水水源地的土壤,按Ⅰ类土壤环境质量的要求。对于其他一些要求土壤保持自然背景水平的保护地区,土壤也按Ⅰ类要求。

Ⅱ类主要适用于一般农田、蔬菜地、茶园、果园、牧场等的土壤。这一类土壤中的有害物质(污染物)对植物生长不会有不良的影响,植物体的可食部分符合食品卫生要求,对土壤生物特性不致恶化,对地表水、地下水不致造成污染。一般农田蔬菜地果园的土壤纳入Ⅱ类土壤环境质量要求。

鉴于一些植物茎叶对有害物质富集能力较强,有可能使茶叶或牧草超过茶叶卫生标准或饲料卫生标准,可根据茶叶、牧草中有害物质残留量,确定茶园、牧场土壤纳入Ⅰ类或Ⅱ类土壤环境质量。

Ⅲ类主要适用于林地土壤及污染物容量较大的高背景值土壤和矿产附近等地的农田土壤(蔬菜地除外),土壤质量基本上不对植物和环境造成危害和污染。Ⅲ类尽管规定标准值较宽,但也是要求土壤中的污染物对植物和环境不造成危害污染。一般说来,林地土壤中污染物不进入食物链,林木耐污染能力较强,故纳入Ⅲ类环境质量要求。原生高背景值土壤、矿产附近等地土壤中的有害物质含量虽较高,但这些土壤中有害物质的活性较低,一般不造成对农田作物(蔬菜除外)和环境的危害及污染,可纳入Ⅲ类;若监测有危害或污染,则不可采用Ⅲ类。

2. 土壤环境质量标准分级

(1)一级标准:为保护区域自然生态,维护自然背景的土壤环境质量的限制值。Ⅰ类土壤环境质量执行一级标准。

(2)二级标准:为保障农业生产,维护人体健康的土壤限制值。Ⅱ类土壤环境质量执行二级标准。

(3)三级标准:为保障农林生产和植物正常生长的土壤临界值。Ⅲ类土壤环境质量执行三级标准。

3. 标准临界值

本标准规定的三级标准临界值,见表3-8。

表 3-8　　　　　　　　　　　　　土壤环境质量标准值　　　　　　　　　　单位:mg/kg

项目	级别	一级		二级		三级
土壤 pH 值		自然背景	<6.5	6.5～7.5	>7.5	>6.5
镉		≤0.20	≤0.30	≤0.30	≤0.60	≤1.0
汞		≤0.15	≤0.30	≤0.50	≤1.0	≤1.5
砷	水田	≤15	≤30	≤25	≤20	≤30
	旱地	≤15	≤40	≤30	≤25	≤40
铜	农田等	≤35	≤50	≤100	≤100	≤400
	果园	—	≤150	≤200	≤200	≤400
铅		≤35	≤250	≤300	≤350	≤500
铬	水田	≤90	≤250	≤300	≤350	≤400
	旱地	≤90	≤150	≤200	≤250	≤300
锌		≤100	≤200	≤250	≤300	≤500
镍		≤40	≤40	≤50	≤60	≤200
六六六		≤0.05		≤0.50		≤1.0
滴滴涕		≤0.05		≤0.50		≤1.0

注:① 重金属(铬主要是三价)和砷均按元素量计,适用于阳离子交换量>5 cmol(+)/kg 的土壤,若≤5 cmol(+)/kg,其标准值为表内数值的半数。② 六六六为四种异构体总量,滴滴涕为四种衍生物总量。③ 水旱轮作地的土壤环境质量标准,砷采用水田值,铬采用旱地值。

(五)《声环境质量标准》(GB 3096—2008)

1. 标准值及适用区域

城市五类区域环境噪声标准值列于表3-9。

表 3-9　　　　　　　　　　　　　　　环境噪声限值　　　　　　　　　　　　　单位:dB(A)

类别		昼间/dB	夜间/dB
0 类		50	40
1 类		55	45
2 类		60	50
3 类		65	55
4 类	4a 类	70	55
	4b 类	70	60

2. 各类标准的适用区域

0 类声环境功能区:指康复疗养区等特别需要安静的区域。

1 类声环境功能区:指以居民住宅、医疗卫生、文化教育、科研设计、行政办公为主要功能,需要保持安静的区域。

2 类声环境功能区:指以商业金融、集市贸易为主要功能,或者居住、商业、工业混杂,需要维护住宅安静的区域。

3 类声环境功能区:指以工业生产、仓储物流为主要功能,需要防止工业噪声对周围环境产生严重影响的区域。

4 类声环境功能区:指交通干线两侧一定距离之内,需要防止交通噪声对周围环境产生严重影响的区域,包括 4a 类和 4b 类两种类型。4a 类为高速公路、一级公路、二级公路、城市快速路、城市主干路、城市次干路、城市轨道交通(地面段)、内河航道两侧区域;4b 类为铁路干线两侧区域。

(六)《室内空气质量标准》(GB/T 18883—2002)

为保护人类健康,预防和控制室内空气污染,2002 年 12 月 18 日,由国家质量监督检验检疫总局、卫生部、国家环保总局联合发布了《室内空气质量标准》,并于 2003 年 3 月 1 日起实施。本标准规定了室内空气质量参数及其检验方法,适用于住宅和办公建筑物,其他室内环境可参照本标准执行。室内空气质量标准临界值见表 3-10。

表 3-10　　　　　　　　　　　　　　　　室内空气质量标准

序号	参数类别	参数	单位	标准值	备注
1	物理性质	温度	℃	22～28	夏季空调
				16～24	冬季采暖
2		相对湿度	%	40～80	夏季空调
				30～60	冬季采暖
3		空气流速	m/s	0.3	夏季空调
				0.2	冬季采暖
4		新风量	m³/(h·人)	30[a]	

序号	参数类别	参数	单位	标准值	备注
5	化学性质	二氧化硫 SO_2	mg/m^3	0.50	1 小时均值
6		二氧化氮 NO_2	mg/m^3	0.24	1 小时均值
7		一氧化碳 CO	mg/m^3	10	1 小时均值
8		二氧化碳 CO_2	%	0.10	日平均值
9		氨 NH_3	mg/m^3	0.20	1 小时均值
10		臭氧 O_3	mg/m^3	0.16	1 小时均值
11		甲醛 HCHO	mg/m^3	0.10	1 小时均值
12		苯 C_6H_6	mg/m^3	0.11	1 小时均值
13		甲苯 C_7H_8	mg/m^3	0.20	1 小时均值
14		二甲苯 C_8H_{10}	mg/m^3	0.20	1 小时均值
15		苯并[a]芘[BaP]	ng/m^3	1.0	日平均值
16		可吸入颗粒 PM_{10}	mg/m^3	0.15	日平均值
17		总挥发性有机物 TVOC	mg/m^3	0.60	8 小时均值
18	生物性	菌落总数	CFU/m^3	2 500	依据仪器定[b]
19	放射性	氡(^{222}Rn)	Bq/m^3	400	年平均值(行动水平[c])

注:a——新风量要求不小于标准值,除温度、相对湿度外的其他参数要求不大于标准值;

b——详见《室内空气质量标准》附录 D,室内空气中菌落总数检验方法,CFU 为 colony-forming unit 的缩写;

c——行动水平即到达此水平建议采取干预行动以降低室内氡浓度。

二、我国常用的污染物排放标准

在我国现有的国家大气污染物排放标准体系中,按照综合性排放标准与行业性排放标准不交叉执行的原则,锅炉执行《锅炉大气污染物排放标准》(GB 13271—2014),城镇污水处理厂执行《城镇污水处理厂污染物排放标准》(GB 18918—2002),工业炉窑执行《工业炉窑大气污染物排放标准》(GB 9078—1996),火电厂执行《火电厂大气污染物排放标准》(GB 13223—2011),水泥行业执行《水泥工业大气污染物排放标准》(GB 4915—2013),恶臭物质排放执行《恶臭污染物排放标准》(GB 14554—93),营业性文化娱乐场所、商业经营活动执行《社会生活环境噪声排放标准》(GB 22337—2008)等行业标准。

(一)《大气污染物综合排放标准》(GB 16297—1996)

1. 制定目的

根据《中华人民共和国大气污染防治法》第七条的规定,制定本标准。本标准规定了 33 种大气污染物的排放限值,其指标体系为最高允许排放浓度、最高允许排放速率和无组织排放监控浓度限值。国家在控制大气污染物排放方面,除本标准为综合性排放标准外,还有若干行业性排放标准共同存在,即除若干行业执行各自的行业性国家大气污染物排放标准外,其余均执行本标准。

2. 适用范围

本标准实施后再行发布的行业性国家大气污染物排放标准,按其适用范围规定的污染源不再执行本标准。本标准适用于现有污染源大气污染物的排放管理，以及建设项目的环境影响评价、设计、环境保护设施竣工验收及其投产后的大气污染物排放管理。

3. 最高允许排放浓度和最高允许排放速率

（1）最高允许排放浓度

最高允许排放浓度指处理设施后排气筒中污染物任何 1 h 浓度平均值不得超过的限值；或指无处理设施排气筒中污染物任何 1 h 浓度平均值不得超过的限值。

（2）最高允许排放速率

最高允许排放速率指一定高度的排气筒任何 1 h 排放污染物的质量不得超过的限值。

4. 排放速率的标准分级

我国污染物排放标准制定原则之一是根据环境功能区域的不同，分别制定不同级别的污染物排放限值。该标准对排放浓度没有划分级别，仅对排放速率进行分级，主要考虑处于不同功能区域的污染源的污染治理要求基本相同，并避免使标准过于复杂化。该标准规定的最高允许排放速率，现有污染源分一、二、三级，新污染源分为二、三级。按污染源所在的环境空气质量功能区类别，执行相应级别的排放速率标准，即位于一类区的污染源执行一级标准（一类区禁止新、扩建污染源，一类区现有污染源改建时执行现有污染源的一级标准），位于二类区的污染源执行二级标准，位于三类区的污染源执行三级标准。

本标准以 1997 年 1 月 1 日为界规定了新老污染源的 33 种大气污染物的最高允许排放浓度和按排气筒高度限定的最高允许排放速率。1997 年 1 月 1 日后新建项目污染源中大气污染物部分常规项目的排放限值见表 3-11。任何一个排气筒必须同时遵守最高允许排放浓度和最高允许排放速率 2 个指标，超过其中任何一项均为超标排放。

表 3-11　　　　　　新建项目污染源大气污染物部分常规项目的排放限值

序号	污染物	最高允许排放浓度 /(mg/m³)	最高允许排放速率/(kg/h)			无组织排放监控浓度限值	
			排气筒/m	二级	三级	监控点	浓度/(mg/m³)
1	二氧化硫	960（硫、二氧化硫、硫酸和其他含硫化合物生产）	15	2.6	3.5	周界外浓度最高点①	0.40
			20	4.3	6.6		
			30	15	22		
			40	25	38		
			50	39	58		
		550（硫、二氧化硫、硫酸和其他含硫化合物使用）	60	55	83		
			70	77	120		
			80	110	160		
			90	130	200		
			100	170	270		

序号	污染物	最高允许排放浓度 /(mg/m³)	最高允许排放速率/(kg/h)			无组织排放监控浓度限值	
			排气筒/m	二级	三级	监控点	浓度/(mg/m³)
2	氮氧化物	1 400 （硝酸、氮肥和火炸药生产）	15	0.77	1.2	周界外浓度最高点	0.12
			20	1.3	2		
			30	4.4	6.6		
			40	7.5	11		
			50	12	18		
		240 （硝酸使用和其他）	60	16	25		
			70	23	35		
			80	31	47		
			90	40	61		
			100	52	78		
3	颗粒物	18 （碳黑尘、染料尘）	15	0.51	0.74	周界外浓度最高点	肉眼不可见
			20	0.85	1.3		
			30	3.4	5		
			40	5.8	8.5		
		60② （玻璃棉尘、石英粉尘、矿渣棉尘）	15	1.9	2.6	周界外浓度最高点	1.0
			20	3.1	4.5		
			30	12	18		
			40	21	31		
		120 （其他）	15	3.5	5	周界外浓度最高点	1.0
			20	5.9	8.5		
			30	23	34		
			40	39	59		
			50	60	94		
			60	85	130		
4	氯化氢	100	15	0.26	0.39	周界外浓度最高点	0.20
			20	0.43	0.65		
			30	1.4	2.2		
			40	2.6	3.8		
			50	3.8	5.9		
			60	5.4	8.3		
			70	7.7	12		
			80	10	16		

序号	污染物	最高允许排放浓度/(mg/m³)	最高允许排放速率/(kg/h)			无组织排放监控浓度限值	
			排气筒/m	二级	三级	监控点	浓度/(mg/m³)
5	硫酸雾	430（火炸药厂）	15	1.5	2.4	周界外浓度最高点	2.4
			20	2.6	3.9		
			30	8.8	13		
			40	15	23		
		45（其他）	50	23	35		
			60	33	50		
			70	46	70		
			80	63	95		
6	氟化物	430（普钙工业）	15	0.1	0.15	周界外浓度最高点	20 μg/m³
			20	0.17	0.26		
			30	0.59	0.88		
			40	1	1.5		
		9.0（其他）	50	1.5	2.3		
			60	2.2	3.3		
			70	3.1	4.7		
			80	4.2	6.3		
7	甲苯	40	15	3.1	4.7	周界外浓度最高点	2.4
			20	5.2	7.9		
			30	18	27		
			40	30	46		
8	二甲苯	70	15	1	1.5	周界外浓度最高点	1.2
			20	1.7	2.6		
			30	5.9	8.8		
			40	10	15		
9	非甲烷总烃	120（使用溶剂汽油或其他混合烃类物质）	15	10	16	周界外浓度最高点	4.0
			20	17	27		
			30	53	83		
			40	100	150		

注：① 无组织排放源指没有排气筒或排气筒高度低于 15 m 的排放源。

② 周界外浓度最高点一般应设置于无组织排放源下风向的单位周界外 10 m 范围内,若预计无组织排放的最大落地浓度点越出 10 m 范围,可将监控点移至该预计浓度最高点。

此标准规定一类环境空气质量功能区内禁止新、扩建污染源。排气筒高度除须遵守表中所列排放速率标准值外,还应高出周围 200 m 半径范围的建筑物高度的 5 m 以上,不能达到该要求的排气筒,应按其高度对应的表中所列排放速率的 50% 执行。两个排放相同污染物(不论其是否由同一生产工艺过程产生)的排气筒,若其距离小于其几何高度之和,应合并为一根等效排气筒;新污染源的排气筒一般不应低于 15 m。若新污染源的排气筒必须低于 15 m 时,其排放速率标准值按其外推计算结果再严格 50% 执行;新污染源的无组织排放应从严控制,一般情况下不应有无组织排放存在,无法避免的无组织排放应达到规定的标准值;工业生产尾气确需燃烧排放的,其烟气黑度不得超过林格曼 1 级。

(二)《污水综合排放标准》(GB 8978—1996)

为控制水污染,保护江河、湖泊、运河、渠道、水库和海洋等地面水以及地下水水质的良好状态,保障人体健康,维护生态平衡,促进国民经济和城乡建设的发展,特制定本标准。本标准于 1998 年 1 月 1 日起实施。本标准按照污水排放去向,分年限规定了 69 种水体污染物最高允许排放浓度及部分行业最高允许排水量。

1. 适用范围

本标准适用于现有单位水体污染物的排放管理以及建设项目的环境影响评价、建设项目环境保护设施设计、竣工验收及其补偿后的排放管理。

在本标准颁布后,新增加国家行业水污染物排放标准的行业,按其适用范围执行相应的国家水污染行业标准,不再执行本标准。

2. 标准分级

(1) 排入 GB 3838 Ⅲ类水域(划定的保护区和游泳区除外)和排入 GB 3097 中二类海域的污水,执行一级标准。

(2) 排入 GB 3838 中Ⅳ、Ⅴ类水域和排入 GB 3097 中三类海域的污水,执行二级标准。

(3) 排入设置二级污水处理厂的城镇排水系统的污水,执行三级标准。

(4) 排入未设置二级污水处理厂的城镇排水系统的污水,必须根据排水系统出水受纳水域的功能要求,分别执行(1)和(2)的规定。

(5) GB 3838 中Ⅰ、Ⅱ类水域和Ⅲ类水域中划定的保护区和游泳区,GB 3097 中一类海域,禁止新建排污口,现有排污口应按水体功能要求,实行污染物总量控制,以保证受纳水体水质符合规定用途的水质标准。

现行的《污水综合排放标准》(GB 8978—1996),按照污水排放去向,以 1997 年 12 月 31 日为界,按年限规定了第一类污染物(共 13 种)和第二类污染物(共 69 种)的最高允许排放浓度及部分行业最高允许排放量。第一类污染物,不分行业和污水排放方式、不分受纳水体的功能类别、不分年限,一律在车间或车间处理设施排放口采样,其最高允许排放浓度见表 3-12。对于第二类污染物,在排放单位排放口采样,其最高允许排放浓度及部分行业最高允许排放量按年限分别执行本标准的相应要求,并规定 GB 3838 中Ⅰ、Ⅱ类水域和Ⅲ类水域中划定的保护区及 GB 3097 中一类海域,禁止新建排污口;排入 GB 3838—2002 中Ⅲ类水域(划定的保护区和游泳区除外)和排入 GB 3097—1997 中二类海域的污水,执行一级标准;排入 GB 3838—2002 中Ⅳ、Ⅴ类水域和排入 GB 3097—1997 中三类、四类海域的污水,执行二级标准;排入设置二级污水处理厂的城镇排水系统的污水,执行三级标准。

表 3-13 和表 3-14 分别列出了 1998 年 1 月 1 日后建设(包括改、扩建)单位的部分第二类水污染物的最高允许排放浓度及部分行业最高允许排放量。

表 3-12　　　　　　　　　　**第一类污染物最高允许排放浓度**　　　　　　　单位:mg/L

序号	污染物	最高允许排放浓度	序号	污染物	最高允许排放浓度
1	总汞	0.05	8	总镍	1
2	烷基汞	不得检出	9	苯并[a]芘	0.000 03
3	总镉	0.1	10	总铍	0.005
4	总铬	1.5	11	总银	0.5
5	六价铬	0.5	12	总 α 放射性	1 Bq/L
6	总砷	0.5	13	总 β 放射性	10 Bq/L
7	总铅	1			

表 3-13　　　　　　　　　　**部分第二类污染物最高允许排放浓度**　　　　　　单位:mg/L

序号	污染物	适用范围	一级标准	二级标准	三级标准
1	pH	一切排污单位	6~9	6~9	6~9
2	色度(稀释倍数)	一切排污单位	50	80	—
3	悬浮物(SS)	采矿、选矿、选煤工业	70	300	—
		脉金选矿	70	400	—
		边远地区砂金选矿	70	800	—
		城镇二级污水处理厂	20	30	—
		其他排污单位	70	150	400
4	五日生化需氧量(BOD₅)	甘蔗制糖、苎麻脱胶、湿法纤维板、染料、洗毛工业	20	60	600
		甜菜制糖、酒精、味精、皮革、化纤浆粕工业	20	100	600
		城镇二级污水处理厂	20	30	—
		其他排污单位	20	30	300
5	化学需氧量(COD)	甜菜制糖、合成脂肪酸、湿法纤维板、染料、洗毛、有机磷农药工业	100	200	1 000
		味精、酒精、医药原料药、生物制药、苎麻脱胶、皮革、化纤浆粕工业	100	300	1 000
		石油化工工业(包括石油炼制)	60	120	500
		城镇二级污水处理厂	60	120	—
		其他排污单位	100	150	500
6	石油类	一切排污单位	5	10	20
7	动植物油	一切排污单位	10	15	100
8	挥发酚	一切排污单位	0.5	0.5	2.0
9	总氰化合物	一切排污单位	0.5	0.5	1.0
10	硫化物	一切排污单位	1.0	1.0	1.0

表 3-14   部分行业第二类污染物最高允许排放量

序号	行业类别			最高允许排水量或最低允许排水重复利用率
1	矿山工业	有色金属系统选矿		水重复利用率75%
		其他矿山工业采矿、选矿、选煤等		水重复利用率90%(选煤)
		脉金选矿	重选	16.0 m³/t(矿石)
			浮选	9.0 m³/t(矿石)
			氰化	8.0 m³/t(矿石)
			碳浆	8.0 m³/t(矿石)
2	焦化企业(煤气厂)			1.2 m³/t(焦炭)
3	有色金属冶炼及金属加工			水重复利用率80%
4	石油炼制工业(不包括直排水炼油厂)	A. 燃料型炼油厂		>500万 t,1.0 m³/t(原油) 250~500万 t,1.2 m³/t(原油) <250万 t,1.5 m³/t(原油)
		B. 燃料+润滑油型炼油厂		>500万 t,1.5 m³/t(原油) 250~500万 t,2.0 m³/t(原油) <250万 t,2.0 m³/t(原油)
		C. 燃料+润滑油型+炼油化工型炼油厂(包括加工高含硫原油页岩油和石油添加剂生产基地的炼油厂)		>500万 t,2.0 m³/t(原油) 250~500万 t,2.5 m³/t(原油) <250万 t,2.5 m³/t(原油)
5	合成洗涤剂工业	氯化法生产烷基苯		200.0 m³/t(烷基苯)
		裂解法生产烷基苯		70.0 m³/t(烷基苯)
		烷基苯生产合成洗涤剂		10.0 m³/t(产品)
6	合成脂肪酸工业			200.0 m³/t(产品)
7	湿法生产纤维板工业			30.0 m³/t(板)
8	制糖工业	甘蔗制糖		10.0 m³/t
		甜菜制糖		4.0 m³/t
9	皮革工业	猪盐湿皮		60.0 m³/t
		牛干皮		100.0 m³/t
		羊干皮		150.0 m³/t
10	发酵、酿造工业	酒精工业	以玉米为原料	100.0 m³/t
			以薯类为原料	80.0 m³/t
			以糖蜜为原料	70.0 m³/t
		味精工业		600.0 m³/t
		啤酒行业(不包括麦芽水部分)		16.0 m³/t

（三）《工业企业厂界环境噪声排放标准》（GB 12348—2008）

1. 制定目的和实施时间

为贯彻《中华人民共和国环境保护法》和《中华人民共和国环境噪声污染防治法》，防治工业企业噪声污染，改善声环境质量，制定本标准。本标准环境保护部 2008 年 7 月 17 日批准。本标准自 2008 年 10 月 1 日起实施。

2. 适用范围

本标准规定了工业企业和固定设备厂界环境噪声排放限值及其测量方法。

本标准适用于工业企业噪声排放的管理、评价及控制。机关、事业单位、团体等对外环境排放噪声的单位也按本标准执行。

3. 工业企业厂界噪声排放限值

工业企业厂界环境噪声不得超过表 3-15 规定的排放限值。

表 3-15　　　　　　　　　　　工业企业厂界环境噪声排放限值　　　　　　　　单位：dB(A)

时段 厂界外声环境功能区类别	昼间	夜间
0	50	40
1	55	45
2	60	50
3	65	55
4	70	55

注：① 夜间频发噪声的最大声级超过限值的幅度不得高于 10 dB(A)。

② 夜间偶发噪声的最大声级超过限值的幅度不得高于 15 dB(A)。

③ 工业企业若位于未划分声环境功能区的区域，当厂界外有噪声敏感建筑物时，由当地县级以上人民政府参照 GB 3096 和 GB/T 15190 的规定确定厂界外区域的声环境质量要求，并执行相应的厂界环境噪声排放限值。

④ 当厂界与噪声敏感建筑物距离小于 1 m 时，厂界环境噪声应在噪声敏感建筑物的室内测量，并将表 3-15 中相应的限值减 10 dB(A) 作为评价依据。

（四）《锅炉大气污染物排放标准》（GB 13271—2014）

《锅炉大气污染物排放标准》（GB 13271—2014）适用于以燃煤、燃油和燃气为燃料的单台出力 65 t/h 及以下蒸汽锅炉、各种容量的热水锅炉及有机热载体锅炉；各种容量的层燃炉、抛煤机炉所排大气污染物的管理，以及锅炉建设项目环境影响评价、环境保护设施设计、竣工环境保护验收及其投产后的大气污染物排放管理。

本标准规定了锅炉烟气中颗粒物、二氧化硫、氮氧化物、汞及其化合物的最高允许排放浓度限值和烟气黑度限值。自 2014 年 7 月 1 日起，新建锅炉执行表 3-16 规定的大气污染物排放限值。

（五）《城镇污水处理厂污染物排放标准》（GB 18918—2002）

《城镇污水处理厂污染物排放标准》（GB 18918—2002），适用于城镇污水处理厂出水、废气排放和污泥处置（控制）的管理，规定了城镇污水处理厂出水、废气排放和污泥处置（控制）的污染物限值，其中基本控制项目主要包括影响水环境和城镇污水处理厂一般处理工艺可以去除的常规污染物和部分第一类污染物,共 19 项,必须执行。选择控制项目包括对环境有较长期影响或毒性较大的污染物,共计 43 项。

表 3-16 新建锅炉大气污染物排放浓度限值 单位:mg/m³

污染物项目	限值			污染物排放监控位置
	燃煤锅炉	燃油锅炉	燃气锅炉	
颗粒物	50	30	20	烟囱或烟道
二氧化硫	300	200	50	
氮氧化物	300	250	200	
汞及其化合物	0.05	—	—	
烟气黑度(林格曼黑度,级)	≤1			烟囱排放口

表 3-17 列出了水污染物基本控制项目常规污染物的不同级别的日均最高允许排放浓度限值。

表 3-17 基本控制项目最高允许排放浓度(日均值) 单位:mg/L

序号	基本控制项目		一级标准		二级标准	三级标准
			A	B		
1	化学需氧量(COD)		50	60	100	120①
2	生化需氧量(BOD₅)		10	20	30	60①
3	悬浮物(SS)		10	20	30	50
4	动植物油		1	3	5	20
5	石油类		1	3	5	15
6	阴离子表面活性剂		0.5	1	2	5
7	总氮(以 N 计)		15	20	—	
8	氨氮(以 N 计)②		5(8)	8(15)	25(30)	—
9	总磷 (以 P 计)	2005 年 12 月 31 日前建设的	1	1.5	3	5
		2006 年 1 月 1 日起建设的	0.5	1	3	5
10	色度(稀释倍数)		30	30	40	50
11	pH		6~9			
12	类大肠菌群数/(个/L)		10³	10⁴	10⁴	—

注:① 下列情况下去除率指标执行:当进水 COD>350 mg/L 时,去除率应大于 60%;BOD>160 mg/L 时,去除率应大于 50%。

② 括号外数值为水温>12 ℃时的控制指标,括号内数值为水温≤12 ℃时的控制指标。

表 3-17 中执行的三级标准的具体情况,2006 年 5 月 8 日修改单中规定,城镇污水处理厂出水排入国家和省确定的重点流域及湖泊、水库等封闭、半封闭水域时,执行一级标准的 A 标准,排入 GB 3838 地表水Ⅲ类功能水域(划定的饮用水源保护区和游泳区除外)、GB 3097 海水二类功能水域时,执行一级标准的 B 标准。城镇污水处理厂出水排入 GB 3838 地

表水Ⅳ、Ⅴ类功能水域或 GB 3097 海水三、四类功能海域,执行二类标准。非重点控制流域和非水源保护区建制镇的污水处理厂,根据当地经济条件和水污染控制要求,采用一级强化处理工艺时,执行三级标准。值得注意的是,按照行业标准与跨行业综合排放标准不交叉执行的原则,城镇污水处理厂排水不应再执行《污水综合排放标准》。

表 3-18 和表 3-19 分别列出了部分一类污染物的日均最高允许排放浓度限值和城镇污水处理厂废气的排放标准。表 3-18 中执行的三类标准是根据城镇污水处理厂所在地区的大气环境质量要求和大气污染物治理技术、设施条件划分的。位于 GB 3095 一类地区的所有(包括现有和新建、改建、扩建)城镇污水处理厂,执行一级标准。位于 GB 3095 二类地区的城镇污水处理厂,执行二类标准。

表 3-18　　　　　　　部分一类污染物最高允许排放浓度(日均值)　　　　　单位:mg/L

序号	项目	标准值	序号	项目	标准值
1	总汞	0.001	5	六价铬	0.05
2	烷基汞	不得检出	6	总砷	0.1
3	总镉	0.01	7	总铅	0.1
4	总铬	0.1			

表 3-19　　　　　厂界(防护带边缘)废气排放最高允许浓度(日均值)　　　单位:mg/m³

序号	控制项目	一级标准	二级标准	三级标准
1	氨	1.0	1.5	4.0
2	硫化氢	0.03	0.06	0.32
3	臭氧浓度(无量纲)	10	20	60
4	甲烷(厂区最高体积浓度%)	0.5	1	1

(六)《社会生活环境噪声排放标准》(GB 22337—2008)

社会生活环境噪声排放标准(GB 22337—2008)适用于营业性文化娱乐场所、商业经营活动中使用的向环境排放噪声的设备、设施的噪声管理、评价与控制。社会生活环境噪声排放源边界噪声不得超过表 3-20 规定的排放限值:① 在社会生活噪声排放源边界处无法进行噪声测量或测量的结果不能如实反映其对噪声敏感建筑物的影响程度的情况下,噪声测量应在可能受影响的敏感建筑物窗外 1 m 处进行;② 在社会生活噪声排放源边界与噪声敏感建筑物距离小于 1 m 时,应在噪声敏感建筑物的室内测量并将表中相应的限值减 10 dB(A)作为评价依据。

表 3-20　　　　　　社会生活环境噪声排放源边界噪声排放限值　　　　　单位:dB(A)

边界外声环境功能区类别	时　　段	
	昼间	夜间
0 类	50	40
1 类	55	45

边界外声环境功能区类别	时　　段	
	昼间	夜间
2 类	60	50
3 类	65	55
4 类	70	55

（七）《建筑施工场界环境噪声排放标准》（GB 12523—2011）

本标准适用于周围有敏感建筑物的建筑施工噪声排放的管理、评价及控制。市政、通信、交通、水利等其他类型的施工噪声排放可参照本标准执行，但不适用于抢修、抢险施工过程中产生噪声的排放监管（表 3-21）：① 夜间噪声最大声级超过限制的幅度不得高于 15 dB(A)；② 当场界距噪声敏感建筑物较近、其室外不满足测量条件时，可在噪声敏感建筑物室内测量，将表中相应的限值减 10 dB(A) 作为评价依据。

表 3-21　　　　　　　　　建筑施工场界环境噪声排放限值　　　　　　　　单位：dB(A)

昼间	夜间
70	55

思 考 题

1. 简要总结我国环境影响评价中的重要法律法规。
2. 简述环境基准与环境标准的概念。
3. 简述环境标准的作用。
4. 简述我国的环境标准体系及其分类。
5. 简述环境标准制定的原则、依据和主要环节。
6. 请列举我国常用环境质量标准和环境污染物排放标准。

第四章　环境评价方法与技术

第一节　环境评价方法的作用和分类

一、环境评价方法的作用

环境评价方法的作用：① 对环境质量现状及其价值进行描述和判断；② 分析人类活动与环境质量变异之间的关系，判断和描述未来环境质量变异及其价值改变；③ 对人类的各种活动方案进行比较和选择，为人类活动决策提供信息服务。

二、环境评价方法的类型

常见的环境评价方法类型划分如图 4-1 所示。

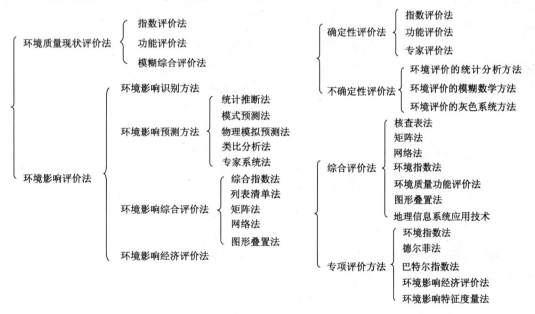

图 4-1　环境评价方法类型划分

三、选择评价方法的原则

(1) 根据环境评价目的和要求选择具体的环境评价方法。

(2) 尽量选用已成功应用过的评价方法,结合具体应用进行必要的修改和补充。

(3) 对完成评价任务来说应是实用的和满足经济性要求的。

(4) 所获结果应是客观的,具有可重复性。

(5) 应符合国家公布的评价技术规范、标准。

第二节 环境质量评价方法

一、环境质量指数评价法

(一) 单因子评价指数

单因子评价指数定义为评价因子的实际监测值与其对应的评价标准值的比值,即:

$$I_j = C_j / C_{sj} \tag{4-1}$$

式中 C_j, C_{sj} —— 第 j 种评价因子在环境中的观测值和评价标准。

单因子评价指数又称为单因子环境质量标准指数或单因子标准指数。一般污染物的单因子标准指数可采用式(4-1)计算,但 pH 值和 DO 的标准指数必须采用第七章第三节有关方法进行计算。

单因子评价指数是无量纲数,它表示某种评价因子在环境中的观测值相对于环境质量评价标准的程度,它随着观测值和评价标准而变化。

根据所选用的评价标准、计算方法和评价因子的观测值获取方式不同,将单因子指数分为以下几类。

1. 采用环境质量标准绝对值为评价标准的评价指数

这类指数主要是针对环境中的污染物进行评价,例如,国家对大气污染物、各种地表水、地下水的污染物、环境噪声都制定和颁布了分类分级的评价标准,用上式计算的单因子评价指标 I_j 表示这一污染物的超标倍数,其值越大,表示该因子的单项环境质量越差;$I_j = 1$ 表示环境质量处于临界状态。目前,环境质量评价中污染因子的单因子指数基本上都采用这种形式。

2. 采用环境质量标准相对值为评价标准的评价指数

这类指数主要针对环境中的非污染生态因子进行评价,因为生态因子的地域性很强,很难在大范围制定统一的国家标准。这类因子的评价标准通常采用评价范围内远离人群并且未受到人为影响的地点的环境质量作为评价标准,也可以是环境专家指定区域的环境质量作为评价标准。例如,土壤环境质量经常选用区域土壤背景值或者本底值来计算土壤污染指数。在生态评价中,经常选用指定环境质量较好的地点的标定值作为评价标准,来计算标定相对量作为评价指数,其表达式为:

$$P_i = B_i / B_{oi} \tag{4-2}$$

式中 B_i —— 植被生长量、生物量、物种量、土壤有机储量;

B_{oi} —— 植被标准生长量、标定相对的生物量、标定相对物种量、标定相对储量;所谓标定值是相对于对照点的环境质量而言的。

3. 采用环境质量相对百分数作为单因子评价指数

这类环境质量相对百分数目前越来越多地用在景观生态学评价和生物多样性评价中。由于这些数字本身已经是相对的，可以直接作为该因子的评价指数。例如，景观生态学通过空间结构分析及功能与稳定性分析评价生态环境质量。

4. 采用经验公式直接计算的单因子评价指数

这类指数计算中不直接采用评价标准，而是根据实测资料中污染参数与污染危害的关系，建立类似经验公式的指数计算公式，来求得无量纲的单因子污染指数。例如，SO_2 污染指数和烟雾系数（COH）污染指数有下列计算公式：

SO_2 污染指数：

$$a_1 S^{b_1} = 84.0 S^{0.431} \tag{4-3}$$

COH 污染指数：

$$a_2 C^{b_2} = 26.6 C^{0.576} \tag{4-4}$$

式中　S——SO_2 实测日均浓度，mg/m^3；

　　　C——实测日均烟雾系数，C_{OH} 单位/1 000；

　　　a_1，a_2，b_1，b_2——确定指数尺度的常数。

单因子环境质量指数只能代表单个环境因子的环境质量状况，不能反映环境要素以及环境综合质量的全貌，但它是其他各种环境质量分指数、环境质量综合指数的基础。

（二）多因子环境质量分指数

对于每一个待评价的环境要素，通常都需要对该要素中的多个因子的单因子评价指数进行综合，将多因子目标值组合成一个单指数，这就是该环境要素的多因子环境质量分指数。

目前，计算环境质量分指数的主要方法是对多个因子的单因子评价指数加权后综合。

1. 累加型分指数

累加型分指数是将多个具有可比性的单因子评价指数累加后得到的综合指数。根据累加的方式，又可以将其分为以下几种。

（1）简单累加式环境质量分指数：将多个单因子评价指数简单相加而得到的综合分指数，其计算公式为：

$$I = \sum_{j=1}^{n} I_j \tag{4-5}$$

式中　n——参与该环境要数分指数综合计算所涉及的评价因子的数；

　　　I_j——对应的单一因子评价指数。

例如，采用这种方式的分指数有大气污染综合指数 PINDEX。

（2）矢量累加式环境质量分指数：将多个单因子评价指数进行矢量累加所得到的综合分指数，其计算公式为：

$$I = \sqrt{\sum_{j=1}^{n} I_j^2 \cdot b} \tag{4-6}$$

采用这种方式的分指数有大气质量指数 MAQI、极值指数 EVI 等。

（3）加权累加式环境质量分指数：根据不同评价因子的环境特性，对每个单因子评价指数乘以权值系数后再进行简单累加或者矢量累加。其计算公式为：

$$I = \sum_{j=1}^{n} W_j I_j / \sum_{j=1}^{n} W_j \text{ 或者 } I = \sqrt{\sum_{j=1}^{n} W_j I_j^2 / \sum_{j=1}^{n} W_j} \qquad (4-7)$$

式中　W_j——各单因子评价指数对应的权系数，其值大于 0。

上述三种累加方式中，前两种可以看成是第三种方式权系数等于 1 的特例。

2. 幂函数累加型分指数

将多个具有可比性的单因子评价指数进行加权累加后取幂函数方式映射得到的综合指数，其计算公式为：

$$I = a \left(\sum_{j=1}^{n} W_j I_j \right)^b \qquad (4-8)$$

式中　a, b——系数和指数。

由于幂函数累加型分指数在后续处理中不如一般累加型分指数简单且意义明确，因此实际应用不多。

3. 兼顾极值的累加型分指数

简单累加型分指数和幂函数累加型分指数在加权累加时，对结果有一种平均化的效应，这样很容易掩盖某单因子评价指数极端不好时对环境质量评价的影响。例如，环境中有一种污染物严重超标，实际上对环境的影响很大，简单累加型分指数和幂函数累加型分指数都不能够反映出来。因此，在计算分指数时不仅要考虑 I_j 的平均值 $\overline{I_j}$，还应当兼顾 I_j 中的最大值 $\max I_j$，例如，内罗梅型多因子指数。

$$I = \sqrt{\frac{(\max I_j)^2 + (\overline{I_j})^2}{2}} \qquad (4-9)$$

4. 分指数计算中加权系数的确定

在目前的分指数计算中，线性加权累加方式由于具有简单、易理解、可比性好的特点，越来越得到人们广泛的使用。为了客观反映各个单因子指数对分指数的相对重要性，如何确定科学合理的权系数是分指数计算中非常重要的内容。

环境专家对环境问题的认识不同，其定权方法也不同，这就存在着一定的主观性。同时，分指数计算结果大多数方法是建立在各环境影响因子相对独立、互不相关的基础上，而且简化了各单因子之间的协同和拮抗作用。现在，首先给出分指数计算中权系数的确立方法。

(1) 应用单个因子观测值的统计资料来确定权值，其计算公式如下：

$$W_i = \frac{\sigma_i}{\sum \sigma_i} \qquad (4-10)$$

式中　σ_i——某因子观测值的标准值。

这种权系数随该因子观测值标准差的增大而加大，从评价的角度看，变化幅度大的评价因子理应给予较大权重。

(2) 应用单个因子的环境容量来确定权值

环境容量是指环境对某种环境污染物可容纳的程度，即污染物开始引起环境恶化的极限。其计算公式如下：

$$R_i = \frac{S_i - B_i}{B_i} \tag{4-11}$$

式中 S_i, B_i——该因子的评价标准和环境背景值；

R_i——环境可容纳量。

由于可容纳量越大，所容许的污染物的数量也就可以越大，对该因子评价时其权重系数就可以降低，即：

$$W_i = \frac{U_i}{\sum U_i} \tag{4-12}$$

式中，$U_i = 1/R_i$。

（3）应用环境化学或环境毒理学研究结果确定权值

从环境化学和环境毒理学角度来看，多种污染物的影响具有相加、协同、拮抗等联合作用，而能够导致生物体和人体出现毒副作用反应的污染物最小摄入量因人而异，这就给科学、合理、准确的评价带来较大的困难。国家颁布的污染物环境质量评价标准是综合考虑了这方面的结果，要求严格的因子，其评价标准值很小；反之，要求宽松的因子，其评价标准值较大。如果在计算污染因子综合分指数时，若以评价标准的倒数为权系数，则在某种程度上突出了重点控制的环境污染因子。其计算公式如下：

$$W_i = \frac{1/S_i}{\sum 1/S_i} \tag{4-13}$$

式中 S_i——该因子的评价标准。

（4）专家调查评分方法确定权值

由于专家对分指数中各种环境因子有一个全面而深刻的认识，能够根据评价的目的、范围、等级和规模给出各种环境因子在分指数中的相对重要性，从而可最终确定各因子的权值。

（5）主成分分析法确定权值

其基本思路是对高维变量系统进行综合和简化，将复杂的数集综合成指数。具体做法是在保证数据信息损失最小的前提下，经过线性变换和舍去一小部分次要信息，以少数新的综合变量取代原始采用的多维变量。

5. 其他多因子指数

（1）橡树岭大气质量指数

$$\text{ORAQI} = \left(5.7 \sum_{i=1}^{5} \frac{C_i}{S_i}\right)^{1.37} \tag{4-14}$$

式中 C_i——参与评价的污染物 24 h 环境平均浓度，mg/m^3；

S_i——相应的大气质量评价标准，mg/m^3。

ORAQI 规定采用 5 种污染物参与评价：SO_2、NO_x、CO、O_3 和 TSP。当环境浓度相当于未受污染的背景值时：ORAQI=10；当环境浓度等于评价标准时：ORAQI=100。

（2）美国大气污染指数

美国大气污染物标准指数 PSI 为二氧化硫、氮氧化物、一氧化氮、臭氧、颗粒物质以及二氧化硫与颗粒物质的单因子指数的乘积，共六项分指数，选择其中的最高值作为该日的大气污染标准指数 PSI，即

$$PSI = \max\{I_1, I_2, I_3, I_4, I_5, I_6\} \tag{4-15}$$

式中　I_1——二氧化硫指数；

　　　I_2——氮氧化物指数；

　　　I_3——一氧化氮指数；

　　　I_4——臭氧指数；

　　　I_5——颗粒物指数；

　　　I_6——二氧化硫指数与颗粒物指数的乘积。

（3）上海大气质量指数

$$I_{上海} = \sqrt{\max\left\{\frac{C_i}{C_{si}}\right\} \times \left(\frac{1}{n} \sum_{i=1}^{n} \frac{C_i}{C_{si}}\right)} \tag{4-16}$$

详细内容参见第六章大气环境影响评价第二节的有关内容。

（三）多要素环境质量综合因子

针对环境中某一要素的环境质量分指数评价方法，适用于地表水质评价、空气质量评价、土壤环境质量评价以及非污染生态环境质量评价等单要素。但是，一个区域的环境是由多种环境要素组成的复杂综合体系，例如，它包括大气、水、土壤、野生生物、生态系统、景观生态系统、社会经济环境等诸多方面。因此，要评价一个区域的环境质量，不仅要对其中的每个环境要素进行评价，还需要对一个区域的环境质量进行综合评价，以得出该地区环境总体质量状况。

相对而言，综合指数更宏观、层次更高、综合性更强，人们对它与各要素分指数的关系就比对分指数与分指数中单个因子的关系考虑得更简单一些。从目前国内外的环境质量评价实践来看，由多个要素的环境质量分指数产生环境质量综合指数的主要方法是对各分指数的线性加权累加，得到一个综合评价指数后，根据综合指数的范围对最终的评价对象确定其环境质量等级，而对分指数的非线性和相互耦合作用较少考虑。

在这些综合指数计算中，权值的确定仍然是方法的关键。最常见的权值确定方法有专家评分法、模糊综合评判法、层次分析法、主成分分析法等。

（四）环境质量指数的分级方法

环境质量分级一般是按一定的指标对环境质量指数范围进行分级的。

首先，要掌握污染状况变化的历史资料，弄清指数变化与污染状况变化的相关性；其次，确定出污染、重污染（质量差）、严重污染（危险）等几个突出的污染级别与相应的指数范围；然后，根据评价结果做具体分级，要做好环境质量分级，必须从实际出发，掌握大量的历史观测资料，并可借助其他地区已有的分级经验。根据所采用的权值方法的不同，环境质量指数的分级方法也不相同。

1. 总分法

设评价对象有 n 个因子，每个因子有一个评价指数 I_i，计算评价对象中各因子的总分之和。

$$I = \sum_{i=1}^{n} I_i \tag{4-17}$$

例如，$I_{综合} = I_{大气} + I_{地面水} + I_{地下水} + I_{土壤} + I_{其他}$

总分法按照 I 的大小对评价对象排出名次或确定环境质量级别。应用总分法计算分指数和综合指数进行评价分级和比较时,应满足以下条件:① 要求 n 值是确定的,即进行比较时,所选的因子数应该相同;② 各因子的单因子指数或者某要素分指数的分级标准和等级划分必须一致。

在用综合指数值来衡量环境系统的环境质量时,综合指数应当介于 $0\sim100$ 之间,将指数高低及其生态学影响综合考虑,将环境质量共分为五个污染等级,见表 4-1。

表 4-1　　　　　　　　　　　　　环境质量分级

环境质量总指数	环境污染等级	各环境要素污染状况
<1	清洁	各环境要素的污染一般均不超标
$1\sim5$	轻度	个别环境要素超标
$5\sim10$	中度	个别环境要素超标较多
$10\sim50$	严重	个别环境要素超标可达 10 倍以上
>50	极严重	个别环境要素超标可达 50 倍以上

而对应的大气、地下水、地表水等的环境质量评价指数的分级标准与综合总指数的分级标准基本一致,详见表 4-2。

表 4-2　　　　　　　　　　　　大气与地表水环境质量分级

级别	大气环境质量指数	地表水环境质量指数	级别	大气环境质量指数	地表水环境质量指数
清洁	$0\sim0.01$	<0.02	较重污染	$4.5\sim10$	$5.0\sim10$
微污染	$0.01\sim0.1$	$0.2\sim0.5$	严重污染	$10\sim50$	$10\sim100$
轻污染	$0.1\sim1.0$	$0.5\sim1.0$	极严重污染	>50	>100
中度污染	$1.0\sim4.5$	$1.0\sim5.0$			

2. 加权求和法

设评价对象有 n 个因子,每个因子有一个评价指数,计算评价对象中各因子的加权求和值为

$$I = \sum_{i=1}^{n} W_i I_i / \sum_{i=1}^{n} W_i \qquad (4\text{-}18)$$

式中　W_i——对应因子的权重系数。

加权求和的各单因子指数或某要素分指数的分级标准和等级划分应当与加权求和后的值的分级标准和等级划分一致。

二、环境质量模糊综合评价法

在很多情况下,环境质量评价等级难于用一个简单的数值来表示。例如,某些城市进行天气预报时,对第二天是否下雨会给出一个概率或可能性。这样既科学、合理,又有利于人们的理解和接受,对环境质量分级同样存在这种要求。因此,将模糊数学观点引入到环境评价中具有一定的实际意义。

（一）模糊集合的概念

对于一个集合，若存在一个子集 A，则空间任一元素 x 属于 A 或不属于 A，两者必居其一，用函数表示为 $A(x)$，叫作集合 A 的特征函数（或隶属函数），只取 0、1 两值。即

$$A(x) = \begin{cases} 1 & x \in A \\ 0 & x \notin A \end{cases} \tag{4-19}$$

将特征函数推广到模糊集合的 $[0,1]$ 区间，即可对模糊集合做如下定义。

定义：设给定区域 U，U 上的一个子集 A，对于任意元素 $x \in U$，都能够确定一个函数 $\mu_A(x) \in [0,1]$，用于表示 x 属于 A 的程度。$\mu_A(x)$ 称为 x 对 A 的隶属度。

由于常用的模糊子集是离散形式，故 A 可以表达为

$$A = \{\mu_A(x_1)/x_1, \mu_A(x_2)/x_2, \cdots, \mu_A(x_n)/x_n\} \tag{4-20}$$

式中，$x_1, x_2, x_3, \cdots, x_n \in U$。

模糊子集没有确定的边界，其集合形状是模糊的，但它有确定的隶属函数来表述。隶属函数既可以用数学公式描述，也可以人为方式确定。例如，在环境质量评价中，论域是评价的等级 V，常取 $V = （优，良，中，差，劣）$，它是由优、良、中、差、劣 5 个评语构成的集合。一个确切的评价就是从 V 中选定一个元素。但是，严格说来，环境评价不是确切的评价。同一个人面对同样的环境质量，往往会做出不同的评价；然而，不同的人面对同一环境质量也会有不同的看法。因此，环境评价应该是 V 的一个模糊子集，即优、良、中、差、劣均有，表现出实施程度上的差别。只有 30% 的人认为环境质量良好，70% 的人认为中等，这模糊评价的子集可写为

$$A = \{0/优, 0.3/良, 0.7/中, 0/差, 0/劣\} \tag{4-21}$$

（二）模糊集合运算

模糊集合运算方法与普通集合相似，有相等、余、并、交、代数积与代数和等基本运算。

1. 相等

域 U 上两个模糊子集 A、B 相等的充分必要条件是

$$\mu_A(x) = \mu_B(x) \tag{4-22}$$

2. 余

域 U 上两个模糊子集 A 的余记作 $\overline{A}$，其隶属度为 $\mu_{\overline{A}}(x)$，则定义

$$\mu_{\overline{A}}(x) = 1 - \mu_A(x) \tag{4-23}$$

例如，$A = \{0/0, 0.1/1, 0, 0.4/2, 0.7/3, 0.9/4, 1.0/5\}$，则余为

$$\overline{A} = \{1/0, 0.9/1, 0.6/2, 0.3/3, 0/1/4, 1.0/5\}$$

如果 A 为"二级环境质量"，则 B 为"非二级环境质量"。

3. 并

域 U 上两个模糊子集 A 和 B 的并集，记作 $A \cup B$，若令 $C = A \cup B$，则

$$\mu_C(x) = \max\{\mu_A(x), \mu_B(x)\} \tag{4-24}$$

也可以表示为 $\mu_C(x) = \mu_A(x) \vee \mu_B(x)$

例如，有 5 个监测点监测值超标的集合，其水质超标的集合为 A，空气质量超标的集合为 B，则有

$$X = [x_1, x_2, x_3, x_4, x_5]$$
$$A = \{0.2/x_1, 0.7/x_2, 1/x_3, 0/x_4, 0.5/x_5\}$$

$$B = \{0.5/x_1, 0.3/x_2, 0/x_3, 0.1/x_4, 0.7/x_5\}$$
$$A \bigcup B = \{0.2 \bigvee 0.5/x_1, 0.7 \bigvee 0.3/x_2, 1 \bigvee 0/x_3, 0 \bigvee 0.1/x_4, 0.5 \bigvee 0.7/x_5\}$$
$$= \{0.5/x_1, 0.7/x_2, 1/x_3, 0.1/x_4, 0.7/x_5\}$$

结果表示水质超标或空气质量超标的模糊集合。

4. 交

域 U 上两个模糊子集 A、B 的交集，记作 $A \bigcap B$，若令 $C = A \bigcap B$，则

$$\mu_C(x) = \min\{\mu_A(x), \mu_B(x)\} \tag{4-25}$$

也可以表示为
$$\mu_C(x) = \mu_A(x) \cdot \mu_B(x)$$

例如，仍以上例为例，则

$$A \bigcap B = \{0.2 \bigwedge 0.5/x_1, 0.7 \bigwedge 0.3/x_2, 1 \bigwedge 0/x_3, 0 \bigwedge 0.1/x_4, 0.5 \bigwedge 0.7/x_5\}$$
$$= \{0.2/x_1, 0.3/x_2, 0/x_3, 0/x_4, 0.5/x_5\}$$

结果表示水质超标且空气质量超标的模糊集合。

5. 代数积

域 U 上两个模糊子集 A、B 的代数积，记作 $A \cdot B$，若令 $C = A \cdot B$，则

$$\mu_C(x) = \mu_A(x) \cdot \mu_B(x) \tag{4-26}$$

例如，仍以上例为例，则

$$C = A \cdot B = \{0.2 \times 0.5/x_1, 0.7 \times 0.3/x_2, 1 \times 0/x_3, 0 \times 0.1/x_4, 0.5 \times 0.7/x_5\}$$
$$= \{0.1/x_1, 0.21/x_2, 0/x_3, 0/x_4, 0.35/x_5\}$$

6. 代数和

域 U 上两个模糊子集 A 和 B 的代数和，记作 $A \oplus B$，若令 $C = A \oplus B$，则

$$\mu_C(x) = \mu_A(x) + \mu_B(x) - \mu_A(x) \cdot \mu_B(x) \tag{4-27}$$

例如，仍以上例为例，则

$$C = \{0.7 - 0.1/x_1, 1 - 0.21/x_2, 1 - 0/x_3, 0.1 - 0/x_4, 1.2 - 0.35/x_5\}$$
$$= \{0.6/x_1, 0.79/x_2, 1.0/x_3, 0.1/x_4, 0.85/x_5\}$$

（三）模糊关系和模糊矩阵复合运算

模糊关系：两个域 X、Y 的积集记作 $X \times Y$，定义 $X \times Y$ 的一个模糊子集 R，R 称为 X 与 Y 的一个模糊关系，写成 $R: X \times Y \to [0,1]$，其关系特征可以用隶属函数 $\mu_R(x, y)$ 来表示。

隶属函数 $\mu_R(x, y)$ 可以用多种方法确定，例如，X 与 Y 的模糊关系可以用相关系数确定；环境中某污染物浓度与可评价等级的模糊关系可用隶属度来确定。如果 X、Y 为有限集合，可以用矩阵来表示 X 与 Y 之间的模糊关系。例如，$X =$（空气，水，土壤，生物），$Y =$（优，良，中，差，劣），则 X 与 Y 的模糊关系可通过各要素划分为对应评价等级的隶属度构成的模糊关系矩阵 R 来表达。

$$R = \begin{bmatrix} 0.0 & 0.3 & 0.7 & 0.0 & 0.0 \\ 0.0 & 0.18 & 0.45 & 0.37 & 0.0 \\ 0.0 & 0.0 & 0.7 & 0.3 & 0.0 \\ 0.0 & 0.2 & 0.6 & 0.2 & 0.0 \end{bmatrix} \begin{matrix} 空气 \\ 水体 \\ 土壤 \\ 生物 \end{matrix}$$
$$\quad 优 \quad 良 \quad 中 \quad 差 \quad 劣$$

在该模糊矩阵中，R_{ij} 表示第 i 个要素被评为第 j 级环境质量的可能性，即 i 对 j 的隶属度。

模糊矩阵运算:把模糊矩阵的乘法运算称为模糊矩阵的复合运算。

目前,模糊矩阵的复合运算有四种模型。

1. 模型 1[记作 $M1(\wedge,\vee)$]

设有两个模糊矩阵 A、B,其复合运算结果记为 $C=A\circ B$,则

$$C=\min[a_{ik},b_{kj}]=[a_{ik}\wedge b_{kj}] \tag{4-28}$$

例如,有两个模糊矩阵 A、B

$$A=\begin{bmatrix}0.8 & 0.7\\0.5 & 0.3\end{bmatrix} \qquad B=\begin{bmatrix}0.2 & 0.4\\0.6 & 0.9\end{bmatrix}$$

则 $\quad C=A\circ B=\begin{bmatrix}(0.8\wedge0.2)\vee(0.7\wedge0.6) & (0.8\wedge0.4)\vee(0.7\wedge0.9)\\(0.5\wedge0.2)\vee(0.3\wedge0.6) & (0.5\wedge0.4)\vee(0.3\wedge0.9)\end{bmatrix}=\begin{bmatrix}0.6 & 0.7\\0.3 & 0.4\end{bmatrix}$

$B\circ A=\begin{bmatrix}(0.2\wedge0.8)\vee(0.4\wedge0.5) & (0.2\wedge0.7)\vee(0.4\wedge0.3)\\(0.6\wedge0.8)\vee(0.9\wedge0.5) & (0.6\wedge0.7)\vee(0.9\wedge0.3)\end{bmatrix}=\begin{bmatrix}0.4 & 0.3\\0.6 & 0.6\end{bmatrix}$

2. 模型 2[记作 $M2(\cdot,\oplus)$]

设有两个模糊矩阵 A、B,其复合运算结果记为 $C=A\circ B$,则

$$C_{ij}=\sum_k(a_{ik}\cdot b_{kj})=(a_{i1}\cdot b_{1j})\oplus(a_{i2}\cdot b_{2j})\oplus\cdots\oplus(a_{in}\cdot b_{nj}) \tag{4-29}$$

其中,(代数积)乘积算子 $a\cdot b=ab$,(代数和)闭合加法算子 $a\oplus b=(a+b)\wedge1$。

例如,仍用上例,则有

$C=A\circ B=\begin{bmatrix}(0.8\cdot0.2)\oplus(0.7\cdot0.6) & (0.8\cdot0.4)\oplus(0.7\cdot0.9)\\(0.5\cdot0.2)\oplus(0.3\cdot0.6) & (0.5\cdot0.4)\oplus(0.3\cdot0.9)\end{bmatrix}=\begin{bmatrix}0.58 & 0.95\\0.28 & 0.47\end{bmatrix}$

3. 模型 3[记作 $M3(\cdot,\vee)$]

设有两个模糊矩阵 A、B,其复合运算结果记为 $C=A\circ B$,则

$$C_{ij}=(a_{ik}\cdot b_{kj})=(a_{ik}\cdot b_{kj}) \tag{4-30}$$

例如,仍用上例,则有

$C=A\circ B=\begin{bmatrix}(0.8\cdot0.2)\vee(0.7\cdot0.6) & (0.8\cdot0.4)\vee(0.7\cdot0.9)\\(0.5\cdot0.2)\vee(0.3\cdot0.6) & (0.5\cdot0.4)\vee(0.3\cdot0.9)\end{bmatrix}=\begin{bmatrix}0.42 & 0.63\\0.18 & 0.27\end{bmatrix}$

4. 模型 4[记作 $M4(\wedge,\oplus)$]

设有两个模糊矩阵 A、B,其复合运算结果记为 $C=A\circ B$,则

$$C_{ij}=\sum_k(a_{ik}\wedge b_{kj})=(a_{i1}\wedge b_{1j})\oplus(a_{i2}\wedge b_{2j})\oplus\cdots\oplus(a_{in}\wedge b_{nj}) \tag{4-31}$$

例如,仍用上例,则有

$C=A\circ B=\begin{bmatrix}(0.8\wedge0.2)\oplus(0.7\wedge0.6) & (0.8\wedge0.4)\oplus(0.7\wedge0.9)\\(0.5\wedge0.2)\oplus(0.3\wedge0.6) & (0.5\wedge0.4)\oplus(0.3\wedge0.9)\end{bmatrix}=\begin{bmatrix}0.8 & 1.0\\0.5 & 0.7\end{bmatrix}$

比较四种模型的计算结果,$M4(\wedge,\oplus)$不能突出主要因素,在环境评价中不宜采用,其他三种均可采用,$M1(\wedge,\vee)$和 $M2(\cdot,\oplus)$计算结果比较接近。

5. 模糊综合评价

模糊综合评价的计算步骤如下:

第一步:建立评价对象的因素集 $U=\{u_1,u_2,\cdots,u_n\}$,因素就是参与评价的 n 个因子的数值。

第二步:建立评价集 $V=\{v_1,v_2,\cdots,v_n\}$。其中 V 是 U 相应的评价标准分级的集合。

第三步：找出因素域 U 与评价域 V 之间的模糊关系矩阵 $R：U×V→[0,1]$，R 称为单因素评价矩阵。于是，(U,V,R) 构成综合评价模型。

第四步：综合评价，由于对 U 中各因素有不同的侧重，需要对每个因素赋予不同的权重，可表示为 U 上的一个模糊子集 $A = \{a_1/u_1, a_2/u_2, \cdots, a_n/u_n\}$，并且规定 $\sum a_i = 1, a_i \geqslant 0$。在 R 与 A 求出后，则综合评价为

$$B = A \circ R \tag{4-32}$$

式中，B 为 V 上的一个模糊子集，即 $B = \{b_1/v_1, b_2/v_2, \cdots, b_n/v_n\}$，如果 $\sum b_j \neq 1$，则将其归一化处理。

模糊评价方法对分指数和综合指数的计算都适用。

第三节　环境影响识别和预测方法

一、环境影响识别方法

环境影响识别就是要找出所受到影响的环境因素，以使环境影响预测减少盲目性、环境影响综合分析增加可靠性、污染防治对策具有针对性。

（一）环境影响因子的识别

首先要弄清楚该工程影响地区的自然环境和社会环境状况，确定环境影响评价的工作范围；在此基础上，根据工程的组成、特性及其功能，结合工程影响地区的特点，从自然环境和生活环境两个方面，选择需要进行影响评价的环境因子。

（二）环境影响程度的识别

工程建设项目对环境因子的影响程度可以用等级划分来反映，按不利影响与有利影响两类分别划分级别。

1. 不利影响

不利影响通常用负号表示，按环境敏感程度划分。环境敏感程度是指在不损失和不降低环境质量的情况下，环境因子对外界压力的相对计量，例如可以划分为五个等级。

（1）极端不利：外界压力引起某环境因子无法替代、恢复与重建的损失，这种损失是永远的，不可逆的。

（2）非常不利：外界压力引起某个环境因子严重而长期的损害或者损失，其替代、恢复和重建非常困难和昂贵，并且需要很长的时间。

（3）中度不利：外界压力引起某个环境因子的损害和破坏，其替代和恢复是可能的，但相当困难并且可能要比较高的代价和比较长的时间。

（4）轻度不利：外界压力引起某个环境因子的轻微损失或者是暂时性破坏，其再生、恢复与重建可以实现，但需要一定的时间。

（5）微弱不利：外界压力引起某个环境因子暂时性破坏和受到干扰，其敏感度中的各项是人类能够忍受的，环境的破坏和干扰能够较快地自动恢复或者再生，或者其替代与重建比较容易实现。

2. 有利影响

有利影响一般用正号表示，按照对环境与生态产生的良性循环、提高的环境质量，产生

的环境经济效益程度而确定等级,例如,可以分为微弱有利、轻度有利、中等有利、大有利、特有利五级。

在划定环境因子受影响的程度时,对于受影响程度的预测要尽可能客观,必须认真做好环境的本底调查,同时要对建设项目必须达到的目标及其相应的技术指标有清楚的了解。然后预测环境因子由于环境变化而产生的生态影响,人群健康影响和社会经济影响,确定影响程度的等级。

(三)环境影响识别的方法

环境影响识别是定性地判断开发活动可能导致的环境变化以及由此引起的对人类社会的效应,要找出所有受影响(特别是不利影响)的环境因素,使环境影响预测减少盲目性,环境影响综合分析增加可靠性,污染防治对策具有针对性。环境影响识别常用的方法是核查表法。当影响类型复杂时,可采用矩阵法、网络图法等。

1. 核查表法

核查表法又称列表清单法或一览表法,是最常用的环境影响识别方法,由利特(Little)等1971年提出,利用开列清单的方法,将受开发方案影响的环境因子和可能产生的环境影响在一张表单上一一列出的识别方法,可以鉴别出开发行为可能会对哪一种环境因子产生影响。根据表单的具体形式,常用的有简单型核查表和描述型核查表。某单条内陆公路建设项目环境影响的简单型核查表见表4-3,某工业建设项目环境影响的描述型核查表见表4-4。

表 4-3　　　　某单条内陆公路建设项目环境影响的简单型核查表

可能受影响的环境因子	可能产生影响的性质								
	不利影响					有利影响			
	短期	长期	可逆	不可逆	局部	大范围	短期	长期	显著	一般
水生生态系统		*		*	*					
森林		*		*	*					
渔业		*								
稀有及濒危物种		*		*		*				
陆地野生生物		*		*		*				
空气质量	*				*					
路上运输								*	*	
社会经济								*	*	
……										

注:表中符号 * 表示有影响。

2. 矩阵法

Leopold等在1971年为进行水利工程等建设项目的环境影响评价创立了矩阵法。矩阵法由清单法发展而来,它将清单中所列内容,按因果关系、系统加以排列,并把开发行为和受影响的环境要素组成一个矩阵,在开发行为和环境影响之间建立起直接的因果关系。矩阵法的特点是简明扼要,将行为与影响联系起来评估,以直观的形式表达了拟议活动或建设项目的环境影响。矩阵法不仅具有环境影响识别功能,还有影响综合分析评价功能,可以定量或半定量地说明拟议的工程行动对环境的影响。目前已广泛应用于铁路、公路、水电、供水系统、输油、输气、输电、矿山开发、流域开发、区域开发、资源开发等工程项目和开发项目的环境影响评价中。矩阵法可以分为相关矩阵法（或关联矩阵法）和迭代矩阵法两大类。其中应用较广泛的是相关矩阵法。

表 4-4　　　　　　　　　　某工业建设项目环境影响的描述型核查表

环境要素	可能产生影响的性质及程度					主要影响因素和污染因子
	有利影响	无明显不利影响	一般不利影响	较严重不利影响	严重不利影响	
大气				√		燃烧烟气和工业废气排放：烟尘、SO_2、乙醛、乙二醇、聚醚
地表水				√		生产和生活废水排放：pH、COD_{Cr}、SS、乙醛、氨氮、磷酸盐
声			√			设备噪声、施工噪声
土壤		√				固废排放
景观		√				土地利用方式、建筑
社会经济	√					经济发展、就业岗位

（1）相关矩阵法

一般相关矩阵的横轴列出一项开发行动所包含的对环境有影响的各种活动，纵轴列出所有可能受开发行动的各种活动影响的环境因子，某项开发活动可能对某一环境要素产生的影响，在矩阵相应交叉点标注出来，同时综合考虑环境影响的程度和重要性。影响程度可以划分为若干个等级，如 5 级或 10 级，用数字表示，若分为 10 级，则"10"表示影响程度最大，"1"表示影响程度最小。工程对环境产生有利影响时，冠以"＋"，产生不利影响时，冠以"－"。影响的重要性用 1～10 的数字表示，"10"表示影响最重要，"1"表示影响重要性最低。

假设 M_{ij} 表示开发行为 j 对环境要素 i 的影响，W_{ij} 表示环境因素 i 对开发行为 j 的权重。则所有开发行为对整个环境要素 i 的总影响为 $\sum_{i=1}^{m} M_{ij} \cdot W_{ij}$；开发行为 j 对整个环境的总影响为 $\sum_{i=1}^{n} M_{ij} \cdot W_{ij}$；所有开发行为对整个环境的影响为 $\sum_{j=1}^{m} \sum_{i=1}^{n} M_{ij} \cdot W_{ij}$。表 4-5 是某开发项目的环境影响相关矩阵。

表 4-5　　　　　　　　　各开发行为对环境要素的影响（按矩阵法排列）

环境要素	居住区改变	水文排水改变	修路	噪声和振动	城市化	平整土地	侵蚀控制	园林化	汽车绕行	总影响
地形	8(3)	－2(7)	3(3)	1(1)	9(3)	－8(7)	－3(7)	3(10)	1(3)	3
水循环使用	1(1)	1(3)	4(3)			5(3)	6(1)	1(10)		47
气候	1(1)				1(1)					2
洪水稳定性	－3(7)	－5(7)	4(3)			7(3)	8(1)	2(10)		5

环境要素	居住区改变	水文排水改变	修路	噪声和振动	城市化	平整土地	侵蚀控制	园林化	汽车绕行	总影响
地震	2(3)	−1(7)			1(1)	8(3)	2(1)			26
空旷地	8(10)		6(10)	2(3)	−10(7)			1(10)	1(3)	89
居住区	6(10)				9(10)					150
健康和安全	2(10)	1(3)	3(3)		1(3)	5(3)	2(1)		−1(7)	45
人口密度	1(3)			4(1)	5(3)					22
建筑	1(3)	1(3)	1(3)		3(3)	4(3)	1(1)		1(3)	34
交通	1(3)		−9(7)		7(3)				−10(7)	−109
总影响	180	−47	42	11	97	31	−2	70	−68	314

注：表中数字表示影响大小；1 表示没有影响，10 表示影响最大；负数表示不利影响，正数表示有利影响；括号内数字表示权重，数值越大权重越大。

（2）迭代矩阵法

相关矩阵是在开发活动与环境因子间建立起直接的因果关系，因此只能识别出直接影响，而不能判断环境系统中错综复杂的交叉和间接影响，于是又产生了迭代矩阵。迭代矩阵是在相关矩阵的基础上，将识别出的显著影响在形式上当作"行为"来处理，再与各环境因素间建立相关矩阵，得出全部的二级影响，此即为迭代。

迭代矩阵法的步骤如下：首先列出开发活动（或工程）的基本行为清单及基本环境因素清单；然后将两清单合成一个关联矩阵，把基本行为和基本环境因素进行系统地对比，找出全部"直接影响"，即某开发行为对某环境因素造成的影响；最后将进行影响评价的每个"影响"都给定一个权重 G，区分"有意义影响"和"可忽略影响"，以此反映每个影响的大小。

迭代矩阵形式上较复杂，应用很少，通常所说的矩阵法实际上只是指相关矩阵。迭代矩阵进一步发展成为网络图法，成为识别、评估间接和累积环境影响时常用的一种方法。

3. 网络图法

网络图是一种能够将定性与定量分析相结合的新型多目标决策方法，在环境影响评价中可以用网络图来表示开发活动造成的环境影响以及各种影响之间的因果关系，将多级影响逐步展开，呈树枝状，因此又称为影响树或关系树。典型的网络图如图 4-2 所示。

网络图法实际上是迭代矩阵的延伸，但比迭代矩阵直观明了。它描绘了一个有因果关系的网络或网络中的环境或社会的各种组分，让使用者通过一系列链接关系追踪原因和结果，可以识别开发活动带来的多种影响；追踪由直接影响对其他环境要素产生的间接影响，从而确定某项开发活动对各个环境要素、生态系统和人类社会的多重影响的累积，成为环境影响评价中识别开发活动产生累积效应的原因和结果关系的最佳方法，能间接地说明各种直接变化和次级影响之间的交互作用。

网络图法不但可以识别，还可以通过定量半定量的办法对环境影响进行预测和评价，即在网络的箭头上标出该路线发生的概率，并将网络路线重点的影响赋予权重（正面影响权重为正、负面影响权重为负），然后计算该网络各个路线的权重期望，对各个替代方案进行排序比较，从而得出评价结果。

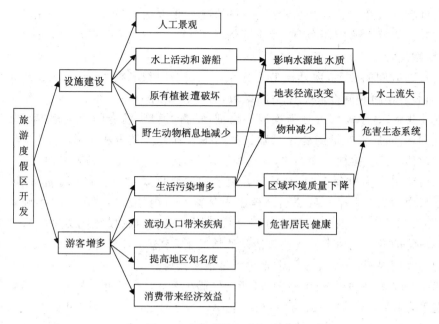

图 4-2　环境影响网络示意图

4. 图形叠置法

美国生态规划师麦克哈格最早提出图形叠置法。此法最初应用于手工作业,在一张透明图片上画出项目位置及评价区域的轮廓基图。另有一份可能受建设项目影响的当地环境要素一览表,由专家判断各环境要素受影响的程度和区域。每一个待评价的因素都有一张透明图片,受影响的程度可以用一种专门的黑白色码阴影的深浅来表示。将表征各种环境要素受影响情况的阴影图叠置到基图上,就可以看出该项目工程的总体影响。不同地址的综合影响差别可由阴影的相对深度表示。

图形叠置法直观性强、易于理解,适用于空间特征明显的开发活动,尤其在选址、选线的建设项目上有着得天独厚的优势。但是手工叠图有明显的缺陷,如当评价因子过多时,透明图数量激增,使得颜色杂乱,难以分辨;另外简单的叠置不能体现评价因子重要性的区别。随着科技发展,图形叠置法开始借助于计算机,逐渐成为地理信息系统可视化技术中的一部分,由此克服了手工叠图存在的缺点,图形叠置法的环境影响评估优势日益显现。

二、环境影响预测方法

经过环境影响识别后,主要受影响的环境因子已经确定,这些环境因子在人类活动开展以后,究竟受到多大影响,需要进行环境影响预测。预测环境影响时应尽量选用通用、成熟、简便并能满足准确度要求的方法,同时应分析所采用的环境影响预测方法的适用性。目前使用较多的预测方法主要有数学模型法、物理模拟法、类比分析法和专业判断法。

(一)数学模型法

1. 数学模型的分类

数学模型广泛应用于环境影响预测中,通过对评价对象变化规律的研究并用数学语言加以描绘,建立起数学模型以定量地预测。数学模型法能给出定量的预测结果,但需一定的计算条件和输入必要的参数、数据。一般情况下此方法比较简便,应首先考虑。选用数学模型时要注意模型的应用条件,如实际情况不能很好满足模型的应用条件而又拟采用时,要对模型进行修正并验证。

按变量与时间的关系,数学模型可分为动态模型和稳态模型,前者的变量状态是时间的函数,而后者不随时间变化。按空间维数,数学模型可分为零维、一维、二维和三维。按变量的变化规律,数学模型可分为确定性模型和随机模型,前者的变量都遵循某种确定的规律变化和运动,后者变量的变化是随机的。按求解方法及方程形式,数学模型可分为解析模式和数值模式。按性质和结构,数学模型可分为白箱、灰箱和黑箱三种。

白箱模型又称为机理模型,它是以客观事物的变化规律为基础建立起来的,适用范围广。如牛顿力学三大定律在低速运动范围内是普遍适用的。根据质量平衡和动力学过程建立各种形式的微分方程和偏微分方程是最常用的建立白箱模型的方法。只有对所要描述的客观事物的变化机理掌握得比较清楚的情况下,才有可能建立白箱模型。由于对客观事物认识的深度限制,一个完全的白箱模型是很难获得的。

黑箱模型又称为输入-输出模型,属于纯经验模型,在人们尚不了解客观事物的变化机理的情况下,根据系统的输入、输出数据建立各个变量之间的关系,完全不考虑其内在机理。该模式往往针对一个具体的系统或一个具体的状态而建立,适用范围非常有限。建立黑箱模型需要大量的输入和输出数据,这些数据的正确与否、代表性决定模型的可靠性和适用性。

灰箱模型又称半机理模型,在人们对客观事物的机理认识还不够充分,只知道各因素之间的定性关系,并不确切知道定量的关系,还需要一些经验系数对因素进行定量化表达的情况下,建立起来的一种半经验半理论模型。例如,摩擦计算公式 $f=aF$ 中,摩擦力 f 与正压力 F 成正比例关系,但它们之间量的关系还需要借助一个摩擦系数 a 确定。a 的数值取决于材料表面的粗糙度等因素,一般不易由推理获得,只能由实验确定。灰箱模型建立时,首先根据研究对象内各变量之间的物理的、化学的和生物学过程建立起原则关系,然后根据输入、输出数据确定待定参数的数值。目前,环境影响预测分析中所适用的数学模型,大多属于灰箱模型,如高斯模型、S-P 模式等。

2. 环境系统数学模型的建立

环境系统数学模型的建立过程实际上是对环境系统内在行为规律的认知过程,必须经过实践、抽象、实践的多次反复才能得到一个实用的模型。建立环境系统模型,一般需要经历以下几个阶段。

(1) 准备阶段:在建模开始前,必须弄清楚问题的背景、建模的目的,尽可能详细全面地收集与建模有关的资料,例如,环境质量背景资料、监测资料、污染源资料、污染物排放资料等。

(2) 系统认识阶段:对于复杂的系统,首先需要一个概略图来定性地描述系统,并假定有关的成分和因素、系统环境的界定以及设定系统适当的外部条件和约束条件。对于有若干子系统的系统,通常确定子系统,画出分图来表明它们之间的联系,并描述各个子系统的输入/输出(I/O)关系。在这个阶段应当注意精确性和简化性有机结合的原则,通常系统范围外延大、变量多、子系统繁乱会导致模型的呆板、求解困难、确定性降低;反之,系统变量的集结程度过高,使一些决定性因素被省略,从而导致模型失真。这其中有一个变量单位尺度选取的问题,许多变量值在一定的适当的单位尺度范围内才能够显现出其变化的规律性。例如,多数河流在某一点的瞬时流速是随机脉动的,若以秒为时间单位来观察流速的时间变化则毫无规律可言,而如果将时间的单位尺度放大到小时或天,就可以看到一个较为稳定的平均流速随时间的变化规律;如果继续放大,则所显现的规律还会被淹没掉。这里将能使变量的变化规律显现出来的单位尺度称为特征尺度。特征尺度不仅可以减少模型中参数的个数,而且可以帮助人们抓住模型的本质并判定有关因素的重要性。

（3）系统建模阶段:在建立模型之前,通常根据系统的特性和建模目的做一些必要的假设;在此基础上,根据自然科学和社会科学的理论和方法,建立一系列的数学关系式。模型的建立需要各相关学科知识的综合,微积分、微分方程、线性代数、概率统计、图与网络、排队论、规划论、对策论等数学知识是建模的基础,而专业学科知识则是有力的工具。

（二）物理模拟法

人们除了应用数学分析工具进行理论研究外,还可以在实验室或现场通过直接对物理、化学、生物过程测试来预测人类活动对环境的影响,这类方法称为物理模拟法。物理模拟法常用于研究变化机理。确定模型参数,从而构建数学模型。物理模拟法定量化程度较高,再现性好,能反映比较复杂的环境特征,但需要有合适的实验条件和必要的基础数据,且制作复杂的环境模型需要较多的人力、物力和时间。在无法利用数学模型法预测而又要求预测结果定量精度较高时,应选用此方法。

物理模拟法的最大特点是采用实物模型（非抽象模型）来进行预测,该方法的关键在于原型与模型的相似。相似通常考虑几何相似、运动相似、热力相似和动力相似。物理模拟法可分为野外模拟和室内模拟两类。

野外模拟是在研究现场采用实验方式开展模拟,如示踪物浓度测量法、光学轮廓法等。

示踪物浓度测量:通过在现场施放示踪物,跟踪监测其在环境中的浓度分布,从而获得物质在空间和时间上的变化规律。示踪物的选择直接影响示踪物浓度测量法能否成功,示踪物必须无毒、稳定、易于检测,常用的示踪剂有荧光类如罗丹明 B,同位素类如 ^{82}Br 等。

光学轮廓法:按一定的采样时段拍摄照片（或录像）,获得污染物在介质中的瞬时存在状态,通过对照片的分析和对比来粗略地得出污染物的迁移转化情况。

野外模拟能直接真实地反映环境质量的变化,但是其花费巨大,施放的物质对于环境而言易造成二次污染,而且实验条件难以控制,因此开展的更多的是室内模拟。

室内模拟是基于相似性原则,在实验室构建野外环境的实物模型,根据模型尺度的不同,又包括微宇宙（环境）模拟和风洞实验等。

微宇宙模拟:在室内建立结构和功能与被研究系统相似的按一定比例缩小的实物系统,用来模拟被研究系统的运行机理。微宇宙模拟总体分为陆生微宇宙模拟、水生微宇宙模拟和湿地微宇宙模拟。

风洞实验:人工产生和控制气流,模拟环境中气体的流动,量度气流对物体的作用以及观察物理现象的试验,是进行空气动力学实验最常用、最有效的方法。其优点是流动条件容易控制,可重复、经济地取得实验数据。为使实验结果准确,实验时的流动必须与实际流动状态相似,但由于风洞尺寸和动力的限制,在一个风洞中同时模拟所有的相似参数是很困难的,通常是按所要研究的课题,选择一些影响最大的参数进行模拟。

（三）类比分析法

这是最简单的主观预测方法。它是将拟建工程对环境的影响在性质上做出全面分析和在总体上做出判断的一种方法。其基本原理是将拟建工程同选择的已建工程进行比较，根据已建工程对环境产生的影响，作为评价拟建工程对环境影响的主要依据。

类比分析法是一种比较常用的定性和半定量评价方法。类比对象是进行对比分析或者预测评价的基础，也是该法成败的关键。一般来说，类比对象的选择条件如下：

（1）具有与评价的拟建工程相似的自然地理环境，例如，地理位置相似、地质和气候条件相似、环境特征相似。

（2）具有与评价的拟建工程相似的工程性质、工艺和规模。

（3）类比工程应具有一定的运行年限，所产生的影响已基本全部显现。类比对象确定后，需要选择和确定类比因子及指标，并对类比对象开展调查与评价，然后分析拟建项目与类比对象的差异。根据将类比对象同拟建项目比较，做出类比分析结论。

类比分析法的基本步骤如下：

（1）类比工程和拟建工程的环境状况调查。首先要对拟建工程的自然环境和社会环境的现状进行全面调查，然后对已建工程现状及其本底资料进行全面调查研究。

（2）对调查的资料进行分析，分析资料时应按照不同因子，逐项进行，特别是对受影响较大的因子，要进行十分细致的分析，以便为类比分析打好基础。

（3）进行比较。将拟建工程与类比工程在自然环境、社会环境等方面逐项进行比较。特别要注意类比工程未建之前的环境状况与拟建工程的环境现状的比较。根据类比工程环境影响预测成果和评价结论，分析拟建工程建成后可能产生的环境影响的性质和程度，并做出对拟建工程的环境影响评价结论。

由于环境问题的复杂性，类比分析法可更多地用于生态环境影响识别和评价因子筛选、预测生态环境问题的发生与发展趋势及其危害、确定环保目标和寻求最有效最可行的环境保护措施等方面。

（四）专业判断法

进行环境影响预测时，常常会遇到一些问题：① 缺乏足够的数据、资料，无法进行客观的统计分析；② 影响因素复杂，找不到适当的预测模型；③ 某些环境因子难以用数学模型定量化（如对人文遗迹、自然遗迹与"珍贵"景观的环境影响）；④ 由于时间、经济的条件限制等，不能进行客观的预测，此时只能用主观预测的方法。专业判断法是以专家经验为主的主观预测方法，能够定性地反映建设项目的环境影响。

最简单的专业判断法是专家意见调查，可通过组织专家咨询会、论证会，或通过发放专家意见调查表来征求专家的意见。专家会议的形式更容易达成一致意见，但是成本较高，而且容易因权威专家的意见而未能充分表达相反意见；而调查表法成本低，每个专家都能充分发表自己的意见，但是不容易达成一致，往往由于调查者对各种意见的处理方式不同而得到不同的结果。为避免这些问题，可采用一类特殊的专家咨询法——德尔菲法（Delphi）。

德尔菲法是美国兰德公司于 1964 年首次用于技术预测的，也可用于识别、综合、决策。此法通过围绕某一主题让专家们以匿名方式充分发表其意见，并对每一轮意见进行汇总、整理和统计，并作为反馈材料发给专家，供他们做进一步的分析判断、提出新的论证。经过多次反复,论证不断深入,意见日趋一致,可靠性越来越大。由于建立在反复的专家咨询基础之上,专家意见通过价值判断不断向有益方向延伸,最后的结论往往具有权威性,为决策科学化提供了途径。德尔菲法的关键首先在于专家的选择(包括人数与素质),一个专家集团应该充分反映一个完整的知识集合;其次,评价主题与涉及事件要集中、明确,紧紧围绕价值关系开展讨论,并注意不要影响专家意见的充分发表,组织者在反馈材料中不应加入自己的意见;最后,专家咨询结果的处理和表达方式也十分重要,要统计专家意见的集中程度和协调程度,以及专家的积极性系数和权威程度。

第四节　环境质量预测基本数学模型

一、污染物在环境介质中的运动特征

(一)污染物迁移扩散作用类型

污染物进入流体后,在流体中得到迁移和扩散。根据自然界流体运动的不同特点,污染物可形成不同形式的迁移扩散类型。例如,在河流中,污染物的迁移扩散可分为推流迁移和分散作用。分散作用又可分为分子扩散、紊流扩散和弥散。

1. 推流迁移(对流迁移)

推流迁移是指污染物在气流或水流作用下产生的转移作用。推流作用只改变污染物所在位置,并不能降低污染物的浓度。

在推流作用下污染物的迁移通量的数学表达式为:

$$f_x = u_x C, \quad f_y = u_y C, \quad f_z = u_z C \tag{4-33}$$

式中　f_x, f_y, f_z——x, y, z 方向上的污染物推流迁移通量,$ML^{-2}T^{-1}$;

　　　u_x, u_y, u_z——x, y, z 方向上的水流速度分量,LT^{-1};

　　　C——污染物在河流水体中的浓度,ML^{-3}。

2. 分散作用

污染物在气流或水流中的分散作用包括三方面的内容:分子扩散、湍流扩散和弥散。

(1) 分子扩散

分子扩散是由分子的随机运动引起的质点分散现象。分子扩散过程符合费克第一定律,即分子扩散的质量通量与扩散物质的浓度梯度成正比,其数学表达式:

$$m_{mx} = -D_m \frac{\partial C}{\partial x}, \quad m_{my} = -D_m \frac{\partial C}{\partial y}, \quad m_{mz} = -D_m \frac{\partial C}{\partial z} \tag{4-34}$$

式中　m_{mx}, m_{my}, m_{mz}——x, y, z 方向上分子扩散的污染物质量通量,$ML^{-2}T^{-1}$;

　　　D_m——分子扩散系数,L^2T^{-1};

　　　C——分子扩散所传递的污染物的浓度,ML^{-3}。

上式中的负号表示质点的迁移指向负梯度的方向。

(2) 湍流扩散

湍流扩散,又叫紊流扩散,是在湍流流场中质点的各种状态(流速、压力、浓度等)的瞬时值相对于其平均值的随机脉动而导致的分散现象。当流体质点的紊流瞬时脉动速度为稳定的随机变量时,紊流(湍流)扩散可以用费克第一定律表达,即

$$m_{tx} = -D_{tx}\frac{\partial \overline{C}}{\partial x}, \quad m_{ty} = -D_{ty}\frac{\partial \overline{C}}{\partial x}, \quad m_{tz} = -D_{tz}\frac{\partial \overline{C}}{\partial x} \tag{4-35}$$

式中　m_{tx}, m_{ty}, m_{tz}——x, y, z 方向上由湍流扩散所导致的污染物的质量通量，$ML^{-2}T^{-1}$；

　　　D_{tx}, D_{ty}, D_{tz}——x, y, z 方向上的湍流扩散系数，$L^2 T^{-1}$；

　　　$\overline{C}$——通过湍流扩散所传递物质的时平均浓度，ML^{-3}。

（3）弥散

弥散作用是由于横断面上实际的流速分布不均匀引起的分散作用，在用断面平均流速描述实际的污染物迁移扩散时，就必须考虑一个附加的、由流速不均匀引起的作用——弥散。弥散作用可定义为：由空间各点湍流流速（或其他状态）的时平均值与流速时平均值的空间平均值的系统差别所产生的分散现象。弥散作用只有在取湍流时平均值的空间平均值时才发生。

弥散作用所导致的质量通量也可以用费克第一定律来描述，其数学表达式为：

$$m_{dx} = -D_{dx}\frac{\partial \overline{C}}{\partial x}, \quad m_{dy} = -D_{dy}\frac{\partial \overline{C}}{\partial y}, \quad m_{dz} = -D_{dz}\frac{\partial \overline{C}}{\partial z} \tag{4-36}$$

式中　m_{dx}, m_{dy}, m_{dz}——x, y, z 方向上由弥散作用所导致的污染物的质量通量，$ML^{-2}T^{-1}$；

　　　D_{dx}, D_{dy}, D_{dz}——x, y, z 方向上的弥散系数，$L^2 T^{-1}$；

　　　$\overline{C}$——湍流时平均浓度的空间平均值，ML^{-3}。

（二）污染物的衰减和转化

进入水环境中的污染物可分为两大类：保守物质和非保守物质。

保守性物质进入水环境以后，随着水流的运动仅发生推流迁移和分散作用而降低其初始浓度，但不会因此改变污染物总量。重金属和很多高分子有机化合物都属保守物质。

非保守性物质进入水环境以后，除了随水流流动发生迁移扩散外，还因自身衰变或由于化学、生物化学作用不断减少其物质的总量。放射性物质就属于非保守性物质。

实验和实际观测数据都证明，污染物在水环境中的衰减过程可用式（4-37）表示。

$$\frac{dC}{dt} = -kC \tag{4-37}$$

式中　C——污染物浓度，ML^{-3}；

　　　t——反应时间，T；

　　　k——反应速率常数，T^{-1}。

二、污染物在环境介质中迁移扩散基本微分方程

设环境介质中任一点 $P(x, y, z)$，在此点周围作一微小体积单元，其边长分别为 Δx，$\Delta y, \Delta z$，以 u 表示流速，在三个方向上的分量为 u_x, u_y, u_z，C 表示污染物的浓度。那么推流迁移的通量为：

$$f = uC \tag{4-38}$$

在三个方向上的分量分别为：

$$f_x = u_x C, \quad f_y = u_y C, \quad f_z = u_z C \tag{4-39}$$

现将分子扩散系数、湍流扩散和弥散作用合并为一分散项，即

$$m = -D\frac{\partial C}{\partial s} \tag{4-40}$$

在三个方向上的分量分别为：

$$m_x = -D_x \frac{\partial C}{\partial x}, \quad m_y = -D_y \frac{\partial C}{\partial y}, \quad m_z = -D_z \frac{\partial C}{\partial z} \tag{4-41}$$

总的迁移通量为：

$$F = f + m \tag{4-42}$$

在 x 方向上的总迁移通量为：

$$F_x = u_x C + \left(-D_x \frac{\partial C}{\partial x}\right) \tag{4-43}$$

因此，在 x 方向上的迁移扩散方程则为：

$$\frac{\partial C}{\partial t}\Big|_x = -\frac{\partial F_x}{\partial x} = -\frac{\partial}{\partial x}(u_x C) + \frac{\partial}{\partial x}\left(D_x \frac{\partial C}{\partial x}\right) \tag{4-44}$$

在均匀流场中，u_x，D_x 都可以作为常数来处理，则上面的一维迁移扩散方程可写作：

$$\frac{\partial C}{\partial t} = D_x \frac{\partial^2 C}{\partial x^2} - u_x \frac{\partial C}{\partial x} \tag{4-45}$$

若考虑污染物在微小体积单元内发生一级衰减反应，则

$$\frac{\partial C}{\partial t} = -\frac{\partial}{\partial x}(u_x C) + \frac{\partial}{\partial x}\left(D_x \frac{\partial C}{\partial x}\right) - kC \tag{4-46}$$

在均匀流场中写成：

$$\frac{\partial C}{\partial t} = D_x \frac{\partial^2 C}{\partial x^2} - u_x \frac{\partial C}{\partial x} - kC \tag{4-47}$$

二维的迁移扩散方程：

$$\frac{\partial C}{\partial t} = -\left[\frac{\partial}{\partial x}(u_x C) + \frac{\partial}{\partial y}(u_y C)\right] + \frac{\partial}{\partial x}\left(D_x \frac{\partial C}{\partial x}\right) + \frac{\partial}{\partial y}\left(D_y \frac{\partial C}{\partial y}\right) \tag{4-48}$$

二维模型多应用于大型河流、河口、海湾、浅湖中，也用于线源大气污染物迁移扩散中。

在环境介质处于稳定流动状态，污染源连续稳定排放条件下，环境介质中的污染物在某一空间位置的浓度不会随时间变化，此时 $\frac{\partial C}{\partial t}=0$，即得二维稳定迁移扩散方程(4-49)。

$$0 = -\left[\frac{\partial}{\partial x}(u_x C) + \frac{\partial}{\partial y}(u_y C)\right] + \frac{\partial}{\partial x}\left(D_x \frac{\partial C}{\partial x}\right) + \frac{\partial}{\partial y}\left(D_y \frac{\partial C}{\partial y}\right) \tag{4-49}$$

当 $\frac{\partial C}{\partial t} \neq 0$ 时为非稳定方程。

在污染物迁移扩散过程中，可以加入污染物质量或取出污染物质量，前者称为"源"，后者称为"汇"。具有源汇项的二维迁移扩散方程见式(4-50)。

$$\frac{\partial C}{\partial t} = -\left[\frac{\partial}{\partial x}(u_x C) + \frac{\partial}{\partial y}(u_y C)\right] + \frac{\partial}{\partial x}\left(D_x \frac{\partial C}{\partial x}\right) + \frac{\partial}{\partial y}\left(D_y \frac{\partial C}{\partial y}\right) + S \downarrow \tag{4-50}$$

如果在空间三个方向上都存在浓度梯度，可以用类似方法得出三维基本模型：

$$\frac{\partial C}{\partial t} = -\left[\frac{\partial}{\partial x}(u_x C) + \frac{\partial}{\partial y}(u_y C) + \frac{\partial}{\partial z}(u_z C)\right] + \frac{\partial}{\partial x}\left(D_x \frac{\partial C}{\partial x}\right) + \frac{\partial}{\partial y}\left(D_y \frac{\partial C}{\partial y}\right) + \frac{\partial}{\partial z}\left(D_z \frac{\partial C}{\partial z}\right)$$

$$\tag{4-51}$$

三维模型大量应用在大气污染物扩散模拟预测中。

三、定解问题的建立

(一)定解问题的构成

定解问题通常是由微分方程或方程组和定解条件构成的,而定解条件又包括初始条件和边界条件。由微分方程或方程组刻画污染物迁移扩散所遵循的基本规律,由定解条件刻画实际情况。只有两者有机结合,才能求出具体污染物迁移扩散模拟预测问题的解。定解问题的构成可以概括为:

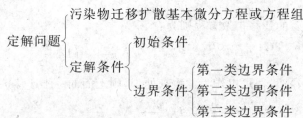

(二)定解问题求解需提供的信息

(1)符合实际环境问题的微分方程或方程组;

(2)方程中的有关参数,如紊流扩散系数、弥散系数等;

(3)污染物迁移扩散的范围,有些问题的边界可以是无限的;

(4)初始条件,对非稳定污染物迁移扩散问题,用来表示初始状态;

(5)边界条件,研究区与周围环境的相互制约关系,污染物浓度或迁移量在边界上应满足的条件。

(三)定解问题的建立

例 4-1　试建立满足下列条件的污染物在环境介质(如河流)中迁移扩散的定解问题。① 污染物一维的非稳定迁移扩散,且无衰减转化作用;② 研究域为 $[0,+\infty)$;③ 整个研究域内污染物的初始浓度为 0;④ 在 $x=0$ 处有污染源,污染物的排放浓度为 C_0,在 x 为无穷远处,浓度为 0;⑤ 假设为均匀流。

解:

$$\begin{cases} \dfrac{\partial C}{\partial t}=D_x\dfrac{\partial^2 C}{\partial x^2}-u_x\dfrac{\partial C}{\partial x}, x\in[0,+\infty], t\in[0,+\infty] \\[2mm] C(x,t)\Big|_{t=0}=0, x\in[0,+\infty] \\[2mm] C(x,t)\Big|_{t=0}=C_0, t\in[0,+\infty] \\[2mm] C(x,t)\Big|_{x\to\infty}=0, t\in[0,+\infty] \end{cases}$$

第五节　环境评价的 GIS 技术

一、地理信息系统的定义

(一)信息

信息(Information)是用数字、文字、符号、语言等介质来表示事件、事物、现象等的内容、数量或特征。信息向人们提供关于现实世界新的事实知识,作为生产、管理、经营、分析和决策的依据。

(二) 地理信息

地理信息(Geographic Information)是指与所研究对象空间地理分布有关的信息,它表示地表物体和环境固有的数据、质量、分布特征、联系和规律。

(三) 信息系统

信息系统(Information System)是具有采集、处理、管理和分析数据能力的系统,它能为单一的或有组织的决策过程提供各种有用信息。信息系统的四大功能为数据采集、管理、分析和表达。更简单地说,信息系统是基于数据库的问答系统。

由于计算机技术的飞速发展及计算机应用的普及,不同应用领域的各种信息系统相继出现,且种类繁多,从系统结构及处理方法看,主要分为下列几种:

(1) 管理信息系统(Management Information System,MIS):是一种基于数据库的回答系统,它往往停留在数据级上支持管理者,如人事管理信息系统、财务管理信息系统、产品销售信息系统等。

(2) 决策支持系统(Decision Support System,DSS):是在 MIS 基础上发展起来的一种信息系统,它不仅为管理者提供数据支持,还提供方法和模型的可能支持,并对问题进行仿真和模拟,从而辅助决策者进行决策。

(3) 智能决策支持系统(Intelligent Decision Support System,IDSS):是在决策支持系统中进一步引入人工智能(artificial intelligence,AI)技术,如专家系统(expert system,ES)可解决非结构化问题,提高系统决策自动化程度。

(4) 空间信息系统(Spatial Information System,SIS):是对空间数据进行采集、储存、管理和分析的信息系统。由于空间数据的特殊性,空间信息系统的组织结构及处理方法有别于一般信息系统。

(5) 地理信息系统(Information System,GIS):是一种特定而又十分重要的空间信息系统,它是以采集、储存、管理、分析和描述整个或部分地球表面(包括大气层在内)与空间和地理分布有关的数据的空间信息系统。

地理信息系统是一门多技术交叉的空间信息科学。它依赖于地理学、测绘学、统计学等基础学科,又取决于计算机硬件与软件技术、航天技术、遥感技术和人工智能与专家系统技术的进步与成就。它的内容主要包括:① 有关的计算机软、硬件;② 空间数据的获取;③ 空间数据的表达及数据结构;④ 空间数据的处理;⑤ 空间数据的管理;⑥ 空间数据分析;⑦ 空间数据的显示与可视化;⑧ GIS 的应用;⑨ GIS 项目的管理、开发、质量保证与标准化;⑩ GIS 机构设置与人员培训等。

地理信息系统又是一门以应用为目的的信息产业,它的应用可深入到各行各业,特别是在自然资源和环境等方面展现出很强的能力和独特的效果,已成为发达国家从事经济规划、管理以及环境评价与保护的一种现代化手段。

二、地理信息系统在环境评价中的应用

(1) 构建数据库系统。包括环境标准和环境法规数据库、区域自然与社会经济信息数据库、区域环境质量信息与污染源信息数据库、工程项目信息数据库等。环境影响评价中环境基础数据的收集是十分关键的环节,基于 GIS 的环境基础信息数据库的建立有助于简化数据收集工作,而且通过规范的数据管理能够保证数据的可获得性、可靠性,甚至是数据的可视性,GIS 的数据库系统能大大提高环境影响评价工作的效率和效果。

(2)环境监测。利用 G1S 技术对环境监测网络进行设计,环境监测收集的信息又能通过 GIS 适时存储和显示,并对所选评价区域进行详细的场地监测和分析。

(3)环境质量现状与影响评价。GIS 能够集成与场地和建设项目有关的各种数据及用于环境评价的各种模型,具有很强的综合分析、模拟和预测能力,适合作为环境质量现状分析和辅助决策工具。GIS 还能根据用户的要求,方便地输出各种分析和评价结果、报表和图形。

(4)集成预测模型。环境预测模型一般具有明显的时空特性,如二维或三维的水质模型、大气扩散模型、污染物在地下水中扩散的模型等,但这些环境模型在空间数据的操作尤其是结果显示方面比较困难,而 GIS 正是有空间分析和可视化这样的优势,因此可通过对 GIS 的二次开发,将预测模型整合到 GIS 中。GIS 和环境影响预测模型分属于两个领域,但两者的结合无疑有助于多种环境影响评价问题的解决和 GIS 的丰富与完善。一方面,由于 GIS 用于环境模型研究,三维显示、空间分析能力、空间模拟能力得到加强;另一方面,GIS 的介入会使环境模型的检验、校正更加容易,提高环境模型的应用效率。

(5)环境风险评价。地理信息系统凭借其出色的空间分析能力和可进行二次开发的特点,在人们应对突发事故的工作中可以发挥重要作用。它可以实现风险源的记录、污染物迁移的预测、事故发生后应对措施在时间和空间方面的安排以及风险评价等功能,均能对快速的应急反应决策提供有效的支持。

(6)选线、选址评价。利用地理信息系统强大的空间分析功能和图形显示功能,可以作为选线、选址的辅助工具。在选线、选址的评价中,地理信息系统一般是和土地利用适宜性或生态适宜性分析方法结合,通过多种指标筛选得出目标范围内一系列与拟议项目相关度较高的指标集,同时在地理信息系统软件中将目标区域网格化,指标就作为单元网格的属性。无论是单指标评价还是多指标的综合评价,其结果都能以图层的方式进行显示,根据显示的结果与拟议选址相符性的分析可得出选址合理或者不合理的结论,另外 GIS 的缓冲区分析和最短线路分析的功能更为具有特殊要求的选线、选址问题提供了很好的解决问题的途径。

(7)环境影响后评估。GIS 具有很强的数据管理、更新和跟踪能力,能协助检查和监督环境影响评价单位和工程建设单位履行各自职责,并对环境影响预测进行事后验证。

三、环境评价中常用的 GIS 软件

1. ESRI 系列软件

ESRI 公司(Environmental Systems Research Institute Inc.)于 1969 年成立于美国加利福尼亚州的 Redlands 市,公司主要从事 GIS 工具的开发和 GIS 数据生产。

ArcGIS 产品系列包括:ArcView. ArcEditor、ArcInfo. ArcSDE、ArcIMS. ArcObjects,ArcGIS 8 扩展模块包括 ArcGlS Spatial Analyst、ArcGIS 3D Analyst、ArcGIS Geostatistical Analyst、ArcPress for ArcGIS、ArcGIS streepMap 和 MrSID Encoder for ArcGIS。

ESRI 公司的 ArcGIS 软件在环境系统领域的应用非常广泛,常见的应用有环境的评估

研究、资源循环利用监测、水体质量、大气质量、污染检测与扩散评估、大气和臭氧监测评估、放射性危险评估、地下水保护、建设许可评价、海湾保护、点源和非点源水污染分析、生物资源分析和监测、水源保护、潮间栖息地分析、生态区域分析、危险物扩散的紧急反应。

2. Mapinfo 产品系列

Mapinlo 公司成立于美国特洛伊(Troy)市,成立以来,该公司主要提供数据可视化、信息地图化技术,其早期的产品主要是桌面地图信息系统软件 Mapinfo。近年来,随着技术的进步,Mapinfo 已由过去单一的产品,发展为支持 C/S、B/S、Wireless,包含空间 Web 发布系统、数据库引擎、路径搜索引擎、中间件产品等多层次的产品体系框架。

Mapinfo 产品系列包括:Mapinfo Professional、Mapinfo Basic、MapinfoMapXtreme for Windows、MapinfoMapXtreme for Java、MapinfoMapX、MapinfoMapXtend、MapinfoSpatialware、Routing J Server。

3. MapGIS 产品系列

MapGIS 系列产品由中地公司开发。该公司从 20 世纪 80 年代开始涉足 GIS 的研究,包括:MapCAD 彩色地图编辑出版系统、MapGIS 地理信息系统、WebGIS 解决方案-MapGIS-IMS、环保地理信息系统(MapGIS Environment Information System)。这些产品适用于环境管理、环境质量监测和环境质量评价。其主要功能为:

(1)地理数据和专业数据管理:基础底图是在 MapGIS 电子地图产品基础上编辑而成;可动态建立图形属性库,并对已有属性进行管理、维护操作。通过开放式数据库接口,可充分利用环保系统已有的数据库资源。

(2)污染资源管理:利用 GIS 技术,提供具备空间信息管理、信息处理和直观表达能力的应用。污染源信息的综合查询,为有关的评价、预测、规划、计划决策等提供信息服务。其检索查询功能,可对行政区划、年份等进行条件统计汇总,统计结果可用表格、统计图、文字等多种方式表示。

(3)动态数据成图:系统可根据测量得到的数据,对区域环境状况进行直观表示,绘制平面、立体等值线图。数据可生成饼图、柱状图、线状图等;能动态外挂图、文、声、像等多媒体数据,通过地理数据实现地貌三维显示。

(4)环境质量监测:系统分为对大气、水、噪声、固体废弃物、土壤及农作物等方面的监测。其主要功能是:专题的监测点位图的显示,点位查询,区域查询,信息查询,全区环境分布,全区或个别点环境平均状况随时间的变化情况等。地图化功能可自动生成交通线上的噪声污染图、功能区噪声图等。

(5)评价模型:系统利用 GIS 和 ODBC 开发技术,实现了大气环境领域的五种经典空气质量模型,较准确地对当前大气环境质量及影响进行评价,为环境污染治理提供支持和参考。系统的输出结果直观,并具有一定统计功能,可存储多次(按用户需求),评价结果可供用户参考、比较。

4. SuperMap GIS

SuperMap 软件系列产品是由北京超图地理信息技术有限公司开发的,包括:SuperMap、SuperMap IS、eSuperMap、SuperForm、SuperMapDeskpro、SuperMap Survey、SuperMap SDX、SuperMap Atlas、SuperMap Editor。

5．GeoStar

GeoStar（吉奥之星）是武汉测绘科技大学开发的、面向大型数据管理的地理信息系统软件，包括：GeoStar、GeoGrid、GeoTIN、GeoImager、GeoImageDB、GeoSurf、GeoScan。

思 考 题

1．环境评价方法的主要作用有哪些？

2．选择环境评价方法的原则有哪些？

3．环境质量指数评价法主要有哪些方法？各自的适用条件和特点有哪些？

4．简要说明环境质量模糊综合评价法的计算步骤。

5．简述环境影响识别的方法。

6．环境影响预测的主要方法有哪些？说明各种方法的适用条件和特点。

7．污染物在环境介质中的迁移扩散作用类型有哪些？简述各自的特点和表达式。

8．污染物在环境介质中迁移扩散的定解问题的建立主要包括哪几个方面的内容？

9．简要说明 GIS 在环境评价中的作用。

10．试建立满足下列条件的描述污染物迁移扩散的定解问题。① 污染物一维、非稳定迁移扩散；② 无衰减转化运动；③ 假设为均匀流；④ 污染物迁移、扩散为一维半无限长；⑤ $t=0$ 时，整个区域内不含污染物；⑥ 从 $t=0$ 到 $t=t_1$ 这段时间内，从边界 $x=0$ 处连续注入污染物浓度为 C_0 的流体，t_1 之后注入非污染的净水；⑦ 在 x 为无穷远处，浓度设为 0。

第五章　污染源评价与工程分析

第一节　污染源概述

一、污染源的概念

污染源是指对环境产生污染影响的污染物的来源,即指向环境排放或者释放有害物质或者对环境产生有害影响的场所、设备和装置。在开发建设和生产过程中,凡以不适当浓度、数量、速率进入环境系统而产生污染或降低环境质量的物质和能量,称为污染物。污染源向环境中排放污染物是造成环境问题的根本原因。

二、污染源的分类

由于污染物的来源、特性、结构形态等不尽相同,因此污染源分类系统也不一样。不同的污染源类型,对环境的影响方式和程度也不同。

(一)按产生污染物的来源分类

(1)自然污染源:可分为生物污染源(如寄生虫、病原体等)和非生物污染源(如火山、地震、泥石流岩石等)。

(2)人为污染源:可分为生产性污染源(如工业、农业、交通运输和科研实验等)和生活污染源(如住宅、旅游、宾馆、餐饮、医院、商业等)。

(二)按污染源对环境要素的影响分类

(1)大气污染源:按污染源的形式可分为高架源、地面点源、线源和面源;也可以按照移动性划分为固定源(锅炉房等)和移动源(汽车等)。

(2)水体污染源:按受影响的对象可分为地表水污染源、地下水污染源与海洋污染源等;按源的形式可分为点源和非点源(或面源)。

(3)土壤污染源。

(4)生物污染源:按受污染对象可分为农作物污染源、动物污染源、森林污染源等。

(三)按污染物性质分类

(1)物理性污染物:噪声、振动、热、紫外光、激光、微波、放射性(α,β,γ)辐射等。

(2)化学性污染物:气态污染物如 SO_2 和 NO_x 等,水污染物如 BOD 和油类等,固态污染物如重金属矿渣等。

（3）生物性污染物：病毒、致病菌、寄生虫卵等。

（4）综合性污染物：烟尘、废渣、病畜等。

（四）按照生产行业分类

在人为污染源中，又可根据污染源产生污染物的特性不同，将污染源分为四大类：

（1）工业污染源：包括冶金、动力、化工、造纸、纺织印染、食品等工业。

（2）农业污染源：包括农药、化肥、农业废弃物等。

（3）生活污染源：包括住宅、医院、饭店等。

（4）交通污染源：包括汽车、火车、飞机、轮船等。

第二节　污染源调查

一、污染源调查的目的

一般把获得污染源资料的过程称为污染源调查。要了解环境污染的历史和现状，预测环境污染的发展趋势，污染源调查是一项必不可少的工作，它是环境评价工作的基础。通过调查，掌握污染源的类型、数量及其分布，掌握各类污染源排放的污染物的种类、数量及其随时间变化的状况。并在调查的基础上，经过数据计算、分析，对污染源作出评价，确定一个区域内的主要污染物和主要污染源，然后提出切合实际的污染控制和治理方案。因此，污染源调查是环境评价工作的基础。

二、污染源调查内容

污染源调查包括自然污染源和人为污染源的调查，其中人为污染源又包括工业污染源、农业污染源、生活污染源和交通污染源等。

（一）工业污染源调查

1. 生产管理

（1）概况调查：企业名称、企业性质、企业规模、地理位置、占地面积、职工总数、投产时间、产品种类、产量、产值等。

（2）工艺调查：工艺流程、工艺参数、工艺水平、设备水平。

（3）能源、原材料调查：燃料、原材料的种类、产地、成分、消耗量（单耗、总耗）、资源利用率、电耗。

（4）水源调查：供水类型、水源、供水量、单耗、总耗、水的利用率。

（5）生产布局调查：原料、燃料堆场、水源、车间、办公室、厂区、居住区、堆渣区、排污口、绿化带、污水排放系统等的平面布置。

（6）管理调查：管理体制、人员编制、管理制度、管理水平及经济指标等。

2. 污染物排放与治理

（1）污染物排放调查：种类、数量、成分、浓度、性质，绝对排放量（日、年），排放方式、规律、途径、事故排放情况及其原因，排放口位置、类型、数量、控制方式，排放污染物的工艺、部位，副反应产生的条件（温度、压力等）及发生的副反应产物种类、数量及排放点等。

（2）污染防治调查：工艺改革、回收利用、管理措施预防污染的情况，废水、废气和固体废物处理、处置方法，方法来源、投资、运行费用、效果，管理体制及编制、改进措施，今后污染防治规划方案。

（二）农业污染源调查

农业常常是环境污染的主要受害者，同时，当施用农药、化肥不合理时也产生环境污染；此外，农业废弃物等也可能造成环境污染。

1. 农业生产（一方面受工业部门排放污染物的污染，另一方面又造成污染。）

（1）农药使用情况的调查：农药品种、使用剂量、方式、时间、施用总量、年限、有效成分含量、稳定性等。

（2）化肥使用情况的调查：使用化肥的品种、数量、方式、时间，每亩平均施用量，以推算其流失量。

（3）农业废弃物处置：农作物秸秆、牲畜粪便的产量及其处理和处置方式，综合利用情况，农用机油渣流失情况等。

（4）水土保持：当地水土保持和表土流失情况等。

（5）农业机械使用情况：调查汽车、拖拉机台数、耗油量，行驶范围和路线，其他机械的使用情况等。

2. 禽畜饲养和水产养殖业

（1）禽、畜饲养种类、数量，饲养工艺，用水和排水量，禽畜粪便排放量、排放方式，其他废物排放量，粪便与废物的处理技术、处理效果，综合利用情况，处理后废水、废渣的出路等。

（2）水产养殖场养殖的品种、数量，养殖工艺，养殖池换水量、换水频率，排放的废水量与有机污染物浓度，是否有处理设施，采用的工艺，污染物去除率，等等。

（三）生活污染源调查

（1）城市居民人口调查：总户数、总人口、分布、密度、居住环境等。

（2）城市居民用水和排水调查：居民用水类型（集中供水、自备水）、不同居住环境用水量（新建住宅小区、旧城区、生活、办公、宾馆、饭店、学校、医院等），不同居住环境排水量、排水方式、污水去向。

（3）城市垃圾量调查：种类、数量、垃圾点分布、清洁环卫机构位置和管辖范围。

（4）民用燃料调查：燃料构成（煤、煤气、液化气）、燃料来源、成分、供应方式、年使用量、使用方式、人均燃料消耗量等。

（5）城市垃圾、污水处理方法调查：城市垃圾种类、成分、构成、总量及人均垃圾量，垃圾场的分布、运输方式、处置方式，处置站自然环境、处理量、处理效果，投资费用、管理人员及水平；城市污水总量、处置方式、污水处理厂数量、分布、处理方式、处理量、处理效果、投资运转维护费用及效益。

（四）交通污染源调查

交通污染源包括汽车、飞机、船舶、火车等。它所排放的污染物有：行驶时排出的废气、发出的噪声；运载有毒、有害物质泄漏或清洗时的物尘、污水，运行途中机油、燃油泄漏等。

（1）噪声的调查

调查内容包括车辆种类、数量、交通流量，路面级别、两侧设施和绿化情况，噪声的时空分布、噪声等级等。

（2）尾气调查

调查内容包括车辆（包括飞机、船舶）的种类、数量、年耗油量、单耗油指标、燃油构成（汽油、柴油、有铅、无铅）、成分（硫、四乙基铅）、排气量、排气成分。

（3）对汽车场和火车车辆段洗车厂排放废水水质、水量的调查等。

（4）事故污染调查：历史上污染事故发生次数、事故原因、事故情况和后果。

在开展各种污染源调查时，应同时调查污染源周围自然环境和社会环境，前者包括地质、地貌、水文、水质、气象、空气质量、土壤、生物等，后者包括居民区、水源地、风景区、名胜古迹、工业区、农业区、林业区等。

三、污染源调查工作程序

一般污染源调查可以分为三个阶段：

（1）准备阶段：这个阶段主要是明确调查目的、制订调查计划、建立调查组织、培训调查人员、进行调查的物资准备和进行试点调查。

（2）调查阶段：包括社会调查、实地监测和理论计算等。

（3）总结阶段：包括调查数据的整理分析、建立档案、进行评价和提交文字报告。

污染源调查程序具体可见图 5-1。

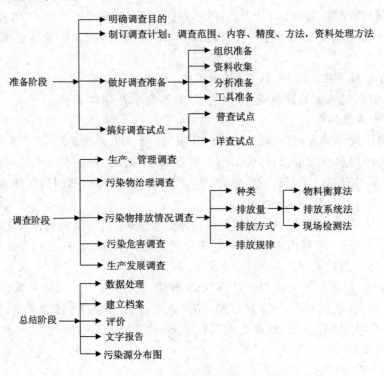

图 5-1　污染源调查程序

四、污染源调查方法

污染源调查的基本方法是社会调查,包括印发各种调查表,召开各种类型的座谈会收集意见和数据,到现场调查、访问、采样和测试等。

为做好污染源调查,可采用点面结合的方法,分为普查和详查两种。把区域内所有污染源进行全面调查称为普查,把重点污染源调查称为详查。

(1)普查:首先从有关部门查清区域或流域内的工矿、交通运输等企、事业单位名单,采用发放调查表的方法对各单位的规模、性质和排污情况作概略调查。对于农业污染源和生活污染源也可到主管部门收集农业、渔业和禽畜饲养业的基础资料、人口统计资料、给排水和生活垃圾排放等方面资料,通过分析和推算得出本区域和流域内污染物排放的基本情况。在普查基础上筛选出重点污染源,再进行详查。

(2)详查:重点污染源是指污染物排放种类多(特别是含危险性污染物)、排放量大、影响范围广、危害程度大的污染源。一般来说,重点污染源排放的主要污染物量占调查区域或流域内总排放量的60%以上。

在详查工作中,调查人员要深入现场实地调查和开展监测,并通过计算取得翔实和完整的数据。经过详查和普查资料的综合,总结出区域污染源调查的情况。

五、污染物排放量的估算

在污染源调查与工程分析中,都涉及污染物排放量、排放浓度等的计算,污染物排放量的计算是污染源调查的核心。确定污染物排放量的方法有三种,即物料衡算法、排污系数法和实测法。这三种方法各有其特点,应用时可以根据具体情况,选择其中的一种方法进行污染物排放量和排放浓度的估算。

(一)物料衡算法

物料衡算法是用于计算污染物排放量的常规和最基本的方法,在具体建设项目产品方案、工艺路线、生产规模、原材料和能源消耗及治理措施确定的情况下,运用质量守恒定律核算污染物排放量,即在生产过程中投入系统的物料总量必须等于产品数量和物料流失量之和,用数学公式表达为:

$$\sum G_{投入} = \sum G_{产品} + \sum G_{流失} \tag{5-1}$$

式中　　$\sum G_{投入}$ —— 投入物料的总量;

　　　　$\sum G_{产品}$ —— 所得产品的总量;

　　　　$\sum G_{流失}$ —— 物料和产品流失的总量。

式(5-1)既适用于整个生产过程的总的物料衡算,也适用于生产过程中的某一个步骤或某一生产设备的局部衡算。不管进入该系统的物料是否发生化学反应,或是化学反应是否完全,这个公式都成立。投入的物料在生产过程中发生化学反应时,可按下列总量法公式进行衡算:

$$\sum G_{排放} = \sum G_{投入} - \sum G_{回收} - \sum G_{处理} - \sum G_{转化} - \sum G_{产品} \tag{5-2}$$

式中　　$\sum G_{投入}$ —— 投入物料中的某污染物总量;

$$\sum G_{产品} \text{——} 进入产品结构中的某污染物总量;$$

$$\sum G_{回收} \text{——} 进入回收产品中的某污染物总量;$$

$$\sum G_{处理} \text{——} 经净化处理掉的某污染物总量;$$

$$\sum G_{转化} \text{——} 生产过程中被分解、转化的某污染物总量;$$

$$\sum G_{排放} \text{——} 某污染物的排放量。$$

物料衡算可按以下 5 步进行。

1. 确定物料衡算系统

所谓物料衡算系统,是指进行物料平衡计算的对象或范围。在对物料投入与产出的关系研究中,首先要将研究的对象同周围的物体区分开来。通常将单独分割出来的研究对象称为系统,这样的系统应有明确的边界线。系统的边界线可以是实际的界线或界面,如车间或工序的排出口,也可以是假想的,如设备或管道的进口或出口的截面。因此,在物料衡算以前,要根据所研究问题的性质、要求和目的,以有利于分析和计算为目的,正确地确定所要研究的系统或体系。

例 5-1 图 5-2 所示为一工厂的简单工艺流程图,图中 A、B、C 为 3 个车间,它们之间的物料流关系用 Q 表示,这些物料流可以是水、气或固体废弃物。试分别以全厂、车间 A、车间 B、车间 C、车间 B,C 为衡算系统,写出物料的平衡关系。

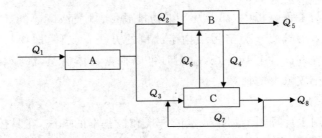

图 5-2　某工厂的工艺流程图

(1) 将全厂作为衡算系统,则物料的平衡关系为:

$$Q_1 = Q_5 + Q_8 \tag{5-3}$$

(2) 将 A 车间作为衡算系统,则物料的平衡关系为:

$$Q_1 = Q_2 + Q_3 \tag{5-4}$$

(3) 将 B 车间作为衡算系统,则物料的平衡关系为:

$$Q_2 + Q_6 = Q_4 + Q_5 \tag{5-5}$$

(4) 将 C 车间作为衡算系统,则物料的平衡关系为:

$$Q_3 + Q_4 + Q_7 = Q_6 + Q_8 + Q_7 \tag{5-6}$$

将上式简化后,有:

$$Q_3 + Q_4 = Q_6 + Q_8 \tag{5-7}$$

(5) 将 B、C 车间作为衡算系统,则有:

$$Q_2 + Q_3 + Q_7 = Q_5 + Q_7 + Q_8 \tag{5-8}$$

简化后,得:

$$Q_2 + Q_3 = Q_5 + Q_8 \qquad (5\text{-}9)$$

从上例中可以看出,不同的物料衡算系统,其目的不一样,计算的方式也不一样。因此,在物料衡算以前,必须确定物料衡算系统的范围。

2. 收集物料衡算的基础资料

根据物料衡算的要求,画出生产工艺流程示意图和写出相应的生产过程中的化学反应方程式,包括主、副反应方程式和处理过程中的反应式,以此作为计算依据。在示意图上可以定性地标明,物料由原材料转变为产品(主、副产品和回收品)的过程以及物料的流失方式、位置和流向等。根据工艺流程图和化学反应式,收集物料衡算的各种资料和数据。

3. 确定计算基准物

在物料衡算中,往往将所有的污染物折算成某一基准物进行计算以便于比较和评价。如将所有的铬酸盐、重铬酸盐、铬的氧化物都折算成基准物铬来进行计算和比较,所有的硝基物都折算成硝基苯来进行计算和比较等。因此在物料衡算中要选择一个合理的基准物。

4. 进行物料平衡计算

物料平衡计算可以采用总量法或定额法。计算以简便、精确为原则,来选择计算方法。对于生产过程中任何一个步骤或某一生产设备的局部物料衡算采用总量法简便,对于整个生产过程的总物料衡算采用定额法较为简便。实际中也可灵活运用这两种计算方式。

5. 物料衡算结果的分析及应用

物料衡算是对物料利用和流失情况进行科学分析的方法。通过物料衡算,可以得到以下结果:

(1)生产每吨产品或半成品的原料实际消耗量。

(2)生产每吨产品或半成品的各污染物(或原料、产品等物料)排放量(或流失量)。

(3)物料流失位置和排放形式、流向。

在实际运用过程中,物料衡算步骤并不是一成不变的,可以根据具体情况进行调整。

(二)排污系数法

1. 污染物排放量的一般计算

根据生产过程中单位的经验排污系数进行计算,求得污染物排放量的计算方法叫排污系数法。排污系数是根据实际调查数据,不断积累并加以统计分析而得出。

污染物的排放量一般计算公式如下:

$$A = AD \times M \qquad (5\text{-}10)$$

$$AD = BD - (aD + bD + cD + dD) \qquad (5\text{-}11)$$

式中　A——某污染物的排放总量;

　　　AD——单位产品某污染物的排放定额;

　　　M——产品总产量;

　　　BD——单位产品投入或生成的某污染物量;

　　　aD——单位产品中某污染物的量;

　　　bD——单位产品所生成的副产物、回收品中某污染物的量;

　　　cD——单位产品分解转化掉的污染物量;

dD——单位产品被净化处理掉的污染物量。

采用经验排污系数法计算污染物排放量时,必须对生产工艺、化学反应、副反应和管理等情况进行全面了解,掌握原料、辅助材料、燃料的成分和消耗定额。一些项目计算结果可能与实际存在一定的误差,在实际工作中应注意结果的一致性。

表 5-1 至表 5-5 为一些典型工业的产污和排污系数,详细的排放系数资料可以查阅有关手册。各种手册上的数据会有差异,应结合具体情况选用。

表 5-1　　　　　　　　　　　　化工行业产品综合产污和排污系数

产品名称	污染物名称	单位	产污系数	排污系数
合成氨	废水	m³/t 氨	644.21	138.53
	悬浮物	kg/t 氨	11.61	10.18
	氰化物	kg/t 氨	0.4	0.18
	挥发酚	kg/t 氨	0.064	0.012
	油	kg/t 氨	0.45	0.30
	氨氮	kg/t 氨	16.09	12.39
	COD	kg/t 氨	21.46	10.36
	硫化物	kg/t 氨	0.74	0.4
	CO	kg/t 氨	212.39	142.27①
	氨	kg/t 氨	23.62	13.61
	炉渣	kg/t 氨	664.33	34.11①
	炭黑	kg/t 氨	20.09	0.04②
尿素	废水	m³/t 尿素	1.65	1.6
	氨氮	kg/t 尿素	10.79	2.72
	尿素	kg/t 尿素	5.3	1.60
	COD	kg/t 尿素	0.77	0.72
	氨	kg/t 尿素	3.5	2.06
	尿素粉尘	kg/t 尿素	2.38	2.33
硫酸	砷	kg/t 硫酸	140.2	5.9
	氟	kg/t 硫酸	298.8	98.5
	二氧化硫	kg/t 硫酸	16.69	13.46
	硫酸雾	kg/t 硫酸	0.377	0.312
硝酸	氮氧化物	kg/t 硝酸	22.26	7.14
磷酸	废气氟	kg/tP₂O₅	2.95	0.29
	废水氟	kg/tP₂O₅	28.9	1.9
	废水 P₂O₅	kg/tP₂O₅	34.5	0.58
磷铵	NH_3	kg/t 磷铵	13.2	1.34

注:① 以煤(焦)为原料生产合成氨的污染物;② 以油为原料生产合成氨的污染物。

表 5-2　　　　　　　　　　　　　建材行业产品综合产污和排污系数

产品名称	污染物名称	单位	产污系数	排污系数
水泥	废水	t/t 水泥	4.57	1.45
	废气	m³/t 水泥	5 605	5 605
	粉尘	kg/t 水泥	130.86	23.2
	二氧化硫	kg/t 熟料	0.982	0.982
平板玻璃	废气	m³/重量箱		536
	粉尘	kg/重量箱	0.531	0.132
	二氧化硫	kg/重量箱		0.185
	废水	t/重量箱	2.91	0.95
	COD	g/重量箱		27.14
	悬浮物	g/重量箱		33.36
	油	g/重量箱		3.04

表 5-3　　　　　　　　　　　　　轻工行业产品综合产污和排污系数

产品名称	污染物名称	单位	产污系数	排污系数
碱法制浆	废水	m³/t 浆	289.2	288.1
	COD	kg/t 浆	1 152.9	1 133.2
	BOD$_5$	kg/t 浆	299.5	290.5
	悬浮物	kg/t 浆	112.0	106.7
纸袋纸、新闻纸、书写纸	废水	m³/t 浆	124.6	124.6
	COD	kg/t 浆	56.5	15
	BOD$_5$	kg/t 浆	14.2	6.4
	悬浮物	kg/t 浆	83.5	18.5
酒精	废水	m³/t 酒精	108.7	94.3
	COD	kg/t 酒精	925.0	459.9
	BOD$_5$	kg/t 酒精	485.0	220.7
	悬浮物	kg/t 酒精	437.0	114.8
制革	废水	m³/t 原皮	142.6	121.4
	COD	kg/t 原皮	265.0	201.0
	BOD$_5$	kg/t 原皮	90.3	71.3
	悬浮物	kg/t 原皮	181.6	131.0
	硫化物	kg/t 原皮	7.0	5.1
	总铬	kg/t 原皮	2.6	1.8

注:摘自原国家环保局科技标准司《工业污染物产生排放系数手册》。

表 5-4 　　　　　　　　　　　　　　电力行业综合产污和排污系数

污染物名称	单位	产污系数	排污系数
烟尘	kg/(10⁴ kW·h)	1 537.18	82.10
二氧化硫	kg/(10⁴ kW·h)	111.60	104.05
粉煤灰	kg/(10⁴ kW·h)	1 468.21	
炉渣	kg/(10⁴ kW·h)	170.80	
冲灰渣水	t/(10⁴ kW·h)	28.76(稀浆)	24.45(稀浆)
		8.20(浓浆)	6.97(浓浆)

表 5-5 　　　　　　　　　　　　　钢铁行业产品综合产污和排污系数

产品名称	污染物名称	单位	产污系数	排污系数
炼焦	硫化氢	kg/t 焦	1.4～3.0	0.1～0.6
	酚	g/t 焦	250～700	0.1～20
	氰化物	g/t 焦	40～80	1～5
	氨	g/t 焦	250～1000	150～500
烧结	烟尘	kg/t 烧结矿	25～60	0.1～1
	二氧化硫	kg/t 烧结矿	2～15	2～15
炼铁	烟尘	kg/t 铁	46～60	0.08～0.11
	悬浮物	kg/t 铁	10～20	0.05～3.0
	高炉渣	kg/t 铁	350～700	—
炼钢(转炉)	烟尘	kg/t 钢	35～57	0.1～0.5
	悬浮物	kg/t 钢	20～40	0.02～0.30
	钢渣	kg/t 钢	120～140	120～140
炼钢(平炉)	烟尘	kg/t 钢	20～30	2～5
	钢渣	kg/t 钢	150～300	150～300
炼钢(电炉)	烟尘	kg/t 钢	10～17	2～5
	钢渣	kg/t 钢	100～130	100～130
炼铸	废水	m³/t 坯	5.0～20	0.2～0.6
	悬浮物	kg/t 坯	3.0～5.0	0.01～0.04
	油类	kg/t 坯	0.2～0.7	0.002～0.007

2. 锅炉排放污染物的计算

锅炉排放污染物的计算包括燃料量的计算、烟气量的计算、SO_2 排放量、NO_x 排放量的计算等内容。

（1）锅炉燃料耗量计算

锅炉燃料耗量与锅炉的蒸发量（或热负荷）、燃料的发热量等因素有关。对于产生饱和蒸汽的锅炉，一般可用下式计算：

$$B = \frac{K(i'' - i')}{Q_L^y \eta} \tag{5-12}$$

式中　B——锅炉燃料耗量，kg/h 或 m^3/h；

　　　K——锅炉每小时的产汽量，kg/h 或 m^3/h；

　　　Q_L^y——燃料应用基的低位发热值，kJ/kg；

　　　η——锅炉的热效率，％，可实测，也可以从有关手册或产品说明书中获取；

　　　i''——锅炉在工作压力下的饱和蒸汽热焓值，kJ/kg；

　　　i'——锅炉给水热焓值，kJ/kg，一般计算给水温度为 20 ℃，则 $i' = 83.75$ kJ/kg。

对于热水锅炉的耗煤量，可用下列公式计算：

$$B_W = \frac{K_W(i_s - i_j)}{Q_L^y \eta_W} \tag{5-13}$$

式中　K_W——热水锅炉热水出水量，kg/h；

　　　i_s——热水锅炉热水出水热焓，kJ/kg；

　　　i_j——热水锅炉热水进水热焓，kJ/kg；

　　　η_W——热水锅炉热效率，％；

　　　B_W——热水锅炉耗煤量，kg/h。

（2）理论空气需要量的计算

理论空气需要量是指燃料中的可燃质（主要是碳、氢、硫）燃烧时，完全变成燃烧产物所需空气量。其值可以根据完全燃烧的化学反应方程式和元素分析求取，按下式计算。

$$V_0 = 0.088\,9C + 0.265H + 0.033\,3(S - O)\,(m^3/kg) \tag{5-14}$$

式中，C、S、H、O 分别为燃料应用基碳、硫、氢、氧元素的重量百分含量。

然而，一般工业企业或供热单位没有条件设置燃料分析室，而且燃料来源也不是固定的，因此利用理论公式计算空气量存在一定困难。通常可用以下经验公式进行计算：

① 对于固体燃料：当燃料应用基的挥发分（％）$V^y > 15％$时（烟煤），其燃烧理论空气需要量（V_0）为：

$$V_0 = 1.05\frac{Q_L^y}{4\,182} + 0.278\,(m^3/kg) \tag{5-15}$$

当 $V^y < 15％$时（贫煤或无烟煤）：

$$V_0 = \frac{Q_L^y}{4\,140} + 0.606\,(m^3/kg) \tag{5-16}$$

当 $Q_L^y < 12\,546$ kJ/kg（劣质煤）：

$$V_0 = \frac{Q_L^y}{4\,140} + 0.455\,(m^3/kg) \tag{5-17}$$

② 对于液体燃料：

$$V_0 = 0.85\frac{Q_L^y}{4\,182} + 2\,(m^3/kg) \tag{5-18}$$

③ 对于气体燃料：

当 $Q_L^y < 10\,455$ kJ/m^3 时：

$$V_0 = 0.875\frac{Q_L^y}{4\,182}\,(m^3/m^3) \tag{5-19}$$

当 $Q_L^y > 14\ 637\ kJ/m^3$ 时：

$$V_0 = 1.09\frac{Q_L^y}{4\ 182} - 0.25(m^3/m^3) \tag{5-20}$$

以上六式中，V_0 单位均为 m^3/kg。

（3）燃烧产生烟气量的计算

① 对于无烟煤、烟煤及贫煤：

$$V_0 = 1.04 + \frac{Q_L^y}{4\ 182} + 0.77 + 1.016\ 1(\alpha - 1)V_0(m^3/kg) \tag{5-21}$$

对于 $Q_L^y < 12\ 546\ kJ/kg$ 的劣质煤：

$$V_y = 1.04\frac{Q_L^y}{4\ 182} + 0.54 + 1.016\ 1(\alpha - 1)V_0(m^3/kg) \tag{5-22}$$

② 对于液体燃料：

$$V_y = 1.11\frac{Q_L^y}{4\ 182} + 1.016\ 1(\alpha - 1)V_0 \tag{5-23}$$

③ 对于气体燃料：

当 $Q_L^y < 10\ 455\ kJ/m^3$ 时：

$$V_0 = 0.725\frac{Q_L^y}{4\ 182} + 1.0 + 1.016\ 1(\alpha - 1)V_0(m^3/m^3) \tag{5-24}$$

当 $Q_L^y > 14\ 637\ kJ/m^3$ 时：

$$V_y = 1.14\frac{Q_L^y}{4\ 182} - 0.25 + 1.016\ 1(\alpha - 1)V_0(m^3/m^3) \tag{5-25}$$

式中　V_0——理论空气需要量；

　　　　α——空气过剩系数，$\alpha = \alpha_0 + \Delta\alpha$，$\alpha_0$ 为炉膛过剩空气系数，$\Delta\alpha$ 为烟气流程上各段受热面处的漏风系数。α_0、$\Delta\alpha$ 的数值可查表 5-6 和表 5-7。沸腾炉沸腾层内过剩空气系数一般取 1.15～1.20，炉子出口处 α_0 需另加悬浮段漏风系数 $\Delta\alpha = 0.1$。对于其他炉窑 α 可取 1.3～1.7，对于机械式燃烧，α 值可取小一些，对于手燃炉，α 可取大一些。

表 5-6　　　　　　　　　　　　　炉膛空气过剩系数 α_0

燃烧方式	烟煤	无烟煤	重油	煤气
手烧炉及抛煤机炉	1.3～1.5	1.3～2.0		
链条炉	1.3～1.4	1.3～1.5	1.15～1.2	1.05～1.10
煤粉炉	1.2	1.25		
沸腾炉	1.23～1.30	—		

注：沸腾炉沸腾层内过剩空气系数一般取 1.15～1.20，炉子出口处 α_0 需另加悬浮段漏风系数 $\Delta\alpha = 0.1$。其他窑炉，α 可取 1.3～1.7，手烧炉，α 可取大一些。引自原国家环境保护总局《工业行业环境统计手册》。

④ 烟气总量可用以下经验公式计算：

$$V_{yt} = BV_y \tag{5-26}$$

式中　V_{yt}——烟气总量，m^3/h 或 m^3/a；

B——燃料量,kg/h 或 kg/a,或 m³/h;

V_y——实际烟气量,m³/kg 或 m³/m³。

表 5-7　　　　　　　　　　　　　　　　　　漏风系数 $\Delta\alpha$

漏风部位	炉膛	对流管束	过热管	省煤器	空气预热器	除尘器	钢烟道(每 10 m)	砖烟道(每 10 m)
$\Delta\alpha$	0.1	0.15	0.05	0.1	0.1	0.05	0.01	0.05

⑤ 对于小型锅炉,可以采用下列简化公式计算烟气量:

$$V_0 = 1.04 + \frac{K_0 Q_L^y}{4\ 182} \tag{5-27}$$

式中　V_0——烟气量,m³/kg;

K_0——燃料有关的系数,具体数值可查表 5-8。

表 5-8　　　　　　　　　　　　　　　　　系数 K_0 数值表

燃料	烟煤	无烟煤	油	褐煤($W_y \leqslant 30\%$)	褐煤($30\% < W_y < 40\%$)
K_0	1.1	1.11	1.1	1.14	1.18

注:W_y 为燃料中含水率(%)。

除水分很高的劣质煤外,一般取 K_0 为 1.1,式(5-27)简化为:

$$V_0 = \frac{1.1 Q_L^y}{4\ 182} \tag{5-28}$$

则实际产生总烟气量为:

$$V_{yt} = B(a+b)V_0 \tag{5-29}$$

式中　a——过剩空气系数;

b——燃料系数,见表 5-9。

表 5-9　　　　　　　　　　　　　　　　　燃料系数 b 值

燃料	烟煤	无烟煤	褐煤	油
b	0.08	0.04	0.16	0.08

(4) 燃料燃烧过程污染物排放量的计算

① 烟尘量的计算

煤在燃烧过程中产生的烟尘主要包括黑烟和飞灰两部分,其中黑烟是指烟气中未完全燃烧的炭粒,燃烧越不完全,烟气中黑烟的浓度越大。飞灰是指烟气中不可燃烧的矿物质的细小固体颗粒。黑烟和飞灰都与炉型和燃烧状态有关。

烟尘的计算可以采用两种方法,一种是实测法,在一定测试条件下,测出烟气中烟尘的排放浓度,然后用下式进行计算:

$$G_d = 10^{-6} Q_y \overline{C} T \tag{5-30}$$

式中　G_d——烟尘排放量,kg/a;

Q_y——烟气平均流量，m^3/h；

$\overline{C}$——烟尘的平均排放浓度，mg/m^3；

T——排放时间，h/a。

对于无测试条件和数据或无法进行测试的，可采用以下公式进行估算：

$$G_d = \frac{BAd_{fh}(1-\eta)}{1-\rho_{fh}} \tag{5-31}$$

式中　B——耗煤量，t/a；

A——煤的灰分，$\%$；

d_{fh}——烟气中烟尘占灰分总量的比例，$\%$，其值与燃烧方式有关，具体数据可以查表5-10；

η——除尘系统的除尘效率；

ρ_{fh}——烟尘中的可燃物的含量，$\%$，一般取 $15\% \sim 45\%$；电厂煤粉炉可取 $4\% \sim 8\%$，沸腾炉可取 $15\% \sim 25\%$。

表 5-10　　　　　　　　　　　　烟尘占煤灰分的比例 d_{fh}

炉型	$d_{fh}/\%$	炉型	$d_{fh}/\%$
手烧炉	$15\sim25$	沸腾炉	$40\sim60$
链条炉	$15\sim25$	煤粉炉	$75\sim85$
往复推伺炉	20	油炉	0
振动炉	$20\sim40$	天然气炉	0
抛煤机炉	$25\sim40$		

② 二氧化硫的计算

煤炭中的全硫分包括有机硫、硫铁矿和硫酸盐，前两者为可燃性硫，燃烧后生成二氧化硫，第三者为不可燃硫，燃烧后的产物常列入灰分。通常情况下，可燃性硫占全硫分的 70% $\sim90\%$，计算时可取 80%。在燃烧过程中，可燃性硫和氧气反应生成二氧化硫。每千克硫燃烧将产生 2 kg 二氧化硫。

因此，燃煤产生的二氧化硫可以用以下公式进行计算：

$$G_{SO_2} = 2 \times 80\% \times B \times S = 1.6BS \tag{5-32}$$

式中　G_{SO_2}——二氧化硫产生量，kg；

B——耗煤量，kg；

S——煤中的全硫分含量，$\%$。

燃油产生的二氧化硫计算公式与燃煤基本相似，可以用以下公式计算：

$$G_{SO_2} = 2B_0 S_0 \tag{5-33}$$

式中　B_0——燃油耗量，kg；

S_0——油中的硫含量，$\%$。

天然气燃烧产生的二氧化硫主要是由其中所含的硫化氢燃烧产生的，因此二氧化硫的计算可用下列公式：

$$G_{SO_2} = 2.857V\varphi_{H_2S} \tag{5-34}$$

式中　V——气体燃料的消耗量，m^3；

φ_{H_2S}——气体燃料中硫化氢的体积分数，%；

2.857——每标准立方米二氧化硫的质量，kg。

如果没有脱硫装置，则二氧化硫的排放量等于产生量，如果有脱硫装置，则二氧化硫的排放量为：

$$G_P = (1-\eta)G_{SO_2} \tag{5-35}$$

式中　G_P——二氧化硫排放量，kg；

η——脱硫装置的二氧化硫去除效率，%。

③ 氮氧化物的计算

燃料燃烧生成的氮氧化物主要有两个来源，一是燃料中所有含氮的有机物，在燃烧时与氧反应生成大量的一氧化氮，通常称为燃料型 NO，二是空气中的氮在高温下氧化为氮氧化物，通常称为温度型氮氧化物。燃料含氮量的大小对烟气中氮氧化物浓度的高低影响很大，而温度是影响温度型氮氧化物量的主要因素。天然化石燃料燃烧过程中生成的氮氧化物中，一氧化氮约占 90%，二氧化氮约占 10%。因此，燃料燃烧产生的氮氧化物量可用以下公式计算：

$$G_{NO_x} = 1.63B(\beta n + 10^{-6}V_y\rho_{NO_x}) \tag{5-36}$$

式中　G_{NO_x}——燃料燃烧生成的氮氧化物量，kg；

B——煤或重油耗量，kg；

β——燃料氮向燃料型 NO 的转变率，%；

n——燃料中氮的含量，可查表 5-11；

V_y——1 kg 燃料生成的烟气量，m^3/kg；

ρ_{NO_x}——燃烧时生成的温度型氮氧化物的浓度，mg/m^3；通常可取 70×10^{-6}，即 93.8 mg/m^3。

表 5-11　　　　　　　　　　　　　　　锅炉用燃料的含氮量

燃料名称	氮的质量分数/%	
	数值范围	平均值
煤	0.5～2.5	1.5
劣质重油	0.2～0.4	0.20
一般重油	0.08～0.4	0.14
优质煤油	0.005～0.08	0.02

β 值与燃料含氮量 n 有关，一般燃烧条件下，燃煤层燃炉 β 值为 25%～50%。$n \geqslant 0.4$% 时，燃油锅炉 β 为 32%～40%，煤粉炉可取 20%～25%。

（三）实测法

实测法就是按照监测规范，连续或间断地在现场采样，实测工厂各车间排放的废水和废气量及各种污染物浓度，以及全厂总排水口和锅炉房排出的废水和废气量及其中污染物浓度，然后按照公式(5-37)和式(5-38)计算污染物排放量。

$$G_{jw} = C_{jw} \cdot Q_{jw} \times 10^{-6}(t/a) \tag{5-37}$$

$$G_{ja} = C_{ja} \cdot Q_{ja} \times 10^{-9} \, (t/a) \qquad (5\text{-}38)$$

式中　　G_{jw}——水污染物排放量；

$\quad\quad\quad G_{ja}$——大气污染物排放量；

$\quad\quad\quad C_{jw}$，C_{ja}——水污染物、大气污染物浓度，mg/L 或 mg/m³；

$\quad\quad\quad Q_{jw}$，Q_{ja}——废水、废气排放量，m³/a。

第三节　工 程 分 析

一、概论

工程分析是环境影响预测和评价的基础，并且贯穿于整个评价工作的全过程，其主要任务是通过对工程全部组成、一般特征和污染特征进行全面分析，从项目总体上纵观开发建设活动对环境全局的关系，同时从微观上为环境影响评价工作提供评价所需数据。在工程分析中，应力求对生产工艺进行优化论证，并提出符合清洁生产要求的清洁生产工艺建议；指出工艺设计上应该重点考虑的防污减污问题。此外，工程分析还应对环保措施方案中拟选工艺、设备及其先进性、可靠性、实用性进行论证分析。

（一）工程分析的作用

1. 为项目决策提供依据

在一般情况下，工程分析是从环保角度对项目建设性质、产品结构、生产规模、原料来源和预处理、工艺技术、设备选型、能源结构、技术经济指标、总图布置方案、占地面积、土地利用、移民数量和安置方式等做出分析意见。另外，拟建项目无论是选址还是生产工艺，都应是多方案的，不同方案对环境影响是不同的。通过不同方案的工程分析，可以从一个角度比较出各方案对环境影响的大小，为有关部门的主管人员就环境的可行性、影响大小，从项目方案中优选出好方案并进行决策。

2. 为环境影响评价提供基础资料

通过工程分析，梳理出拟建项目对环境可能产生影响的各项活动，这是进行环境影响识别的基础。通过工程污染特征以及可能产生的生态破坏因素的分析，确定污染物的排放种类、数量、浓度、排放口位置、排放方式、主要污染因子及其污染类型和途径等资料，这是确定评价范围、专题设置、工作等级的主要依据，也是开展其他专题评价的基础数据，并可弥补项目"可行性研究报告"对建设项目产污环节和源强估算的不足。

3. 为生产工艺和环保设计提供优化建议

工程分析过程运用物料衡算和清洁生产审计方法，可以发现拟建项目工艺过程中原材料利用和工艺技术中不合理环节，以及废水、废气和固体废物的主要来源及削减其排放量的主要途径，这为改进生产工艺指出了方向。工程分析对环保措施方案中拟选的工艺、设备及其先进性、可靠性、实用性所提出的剖析意见，也是优化环保设计不可缺少的资料。

4. 为项目的环境管理提供建议指标和科学数据

工程分析筛选的主要污染因子是项目建设期和运行期进行日常环境管理的对象，为保护环境所核定的污染物排放总量建议指标是对项目进行环境管理的强制性指标之一。

（二）工程分析的原则

1. 注重政策性

在开展工程分析时，首先应依据国家的方针、政策和法规对建设项目可能对环境产生的影响因素进行分析，针对建设项目在产业政策、能源政策、资源利用政策、环保技术政策等方面存在的问题，为项目决策提出符合环境政策法规要求的建议。

2. 具有针对性

工程特征的多样性决定了影响环境因素的复杂性。为了把握住评价工作主攻方向，防止无的放矢和轻重不分，工程分析应根据建设项目的性质、类型、规模、污染物种类、数量、毒性、排放方式、排放去向等工程特征，通过全面系统分析，从众多的污染因素中筛选出对环境干扰强烈、影响范围大，并有致害威胁的主要因子作为评价主攻对象，尤其应明确拟建项目的特征污染因子。

3. 提供定量而准确的资料

工程分析资料是各专题评价的基础。工程分析中所提特征参数，特别是污染物最终排放量是各专题开展影响预测的基础数据。从整体来说，工程分析是决定评价工作质量的关键。所以工程分析提出的定量数据一定要准确可靠；定性资料要力求可信；复用资料要经过精心筛选，注意时效性。

4. 应从环保角度为项目选址、工程设计提出优化建议

（1）根据国家颁布的环保法规和当地环境规划等条件，有理有据地提出优化选址、合理布局、最佳布置建议。

（2）根据环保技术政策分析生产工艺的先进性，根据资源利用政策分析原料消耗、水耗、燃料消耗的合理性，同时探索把污染物排放量压缩到最低限度的途径。

（3）根据当地环境条件对工程设计提出合理建设规模和污染排放有关建议，防止只顾经济效益、忽视环境效益。

（4）分析拟定的环保措施方案的可行性，提出必须保证的环保措施，使项目既能实现正常投产，同时又能保护好环境。

（三）工程分析与可行性研究报告及工程设计的关系

工程分析的基础数据来源于项目的可行性研究报告，但不能完全照抄，因为可行性研究报告编制单位的专业水平、行业特长等方面的差异，部分可行性研究报告的质量不能满足工程分析的要求，出现这种情况应及时与建设单位的工程技术人员、可行性研究报告编制单位的技术人员沟通、交流，以使工程分析的有关数据能正确反映工程的实际情况。

对于没有编制可行性研究报告，直接进行工程设计的建设项目，可将工程分析所需的有关资料列出明细，由设计单位提供。

工程分析完成后，尤其是现有工程的建设项目，可将完成的初稿交与建设单位和设计单位，广泛征求意见，并对有关数据进行核实。

（四）工程分析的重点与阶段划分

1. 工程分析的重点

根据建设项目对环境影响的方式和途径不同，环境影响评价常把建设项目分为污染型建设项目和生态影响型项目两大类。污染型项目主要以污染物排放对大气环境、水环境、土壤环境或声环境的影响为主，其工程分析是以对项目的工艺过程分析为重点，核心是确

定工程污染源;生态影响型项目主要是以建设期、运营期对生态环境的影响为主,其工程分析是以对建设期的施工方式及运营期的运行方式分析为重点,核心是确定工程主要生态影响因素。

2. 工程分析的阶段划分

根据实施过程的不同阶段可将建设项目分为建设期、生产运营期、服务期满后三个阶段来进行工程分析。

(1) 所有建设项目都应分析运行阶段所产生的环境影响,包括正常工况和非正常工况两种情况。

(2) 部分建设项目的建设周期长、影响因素复杂且影响区域广,因此需进行建设期的工程分析。

(3) 个别建设项目由于运营期的长期影响、累积影响或毒害影响,会造成项目所在区域的环境发生质的变化,如核设施退役或矿山退役等,因此需要进行服务期满后的工程分析。

二、污染型项目工程分析

(一) 工程分析的方法

建设项目的工程分析都应依据项目规划、可行性研究和设计方案等技术文件进行,当上述技术文件记载的资料、数据能够满足工程分析的需要和精度要求时,应先复核校对再引用。在可行性研究阶段所能提供的工程技术资料不能满足工程分析的需要时,可以根据具体情况选用其他适用的方法进行工程分析。目前可供选择的方法主要有类比法、物料衡算法、排污系数法、实测法和查阅参考资料分析法。

1. 类比法

类比法是用与拟建项目类型相同的现有项目的设计资料或实测数据进行工程分析的一种常用方法。采用此法时,为提高类比数据的准确性,应充分注意分析对象与类比对象之间的相似性和可比性,见表5-12。

表 5-12　　　　　　　　　　　　工程分析对象与类比对象之间的相似性

序号	相似性	内　容
1	工程一般特征的相似性	包括建设项目的性质、规模、车间组成、产品结构、工艺路线、生产方法、原料、燃料成分与消耗量、用水量和设备类型等
2	污染物排放特征的相似性	包括污染物排放类型、浓度、强度与数量、排放方式与去向以及污染方式与途径等
3	环境特征的相似性	包括气象条件、地貌状况、生态特点、环境功能以及区域污染情况等

类比法也常用单位产品的经验排污系数法计算污染物排放量。但是采用此法必须注意,一定要根据生产规模等工程特征和生产管理以及外部因素等实际情况进行必要的修正。

2. 物料衡算法

该法是利用质量守恒定律来进行生产过程中污染物排放量的计算,生产过程中投入系统的物料总量必须等于产出的产品量和物料流失量之和。使用物料衡算法时,必须对生产工艺、化学反应、副反应和管理等情况进行全面了解,掌握原料、辅助材料、燃料的成分和消耗定额。运用该法所计算的结果有可能比实际结果偏小。

3. 排污系数法

此法内容具体可见上节介绍。

4. 实测法

此法内容具体可见上节介绍。

5. 查阅参考资料分析法

查阅参考资料分析法是利用同类工程已有的环境影响评价资料或可行性研究报告等资料进行工程分析的方法。虽然此法较为简便,但所得数据的准确性很难保证,所以只能在评价工作等级较低的建设项目工程分析中使用。

6. 实验法

实验法是在实验室内利用一定的设施,控制一定的条件,并借助专门的实验仪器探索和研究废水或废气的排放量及其所含污染物的浓度,计算出某污染物排放量的一种方法。

（二）工程分析的工作内容

工程分析的工作内容,应根据建设项目的工程特征,包括建设项目的类型、性质、规模、开发建设方式与强度、能源与资源用量、污染物排放特征,以及项目所在地的环境条件来确定。对于环境影响以污染因素为主的污染源,其工作内容一般包括 7 部分,见表 5-13。

表 5-13　　　　　　　　　　　工程分析的主要内容

工程分析项目	工作内容
1. 工程概况	工程一般特征简介
	物料与能源消耗定额
	项目组成
2. 工艺流程及产污环节分析	工艺流程及污染物产生环节
3. 污染物分析	污染源分布及污染物源强核算
	物料平衡与水平衡
	无组织排放源强统计及分析
	非正常排放源强统计及分析
	污染物排放总量建议指标
4. 清洁生产水平分析	清洁生产水平分析
5. 环保措施方案分析	分析环保措施方案和所选工艺及设备的先进水平和可靠程度
	分析与处理工艺有关的技术经济参数的合理性
	分析环保设施投资构成及其在总投资中占有的比例
6. 总图布置方案分析	分析厂区与周围的保护目标之间所定防护距离的安全性
	根据气象、水文等自然条件分析工厂和车间布置的合理性
	分析环境敏感点(保护目标)处置措施的可行性
7. 补充措施与建议	产品结构、生产规模、总图布置、节水措施、废渣利用和处置、污染物排放方式、环保设施选型等

1．工程概况

（1）工程一般特征简介：主要是介绍项目的基本情况，包括工程名称、建设性质（新、扩、改、迁）、建设地点、项目组成、建设规模、车间组成、产品方案、辅助设施、配套工程、储运方式、占地面积、职工人数、工程总投资及发展规划等，并附总平面布置图。

（2）物料及能源消耗定额：包括主要原料、辅助材料、助剂、能源（煤、焦、油、气、电和蒸汽）以及用水等的来源、成分和消耗量。

（3）主要技术经济指标：包括产率、转化率、回收率和损失率等。

2．工艺流程及产污环节分析

一般情况下，工艺流程应在设计单位或建设单位的可研或设计文件基础上，根据工艺过程的描述及同类项目生产的实际情况进行绘制。环境影响评价工艺流程图有别于工程设计工艺流程图，环境影响评价关心的是工艺过程中产生污染物的具体部位，污染物的种类和数量，所以绘制污染工艺流程应包括涉及产生污染物的装置和工艺过程，不产生污染物的过程和装置可以简化，有化学反应发生的工序要列出主要化学反应和副反应式，并在总平面布置图上标出污染源的准确位置，以便为其他专题评价提供可靠的污染源资料。工艺流程及产污环节分析一般用装置图或方块图表示，图 5-3 为用方块流程图表示的某热电厂生产工艺流程图。

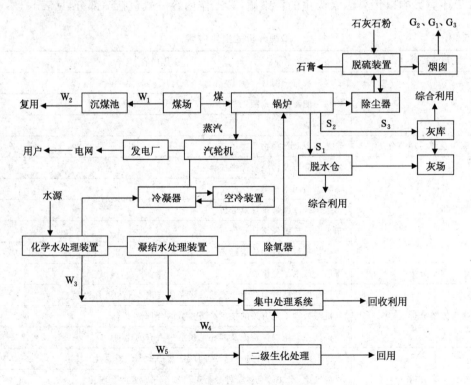

图 5-3　某热电厂生产工艺流程

W_1——煤场废水；W_2——沉煤池废水；W_3——化学水处理装置生产废水；W_4——含油废水；

W_5——生活污水；G_1——二氧化硫；G_2——氮氧化物；G_3——烟尘；

S_1——锅炉渣；S_2——锅炉灰分；S_3——除尘器灰分

3. 污染源源强分析及核算

（1）污染物分布及污染物源强核算

污染源分布和污染物类型及排放量是各专题评价的基础资料，必须按建设过程、运营过程两个时期详细核算和统计。根据项目评价需要，一些项目还应对服务期满后（退役期）影响源强进行核算。对于污染源分布应根据已经绘制的污染流程图，并按排放点标明污染物排放部位，然后列表逐点统计各种因子的排放强度、浓度及数量。对于最终排入环境的污染物，确定其是否达标排放，达标排放必须以项目的最大负荷核算。比如燃煤锅炉二氧化硫、烟尘排放量必须要以锅炉最大产气量时所耗的燃煤量为基础进行核算。

对于废气可按点源、面源、线源进行核算，说明源强、排放方式和排放高度及存在的有关问题，废水应说明种类、成分、浓度、排放方式、排放去向。按《中华人民共和国固体废物污染环境防治法》对废物进行分类，废液应说明种类、成分、浓度、是否属于危险废物、处置方式和去向等有关问题；废渣应说明有害成分、溶出物浓度、是否属于危险废物、排放量、处理和处置方式、贮存方法。噪声和放射性应列表说明源强、剂量及分布。污染物的源强统计可参照表 5-14 进行，分别列废水、废气、固废排放表，噪声统计比较简单，可单列。

表 5-14　　　　　　　　　　　　　　污染源强

序号	污染源	污染因子	产生量	治理措施	排放量	排放方式	排放时间	达标分析
1								
2								
⋮								

对于新建项目污染物排放量统计，须按废水和废气污染物分别统计各种污染物排放总量，固体废物按我国规定统计一般固体废物和危险废物，应算清"两本账"，即生产过程中的污染物产生量和实现污染防治措施后的污染物削减量，二者之差为污染物最终排放量，参见表 5-15。统计时应以车间或工段为核算单元，对于泄漏和放散量部分，原则上要求实测，实测有困难时，可以利用年均消耗额定的数据进行物料平衡推算。

表 5-15　　　　　　　　　　　新建项目污染物排放量统计

类别	污染物名称	产生量	治理削减量	排放量
废气				
废水				
固体废物				

技改扩建项目污染物源强，在统计污染物排放量的过程中，应算清新老污染源"三本账"即技术扩建前污染物排放量、技术扩建项目污染物排放量、技术扩建完成后（包括"以新带老"削减量）污染物排放量，其相互的关系可表示为：技改扩建前排放量－"以新带老"削减量＋技改扩建项目排放量＝技改扩建完成后排放量，可以用表 5-16 的形式列出。

表 5-16 技改扩建项目污染物排放量统计

类别	污染物	现有工程排放量	拟建工程排放量	"以新带老"削减量	技改工程完成后总排放量	增减量变化
废气						
废水						
固体废物						

例 5-2 某企业进行锅炉技术改造并增容,现有 SO_2 排放量是 200 t/a(未加脱硫设施),改造后,SO_2 产生总量为 240 t/a,安装了脱硫设施后,SO_2 最终排放量为 80 t/a,请问"以新带老"削减量为多少(t/a)?

解:第一本账(技改扩建前排放量):200 t/a;

第二本账(扩建项目最终排放量):技改后增加部分为 240−200=40 t/a,处理效率为 (240−80)/240=66.7%,技改新增部分排放量为 40×(1−66.7%)=13.32 t/a;

第三本账(技改工程完成后排放量):80 t/a;

"以新带老"削减量:根据三本账平衡公式,技改扩建前排放量−"以新带老"削减量+技改扩建项目排放量=技改扩建完成后排放量,故"以新带老"削减量为 133.32 t/a。也可以直接通过治理效率计算"以新带老"削减量,200×66.7%=133.4 t/a。

(注:此题因处理效率不是整数,计算的结果与三本账平衡公式略有出入。)

(2)物料平衡和水平衡

通过物料平衡,可以核算产品和副产品的产生量,并计算出污染物的源强。物料平衡的种类很多,有以全厂物料的总进出为基准的物料衡算,也有针对具体装置或工艺进行的物料平衡。例如某生产系统在生产产品 CZ 和 M 时会产生副产品硫黄(S),针对硫进行的物料平衡称为硫平衡,图 5-4 为该生产系统的硫平衡图,单位为 t/a。在环境影响评价中,必须根据不同行业的具体特点,选择若干有代表性的物料,主要针对有毒有害的物料进行物料衡算。

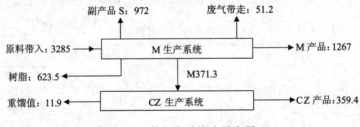

图 5-4 某生产系统硫平衡图

水作为工业生产中的原料和载体,在任一用水单元内都存在着水量的平衡关系,因此可以依据质量守恒定律进行质量平衡计算,这就是水平衡。

常用指标如下:

① 取水量:工业用水的取水量是指取自地表水、地下水、自来水、海水、城市污水及其他水源的总水量。对于建设项目工业取水量包括生产用水和生活用水,生产用水又包括间接冷却水、工艺用水和锅炉给水。

工业取水量＝间接冷却水量＋工艺用水量＋锅炉给水量＋生活用水量

② 重复用水量:指企业(建设项目)内部循环使用和循序使用的总水量。

③ 耗水量:指整个工程项目消耗掉的新鲜水量总和,即

$$H = Q_1 + Q_2 + Q_3 + Q_4 + Q_5 + Q_6 \tag{5-39}$$

式中,Q_1 为产品含水,即由产品带走的水;Q_2 为间接冷却水系统补充水量,即循环冷却水系统补充水量;Q_3 为洗涤用水、直接冷却水和其他工艺用水量之和;Q_4 为锅炉运转消耗的水量;Q_5 为水处理用水量,指再生水处理装置所需的用水量;Q_6 为生活用水量。

④ 工业水重复利用率＝重复用水量/(重复用水量＋取用新鲜水量)×100%

⑤ 工艺水回用率＝工艺水回用量/(工艺水回用量＋工艺水取水量)×100%

⑥ 间接冷却水循环率＝间接冷却水循环量/(间接冷却水循环量＋间接冷却水取水量)×100%

⑦ 污水回用率＝污水回用量/(污水回用量＋直接排入环境的污水量)×100%

⑧ 单位产品新鲜水用量(m^3/t)＝年新鲜用水量/年产品总量

⑨ 单位产品循环水用量(m^3/t)＝年循环水用量/年产品总量

⑩ 万元产值取水量($m^3/$万元)＝年取用新鲜水量/年产值

水平衡关系根据《工业用水分类及定义》(CJ 40—1999)规定,工业用水量和排水量的关系见图 5-5,水平衡式见式(5-40)。

$$Q + A = H + P + L \tag{5-40}$$

式中,Q 为取水量;A 为物料带入水量;H 为耗水量;P 为排水量;L 为漏水量。

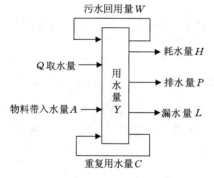

图 5-5　工业用水量和排水量的关系图

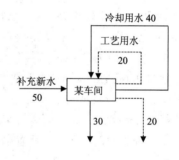

图 5-6　某企业车间的水平衡图

例 5-3　某企业车间的水平衡如图 5-6 所示(数据单位为 m^3/d),问该车间的重复水利用率、工艺水回用率、冷却水重复利用率分别是多少?

解:重复利用水量是指在生产过程中,在不同的设备之间与不同的工序之间经二次或二次以上重复利用的水量或经处理后再生回用的水量。本题属前一种情况。

由图 5-6 所示,水重复利用了 2 次,重复利用水量为 2 次重复利用的和,即:40＋20＝60 m^3/d,取用新水量为 50 m^3/d,所以该车间的重复水利用率＝60÷(60＋50)×100%＝54.5%。

工艺水重复水量为 20 m^3/d,该车间工艺水取水量为补充新水量(本题是问"车间"),即 50 m^3/d。所以该车间的工艺水回用率＝20÷(20＋50)×100%＝28.6%。

冷却水重复水量为 40 m³/d,车间冷却水取水量就是车间补充新水量(本题是问"车间"),即 50 m³/d。故该车间的冷却水重复利用率=40÷(40+50)×100%=44.4%。

(3)污染物排放总量控制建议指标

在核算污染物排放量的基础上,按国家对污染物排放总量控制指标的要求,提出工程污染物排放总量控制建议指标,污染物排放总量控制建议指标应包括国家规定的指标和项目的特征污染物,其单位为 t/a,必须满足以下要求:① 满足达标排放的要求;② 符合其他相关环保要求(如特殊区域与河段);③ 技术上可行。

例 5-4 某企业年排废水 $6×10^6$ t,废水中氨氮浓度为 20 mg/L,排入Ⅳ类水体,拟采用废水处理方法使氨氮去除率为 60%,Ⅲ类水体氨氮浓度的排放标准为 15 mg/L,则该企业废水氨氮排放总量控制建议指标为多少(t/a)?

解:根据已知,该企业废水经处理后,能够满足Ⅲ类水体氨氮浓度的排放标准,废水处理后氨氮年排放量为 $600×10^4×20×10^3×10^{-9}×(1-60\%)=48$ t,故该企业废水氨氮排放总量控制建议指标应为 48 t/a。

(4)无组织排放源的统计

无组织排放是针对有组织排放而言的,主要针对废气排放,表现为生产工艺过程中产生的污染物没有进入收集和排气系统,而通过厂房天窗或直接弥散到环境中。工程分析中将没有排气筒或排气筒高度低于 15 m 排放源定为无组织排放。其确定方法主要有三种:

① 物料衡算法。通过全厂物料的投入产出分析,核算无组织排放量。

② 类比法。与工艺相同、使用原料相似的同类工厂进行类比,在此基础上,核算本厂无组织排放量。

③ 反推法。通过对同类工厂,正常生产时无组织监控点进行现场监测,利用面源扩散模式反推,以此确定工厂无组织排放量。

(5)非正常排污的源强统计与分析

非正常排污包括两部分:① 正常开、停车或部分检修时排放的污染物;② 其他非正常工况排污是指工艺设备或环保设施达不到设计规定指标运行时的排污,因为这种排污不代表长期运行的排污水平,所以列入非正常排污评价中,此类异常排污分析都应重点说明异常情况产生的原因、发生频率和处置措施。

4. 清洁生产水平分析

清洁生产水平分析主要是对建设项目与国内外同类型项目按单位产品或万元产值的污染物排放水平进行对比分析,并对新建项目是否贯彻清洁生产策略,对改扩建和新建项目进行清洁生产审计,从而找出清洁生产实施的可能途径。

5. 环保措施方案分析

环保措施方案分析包括两个层次,首先对项目可研报告等文件提供的污染防治措施进行技术先进性、经济合理性及运行可靠性的评价,若所提措施有的不能满足环保要求,则需提出切实可行的改进完善建议,包括替代方案。分析要点如下:

(1)分析建设项目可研阶段环保措施方案的技术经济可行性。根据建设项目产生的污染物特点,充分调查同类企业现有环保处理方案的经济技术运行指标,分析建设项目可研阶段所采用的环保措施的技术可行性、经济合理性及运行可靠性,提出进一步的改进意见,包括替代方案。

（2）分析项目采用污染处理工艺后排放污染物达标的可靠性。根据现有的同类环保设施的运行技术经济指标，结合建设项目排污特点和所采用的污染防治措施的合理性，分析建设项目环保设施运行参数是否合理，确保污染物达标排放的可靠性，提出进一步改进的意见。

（3）分析环保设施投资构成及其在总投资中占有的比例。汇总建设项目环保设施的各项投资，分析其投资结构，并计算环保投资在总投资中所占的比例。对于技改扩建项目，还应包括"以新带老"的环保投资内容。给出环保投资一览表，该表是指导建设项目竣工环境保护验收的重要参照依据。

（4）依托设施的可行性分析。对于改扩建项目，原有工程的环保设施有相当一部分是可以利用的，如现有污水处理厂、固废填埋场、焚烧炉等。原有环保设施是否能满足改扩建后的要求，需要认真核实，分析依托的可靠性。依托公用环保设施已经成为区域环境防治的重要组成部分。对于将废水经过简单处理后排入城市污水处理厂的项目，除了对其所采用的污染防治技术的可靠性、可行性进行分析评价外，还应对接纳排水的污水处理厂的工艺合理性进行分析，看其处理工艺是否与项目排水的水质相符；对于可以进一步利用的废气，要结合所在区域的社会经济特点，分析其集中、收集、净化、利用的可行性；对于固体废物，要分析综合利用的可能性；对于危险废物，要分析能否得到妥善的处置。

6. 总图布置方案与外环境关系分析

（1）分析厂区与周围的保护目标之间所定卫生防护距离的保证性。参考新大气导则和国家的有关卫生防护距离规范，分析厂区与周围的保护目标之间所定防护距离的可靠性，合理布置建设项目的各构筑物及生产设施，给出总图布置方案与外环境关系图。图中应标明保护目标与建设项目的方位关系、距离以及保护目标（如学校、医院等）的内容与性质。

（2）根据气象、水文等自然条件分析工厂和车间布置的合理性。在充分掌握项目建设地点的气象、水文和地质资料的条件下，认真考虑这些因素对污染物的污染特性的影响，合理布置工厂和车间。

（3）分析对周围环境敏感点处置措施的可行性。分析项目所产生的污染物的特点及其污染特征，结合现有的有关资料，确定建设项目对附近环境敏感点的影响程度，提出搬迁、防护等切实可行的处置措施。

7. 补充措施与建议

（1）关于合理的产品结构与生产规模的建议：合理的产品结构和生产规模可以有效地降低单位污染物的处理成本，提高企业的经济效益，有效地降低建设项目对周围环境的不利影响。

（2）优化总图布置的建议：充分利用自然条件，合理布置建设项目中的各构筑物，可以有效地减轻建设项目对周围环境的不利影响，降低环境保护投资。

（3）节约用地的建议：根据各个构筑物的工艺特点和结构要求，做到合理布置，有效利用土地。

（4）可燃气体的物料衡算和回收利用措施建议：可燃气体排入环境中，不仅浪费资源，而且对大气环境造成不良影响，因此，必须考虑对这些气体进行回收利用。根据可燃气体的物料衡算，可以计算出这些可燃气体的排放量，为回收利用措施的选择，提供基础数据。

（5）用水平衡及节水措施建议：根据用水平衡图，充分考虑废水回收利用的可能性，减少废水排放量。

（6）废渣综合利用：根据固体废弃物的特性，选择有效的方法，进行合理的综合利用。

（7）污染物排放方式改进：污染物的排放方式直接关系到污染物对环境的影响，通过对排放方式的改进往往可以有效地降低污染物对环境的不利影响。

（8）环保设备选型和实用参数确定：根据污染物的排放量和排放规律，以及排放标准的基本要求，确定污染物的处理工艺和基本工艺参数。

三、生态影响型项目工程分析

（一）导则的基本要求

《环境影响评价技术导则 生态影响》（HJ 19—2011）对生态影响型建设项目的工程分析有如下明确的要求：工程分析时段应涵盖勘察期、施工期、运营期和退役期，以施工期和运营期为调查分析的重点。

工程分析内容应包括：项目所处的地理位置、工程的规划依据和规划环评依据、工程类型、项目组成、占地规模、总平面及现场布置、施工方式、施工时序、运行方式、替代方案、工程总投资与环保投资、设计方案中的生态保护措施等。

根据评价项目自身特点、区域的生态特点以及评价项目与影响区域生态系统的相互关系，确定工程分析的重点，分析生态影响的源及其强度。主要内容应包括：① 可能产生重大生态影响的工程行为；② 与特殊生态敏感区和重要生态敏感区有关的工程行为；③ 可能产生间接、累积生态影响的工程行为；④ 可能造成重大资源占用和配置的工程行为。

（二）工程分析时段

导则明确要求，工程分析时段应涵盖勘察期、施工期、运营期和退役期，即应全过程分析，其中以施工期和运营期为调查分析的重点。在实际工作中，针对各类生态影响型建设项目的影响性质和所处的区域环境特点的差异，其关注的工程行为和重要生态影响会有所侧重，不同阶段有不同阶段的问题需要关注和解决。

勘察设计期一般应在环评阶段结束之前，主要包括初勘、选址选线和工程可行性（预）研究报告。初勘和选址选线工作在进入环评阶段前已完成，其主要成果在工程可行性（预）研究报告中会有体现；而工程可行性（预）研究报告与环评是一个互动的关系，环评以工程可行性（预）研究报告为基础，评价过程中发现初勘、选址选线和相关工程设计中存在的环境影响问题应提出调整或修改建议，工程可行性（预）研究报告据此进行修改或调整，最终形成科学的工程可行性（预）研究报告与环评报告。

施工期时间跨度少则几个月，多则几年。对生态影响来说，施工期和运营期的影响同等重要且各具特点，施工期产生的直接生态影响一般属临时性质，但在一定条件下，其产生的间接影响可能是永久性的。在实际工程中，施工期生态影响在注重直接影响的同时，也不应忽略可能造成的间接影响。施工期是生态影响评价必须重点关注的时段。

运营期一般比施工期长得多，在工程可行性（预）研究报告中会有明确的期限要求。由于时间跨度长，该时期的生态和污染影响可能会造成区域性的环境问题，如水库蓄水会使周边区域地下水位抬升，进而可能造成区域土壤盐渍化甚至沼泽化、井工采矿时大量疏干排水可能导致地表沉降和地面植被生长不良甚至荒漠化。运营期是环评必须重点关注的时段。

退役期不仅包括主体工程的退役，也涉及主要设备和相关配套工程的退役。如矿井

(区)闭矿、渣场封闭、设备报废更新等,也可能存在环境影响问题需要解决。

（三）工程分析对象

一方面,要求工程组成要完全,应包括临时性/永久性、勘察期/施工期/运营期/退役期的所有工程;另一方面要求重点工程应突出,对环境影响范围大、影响时间长的工程和处于环境保护目标附近的工程应重点分析。

工程组成应有完善的项目组成表,一般按主体工程、配套工程和辅助工程分别说明工程位置、规模、施工和运营设计方案、主要技术参数和服务年限等主要内容,如表5-17所示。

表 5-17　　　　　　　　　　　工程分析对象及界定依据

	分类	界定依据	备注
1	主体工程	一般指永久性工程,由项目立项文件确定工程主体	
	配套工程	一般指永久性工程,有项目立项文件确定的主体工程外的其他相关工程	
2	(1) 公用工程	除服务于本项目外,还服务于其他项目,可以是新建,也可以依托原有工程或改扩建原有工程	在此不包括公用的环保工程和储运工程,应分别列入环保工程和储运工程
	(2) 环保工程	根据环境保护要求,专门新建或依托、改扩建原有工程,其主体功能是生态保护、污染防治、节能、提高资源利用效率和综合利用等	包括公用的或依托的环保工程
	(3) 储运工程	指原辅材料、产品和副产品的储存设施和运输道路	包括公用的或依托的储运工程
3	辅助工程	一般指施工期的临时性工程,项目立项文件中不一定有明确的说明,可通过工程行为分析和类比方法确定	

重点工程分析既考虑工程本身的环境影响特点,也要考虑区域环境特点和区域敏感目标。在各评价时段内,应突出该时段存在主要环境影响的工程;区域环境特点不同,同类工程的环境影响范围和程度可能会有明显的差异;同样的环境影响强度,因与区域敏感目标相对位置关系不同,其环境影响敏感性不同。

（四）工程分析的内容

工程分析的内容具体见表5-18。

表 5-18　　　　　　　　　　　工程分析的主要内容

工程分析项目	工作内容	基本要求
工程概况	一般特征简介 工程特征 项目组成 施工和营运方案 工程布置示意图 比选方案	工程组成全面,突出重点工程

工程分析项目	工作内容	基本要求
项目初步论证	法律法规、产业政策、环境政策和相关规划符合性 总图布置和选址选线合理性 清洁生产和循环经济可行性	从宏观方面进行论证,必要时提出替代或调整方案
影响源识别	工程行为识别 污染源识别 重点工程识别 原有工程识别	从工程本身的环境影响特点进行识别,确定项目环境影响的来源和强度
环境影响识别	社会环境影响识别 生态影响识别 环境污染识别	应结合项目自身环境影响特点、区域环境特点和具体环境敏感目标综合考虑
环境保护方案分析	施工和营运方案合理性 工艺和设施的先进性和可靠性 环境保护措施的有效性 环保设施处理效率合理性和可靠性 环境保护投资合理性	从经济、环境、技术和管理方面来论证环境保护方案的可行性
其他分析	非正常工况分析 事故风险识别 防范与应急措施	可在工程分析中专门分析,也可纳入其他部分或专题进行分析

1. 工程概况

介绍工程的名称、建设地点、性质、规模,给出工程的经济技术指标;介绍工程特征,给出工程特征表;完全交代工程项目组成包括施工期临时工程。给出项目组成表;阐述工程施工和运营设计方案,给出施工期和运营期的工程布置示意图;有比选方案时,在上述内容中均应有介绍。应给出地理位置图、总平面布置图、施工平面布置图、物料(含土石方)平衡图和水平衡图等工程基本图件。

2. 初步论证

主要从宏观上进行项目可行性论证,必要时提出替代或调整方案。初步论证主要包括以下几个方面内容:

(1)建设项目和法律法规、产业政策、环境政策和相关规划的符合性。

(2)建设项目选址选线、施工布置和总图布置的合理性。

(3)清洁生产和区域循环经济的可行性,提出替代或调整方案。

3. 影响源识别

生态影响型建设项目除了主要产生生态影响外,同样会有不同程度的污染影响。其影响源识别主要从工程自身的影响特点出发,识别可能带来生态影响或污染影响的来源,包括工程行为和污染源。影响源分析时应尽可能给出定量或半定量数据。

工程行为分析时,应明确给出土地征用量、临时用地量、地表植被破坏面积、取土量、弃渣量、库区淹没面积和移民数量等。污染源分析时,原则上按污染型建设项目要求进行,从废水、废气、固体废弃物、噪声与振动、电磁等方面分别考虑,明确污染源位置、属性、产生量、处理处置量和最终排放量。对于改扩建项目,还应分析原有工程存在的环境问题,识别原有工程影响源和源强。

4.环境影响识别

建设项目环境影响识别一般从社会影响、生态影响和环境污染三个方面考虑,再结合项目自身环境影响特点、区域环境特点和具体环境敏感目标进行识别。

生态影响型建设项目的生态影响识别,不仅要识别工程行为造成的直接生态影响,而且要注意污染影响造成的间接生态影响,甚至要求识别工程行为和污染影响在时间或空间上的累积效应(累积影响),明确各类影响的性质(有利/不利)和属性(可逆/不可逆、临时/长期等)。

5.环境保护方案分析

环境保护方案分析要求从经济、环境、技术和管理方面来论证环境保护措施和设施的可行性,必须满足达标排放、总量控制、环境规划和环境管理要求,技术先进且与社会经济发展水平相适宜,确保环境保护目标可达性。环境保护方案分析至少应有以下五个方面内容:

(1)施工和运营方案合理性分析。

(2)工艺和设施的先进性和可靠性分析。

(3)环境保护措施的有效性分析。

(4)环保设施处理效率合理性和可靠性分析。

(5)环境保护投资估算及合理性分析。

经过环境保护方案分析,对于不合理的环境保护措施应提出比选方案,进行比选分析后提出推荐方案或替代方案。

对于改扩建工程,应明确"以新带老"的环保措施。

6.其他分析

包括非正常工况类型及源强、事故风险识别和源项分析以及应急措施说明。

(五)生态影响型工程分析技术要点

按建设项目环境影响评价资质的评价范围划分,生态影响型建设项目主要包括交通运输、采掘和农林水利三大类别。当征租用地面积大,直接生态影响范围较大和影响程度较为严重时,多为一级或二级评价;海洋工程和输变电工程涉及征租用地面积较大,结合考虑直接生态影响或直接影响程度,二级影响评价较为常见;而其他类建设项目征租用地范围有限,直接生态影响一般局限于征租用地范围,直接影响范围和程度有限,一般为三级影响评价。

根据项目特点(线型/区域型)和影响方式不同,下文选择公路、管线、航运、码头、油气开采和水电项目为代表,明确工程分析技术要求:

1.公路项目

工程分析应涉及勘察设计期、施工期和运营期,以施工期和运营期为主,按生态环境、声环境、水环境、空气环境、固体废弃物和社会环境等要素识别影响源和影响方式,并估算影响源源强。

勘察设计期工程分析的重点是选址选线和移民安置,详细说明工程与各类保护区、区域路网规划、各类建设规划和环境敏感区的相对位置关系及可能存在的影响。

施工期是公路工程产生生态破坏及水土流失的主要环节,应重点考虑工程用地、桥隧工程和辅助工程(施工期临时工程)所带来的环境影响和生态破坏。在工程用地分析中说明临时租地和永久征地的类型、数量,特别是占用基本农田的位置和数量;桥隧工程要说明位置、规模、施工方式和施工时间计划;辅助工程包括进场道路、施工便道、施工营地、作业场地、各类料场和废弃渣料场等,应说明其位置、临时用地类型和面积及恢复方案,不用忽略表土保存和利用问题。

施工期要注意主体工程行为带来的环境问题。如路基开挖工程涉及弃土或利用和运输问题、路基填筑需要借方和运输、隧道开挖涉及弃方和爆破、桥梁基础施工涉及底泥清淤弃渣等。

运营期主要考虑交通噪声、管理服务区"三废"、线性工程阻隔和景观等方面的影响,同时根据沿线区域环境特点和可能运输货物的种类,识别运输过程中可能产生的环境污染和风险事故。

2. 管线项目

工程分析应包括勘察设计期、施工期和运营期三个阶段,一般管道工程生态影响主要发生在施工期。

勘察设计期工程分析的重点是管线路由和工艺、站场的选择。

施工期工程分析对象包括施工作业带清理(表土保存和回填)、施工便道、管沟开挖和回填、管道穿越(定向钻和隧道)工程、管道防腐和铺设工程、站场建设和监控工程。重点明确管道防腐、管道铺设、穿越方式、站场建设工程的主要内容和影响源、影响方式。对于重大穿越工程(如穿越大型河流)中处于环境敏感区工程(如自然保护区、水源地等),应重点分析其施工方案和相应的环保措施。施工期工程分析时,应注意管道不同的穿越方式可能造成的不同影响。

大开挖方式:管沟回填后多余的土方一般就地平整,一般不产生弃方问题。

悬架穿越方式:不产生弃方和直接环境影响,但存在空间、视觉干扰问题。

定向钻穿越方式:存在施工期泥浆处理处置问题。

隧道穿越方式:除隧道工程弃渣外,还可能对隧道区域的地下水和坡面植被产生影响;若有施工爆破则产生噪声、振动影响,甚至局部地质灾害。

运营期工程分析的重点主要是污染影响和风险事故。工程分析应重点关注增压站的噪声源强、清管站的废水废渣源强、分输站超压放空的噪声源和排空废弃源、站场的生活废水和生活垃圾以及相应环保措施。风险事故应根据输送物品的理化性质和毒性,一般从管道潜在的各种灾害识别源头,按自然灾害、人类活动和人为破坏三种原因造成的事故分别估算事故源强。

3. 航运码头项目

工程分析应涉及勘察设计期、施工期和运营期,以施工期和运营期为主,按水环境(或海洋环境)、环境生态、环境空气、声环境和固体废弃物等环境要素识别影响源和影响方式,并估算影响源强。

可行性研究报告和初步设计期工程分析的重点是码头选址和航路选线。

施工期是航运码头工程产生生态破坏和环境污染的主要环节,重点考虑填充造陆工程、航道疏浚工程、护岸工程和码头施工对水域环境和生态系统的影响,说明施工工艺和施工布置方案的合理性,从施工全过程识别和估算影响源。

运营期主要考虑陆域生活污水、运营过程中产生的含油污水、船舶污染物、码头航道的风险事故、海运船舶污染物(船舶生活污水、含油污水、压载水、垃圾等)的处理处置及相应的法律规定。同时,应特别注意从装卸货物的理化性质及装卸工艺分析,识别可能产生的环境污染和风险事故。

4. 油气开采项目

工程分析涉及勘察设计期、施工期、运营期和退役期四个时段,各时段影响源和主要影响对象存在一定差异。

工程概况中应说明工程开发性质、开发形式、建设内容、产能规划等,项目组成应包括主体工程(井场工程)、配套工程(各类管线、井场道路、监控中心、办公和管理中心、储油(气)设施、注水站、集输站、转运站点、环保设施、供水、供电、通讯等)和施工辅助工程,分别给出位置、占地规模平面布局、污染设施(设备)和使用功能等相关数据和工程总体平面图、主体工程(井位)平面布置图、重要工程平面布置图和土石方、水平衡图等。

勘察设计时段工程分析以探井作业、选址选线和钻井工艺、井组布设等为重点。井场、站场、管线和道路布设的选择要尽量避开环境敏感区域,应采用定向井或丛式井等先进站井及布局,其目的均是从源头上避免或减少对环境敏感区域的影响;而探井作业是勘察设计期的主要影响源,勘探期钻井防渗和探井科学封堵有利于防止地下水串层,保护地下水。

施工期,土建工程的生态保护应重点关注水土保持、表土保存和回复利用、植被恢复等措施;对钻井工程更应注意钻井泥浆的处理处置、落地油处理处置、钻井套管防渗等措施的有效性,避免土壤、地表水和地下水受到污染。

运营期的工程分析以污染影响、风险事故分析和识别为主。按环境要素进行分析,重点分析含有废水、废弃泥浆、落地油、油泥的产生点,说明其产生量、处理处置方式和排放量、排放去向。对滚动开发项目应按"以新带老"要求,分析原有污染源并估算源强。风险事故应考虑到钻井套管破裂、井场和站场漏油(气)、油气罐破损和油气管线破损等而产生泄露、爆炸和火灾的情形。

退役期,主要考虑封井作业。

5. 水电项目

工程分析应涉及勘察设计期、施工期和运营期,以施工期和运营期为主。

勘察设计期工程分析以坝体选址选型、电站运行方案设计合理性和相关流域规划的合理性为主。移民安置也是水利工程特别是蓄水工程设计时应考虑的重点。

施工期工程分析,应在掌握施工内容、施工量、施工时序和施工方案的基础上,识别可能引发的环境问题。

运营期的影响源应包括水库淹没高程及范围,淹没区地表附属物名录和数量,耕地、植被类型、面积,机组发电用水及梯级开发联合调配方案,枢纽建筑布置等方面。

运营期生态影响识别时应注意,水库、电站运行方式不同,运营期生态影响也有差异。

对于引水式电站,厂址会间断出现不同程度的脱水河段,其水生生态、用水设施和景观影响较大。

对于日调节水电站,下泄流量、下游河段河水流速和水位在日内变化较大,对下游河道的航运和用水设施影响明显。

对于年调节电站,水库水文分层相对稳定,下泄河水温度相对较低,对下游水生生物和农灌作物影响较大。

对于抽水蓄能电站,上库区域对区域景观、旅游资源等影响较大。

环境风险主要是水库库岸侵蚀、下泄河段河岸冲刷引发塌方,甚至诱发地震。

第四节 污染源评价

一、评价目的

污染源评价的主要目的是通过分析比较,确定主要污染物和主要污染源,为污染治理和区域治理规划提供依据。各种污染物具有不同的特性和环境效应,要对污染源和污染物作综合评价,必须考虑到排污量与污染物危害性两方面的因素。为了便于分析比较,需要把这两个因素综合到一起,形成一个可把各种污染物或污染源进行比较的(量纲统一的)指标。其主要目的就是使各种不同的污染物和污染源能够相互比较,以确定其对环境影响大小的顺序。

污染源评价是污染源调查的继续和深入,是该项综合工作中的一个主要组成部分。

二、评价项目和评价标准

污染源评价原则上要求对各地区污染源排放出来的大多数种类的污染物都进行评价。但考虑到区域环境中污染源和污染物数量大、种类多,对大部分污染物进行评价困难较大,因此,在评价项目选择时,应保证对引起本区域污染的主要污染源和污染物进行评价。

为了解决不同污染源和污染物的毒性和计量单位的不统一而造成的评价困难,评价标准的选择就成为衡量污染源评价结果合理性、科学性的关键问题之一。在选择标准进行标准化处理时,一要考虑所选标准的合理性,二要考虑到各标准能否反映出污染源在区域环境中可能造成危害的各主要方面,同时还要使应选的标准至少包括本区域所有污染物的80%。

为了使各地区的污染源能相互之间比较,这就需要有一个全国范围的统一标准。原国家环境保护总局污染源调查领导小组在《工业污染源调查技术要求及建档技术规定》中根据全国的具体情况制定了污染源评价标准。严格来说,各地在进行污染源评价时,都应执行这一标准。但是近年来,在环境影响评价的污染源调查和评价中常采用对应的环境质量标准或排放标准作为污染源评价标准。

三、评价类型

1. 以潜在污染能力为指标的污染源评价体系

该体系是以环境质量标准为评价依据的标准化处理方法,分为类别评价和综合评价两类。

① 类别评价:采用超标率、超标倍数、检出率等指标来评价单项污染物对环境的潜在污染能力。

② 综合评价:考虑多种污染源、多种污染物和多种污染类型对环境总的潜在污染能力,目前多采用等标污染负荷法。

2. 以经济技术指标为评价依据的污染源评价体系

用排污系数对污染源进行评价。排污系数高,则说明企业的技术水平低,经济效益差,对环境的污染能力大。

四、评价方法

(一)类别评价

类别评价主要是根据各类污染源中某一种污染物的排放浓度、排放总量(体积和质量)、统计指标(检出率、超标率、超标倍数、标准差)等来评价污染物和污染源的污染程度。其中:标准差

$$\delta = \sqrt{\frac{\sum (C_i - C_{oi})^2}{n-1}} \tag{5-41}$$

式中　C_i——污染物的实测浓度,mg/L 或 mg/m³;

　　　C_{oi}——污染物的排放标准,mg/L 或 mg/m³;

　　　n——某污染物的检测次数。

δ 值越大,实测值偏离排放标准越大,污染程度越严重;δ 值越小,则污染程度较小。

(二)综合评价

综合评价是较全面、系统地衡量污染源污染能力的评价方法,它不仅考虑了污染物的种类、浓度、绝对排放量和累积排放量,而且还考虑了排放途径、排放场所的环境功能。

进行综合评价首先是选择污染参数,其次是确定评价标准。污染参数的选择主要根据污染物的排放量、毒性及对环境和人群的影响,一般要尽可能地把排放量大、毒性大、对环境和人群影响大的污染物都选作污染参数;评价标准的选择主要根据污染源评价的目的和环境功能,对于多功能环境单元,可选择多个标准参与评价。如评价废水,则可选用排放标准、质量标准、毒性标准、感官标准、卫生标准、生化标准、污灌标准、渔业标准等,一般采用排放标准或质量标准进行评价。

评价方法大多采用等标污染负荷法(亦称等标排放量法),分别对水、气污染物进行评价。

1. 评价公式

(1)等标污染负荷

某污染物的等标污染负荷(P_{ij})的定义为

$$P_{ij} = \frac{G_j}{C_{oj}} = \frac{C_{ij}}{C_{oj}} Q_{ij} \tag{5-42}$$

式中　P_{ij}——第 i 个污染源中的第 j 种污染物的等标污染负荷;

　　　G_j——第 i 个污染源中的第 j 种污染物的排放质量流量;

　　　C_{ij}——第 i 个污染源中第 j 种污染物的排放浓度(对水,mg/L,对气,mg/m³);

　　　C_{oj}——第 j 种污染物的评价标准,根据评价工作需要可取环境质量标准或排放标准;

　　　Q_{ij}——第 i 个污染源中第 j 种污染物的排放流量(体积流量)。

应注意等标污染负荷是有量纲的数,它的量纲与计算流量的量纲一致。

若第 i 个污染源(工厂)中有 n 种污染物参与评价,则该污染源的总等标污染负荷为其污染物的等标污染负荷之和,即

$$P_I = \sum_{j=1}^{n} P_{ij} \tag{5-43}$$

该区域的总等标污染负荷为该区域内所有污染源的等标污染负荷之和,即

$$P = \sum_{i=1}^{m} P_I = \sum_{i=1}^{m} \sum_{j=1}^{n} P_{ij} \tag{5-44}$$

(2)等标污染负荷比

等标污染负荷比为第 j 种污染物占工厂或区域的等标污染负荷比(K_{ij},K_j)。

$$K_{ij} = \frac{P_{ij}}{P_I} \times 100\% = \frac{P_{ij}}{\sum\limits_{j=1}^{n} P_{ij}} \times 100\%, K_j = \frac{P_j}{P} \times 100\% \tag{5-45}$$

K_{ij} 和 K_j 是无量纲的数,可以用来分别确定第 i 个污染源内部各种污染物的排序以及评价区域中各种污染物的排序。K_j 较大者,对环境贡献较大。K_{ij} 或 K_j 最大者,就是第 i 个污染源中最主要的污染物或评价区域最主要的污染物。

评价区内第 i 个污染源的等标污染负荷比 K_i 为

$$K_i = P_i / P \tag{5-46}$$

例 5-5 某拟建化工厂位于一般工业区,将排放 SO_2 50 kg/h,NO_x 15 kg/h,排气筒高度 60 m;评价区域内现有企业和居民区排放的 SO_2 总量为 250 kg/h,NO_x 75 kg/h,试对该厂的污染源作评价。

解:(1)已知该厂的排放量 $G_{SO_2} = 50$ kg/h,$G_{NO_x} = 15$ kg/h;按环境空气二级标准进行评价,以 1 h 平均计,SO_2 为 0.5 mg/m³,NO_x 为 0.15 mg/m³。

则

$$P_{SO_2} = \frac{50}{0.5} \times 10^6 = 1 \times 10^8 (m^3/h)$$

$$P_{NO_2} = \frac{15}{0.15} \times 10^6 = 1 \times 10^8 (m^3/h)$$

$$P = P_{SO_2} + P_{NO_2} = 2 \times 10^8 (m^3/h)$$

(2)已知该区域的 $G^0_{SO_2} = 250$ kg/h,$G^0_{NO_x} = 75$ kg/h,计算方法与标准同上,则

$$P^0_{SO_2} = \frac{250}{0.5} \times 10^6 = 5 \times 10^8 (m^3/h)$$

$$P^0_{NO_x} = \frac{75}{0.15} \times 10^6 = 5 \times 10^8 (m^3/h)$$

$$P^0 = P_{SO_2} + P_{NO_x} = 5 \times 10^8 (m^3/h)$$

(3)该厂的 SO_2 和 NO_x 单项污染物排放量为本地已排放量的 20%,等标污染负荷比

$$K_{SO_2} = K_{NO_x} = \frac{1 \times 10^8}{5 \times 10^8} \times 100\% = 20\%$$

2. 主要污染物和主要污染源的确定

按照调查区域内污染物的等标污染负荷比 K_j 排序,分别计算累计百分比,将累计百分比大于 80% 左右的污染物列为该区域的主要污染物。同样地,按照调查区域内污染源的等标污染负荷比 K_i 排序,分别计算累计百分比,将累计百分比大于 80% 左右的污染源列为该

区域的主要污染源。

例 5-6　某城市氨厂位于赣江下游,该氨厂排放的污染物的等标污染负荷详见表 5-19,请确定该厂的主要水污染物。

表 5-19　　　　　　　　　　　氨厂排放的污染物的等标污染负荷

污染物名称	挥发酚	COD_{Cr}	氰化物	NH_3-N	油类
等标污染负荷	0.04	6.18	4.78	31.88	4.95

解:将氨厂排放的污染物的等标污染负荷按其数值大小排列,并计算其百分比和累计百分比,计算结果见表 5-20。

表 5-20　　　　　　　　　　　　　计算结果

污染物名称	等标污染负荷	百分比	累计百分比
NH_3-N	31.88	66.65	100.00
COD_{Cr}	6.18	12.92	33.35
油类	4.95	10.35	20.43
氰化物	4.78	9.99	10.08
挥发酚	0.04	0.09	0.09

从表 5-20 可见,只有污染物 NH_3-N 的等标污染负荷的累计百分比超过 80%,故该城市氨厂排放的水污染物中主要污染物是 NH_3-N。

例 5-7　某城市位于赣江下游,调查得到该城市污染源排放污染物的情况,结合评价标准,计算得到该城市各污染源的污染物等标污染负荷(详见表 5-21),试确定该城市的主要污染源和主要污染物。

表 5-21　　　　　　　　　　　某城市水污染源的调查结果

序号	污染源名称	等标污染负荷 P_{ij}				
		COD_{Cr}	NH_3-N	挥发酚	油类	氰化物
1	某飞机公司	0.32	—	0.06	1.11	0.81
2	棉纺印染厂	1.91	—	0.55	—	—
3	市发电厂	1.70	—	—	0.98	—
4	化工实验厂	0.16	2.16	0.11	—	1.0
5	制药厂	8.99	0.61	—	—	—
6	齿轮厂	0.99	—	3.52	5.15	3.36
7	某国药厂	17.40	3.61	—	—	—
8	氨厂	6.18	31.88	0.04	4.95	4.78
9	造纸厂	94.23	0.38	3.34	—	—

解:将该城市所有污染源的等标污染负荷按照数值大小排列,从小到大分别计算百分比和累计百分比,计算结果见表 5-22。从表 5-22 可知,只有造纸厂的等标污染负荷的累计百分比超过 80%,故主要污染源只有造纸厂一家。

表 5-22　　　　　　　　　　　某城市各水污染源的等标污染负荷

序号	污染源名称	等标污染负荷 P_1	$P_1/\sum P_1$ / %	累计百分比
1	造纸厂	97.95	48.91	99.99
2	氨厂	47.83	23.88	51.08
3	某国药厂	21.01	10.49	27.20
4	齿轮厂	13.02	6.50	16.71
5	制药厂	9.60	4.79	10.21
6	化工实验厂	3.43	1.71	5.42
7	市发电厂	2.68	1.34	3.71
8	棉纺印染厂	2.46	1.22	2.37
9	某飞机公司	2.30	1.15	1.15

根据各污染源的污染物调查结果,可计算得到各污染物的等标污染负荷。将各污染源的所有污染物的等标污染负荷按数值大小排列,从小到大分别计算百分比和累计百分比,计算结果见表 5-23。

表 5-23　　　　　　　　　　　各水污染源的污染物等标污染负荷

污染物名称	造纸厂	氨厂	某国药厂	齿轮厂	制药厂	化工实验厂	市发电厂	棉纺印染厂	某飞机公司	合计	百分比 /%	累计百分比 /%
COD_{Cr}	94.23	6.18	17.40	0.99	8.99	0.16	1.70	1.91	0.32	131.88	65.84	100.00
NH_3-N	0.38	31.88	3.61	—	0.61	2.16				38.64	19.29	34.15
油类	—	4.95	—	5.15					1.11	12.19	6.09	14.86
氰化物	—	4.78		3.36		1.00	0.98		0.81	9.95	4.97	8.77
挥发酚	3.34	0.04		3.52		0.11		0.55	0.06	7.62	3.80	3.80

从表 5-23 可知,只有机物 COD 的等标污染负荷的累计百分比超过 80%,故该城市水体的主要污染物为有机物 COD。

3. 注意事项

采用等标污染负荷法处理容易造成一些毒性大、流量小,在环境中易于积累的污染物排不到主要污染物中去,然而对这些污染物的排放控制又是必要的,所以通过计算后,还应作全面考虑和分析，最后确定出主要污染物和主要污染源。

思 考 题

1. 简述污染源的概念及其分类。
2. 简述污染源调查的目的、程序和方法。
3. 简述工程分析的概念、作用和主要方法。
4. 污染型项目工程分析的主要工作内容有哪些？
5. 生态影响型项目工程分析的主要工作内容有哪些？
6. 简述污染源评价的方法。

第六章 大气环境影响评价

第一节 大气环境基础知识

一、大气环境基本物理量

大气的物理状态和在其中发生的一切物理现象可以用一些物理量来加以描述。对大气状态和大气物理现象给予描述的物理量叫作气象要素。气象要素的变化揭示了大气中的物理过程。气象要素主要有：气温、气压、气湿、风向、风速、云况、云量、能见度、降水、蒸发量、日照时数、太阳辐射、地面辐射、大气辐射等。

（一）气温

气象学上讲的地面气温一般是指在距离地面 1.5 m 高处百叶箱中观测到的空气温度。气温一般用摄氏温度（℃）表示，理论计算常用热力学温度（K）表示。

（二）气压

气压是大气压强的简称，是作用在单位面积上的大气压力，即等于单位面积上向上延伸到大气上界的垂直空气柱的重量。气压的单位，习惯上常用水银柱高度表示。例如，一个标准大气压等于 760 mm 高的水银柱的重量，它相当于一平方厘米面积上承受 1.033 6 kg 重的大气压力。国际上统一规定用"百帕"作为气压单位。经过换算：一个标准大气压＝1 013 百帕。气压大小与高度、温度等条件有关，一般随高度增大而减小，在水平方向上，大气压的差异引起空气的流动。在近地层高度每升高 100 m，气压平均降低约 1 240 Pa；它们的关系，可用大气静力学方程来描述，即

$$\mathrm{d}p = -\rho g \,\mathrm{d}z \tag{6-1}$$

式中　　p——气压，Pa；

　　　　ρ——大气质量密度，kg/m³；

　　　　g——重力加速度，m/s²。

（三）气湿

在一定的温度下，一定体积的空气里含有的水汽越少，则空气越干燥；水汽越多，则空气越潮湿。在此意义下，常用绝对湿度、相对湿度、比较湿度、混合比以及露点等物理量来表示；若表示在湿蒸汽中液态水分的重量占蒸汽总重量的百分比，则称之为蒸汽的湿度。

（四）风与升、降气流

气象学上把空气质点的水平运动称为风。空气质点的铅直运动称为升气流、降气流。

风是一个矢量，用风向和风速描述其特征。

1. 风向

风向指风的来向。风向的表示方法有两种：一种是方位表示法；另一种是角度表示法。风向的方位表示法可用 8 个方位或 16 个方位来表示。海洋和高空的风向较稳定，常用角度来表示。规定北风为 $0°$，正东风为 $90°$。

统计所收集的长期地面气象资料中各风向出现的频率，静风频率单独统计。风频指某风占总观测统计次数的百分比。风频表征下风向受污染的几率。风向玫瑰图是统计所收集的多年地面气象资料中 16 个风向出现的频率，然后在极坐标中按 16 个风向标出其频率的大小如图 6-1 所示。一般应绘制一个地点各季及年平均风向玫瑰图。

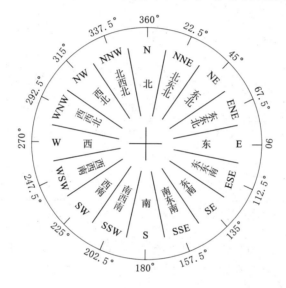

图 6-1　风向方位图（风向的十六方位）

主导风向是指风频最大的风向角的范围。风向角范围一般在连续 $45°$ 左右。对于以 16 方位角表示的风向，主导风向一般是指连续 $2\sim3$ 个风向角的范围。

2. 风速

风速是指空气在水平方向上移动的距离与所需时间的比值。风速的单位一般用 m/s 或 km/h 表示。粗略估计风速，可依自然界的现象来判断它的大小，即以风力来表示。

蒲福在 1805 年根据自然现象将风力分为 13 个等级（0~12 级），见表 6-1。根据蒲福制定的公式，也可以粗略地由风级算出风速，计算公式为

$$u = 3.02\sqrt{F^3} \tag{6-2}$$

式中　　u——风速，km/h；

　　　　F——蒲福风力等级。

中国气象局于 2001 年下发《台风业务和服务规定》，以蒲福风力等级将 12 级以上台风

补充到 17 级,即:12 级台风定为 32.4~36.9 m/s;13 级为 37.0~41.4 m/s;14 级为 41.5~46.1 m/s;15 级为 46.2~50.9 m/s;16 级为 51.0~56.0 m/s;17 级为 56.1~61.2 m/s。

表 6-1　　　　　　　　　　　　蒲福风力等级

风级	名称	风速/(m/s)	风速/(km/h)	陆地地面物象	海面波浪	浪高/m	最高浪高/m
0	无风	0.0~0.2	<1	静,烟直上	平静	0.0	0.0
1	软风	0.3~1.5	1~5	烟示风向	微波峰无飞沫	0.1	0.1
2	轻风	1.6~3.3	6~11	感觉有风	小波峰未破碎	0.2	0.3
3	微风	3.4~5.4	12~19	旌旗展开	小波峰顶破裂	0.6	1.0
4	和风	5.5~7.9	20~28	吹起尘土	小浪白沫波峰	1.0	1.5
5	劲风	8.0~10.7	29~38	小树摇摆	中浪折沫峰群	2.0	2.5
6	强风	10.8~13.8	39~49	电线有声	大浪白沫离峰	3.0	4.0
7	疾风	13.9~17.1	50~61	步行困难	破峰白沫成条	4.0	5.5
8	大风	17.2~20.7	62~74	折毁树枝	浪长高有浪花	5.5	7.5
9	烈风	20.8~24.4	75~88	小损房屋	浪峰倒卷	7.0	10.0
10	狂风	24.5~28.4	89~102	拔起树木	海浪翻滚咆哮	9.0	12.5
11	暴风	28.5~32.6	103~117	损毁重大	波峰全呈飞沫	11.5	16.0
12	飓风	32.7~36.9	118~133	摧毁极大	海浪滔天	14.0	—

注:本表所列风速是指平地上离地 10 m 处的风速值。

在大气边界层中,由于摩擦力随着高度的增加而减小,风速将随高度的增加而增加。表示平均风速的值随高度变化的曲线称为风速廓线。风速廓线的数学表达式称为风速廓线模式。

在大气扩散计算中,需要知道烟囱和有效烟囱高度处的平均风速,但一般气象站只会观测地面风(10 m 高处的风速)。因此,需要建立起风速廓线模式,用现有的地面风资料,计算出不同高度的风速。根据《环境影响评价技术导则 大气环境》(HJ 2.2—2018),一般情况下选用幂指数风速廓线模式来估算高空风速,即

$$u_2 = u_1 \left(\frac{z_2}{z_1} \right)^p \tag{6-3}$$

式中　u_1,u_2——距地面 z_1 和 z_2 高度处的 10 min 平均风速,m/s;

　　　幂指数 p——地面粗糙度和气温层结的函数。

在同一地区、相同稳定度情况下,幂指数 p 为一常数;在不同地区或不同稳定度情况下 p 取不同的值;大气越稳定,地面粗糙度越大,p 值越大,反之 p 值则越小。欧文(Irwen)给出了 6 种稳定度(帕斯圭尔法)、两种下垫面(城市、乡村)情况下的幂指数 p;我国《大气污染物无组织排放监测技术导则》也给出相应的 p 值,如表 6-2 所列。

表 6-2 不同稳定度下风速廓线幂指数 p 的取值

稳定度		A	B	C	D	E	F
欧文	城市	0.10	0.15	0.20	0.25	0.30	0.30
	乡村	0.07	0.07	0.10	0.15	0.25	0.25
环评导则		0.10	0.15	0.20	0.25	0.30	0.30

3. 大气稳定度

气温沿垂直高度而变化,这种变化称为气温层结或层结。大气稳定度是指气团垂直运动的强弱程度。

气温 T 随高度 z 变化的快慢可用气温垂直递减率表示,它是指单位高差(通常取 100 m)气温变化速率的负值,用 γ 表示,即 $\gamma = -dT/dz$。如果气温随高度增高而降低,γ 为正值;如果气温随高度增高而增高,γ 为负值。

大气中的气温层结有四种典型情况:其一,气温随高度的增加而递减,$\gamma > 0$,称为正常分布层结或递减层结;其二,气温随高度的增加而增加,$\gamma < 0$,称为气温逆转,简称逆温;其三,气温随铅直高度的变化等于或近似等于干绝热直减率,通常以 γ_d 表示,即 $\gamma = \gamma_d$,称为中性层结;其四,气温随铅直高度增加是不变的,$\gamma = 0$,称为等温层结。其中干绝热直减率 γ_d 是指干空气在绝热升降过程中每升降单位距离(通常取 100 m)气温变化速率的负值。

大气静力稳定度可以用气温直减率与干绝热直减率之差来判断,即:

$\gamma - \gamma_d > 0$,大气不稳定;$\gamma - \gamma_d < 0$,大气稳定;$\gamma - \gamma_d = 0$,大气中性。

大气静力稳定度的判据只适合于气团在运动过程中始终处于未饱和状态的情况。饱和湿空气在升降过程中如果发生了相变热交换,大气静力稳定度的判断就不再适用。但在实际工作中,常遇到的是未饱和空气。

常用的大气稳定度分类方法有帕斯奎尔(Pasquill)法和国际原子能机构(IAEA)推荐的方法。我国现有法规中推荐帕斯奎尔分类法(简记 P·S),分为强不稳定 A、不稳定 B、弱不稳定 C、中性 D、较稳定 E 和稳定 F 六级。确定等级时,首先计算出太阳高度角,按表 6-3 查出太阳辐射等级数,再由太阳辐射等级数与地面风速按表 6-4 查找稳定度等级。

表 6-3 太阳辐射等级数

云量,1/10	太阳高度角 h_0				
总云量/低云量	夜间	$h_0 \leqslant 15°$	$15° < h_0 \leqslant 35°$	$35° < h_0 \leqslant 65°$	$h_0 > 65°$
$\leqslant 4/\leqslant 4$	-2	-1	$+1$	$+2$	$+3$
$5 \sim 7/\leqslant 4$	-1	0	$+1$	$+2$	$+3$
$\geqslant 8/\leqslant 4$	-1	0	0	$+1$	$+1$
$\geqslant 5/5 \sim 7$	0	0	0	0	$+1$
$\geqslant 8/\geqslant 8$	0	0	0	0	0

表 6-4 　　　　　　　　　　　　　　　　　大气稳定度等级

地面风速/(m/s)	太阳辐射等级					
	+3	+2	+1	0	−1	−2
≤1.9	A	A~B	B	D	E	F
2~2.9	A~B	B	C	D	E	F
3~4.9	B	B~C	C	D	D	E
5~5.9	C	C~D	D	D	D	D
≥6	D	D	D	D	D	D

4. 云量

云是大气中水汽凝结的现象,它是由飘浮在空中的大量小水滴或小冰晶或两者的混合物构成的。云的生成、外形特征、量的多少、分布及其演变不仅反映了当时大气的运动状态,而且预示着天气演变的趋势。云量是云的多少。我国将视野能见的天空分为 10 等分,其中云遮蔽了几分,云量就是几。例如,碧空无云,云量为零,阴天云量为 10。总云量是指不论云的高低或层次,所有的云遮蔽天空的分数。低云量是指低云遮蔽天空的分数。我国云量的记录规范规定以分数表示,分子为总云量,分母为低云量。低云量不应大于总云量。如总云量为 8,低云量为 3,记作 8/3。国外将天空 8 等分,其中云遮蔽了几分,云量就是几。

5. 能见度

在当时的天气条件下,正常人的眼睛所能见到的最大水平距离,称为能见度(即水平能见度);所谓能见就是能把目标物的轮廓从它们的天空背景中分辨出来。为了知道能见距离的远近,事先必须选择若干固定的目标物,量出它们距离测点的距离,例如山头、塔、建筑物等,作为能见度的标准。在夜间,必须以灯光作为目标物来确定能见度。能见度的单位常用米或千米。能见度的大小反映了大气的浑浊程度,反映出大气中杂质的多少。

二、大气环境相关定义及术语

1. 环境空气保护目标

环境空气保护目标指评价范围内按《环境空气质量标准》(GB 3095—2012)规定划分为一类功能区的自然保护区、风景名胜区和其他需要特殊保护的地区,二类功能区中的居民区、文化区和农村地区人群较集中的区域。

2. 基本污染物

基本污染物指《环境空气质量标准》(GB 3095—2012)中所规定的二氧化硫(SO_2)、可吸入颗粒物(PM_{10})、细颗粒物($PM_{2.5}$)、臭氧(O_3)、二氧化氮(NO_2)、一氧化碳(CO)等污染物。

3. 其他污染物

其他污染物指除基本污染物以外的其他项目污染物。

4. 大气污染源分类

大气污染源按预测模式的模拟形式分为点源、面源、线源、体源四种类别。

点源:通过某种装置集中排放的固定点状源,如烟囱、集气筒等。

面源:在一定区域范围内,以低矮密集的方式自地面或近地面的高度排放污染物的源,如工艺过程中的无组织排放、储存堆、渣场等排放源。

线源：污染物呈线状排放或者由移动源构成线状排放的源，如城市道路的机动车排放源等。

体源：由源本身或附近建筑物的空气动力学作用，使污染物呈一定体积向大气排放的源，如焦炉炉体、屋顶天窗等。

5. 排气筒

排气筒指通过有组织形式排放大气污染物的各种类型的装置，包括烟囱、集气筒等。

6. 大气污染物的排放形式与条件

大气中有害物质的浓度越高，污染就越重，危害也就越大。污染物在大气中的浓度，除了取决于排放的总量外，还同排放源高度、气象和地形等因素有关。

根据污染源排放的时间特征，可将其划分为连续排放或间断排放，其中，连续排放又可划分为稳定排放与不稳定排放。

根据污染源排放的高度特征，可将其划分为有组织排放与无组织排放。其中，无组织排放是指非正常工况下的污染物排放，如生产过程中开停车（工、炉）、设备检修、工艺设备运转异常以及污染物排放控制措施达不到应有效率等情况下的排放。

按照排气筒附近的地形特征，可将其划分为简单地形和复杂地形。

距离污染源中心点 5 km 内的地形高度（不含建筑物）低于排气筒高度时，定义为简单地形，如图 6-2 所示。在此范围内地形高度不超过排气筒基底高度时，可认为地形高度为 0 m。

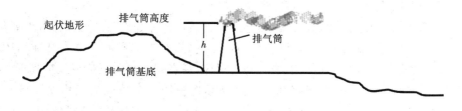

图 6-2　简单地形

距离污染源中心点 5 km 内的地形高度（不含建筑物）等于或超过排气筒高度时，定义为复杂地形，如图 6-3 所示。

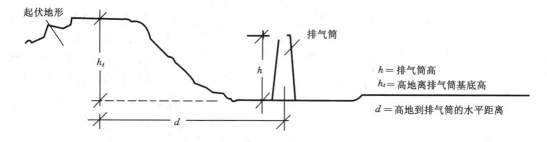

图 6-3　复杂地形

7. 短期浓度

短期浓度指某污染物的评价时段小于等于 24 h 的平均质量浓度,包括 1 h 平均质量浓度、8 h 平均质量浓度以及 24 h 平均质量浓度(也称为日平均质量浓度)。

8. 长期浓度

长期浓度指某污染物的评价时段大于等于 1 个月的平均质量浓度,包括月平均质量浓度、季平均质量浓度和年平均质量浓度。

9. 大气环境防护距离

大气环境防护距离指为保护人群健康,减少正常排放条件下大气污染物对居住区的环境影响,在项目厂界以外设置的环境防护距离。

三、大气环境污染

按照国际标准化组织(ISO)的定义:"大气污染通常是指由于人类活动或自然过程引起某些物质进入大气中,呈现出足够的浓度,达到足够的时间,并因此危害了人体的舒适、健康和福利或环境的现象"。

随着人类经济活动和生产的迅速发展,在大量消耗能源的同时,也将大量的废气、烟尘物质排入大气,严重影响了大气环境的质量,特别是在人口稠密的城市和工业区域。所谓干洁空气是指在自然状态下的大气(由混合气体、水气和杂质组成)除去水气和杂质的空气,其主要成分是氮气(占 78.09%)、氧气(占 20.94%)、氩气(占 0.93%),其他是各种含量不到 0.1% 的微量气体(如氖、氦、二氧化碳、氙等)。

气态污染物又分为一次污染物和二次污染物。

一次污染物是指直接由污染源排放的污染物质,如二氧化硫、一氧化氮、一氧化碳、颗粒物等,它们又可分为反应物和非反应物,前者不稳定,在大气环境中常与其他物质发生化学反应,或者做催化剂促进其他污染物之间的反应,后者则不发生反应或反应速度缓慢。

二次污染物是指由一次污染物在大气中互相作用经化学反应或光化学反应形成的与一次污染物的物理、化学性质完全不同的新的大气污物,其毒性比一次污染物更强。最常见的二次污染物如硫酸及硫酸盐气溶胶、硝酸及硝酸盐气溶胶、臭氧、光化学氧化剂,以及许多不同寿命的活性中间物(又称自由基),如 $HO_2·$、$HO·$ 等。

(一)大气污染物分类

大气污染物主要分为两类,即天然污染物和人为污染物,引起公害的往往是人为污染物,它们主要来源于燃料燃烧和大规模的工矿企业。主要包括:颗粒物指大气中液体、固体状物质,又称尘;硫氧化物是硫的氧化物的总称,包括二氧化硫、三氧化硫、三氧化二硫、一氧化硫等;碳的氧化物主要是一氧化碳(二氧化碳不属于大气污染物);氮氧化物是氮的氧化物的总称,包括氧化亚氮、一氧化氮、二氧化氮、三氧化二氮等;碳氢化合物是碳元素和氢元素形成的化合物,如甲烷、乙烷等烃类气体;其他有害物质如重金属类、含氟气体、含氯气体等。

根据大气污染物的存在状态,也可将其分为气溶胶态污染物和气态污染物。

1. 气溶胶态污染物

根据颗粒物物理性质的不同,可分为如下几种:

(1)粉尘。其指悬浮于气体介质中的细小固体粒子,通常是由于固体物质的破碎、分级、研磨等机械过程或土壤、岩石风化等自然过程形成。粉尘粒径一般为 $1\sim200~\mu m$，大于 $10~\mu m$ 的粒子靠重力作用能在较短时间内沉降到地面，称为降尘；小于 $10~\mu m$ 的粒子能长期在大气中漂浮，称为飘尘。

（2）烟。其通常指由冶金过程形成的固体粒子的气溶胶。在工业生产过程中总是伴有诸如氧化之类的化学反应，熔融物质挥发后生成的气态物质冷凝时便生成各种烟尘。烟的粒子是很细微的，粒径范围一般小于 $1~\mu m$。

（3）飞灰。其指由燃料燃烧后产生的烟气带走的灰分中分散的较细粒子。灰分是含碳物质燃烧后残留的固体渣，在分析测定时假定它是完全燃烧的。

（4）黑烟。其通常指由燃烧产生的能见的气溶胶，不包括水蒸气。在某些文献中以林格曼数、黑烟的遮光率、沾污的黑度或捕集的沉降物的质量来定量表示黑烟。黑烟的粒径范围为 $0.05\sim1~\mu m$。

（5）雾。在工程中，雾一般指小液体粒子的悬浮体。它可能是由于液体蒸汽的凝结、液体的雾化以及化学反应等过程形成的，如水雾、酸雾、碱雾、油雾等，水滴的粒径范围在 $200~\mu m$ 以下。

（6）总悬浮颗粒物。其指大气中粒径小于 $100~\mu m$ 的所有固体颗粒。这是为适应我国目前普遍采用的低容量滤膜采样法而规定的指标。

2. 气态污染物

气态污染物主要包括：含硫化合物、碳的氧化物、含氮化合物、碳氢化合物、卤素化合物。

（二）大气污染物来源

1. 定义与分类

造成大气污染的空气污染物的发生源称为空气污染源，可分为自然源和人为源两大类。

2. 大气污染物来源

大气污染物的来源十分广泛，各地情况也有很大差别，以下举出一些例子。

（1）工业。工业是大气污染的一个重要来源。工业排放到大气中的污染物种类繁多，有烟尘、硫的氧化物、氮的氧化物、有机化合物、卤化物、碳化合物等。其中有的是烟尘，有的是气体。

（2）工厂、家庭燃烧含硫的燃料，如生活炉灶与采暖锅炉：城市中大量民用生活炉灶和采暖锅炉需要消耗大量煤炭，煤炭在燃烧过程中要释放大量的灰尘、二氧化硫、一氧化碳等有害物质污染大气。特别是在冬季采暖时，往往使污染地区烟雾弥漫，这也是一种不容忽视的污染源。

（3）火山爆发产生的气体。

（4）焚烧农作物的秸秆、森林火灾中的浓烟。

（5）焚烧生活垃圾、废旧塑料、工业废弃物产生的烟气。

（6）吸烟。

（7）做饭时厨房里的烟气。

（8）垃圾腐烂释放出来的有害气体。

（9）工厂有毒气体的泄漏。

（10）居室装修材料（如油漆等）缓慢释放出来的有毒气体。

（11）风沙、扬尘。

（12）农业生产中使用的有毒农药。

（13）使用涂改液等化学试剂。

（14）复印机、打印机等电器产生的有害气体等。

（15）交通运输：汽车、火车、飞机、轮船是当代的主要运输工具，它们烧煤或石油产生的废气也是重要的污染物，特别是城市中的汽车，量大而集中，排放的污染物能直接侵袭人的呼吸器官，对城市的空气污染很严重，成为大城市空气的主要污染源之一。汽车排放的废气主要有一氧化碳、二氧化硫、氮氧化物和碳氢化合物等，前三种物质危害性很大。

3. 大气污染的危害

大气污染对气候的影响很大，其排放的污染物对局部地区和全球气候都会产生一定影响，尤其对全球气候的影响，从长远的观点看，这种影响将很严重。

（1）二氧化硫（SO_2）主要危害：形成工业烟雾，高浓度时使人呼吸困难，是著名的伦敦烟雾事件的元凶；进入大气层后，氧化为硫酸（H_2SO_4），在云中形成酸雨，对建筑、森林、湖泊、土壤危害大；形成悬浮颗粒物，又称气溶胶，随着人的呼吸进入肺部，对肺有直接损伤作用。

（2）悬浮颗粒物 TSP（如：粉尘、烟雾、PM_{10}）主要危害：随呼吸进入肺，可沉积于肺，引起呼吸系统的疾病。颗粒物上容易附着多种有害物质，有些有致癌性，有些会诱发花粉过敏症；沉积在绿色植物叶面，干扰植物吸收阳光、二氧化碳和放出氧气、水分的过程，从而影响植物的健康和生长；厚重的颗粒物浓度会影响动物的呼吸系统；杀伤微生物，引起食物链改变，进而影响整个生态系统；遮挡阳光而可能改变气候，这也会影响生态系统。

（3）氮氧化物 NO_x（如：NO、NO_2 等）主要危害：刺激人的眼、鼻、喉和肺，增加病毒感染的发病率，例如引起导致支气管炎和肺炎的流行性感冒，诱发肺细胞癌变；形成城市的烟雾，影响可见度；破坏树叶的组织，抑制植物生长；在空中形成硝酸小滴，产生酸雨。

（4）一氧化碳 CO 主要危害：极易与血液中运载氧的血红蛋白结合，结合速度比氧气快250 倍，因此，在极低浓度时就能使人或动物遭到缺氧性伤害。轻者眩晕、头疼，重者脑细胞受到永久性损伤，甚至窒息死亡；对心脏病、贫血和呼吸道疾病的患者伤害性大；引起胎儿生长受损和智力低下。

（5）挥发性有机化合物 VOC_s（如：苯、碳氢化合物）主要危害：容易在太阳光作用下产生光化学烟雾；在一定的浓度下对植物和动物有直接毒性；对人体有致癌、引发白血病的危险。

（6）光化学氧化物（如：臭氧 O_3）主要危害：低空臭氧是一种最强的氧化剂，能够与几乎所有的生物物质产生反应，浓度很低时就能损坏橡胶、油漆、织物等材料；臭氧对植物的影响很大，浓度很低时就能减缓植物生长，高浓度时杀死叶片组织，致使叶片枯死，最终引起植物死亡，比如高速公路沿线的树木死亡就被分析与臭氧有关；臭氧对于动物和人类有多种伤害作用，特别是伤害眼睛和呼吸系统，加重哮喘类过敏症。

（7）有毒微量有机污染物（如：多环芳烃、多氯联苯、二噁英、甲醛）主要危害：有致癌作用；有环境激素（也叫环境荷尔蒙）的作用。

（8）重金属（如：铅、镉）主要危害：重金属微粒随呼吸进入人体，铅能伤害人的神经系统，降低孩子的学习能力，镉会影响骨骼发育，对孩子极为不利；重金属微粒可被植物叶面直接吸收，也可在降落到土壤之后，被植物吸收，通过食物链进入人体；降落到河流中的重金属微粒随水流移动，或沉积于池塘、湖泊，或流入海洋，被水中生物吸收，并在体内聚积，最终随着水产品进入人体。

（9）有毒化学品（如：氯气、氨气、氟化物）主要危害：对动物、植物、微生物和人体有直接危害。

(10) 难闻气味主要危害:直接引起人体不适或伤害;对植物和动物有毒性;破坏微生物生存环境,进而改变整个生态状况。

(11) 放射性物质主要危害:致癌,可诱发白血病。

(12) 温室气体(如:二氧化碳、甲烷、氯氟烃)主要危害:阻断地面的热量向外层空间发散,致使地球表面温度升高,引起气候变暖,发生大规模的洪水、风暴或干旱;增加夏季的炎热,提高心血管病在夏季的发病和死亡率;气候变暖会促使南北两极的冰川融化,致使海平面上升,其结果是地势较低的岛屿国家和沿海城市被淹;气候变暖会使地球上沙漠化面积继续扩大,使全球的水和食品供应趋于紧张。

大气被污染后,由于污染物质的来源、性质和持续时间的不同,被污染地区的气象条件、地理环境等因素的差别,以及人的年龄、健康状况的不同,对人体造成的危害也不尽相同。大气中的有害物质主要通过 3 个途径侵入人体造成危害:① 通过人的直接呼吸而进入人体;② 附着在食物上或溶于水中,使之随饮食而侵入人体;③ 通过接触或刺激皮肤而进入到人体。其中通过呼吸而侵入人体是主要的途径,危害也最大。

大气污染对人的危害大致可分为急性中毒、慢性中毒、致癌 3 种。

4. 影响大气污染的主要因素

影响大气污染的主要因素有污染物的排放情况、大气的自净过程、污染物在大气中的转化情况以及气象条件等。

(1) 污染物的排放情况

污染物的排放情况对大气污染状况产生直接影响,主要表现为以下几点:

其一,在单位时间内排放的污染物越多,即排放强度越大,则对大气的污染越重。在同类生产中排放量取决于生产过程、管理制度、净化设备的有无及其净化效果等;在同一企业中,排放量随生产量的变化而变化。

其二,污染程度与污染源距离成反比,即与污染源距离越远,污染物扩散后的断面越大,稀释程度也越大,因而浓度越低。

其三,与排放高度有关,即污染物排放的高度越高,相应高度处的风速也越大,加速了污染物与大气的混合。当排出物扩散到地面时,其扩散开的面积越大,污染物的浓度越低。

(2) 大气自净过程

污染物进入大气后,大气能通过稀释扩散、转化等多种方式使排入的污染物浓度逐渐降低或除去的过程或现象,这个过程叫作大气的自净过程。

大气自净作用有两种形式:

其一是稀释作用,即污染物与大气混合而使污染物浓度降低,称为稀释。大气对污染物的稀释能力与气象因素有关。

其二是沉降和转化作用,即污染物因自重或雨水洗涤等原因而从大气中沉降到地面而被除去。大气污染物在大气中的沉降过程往往进行得十分缓慢,大气的自净作用主要还是大气对污染物的扩散稀释作用。

(3) 污染物在大气中的转化

污染物在大气中的转化十分复杂,其机理目前还不十分清楚。例如,二氧化硫可转变为硫酸烟雾,氮氧化物及有机物质在阳光照射下可变为臭氧、醛类、过乙酰硝酸酯等。转化后生成的二次污染物有时甚至比原来的一次污染物危害还大。

（4）风力和风向

风力大小和风向对污染物的扩散程度和扩散方位有决定性作用。把风向频率 P_w 与平均风速 u 之比叫作污染系数 R_p，即 $R_p = P_w/u$。可用污染系数反映不同风力和风向作用下的污染状况，即：污染系数小，则空气污染程度轻；污染系数大，则空气污染程度大。

（5）辐射与云

太阳辐射产生气流的热力运动，影响污染物扩散；云对太阳辐射有反射作用，通过影响大气的热力运动而影响污染物的扩散。

（6）天气形势

在低气压控制时，空气有上升运动，云量较多，如果风速稍大，大气多为中性或不稳定状态，有利于扩散；在高气压控制时，一般天气晴朗，风速很小，并往往伴有空气的下沉运动，形成下沉逆温，抑制湍流的发展，不利于扩散，甚至容易造成地面污染。

降水可以对空气污染物洗涤，一些污染物可随雨水降落地面。

雾可以凝集空气中的一些粒子污染物。但雾大多在近地面气层非常稳定的条件下才会出现，故雾的出现可能会造成不利的地面空气污染状态。

（7）下垫面条件

下垫面是气流运动的下边界，对气流运动状态和气象条件都会产生热力和动力影响，从而改变空气污染物的扩散条件。山区地形、水陆界面和城市热岛效应是下垫面对大气污染三个典型的影响。

四、大气湍流扩散的基本理论

湍流是一种不规则的运动，其特征量是时空随机变量。在大气中，由于受各种大气尺度的影响，三维空间的风向、风速发生连续的随机涨落，这种增长是大气中污染物扩散过程的一种特征。

大气湍流包括两类：一类是机械湍流；另一类是热力湍流。

机械湍流是由机械运动或者由动力作用生成的，例如，近地面风切变、地表粗糙均可产生机械湍流；太阳能加热地表导致热对流、地表受热不均匀或者气层不稳定等都可以引起热力湍流。一般情况下，大气湍流的强弱取决于热力和动力两种因子。在气温垂直分布呈强递减时，热力因子起主要作用；而在中性层结情况下，动力因子往往起主要作用。

湍流有极强的扩散能力，它比分子扩散快 $10^5 \sim 10^6$ 倍。大气中污染物能被扩散，主要是湍流的贡献。和烟团尺度相仿的湍流，对烟团扩散能力最强，比烟团尺度大好多倍的大湍涡，对烟团只起搬运作用，使烟流摆动，而扩散作用不大；比烟团尺度小好多倍的小湍涡，对烟团的扩散能力较小。

湍流扩散理论有三种：梯度输送理论、统计扩散理论和相似扩散理论。

1. 湍流梯度输送理论

该理论认为大气湍流扩散满足费克定律，其基本假定是：由湍流所引起的局地的某种属性的通量与这种属性的局地梯度成正比，通量的方向与梯度方向相反，用方程表达为：

$$\frac{dC}{dt} = -K \frac{\partial^2 C}{\partial^2 x}$$

$(6-4)$

式中 C——污染物浓度，mg/L；

　　　　K——湍流交换系数。

2. 湍流统计扩散理论

泰勒(G. I. Tayler)首先应用统计学方法研究湍流扩散问题，并于1921年提出了著名的泰勒公式。它把描写湍流的扩散参数和统计特征量的相关系数建立起来，只要能找到相关系数的具体函数，通过积分就可求出扩散参数，污染物在湍流中的扩散问题就得到解决。

图6-4所示是从污染源排放出的粒子在风沿 x 方向吹的湍流大气中扩散的情况。假定大气湍流是均匀、定常的，从原点放出的一个粒子的位置用 y 表示，则 y 随时间而变化，但其平均值为零。如果从原点放出很多粒子，则在 x 轴上粒子的浓度最高，浓度分布以 x 轴为对称轴，并符合正态分布。

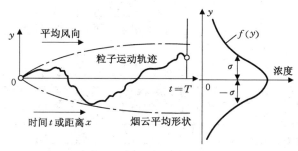

图 6-4   污染物在湍流大气中的扩散模型图

萨顿(O. G. Sutton)首先应用泰勒公式，提出了解决污染物在大气中扩散的实用模式。高斯(Gaussian)在大量实测资料分析的基础上，应用湍流统计理论得到了正态分布假设下的扩散模式，即通常说的高斯模式，高斯模式是目前应用较广的模式。

3. 湍流相似扩散理论

湍流相似扩散理论，最早始于英国科学家里查森和泰勒。后来由于许多科学家的努力，特别是俄国科学家的贡献，湍流扩散相似理论得到很大发展。

湍流扩散相似理论的基本观点是：湍流由许多大小不同的湍涡所构成，大湍涡失去稳定分裂成小湍涡，同时发生了能量转移，这一过程一直进行到最小的湍涡转化为热能为止。从这一基本观点出发，利用量纲分析，建立起某种统计物理量的普适函数的具体表达式，从而解决湍流扩散问题。

第二节 大气环境影响评价工作等级及范围

一、大气环境影响评价主要任务

大气环境影响评价的基本任务是从环境空气影响的角度对建设项目或开发活动进行可行性论证，通过调查、预测等手段，分析、预测和评估项目在建设阶段、生产运行和服务期满后(可根据项目情况选择)所排放的大气污染物对环境空气质量影响的程度、范围和频率，为项目的选址选线、排放方案、大气污染治理设施与预防措施制定、排放量核算，以及其他有关的工程设计、项目实施环境监测等提供科学依据或指导性意见。大气环境影响评价的工作程序如图 6-5 所示。

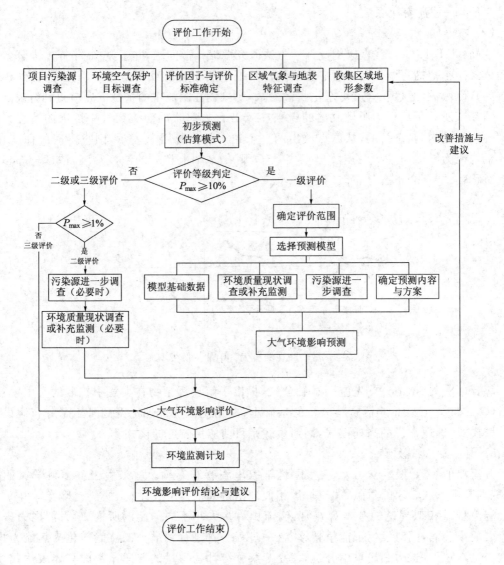

图 6-5　大气环境影响评价的工作程序

二、工作等级划分

根据项目污染源初步调查结果，分别计算项目排放主要污染物的最大地面空气质量浓度占标率 P_i（第 i 个污染物），及第 i 个污染物的地面空气质量浓度达标准限值 10％时所对应的最远距离 $D_{10\%}$。其中 P_i 定义为：

$$P_i = \frac{C_i}{C_{0i}} \times 100\% \tag{6-5}$$

式中　P_i——第 i 个污染物的最大地面质量浓度占标率，％；

C_i——采用估算模式计算出的第 i 个污染物的最大地面质量浓度，$\mu g/m^3$；

C_{0i}——第 i 个污染物的环境空气质量浓度标准，$\mu g/m^3$。

C_{0i}一般选用《环境空气质量标准》(GB 3095—2012)中 1 h 平均取样时间的二级标准的质量浓度限值,如项目位于一类环境空气功能区,应选择相应的一级浓度限值;如已有地方环境质量标准,应选用地方标准中的浓度限值;对《环境空气质量标准》(GB 3095—2012)及地方环境质量标准中未包含的污染物,参照表 6-5 中的 1 h 平均浓度限值;对于上述标准中都未包含的污染物,可参照选用其他国家、国际组织发布的环境质量浓度限值或基准值。对仅有 8 h 平均质量浓度限值、日平均质量浓度限值或年平均质量浓度限值的,可分别按 2 倍、3 倍、6 倍折算为 1 h 平均质量浓度限值。

表 6-5　　　　　　　　　　　其他污染物空气质量浓度参考限值

编号	污染物名称	标准值/($\mu g/m^3$)		
		1 h 平均	8 h 平均	日平均
1	氨	200		
2	苯	110		
3	苯胺	100		30
4	苯乙烯	10		
5	吡啶	80		
6	丙酮	800		
7	丙烯腈	50		
8	丙烯醛	100		
9	二甲苯	200		
10	二硫化碳	40		
11	环氧氯丙烷	200		
12	甲苯	200		
13	甲醇	3 000		1 000
14	甲醛	50		
15	硫化氢	10		
16	硫酸	300		100
17	氯	100		30
18	氯丁二烯	100		
19	氯化氢	50		15
20	锰及其化合物(以 MnO_2 计)			10
21	五氧化二磷	150		50
22	硝基苯	10		
23	乙醛	10		
24	总挥发性有机物(TVOC)		600	

划分评价等级的目的是区分不同的评价对象,以在保证评价质量的前提下尽可能节约经费和时间。《环境影响评价技术导则 大气环境》(HJ 2.2—2018)将大气环境影响评价工作划分为 3 级,见表 6-6。

表 6-6   大气环境影响评价工作等级划分

评价工作等级	评价工作分级判据
一级	$P_{max} \geqslant 10\%$
二级	$1\% \leqslant P_{max} < 10\%$
三级	$P_{max} < 1\%$

评价工作等级的确定还应符合表 6-7 规定。

表 6-7   估算模型参数表

参数		取值
城市/农村选项	城市/农村	
	人口数(城市选项时)	
最高环境温度/℃		
最低环境温度/℃		
土地利用类型		
区域湿度条件		
是否考虑地形	考虑地形	□是　　□否
	地形数据分辨率/m	
是否考虑岸线熏烟	考虑岸线熏烟	□是　　□否
	岸线距离/km	
	岸线方向/(°)	

(1) 同一项目有多个(两个以上,含两个)污染源排放同一种污染物时,则按各污染源分别确定其评价等级,并取评价级别最高者作为项目的评价等级。

(2) 对电力、钢铁、水泥、石化、化工、平板玻璃、有色等高耗能行业的多源项目或以使用高污染燃料为主的多源项目,并且编制环境影响报告书的项目评价等级提高一级。

(3) 对等级公路、铁路项目,分别按项目沿线主要集中式排放源(如服务区、车站大气污染源)排放的污染物计算其评价等级。

(4) 对新建包含 1 km 及以上隧道工程的城市快速路、主干路等城市道路项目,按项目隧道主要通风竖井及隧道出口排放的污染物计算其评价等级。

(5) 对新建、迁建及飞行区扩建的枢纽及干线机场项目,应考虑机场飞机起降及相关辅助设施排放源对周边城市的环境影响,评价等级取一级。

(6) 确定评价等级同时应说明估算模型计算参数和判定依据。

三、大气环境影响评价工作范围的确定

(1) 一级评价项目根据项目排放污染物的最远影响距离($D_{10\%}$)确定大气环境影响评价范围。即以项目厂址为中心区域,自厂界外延 $D_{10\%}$ 的矩形区域作为大气环境影响评价范围。当 $D_{10\%}$ 超过 25 km 时,确定评价范围为边长 50 km 矩形区域;当 $D_{10\%}$ 小于 2.5 km 时,

评价范围边长取 5 km。

（2）二级评价项目大气环境影响评价范围边长取 5 km。

（3）三级评价项目不需要设置大气环境影响评价范围。

（4）对于新建、迁建及飞行区扩建的枢纽及干线机场项目，评价范围还应考虑受影响的周边城市，最大取边长 50 km。

（5）规划的大气环境影响评价范围是以规划区边界为起点，外延规划项目排放污染物的最远影响距离（$D_{10\%}$）的区域。

调查评价范围内所有环境空气保护目标应在带有地理信息的底图中标注，并列表给出环境空气保护目标内主要保护对象的名称、保护内容、所在大气环境功能区划以及与项目厂址的相对距离、方位、坐标等信息。

第三节　大气环境现状调查与评价

一、大气污染源调查

（一）调查内容

1. 一级评价项目

（1）调查本项目不同排放方案有组织及无组织排放源，对于改建、扩建项目还应调查本项目现有污染源。本项目污染源调查包括正常排放和非正常排放，其中非正常排放调查内容包括非正常工况、频次、持续时间和排放量。

（2）调查本项目所有拟被替代的污染源（如有），包括被替代污染源名称、位置、排放污染物及排放量、拟被替代时间等。

（3）调查评价范围内与评价项目排放污染物有关的其他在建项目、已批复环境影响评价文件的拟建项目等污染源。

（4）对于编制报告书的工业项目，分析调查受本项目物料及产品运输影响新增的交通运输移动源，包括运输方式、新增交通流量、排放污染物及排放量。

2. 二级评价项目

参照一级评价项目（1）、（2）调查本项目现有及新增污染源和拟被替代的污染源。

3. 三级评价项目

可只调查分析项目新增污染源和拟被替代的污染源。

（二）调查方法与要求

新建项目的污染源调查，依据《建设项目环境影响评价技术导则　总纲》（HJ 2.1—2016）、《规划环境影响评价技术导则　总纲》（HJ 130—2014）、《排污许可证申请与核发技术规范　总则》（HJ 942—2018）、行业排污许可证申请与核发技术规范及各污染源源强核算技术指南，并结合工程分析从严确定污染物排放量。

评价范围内在建和拟建项目的污染源调查，可使用已批准的环境影响评价文件中的资料；改建、扩建项目现状工程的污染源和评价范围内拟被替代的污染源调查，可根据数据的可获得性，依次优先使用项目监督性监测数据、在线监测数据、年度排污许可执行报告、自主验收报告、排污许可证数据、环评数据或补充污染源监测数据等。污染源监测数据应采用满负荷工况下的监测数据或者换算至满负荷工况下的排放数据。

网格模型模拟所需的区域现状污染源排放清单调查按国家发布的清单编制相关技术规范执行。污染源排放清单数据应采用近3年内国家或地方生态环境主管部门发布的包含人为源和天然源在内所有区域污染源清单数据。在国家或地方生态环境主管部门未发布污染源清单之前,可参照污染源清单编制指南自行建立区域污染源清单,并对污染源清单准确性进行验证分析。

二、大气环境质量现状调查

(一)调查内容和目的

1. 一级评价项目

调查项目所在区域环境质量达标情况,作为项目所在区域是否为达标区的判断依据。

调查评价范围内有环境质量标准的评价因子的环境质量监测数据或进行补充监测,用于评价项目所在区域污染物环境质量现状,以及计算环境空气保护目标和网格点的环境质量现状浓度。

2. 二级评价项目

调查项目所在区域环境质量达标情况。

调查评价范围内有环境质量标准的评价因子的环境质量监测数据或进行补充监测,用于评价项目所在区域污染物环境质量现状。

3. 三级评价项目

只调查项目所在区域环境质量达标情况。

(二)数据来源

1. 基本污染物环境质量现状数据

(1)项目所在区域达标判定,优先采用国家或地方生态环境主管部门公开发布的评价基准年环境质量公告或环境质量报告中的数据或结论。

(2)采用评价范围内国家或地方环境空气质量监测网中评价基准年连续1年的监测数据,或采用生态环境主管部门公开发布的环境空气质量现状数据。

(3)评价范围内没有环境空气质量监测网数据或公开发布的环境空气质量现状数据的,可选择符合《环境空气质量监测点位布设技术规范(试行)》(HJ 664—2013)规定,并且与评价范围地理位置邻近,地形、气候条件相近的环境空气质量城市点或区域点监测数据。

(4)对于位于环境空气质量一类区的环境空气保护目标或网格点,各污染物环境质量现状浓度可取符合 HJ 664 规定,并且与评价范围地理位置邻近,地形、气候条件相近的环境空气质量区域点或背景点监测数据。

2. 其他污染物环境质量现状数据

(1)优先采用评价范围内国家或地方环境空气质量监测网中评价基准年连续1年的监测数据。

(2)评价范围内没有环境空气质量监测网数据或公开发布的环境空气质量现状数据的,可收集评价范围内近3年与项目排放的其他污染物有关的历史监测资料。

(3)在没有以上相关监测数据或监测数据不能满足评价要求时,应按下列(三)要求进行补充监测。

（三）补充监测

1．监测时段

根据监测因子的污染特征，选择污染较重的季节进行现状监测。补充监测应至少取得7 d有效数据。对于部分无法进行连续监测的其他污染物，可监测其一次空气质量浓度，监测时次应满足所用评价标准的取值时间要求。

2．监测布点

以近20年统计的当地主导风向为轴向，在厂址及主导风向下风向5 km范围内设置1～2个监测点。如需在一类区进行补充监测，监测点应设置在不受人为活动影响的区域。

3．监测方法

涉及各项污染物的分析方法应符合《环境空气质量评价标准》（GB 3095—2012）对分析方法的规定。应首先选用国家环保主管部门发布的标准监测方法。对尚未制定环境标准的非常规大气污染物，应尽可能参考ISO等国际组织和国内外相应的监测方法，在环评文件中详细列出监测方法、适用性及其引用依据，并报请环保主管部门批准；监测方法的选择，应满足项目的监测目的，并注意其适用范围、检出限、有效检测范围等监测要求。

4．监测采样

环境空气监测中的采样点、采样环境、采样高度及采样频率，按《环境空气质量监测点位布设技术规范（试行）》（HJ 664—2013）及相关评价标准规定的环境监测技术规范执行。各类污染物数据统计的有效性规定按《环境空气质量标准》（GB 3095—2012）中的规定执行。

5．监测结果统计分析

以列表的方式给出各监测点大气污染物的不同取值时间的质量浓度变化范围，计算并列表给出各取值时间最大质量浓度值占相应标准质量浓度限值的百分比和超标率，并评价达标情况。若监测结果出现超标，应分析其超标率、最大超标倍数以及超标原因。分析大气污染物质量浓度的日变化规律以及大气污染物质量浓度与地面风向、风速等气象因素及污染源排放的关系。此外，还应分析重污染时间分布情况及其影响因素。

（1）超标率按下式计算

$$超标率 = \frac{超标数据个数}{总监测数据个数} \times 100\% \qquad (6\text{-}6)$$

其中，未检出点位数计入总监测数据个数，不符合监测技术规范要求的监测数据不计入总监测数据个数。

（2）超标倍数按下式计算

$$超标倍数 = \frac{C_i - C_{si}}{C_{si}} \qquad (6\text{-}7)$$

式中　C_i——环境污染物的实测浓度，mg/m^3；

　　　C_{si}——污染物的环境质量标准值，mg/m^3。

三、气象观测资料调查

（一）基本原则

气象观测资料的调查要求与项目的评价等级有关，还与评价范围内地形复杂程度、水平流场是否均匀一致、污染物排放是否连续稳定有关。常规气象观测资料包括常规地面气象观测资料和常规高空气象探测资料。

对于各级评价项目,均应调查评价范围 20 年以上的主要气候统计资料,包括年平均风速和风向玫瑰图,最大风速与月平均风速,年平均气温,极端气温和月平均气温,年平均相对湿度,年均降水量,降水量极值,日照等。

（二）调查要求

气象观测资料调查基本要求分两种情况:评价范围小于 50 km 条件下,须调查地面气象观测资料,并按选取的模式要求和地形条件,补充调查必需的常规高空气象探测资料;评价范围大于 50 km 条件下,须调查地面气象观测资料和常规高空气象探测资料。

地面气象观测资料调查要求:调查距离项目最近的地面气象观测站,近 5 年内的调查至少连续 3 年的常规地面气象观测资料。如果地面气象观测站与项目的距离超过 50 km,并且地面站与评价范围的地理特征不一致,还需要进行补充地面气象观测。

常规高空气象探测资料调查要求:调查距离项目最近的高空气象探测站,近 5 年内的调查至少连续 3 年的常规高空气象探测资料。如果高空气象探测站与项目的距离超过 50 km,高空气象资料可采用中尺度气象模式模拟的 50 km 内的格点气象资料。

（三）调查内容

1. 地面气象观测资料

（1）观测资料的时次:根据所调查地面气象观测站的类别,并遵循先基准站、次基本站、后一般站的原则,收集每日实际逐次观测资料。

（2）观测资料的常规调查项目:时间（年、月、日、时）、风向（以角度或按 16 个方位表示）、风速、干球温度、低云量、总云量。

（3）根据不同评价等级预测精度要求及预测因子特征,可选择调查的观测资料内容:湿球温度、露点温度、相对湿度、降水量、降水类型、海平面气压、观测站地面气压、云底高度、水平能见度等。

（4）地面气象

观测资料内容汇总见表 6-8。

表 6-8　　　　　　　　　　　　　地面气象观测资料内容

名称	单位	名称	单位
年	—	湿球温度	℃
月	—	露点温度	℃
日	—	相对湿度	%
时	—	降水量	mm/h
风向	(°)（方位）	降水类型	—
风速	m/s	海平面气压	hPa（百帕）
总云量	十分量	观测站地面气压	hPa（百帕）
低云量	十分量	云底高度	km
干球温度	℃	水平能见度	km

2. 常规高空气象探测资料

(1) 观测资料的时次：根据所调查常规高空气象探测站的实际探测时次确定，一般应至少调查每日 1 次（北京时间 08 点）的距地面 1 500 m 高度以下的高空气象探测资料。

(2) 观测资料的常规调查项目：时间（年、月、日、时），探空数据层数，每层的气压、高度、气温、风速、风向（以角度或按 16 个方位表示）。

(3) 常规高空气象探测资料内容汇总见表 6-9。

表 6-9 常规高空气象探测资料内容

名称	单位	名称	单位
年	—	高度	m
月	—	干球温度	℃
日	—	露点温度	℃
时	—	风速	m/s
探空数据层数	—	风向	(°)（方位）
气压	hPa（百帕）		

3. 补充地面气象观测要求

如果地面气象观测站与项目的距离超过 50 km，并且地面站与评价范围的地理特征不一致，还需要补充地面气象观测。在评价范围内设立地面气象站，站点设置应符合相关地面气象观测规范的要求。

一级评价的补充观测应进行为期 1 年的连续观测，观测内容应符合相关地面气象观测规范的要求。补充地面气象观测数据可作为当地长期气象条件参与大气环境影响预测。

四、大气环境质量现状评价

（一）大气环境质量现状评价的作用

大气环境现状评价是大气环境影响评价的重要组成部分，通过环境大气质量现状的调查与监测，了解评价区域的环境质量的背景值，为拟建的建设项目或区域开发建设起到以下作用：

(1) 确定有关大气污染物的排放目标。

(2) 为大气环境质量预测、评价提供背景依据。

(3) 为分析污染潜势、污染成因提供依据。

(4) 配合污染源调查结果为验证扩散模式的可靠性提供依据。

（二）大气环境质量现状评价的内容

大气环境质量评价一般包括以下内容：

(1) 污染源的调查与分析：确定主要的污染源和污染物，找出污染物的排放方式、途径、特点和规律。

(2) 大气污染现状评价：根据污染源调查结果和环境监测数据的分析，确定大气污染的程度。

(3) 自净能力的评价：研究主要污染物的大气扩散、变化规律，阐明在不同气象条件下对环境污染的分布范围与强度。

（4）生态系统及人体健康影响的评价：通过环境流行病学的调查，分析大气污染对生态系统和人体健康已产生的效应。

（5）环境经济学的评价：通过因大气污染所造成的直接或间接的经济损失，进行调查与统计分析。

（三）大气现状评价的主要方法

1. 空气环境质量评价标准指数法

空气环境质量评价标准指数法是目前进行空气环境质量现状评价的主要方法。

$$S_i = C_i / C_{si} \qquad (6\text{-}8)$$

式中　S_i——环境污染物（评价因子）i 的评价指数；

C_i——标准状态下环境污染物（评价因子）i 的实测浓度，mg/m^3；

C_{si}——标准状态下污染物（评价因子）i 的环境质量标准，mg/m^3。

由式（6-8）可见，单项环境质量评价指数表示某种污染物（评价因子）在环境中的浓度超过评价标准的程度，亦称超标倍数。S_i 数值越大，表示第 i 个评价因子的单项环境质量越差；$S_i=1$ 时的环境质量处在临界状态。单因子评价指数是其他各种评价方法的基础。

环境质量标准指数是相对于某一评价标准而定的，当评价标准变化时，即使污染物在环境中的实际浓度不变，S_i 实际数值仍会变化。因此，在对环境质量评价指数进行横向比较时，要注意它们是否具有相同的评价标准。如果一个地区某一环境要素中的污染物是单一的或某一污染物占明显优势时，由式（6-8）求得的评价指数大体可以反映出环境质量的情况。

2. 我国环境空气质量指数（AQI）

现行我国城市空气质量公报是根据《环境空气质量标准》（GB 3095—2012）最新颁布的我国环境空气质量指数（AQI）的标准进行的。

（1）空气质量分指数的计算方法

污染物项目 P 的空气质量分指数按式（6-9）计算：

$$IAQI_P = \frac{IAQI_{Hi} - IAQI_{Lo}}{BP_{Hi} - BP_{Lo}}(C_P - BP_{Lo}) + IAQI_{Lo} \qquad (6\text{-}9)$$

式中　$IAQI_P$——污染物项目 P 的空气质量分指数；

C_P——污染物项目 P 的质量浓度值；

BP_{Hi}——表 6-10 中与 C_P 相近的污染物浓度限值的高位值；

BP_{Lo}——表 6-10 中与 C_P 相近的污染物浓度限值的低位值；

$IAQI_{Hi}$——表 6-10 中与 BP_{Hi} 对应的空气质量分指数；

$IAQI_{Lo}$——表 6-10 中与 BP_{Lo} 对应的空气质量分指数。

（2）空气质量指数及首要污染物的确定方法

空气质量指数按式（6-10）计算：

$$AQI = \max\{IAQI_1, IAQI_2, IAQI_3, \cdots, IAQI_n\} \qquad (6\text{-}10)$$

式中　$IAQI$——空气质量分指数；

n——污染物项目。

表 6-10　　　　　　　　　　　空气质量分指数及对应的污染物项目浓度限值

空气质量分指数（IAQI）	污染物项目浓度限值									
	二氧化硫（SO_2）24 小时平均浓度/（$\mu g/m^3$）	二氧化硫（SO_2）1 小时平均浓度/（$\mu g/m^3$）	二氧化氮（NO_2）24 小时平均浓度/（$\mu g/m^3$）	二氧化氮（NO_2）1 小时平均浓度/（$\mu g/m^3$）	颗粒物（粒径小于等于 10 μm）24 小时平均/（$\mu g/m^3$）	一氧化碳（CO）24 小时平均/（mg/m^3）	一氧化碳（CO）1 小时平均/（mg/m^3）	臭氧（O_3）1 小时平均/（$\mu g/m^3$）	臭氧（O_3）8 小时滑动平均/（$\mu g/m^3$）	颗粒物（粒径小于等于 2.5 μm）24 小时平均/（$\mu g/m^3$）
0	0	0	0	0	0	0	0	0	0	0
50	50	150	40	100	50	2	5	160	100	35
100	150	500	80	200	150	4	10	200	160	75
150	475	650	180	700	250	14	35	300	215	115
200	800	800	280	1 200	350	24	60	400	265	150
300	1 600	(2)	565	2 340	420	36	90	800	800	250
400	2 100	(2)	750	3 090	500	48	120	1 000	(3)	350
500	2 620	(2)	940	3 840	600	60	150	1 200	(3)	500

说明：(1) 二氧化硫（SO_2）、二氧化氮（NO_2）和一氧化碳（CO）的 1 小时平均浓度限值仅用于实时报，在日报中需要使用相应污染物的 24 小时浓度限值。

(2) 二氧化硫（SO_2）1 小时平均浓度值高于 800 $\mu g/m^3$ 的，不再进行其空气质量分指数计算，二氧化硫（SO_2）空气质量分指数按 24 小时平均浓度计算的分指数报告。

(3) 臭氧（O_3）8 小时平均浓度值高于 800 $\mu g/m^3$ 的，不再进行其空气质量分指数计算，臭氧（O_3）空气质量分指数按 1 小时平均浓度计算的分指数报告。

（3）首要污染物及超标污染物的确定方法

AQI 大于 50 时，IAQI 最大的污染物为首要污染物。若 IAQI 最大的污染物为两项或两项以上时，并列为首要污染物。

IAQI 大于 100 的污染物为超标污染物。

根据 AQI 计算结果，对照表 6-11 即可判别相应的空气质量级别。

表 6-11　　　　　　　　　　　空气质量指数及相关信息

空气质量指数	空气质量指数级别	空气质量指数类别及表示颜色		对健康影响情况	建议采取的措施
0～50	一级	优	绿色	空气质量令人满意，基本无空气污染	各类人群可正常活动
51～100	二级	良	黄色	空气质量可接受，但某些污染物可能对极少数异常敏感人群有较弱影响	极少数异常敏感人群应减少户外活动
101～150	三级	轻度污染	橙色	易感人群症状有轻度加剧，健康人群出现刺激症状	儿童、老年人及心脏病、呼吸系统疾病患者应减少长时间、高强度的户外锻炼
151～200	四级	中度污染	红色	进一步加剧易感人群症状，可能对健康人群、呼吸系统有影响	儿童、老年人及心脏病、呼吸系统疾病患者避免长时间、高强度的户外锻炼，一般人群适量减少户外运动

空气质量指数	空气质量指数级别	空气质量指数类别及表示颜色		对健康影响情况	建议采取的措施
201~300	五级	重度污染	紫色	心脏病和肺病患者症状显著加剧,运动耐受力降低,健康人群普遍出现症状	儿童、老年人和心脏病、肺病患者应停留在室内,停止户外运动,一般人群减少户外运动
>300	六级	严重污染	褐红色	健康人群运动耐受力降低,有明显强烈症状,提前出现某些疾病	儿童、老年人和病人应当留在室内,避免体力消耗,一般人群应避免户外活动

例 6-1 假定某地区某日的空气质量指标分别为:PM_{10} 的 24 小时均值为 328 $\mu g/m^3$、NO_2 的 24 小时均值为 86 $\mu g/m^3$、SO_2 的 24 小时均值为 40 $\mu g/m^3$。试求出此三类污染物的空气质量分指数及空气质量指数 AQI,并确定空气质量级别为多少?

解:按照表 6-10 所示,PM_{10} 24 小时均值实测浓度 328 $\mu g/m^3$,介于 250 $\mu g/m^3$ 和 350 $\mu g/m^3$ 之间,此处 $BP_{Hi}=350$ $\mu g/m^3$,$BP_{Lo}=250$ $\mu g/m^3$,$IAQI_{Hi}=200$,$IAQI_{Lo}=150$,则 PM_{10} 的 24 小时均值空气质量分指数为:

$$IAQI_P = \frac{IAQI_{Hi}-IAQI_{Lo}}{BP_{Hi}-BP_{Lo}}(C_P-BP_{Lo})+IAQI_{Lo}$$

$$= \frac{(200-150)}{350-250}(328-250)+150=189$$

故 PM_{10} 24 小时均值的空气质量分指数为 189。

同理,可以分别求出 NO_2 24 小时均值的分指数为 103,SO_2 24 小时均值的分指数为 40,则总体上取污染指数最大者报告该地区的空气污染指数:$API=\max(189,58,40)=189$。

所以,该地区空气质量为四级、中度污染,首要污染物为可吸入颗粒物 PM_{10}。

3. 上海大气质量指数

该指数由上海第一医学院姚志麒教授于 1978 年提出,他认为,如果采用 $S_i=C_i/C_{si}$,会存在下述不足,假如大气中有一个污染物浓度不高,甚至很低,这时按平均值计算得到的指数并不高,从而掩盖了高浓度污染物的污染情况。而事实上,当大气中出现任何一种污染物的严重污染,都有可能引起较大的危害,因此在设计指数时,除了考虑平均值外,也要适当考虑其中的最大值,上海大气质量指数模式可用下式表示:

$$I_{上海}=\sqrt{\max\left\{\frac{C_i}{C_{si}}\right\}\times\left(\frac{1}{n}\sum_{i=1}^{n}\frac{C_i}{C_{si}}\right)}=\sqrt{\max\{S_i\}\times\left(\frac{1}{n}\sum_{i=1}^{n}S_i\right)} \quad (6-11)$$

式中:$\max\{S_i\}$——各分指数中数值最大者。

该指数形式简单,计算方便,适用于综合评价几个污染物共同影响下的大气污染指数,可用于评价大气污染指数长期变化的趋势。同时,沈阳环保所的研究人员参照美国 PSI(污染物标准指数)值对应的浓度和人体健康的关系对 $I_{上海}$ 值实现了大气污染分级,结果见表 6-12,该指数可进行大气环境质量逐日变化的评价。

表 6-12		上海大气污染指数分级			
分级	清洁	轻污染	中污染	重污染	极重污染
$I_上$	<0.6	0.6～1	1～1.9	1.9～2.8	>2.8
大气污染水平	清洁	标准水平	警戒水平	警报水平	紧急水平

例 6-2　某评价区域进行环境影响评价,现状监测数据如下(24 小时平均):$C_{TSP}=0.38$ mg/m^3,$C_{SO_2}=0.2\ mg/m^3$,$C_{NO_x}=0.08\ mg/m^3$,如果该评价区大气质量执行国家二级标准 GB 3095—2012,试按照上海大气质量指数评价方法评价其大气环境质量状况。

解:先计算各污染因子的分指数,查标准得:

$$C_{S(TSP)}=0.30\ mg/m^3;C_{S(SO_2)}=0.15\ mg/m^3;C_{S(NO_x)}=0.10\ mg/m^3$$

于是得:
$$I_{TSP}=0.38/0.3=1.267$$
$$I_{SO_2}=0.20/0.15=1.333$$
$$I_{NO_x}=0.08/0.1=0.8$$

所以:
$$I_{max}=I_{SO_2}=1.333$$
$$\overline{I}=\frac{1}{3}(1.267+1.333+0.8)=1.133$$

因此综合指数为:
$$I_上=\sqrt{I_{max}\times\overline{I}}=\sqrt{1.333\times1.133}=1.229$$

查表 6-12 可知,该评价区大气质量在中等污染水平。

其余大气环境质量评价方法详见第四章有关内容,在此不再重复。

第四节　大气环境影响预测与评价

一、大气环境影响预测内容与步骤

大气环境影响预测用于判断项目建成后对评价范围内的大气环境影响程度。常用的大气环境影响预测方法是通过建立数学模型来模拟各种气象条件、地形条件下的污染物在大气中输送、扩散、转化和清除等物理、化学机制。

大气环境影响预测的步骤一般为:

(1)确定预测因子。

(2)确定预测范围。

(3)确定计算点。

(4)确定污染源计算清单。

(5)确定气象条件。

(6)确定地形数据。

(7)确定预测内容和设定预测情景。

(8)选择预测模式。

(9)确定模式中的相关参数。

（10）进行大气环境影响预测与评价。

二、预测因子

预测因子应根据评价因子而定,选取有环境空气质量标准的评价因子作为预测因子。

三、预测范围和预测周期

1. 预测范围

（1）预测范围应覆盖评价范围,并覆盖各污染物短期浓度贡献值占标率大于 10％的区域。

（2）计算污染源对评价范围的影响时,一般取东西向为 X 坐标轴、南北向为 Y 坐标轴,项目位于预测范围的中心区域。

（3）对于经判定需预测二次污染物的项目,预测范围应覆盖 $PM_{2.5}$ 年平均质量浓度贡献值占标率大于 1％的区域。

（4）对于评价范围内包含环境空气功能区一类区的,预测范围应覆盖项目对一类区最大环境影响。

2. 预测周期

（1）选取评价基准年作为预测周期,预测时段取连续 1 年。

（2）选用网格模型模拟二次污染物的环境影响时,预测时段应至少选取评价基准年 1、4、7、10 月。

四、计算点

（1）计算点可分三类:环境空气敏感区、预测范围内的网格点以及区域最大地面浓度点。

（2）应选择所有的环境空气敏感区中的环境空气保护目标作为计算点。

（3）预测网格点的设置应具有足够的分辨率以尽可能精确预测污染源对评价范围的最大影响,预测网格可以根据具体情况采用直角坐标网格或极坐标网格,并应覆盖整个评价范围。预测网格点设置方法见表 6-13。

表 6-13　　　　　　　　　　　　　预测网格点设置方法

预测网格方法		直角坐标网格	极坐标网格
布点原则		网格等间距或近密远疏法	径向等间距或距源中心近密远疏法
预测网格点网格距	距离源中心≤1 000 m	50～100 m	50～100 m
	距离源中心＞1 000 m	100～500 m	100～500 m

（4）区域最大地面浓度点的预测网格设置,应依据计算出的网格点质量浓度分布而定,在高浓度分布区,预测点间距应不大于 50 m。

（5）对于邻近污染源的高层住宅楼,应适当考虑不同代表高度上的预测受体。

五、污染源计算清单、气象条件和地形数据的确定

（一）污染源计算清单

点污染源调查清单见表 6-14，线污染源调查清单见表 6-15，面污染源调查清单见表 6-16，体污染源调查清单见表 6-17。

表 6-14　　　　　　　　　　　　　点源参数调查清单

	点源编号	点源名称	X坐标	Y坐标	排气筒底部海拔高度	排气筒高度	排气筒内径	烟气出口速度	烟气出口温度	年排放小时数	排放工况	评价因子源强
单位			m	m	m	m	m	m/s	℃	h		kg/h
数据												

表 6-15　　　　　　　　　　　　　线源参数调查清单

	线源编号	线源名称	分段坐标		分段坐标		分段坐标 n	道路高度	道路宽度	街道窄谷高度	平均车速	车流量	车型/比例	各车型污染物排放速率
			X	Y	X	Y								
单位			m	m	m	m		m	m	m	km/h	辆/h		kg/(km·h)
数据														

表 6-16　　　　　　　　　　　　　矩形面源参数调查清单

	面源编号	面源名称	面源起始		海拔高度	面源长度	面源宽度	与正北夹角	面源初始排放高度	年排放小时数	排放工况	评价因子源强
			X	Y								
单位			m	m	m	m	m	(°)	m	h		kg/h
数据												

表 6-17　　　　　　　　　　　　　体源参数调查清单

	体源编号	体源名称	体源中心坐标		海拔高度	体源边长	体源高度	年排放小时数	排放工况	初始扩散参数		评价因子源强
			X	Y						横向	垂直	
单位			m	m	m	m	m	h		m	m	kg/h
数据												

（二）气象条件的确定

计算小时平均质量浓度需采用长期气象条件，选择污染最严重的（针对所有计算点）小时气象条件和对各环境空气保护目标影响最大的若干个小时气象条件（可视对各环境空气敏感区的影响程度而定）作为典型小时气象条件。

计算日平均质量浓度需采用长期气象条件，进行逐日平均计算。选择污染最严重的（针对所有计算点）日气象条件和对各环境空气保护目标影响最大的若干个日气象条件（可

视对各环境空气敏感区的影响程度而定)作为典型日气象条件。

（三）确定地形数据

在非平坦的评价范围内,地形的起伏对污染物的传输、扩散会有一定的影响。对于复杂地形下的污染物扩散模拟需要输入地形数据。地形数据的来源应予以说明,地形数据的精度应结合评价范围及预测网格点的设置进行合理的选择。

六、预测与评价内容

一级评价项目应采用进一步预测模型开展大气环境影响预测与评价。二级评价项目不进行进一步预测与评价,只对污染物排放量进行核算。三级评价项目也不进行进一步预测与评价。

（一）达标区的评价项目

（1）项目正常排放条件下,预测环境空气保护目标和网格点主要污染物的短期浓度和长期浓度贡献值,评价其最大浓度占标率。

（2）项目正常排放条件下,预测评价叠加环境空气质量现状浓度后,环境空气保护目标和网格点主要污染物的保证率日平均质量浓度和年平均质量浓度的达标情况;对于项目排放的主要污染物仅有短期浓度限值的,评价其短期浓度叠加后的达标情况。如果是改建、扩建项目,还应同步减去"以新带老"污染源的环境影响。如果有区域削减项目,应同步减去削减源的环境影响。如果评价范围内还有其他排放同类污染物的在建、拟建项目,还应叠加在建、拟建项目的环境影响。

（3）项目非正常排放条件下,预测评价环境空气保护目标和网格点主要污染物的 1 h 最大浓度贡献值及占标率。

（二）不达标区的评价项目

（1）同达标区的评价项目预测内容的（1）、（3）。

（2）项目正常排放条件下,预测评价叠加大气环境质量限期达标规划（简称"达标规划"）的目标浓度后,环境空气保护目标和网格点主要污染物保证率日平均质量浓度和年平均质量浓度的达标情况;对于项目排放的主要污染物仅有短期浓度限值的,评价其短期浓度叠加后的达标情况。如果是改建、扩建项目,还应同步减去"以新带老"污染源的环境影响。如果有区域达标规划之外的消减项目,应同步减去消减源的环境影响。如果评价范围内还有其他排放同类污染物的在建、拟建项目,还应叠加在建、拟建项目的环境影响。

（3）对于无法获得达标规划目标浓度场或区域污染源清单的评价项目,需评价区域环境质量的整体变化情况。

（三）区域规划

（1）预测评价区域规划方案中不同规划年叠加现状浓度后,环境空气保护目标和网格点主要污染物保证率日平均质量浓度和年平均质量浓度的达标情况;对于规划排放的其他污染物仅有短期浓度限值的,评价其叠加现状浓度后短期浓度的达标情况。

（2）预测评价区域规划实施后的环境质量变化情况,分析区域规划方案的可行性。

不同评价对象或排放方案对应预测内容和评价要求见表 6-18。

表 6-18　　　　　　　　　　　　　　　　预测内容和评价要求

评价对象	污染源	污染源排放形式	预测内容	评价内容
达标区评价项目	新增污染源	正常排放	短期浓度 长期浓度	最大浓度占标率
	新增污染源 — "以新带老"污染源（如有） — 区域消减污染源（如有） + 其他在建、拟建污染源（如有）	正常排放	短期浓度 长期浓度	叠加环境质量现状浓度后的保证率日平均质量浓度和年平均质量浓度的占标率，或短期浓度的达标情况
	新增污染源	非正常排放	1 h 平均质量浓度	最大浓度占标率
不达标区评价项目	新增污染源	正常排放	短期浓度 长期浓度	最大浓度占标率
	新增污染源 — "以新带老"污染源（如有） — 区域消减污染源（如有） + 其他在建、拟建污染源（如有）	正常排放	短期浓度 长期浓度	叠加达标规划目标浓度后的保证率日平均质量浓度和年平均质量浓度的占标率，或短期浓度的达标情况；评价年平均质量浓度变化率
	新增污染源	非正常排放	1h 平均质量浓度	最大浓度占标率
区域规划	不同规划期/规划方案污染源	正常排放	短期浓度 长期浓度	保证率日平均质量浓度和年平均质量浓度的占标率，年平均质量浓度变化率
大气环境防护距离	新增污染源 — "以新带老"污染源（如有） + 项目全厂现有污染源	正常排放	短期浓度	大气环境防护距离

七、预测模式

大气环境影响预测的数学模型多种多样，具体应用时应根据评价区域的气象和地形特征、污染源及污染特征、时空分辨率要求及有关资料和技术条件等选择适当的模型。可采用《环境影响评价技术导则 大气环境》(HJ 2.2—2018)推荐模式清单中的模式进行预测，应结合模式的适用范围和对参数的要求进行合理选择，并说明选择理由。推荐模式原则上采取互联网等形式发布，发布内容包括模式的使用说明、执行文件、用户手册、技术文档、应用案例等。推荐模式清单包括估算模式、进一步预测模式和大气环境防护距离计算模式。

（一）估算模式

估算模式是一种单源预测模式,可计算点源、面源和体源等污染源的最大地面浓度,以及建筑物下洗和熏烟等特殊条件下的最大地面浓度。估算模式中嵌入了多种预设的气象组合条件,包括一些最不利的气象条件,此类气象条件在某个地区有可能发生,也有可能不发生。经估算模式计算出的最大地面浓度大于进一步预测模式的计算结果。对于小于 1 h 的短期非正常排放,可采用估算模式进行预测。

（二）AERMOD 模式系统

AERMOD 是一个稳态烟羽扩散模式,可基于大气边界层数据特征模拟点源、面源、体源等排放出的污染物在短期(小时平均、日平均)、长期(年平均)的浓度分布,适用于农村或城市地区、简单或复杂地形。AERMOD 考虑了建筑物尾流的影响,即烟羽下洗。模式使用每小时连续预处理气象数据模拟大于等于 1 h 平均时间的浓度分布。AERMOD 包括两个预处理模式,即 AERMET 气象预处理和 AERMAP 地形预处理模式。AERMOD 适用于评价范围小于等于 50 km 的一级、二级评价项目。

（三）ADMS 模式系统

ADMS 可模拟点源、面源、线源和体源等排放出的污染物在短期(小时平均、日平均)、长期(年平均)的浓度分布,还包括一个街道窄谷模型,适用于农村或城市地区、简单或复杂地形。模式考虑了建筑物下洗、湿沉降、重力沉降和干沉降以及化学反应等功能。化学反应模块包括计算一氧化氮、二氧化氮和臭氧等之间的反应。ADMS 有气象预处理程序,可以用地面的常规观测资料、地表状况以及太阳辐射等参数模拟基本气象参数的廓线值。在简单地形条件下,使用该模型模拟计算时,可以不调查探空观测资料。ADMS-EIA 版适用于评价范围小于等于 50 km 的一级、二级评价项目。

（四）CALPUFF 模式系统

CALPUFF 是一个烟团扩散模型系统,可模拟三维流场随时间和空间发生变化时污染物的输送、转化和清除过程。CALPUFF 适用于从 50 km 到几百千米的模拟范围,包括次层网格尺度的地形处理,如复杂地形的影响;还包括长距离模拟的计算功能,如污染物的干、湿沉降,化学转化,以及颗粒物浓度对能见度的影响。CALPUFF 适用于评价范围大于50 km 的区域和规划环境影响评价等项目。

（五）预测模式的对比选择

AERMOD、ADMS 和 CALPUFF 三种预测模式的对比选择如表 6-19 所示。

表 6-19　　　　　　　　　　　　　　　预测模式的对比选择

预测模式	AERMOD	ADMS	CALPUFF
应用模型	稳态烟羽扩散模型	三维的高斯模型	烟团扩散模型
适用评价等级	一级、二级	一级、二级	一级、二级
适用评价范围	≤50 km	≤50 km	>50 km
适用污染源范围	点源、面源、体源、线源:单个源或多源随小时及以上时间周期变化	点源、面源、体源、线源、网格源:单个源或多源随小时及以上时间周期变化	点源、面源、体源、线源:单个源或多源随小时及以上时间周期变化

预测模式	AERMOD	ADMS	CALPUFF
预测内容	≥1 h 的小时、日、年平均浓度	≥1 h 的小时、日、年平均浓度	≥1 h 的小时、日、年平均浓度
对气象数据最低要求	地面气象数据及对应高空气象数据	地面气象数据	地面气象数据及对应高空气象数据
适用地形及风场条件	农村或城市地区;简单、复杂地形	农村或城市地区;简单、复杂地形	复杂风场:简单、复杂地形
模拟污染物	一次污染物、二次 $PM_{2.5}$（系数）	一次污染物、二次 $PM_{2.5}$（系数）	一次污染物、二次 $PM_{2.5}$
模式的其他计算功能	① 考虑建筑物下洗、化学转化、重力沉降等；② 也可采用分段体源或狭长形面源来模拟线源	① 考虑建筑下洗、湿沉降、重力沉降、干沉降以及化学反应等功能；② 街道窄谷模型	① 近距离模拟计算功能；② 长距离模拟计算功能；③ 适合于特殊情况，如稳定状态下的持续静风、风向逆转，在传输和扩散过程中气象场时空发生变化下的模拟

注：三种估算模式的说明、执行文件、用户手册以及技术文件可到生态环境部环境工程评估中心环境质量模拟重点实验室网站（http://www.lem.org.cn/）下载。

（六）模式中的相关参数

在进行大气环境影响预测时,应对预测模式中的有关模型选项及化学转化等参数进行说明。在计算 1 h 平均质量浓度时,可不考虑 SO_2 的转化;在计算日平均或更长时间平均质量浓度时,尤其是城市区域,应考虑化学转化。SO_2 转化可取半衰期为 4 h。对于一般的燃烧设备,在计算 NO_2 小时或日平均质量浓度时,可假定 $Q(NO_2)/Q(NO_x)=0.9$;在计算年平均质量浓度时,可假定 $Q(NO_2)/Q(NO_x)=0.75$,在计算机动车排放 NO_2 和 NO_x 比例时,应根据不同车型的实际情况而定。在计算颗粒物浓度时,应考虑重力沉降的影响。

（七）高斯大气扩散模式及其扩散参数的确定

对于一般建设项目的环境影响评价来说,目前多数采用基于统计理论的大气扩散模型。高斯模式是这类模型的重要基础。尽管 AERMOD 模式等新一代大气扩散模式在对流边界层垂直浓度分布、扩散参数表征、混合层的作用以及地形处理等方面进行了很多改进,但是学习高斯模型的基本原理和公式,对于更好地理解新一代的大气扩散模式具有重要的意义。

高斯模式适合模拟平坦地区定场情况下连续排放的污染源的浓度分布。高斯模式的建立需要满足以下四点假设:① 污染物在空间呈正态分布;② 在整个空间中风速均匀、稳定;③ 源强连续均匀;④ 在扩散过程中污染物质量守恒。

高斯模式的建立采用笛卡尔坐标系,原点取污染物排放点(无界点源或地面源)或高架排放点在地面的垂直投影点,x 轴与平均风向一致,y 轴在水平面上与 x 轴垂直,z 轴垂直于水平面,向上为正向,即为右手坐标系。在这种坐标系中,烟流中心或与 x 轴重合(无界点源),或在水平面的投影为 x 轴(高架点源)。

1. 有风点源正态烟羽扩散模式

有风时(距离地面 10 m 高处的平均风速 $u_{10} \geqslant 1.5$ m/s),设地面为全反射体,则有:

$$C(x,y,z) = \frac{Q}{2\pi u \sigma_y \sigma_z} \exp\left(-\frac{y^2}{2\sigma_y^2}\right) \left\{ \exp\left[-\frac{(z-H_e)^2}{2\sigma_z^2}\right] + \exp\left[-\frac{(z+H_e)^2}{2\sigma_z^2}\right] \right\}$$

(6-12)

式中 $C(x,y,z)$——下风向某点(x,y,z)处的空气污染物浓度,mg/m³;

x——下风向距离,m;

z——距地面高度,m;

Q——气载污染物源强,即释放率,mg/s;

u——排气筒出口处的平均风速,m/s;

σ_y——垂直于平均风向的水平横向扩散参数,m;

σ_z——铅直方向扩散参数,m;

H_e——有效排放高度,m。

当 $z=0$ 时,推导得到地面浓度模式:

$$C(x,y,0) = \frac{Q}{\pi u \sigma_y \sigma_z} \exp\left(-\frac{y^2}{2\sigma_y^2}\right) \exp\left(-\frac{H_e^2}{2\sigma_z^2}\right)$$

(6-13)

当 $y=0, z=0$ 时,推导得到地面轴线浓度模式:

$$C(x,0,0) = \frac{Q}{\pi u \sigma_y \sigma_z} \exp\left(-\frac{H_e^2}{2\sigma_z^2}\right)$$

(6-14)

σ_y 和 σ_z 是距离 x 的函数,随 x 的增大而增大,通常可表示成下列幂函数形式:$\sigma_y = \gamma_1 x^{a_1}$,$\sigma_z = \gamma_2 x^{a_2}$,其中 γ_1、γ_2、a_1、a_2 是与大气稳定度有关的常数。由于 $\frac{Q}{\pi u \sigma_y \sigma_z}$ 随 x 增大而减小,$\exp\left(-\frac{H_e^2}{2\sigma_z^2}\right)$ 随 x 增大而增大,两项共同作用结果,必然在某一距离 x_{max} 出现浓度最大值 C_{max}。

$$C_{max}(x_{max}) = \frac{2Q}{e\pi u H_e^2 P_1}$$

(6-15)

式中:

$$P_1 = \frac{2\gamma_1 \gamma_2^{-\frac{a_1}{a_2}}}{\left(1 + \frac{\alpha_1}{\alpha_2}\right)^{\frac{1}{2}\left(1 + \frac{a_1}{a_2}\right)} \cdot H_e^{\left(1 - \frac{a_1}{a_2}\right)} \cdot e^{\frac{1}{2}\left(1 - \frac{a_1}{a_2}\right)}}$$

(6-16)

$$x_{max} = \left(\frac{H_e}{\gamma_2}\right)^{\frac{1}{a_2}} \left(1 + \frac{\alpha_1}{\alpha_2}\right)^{-\frac{1}{2a_2}} = \left[\frac{H_e}{\sqrt{1 + \frac{\alpha_1}{\alpha_2}} \cdot \gamma_2}\right]^{\frac{1}{a_2}}$$

(6-17)

2. 小风和静风点源扩散模式

小风(1.5 m/s$>u_{10} \geqslant 0.5$ m/s)和静风($u_{10} < 0.5$ m/s)时,以排气筒地面位置为原点,平均风向为 x 轴,地面任一点(x,y)小于 24 h 取样时间的浓度 C_L(mg/m³)可按下式计算:

$$C_L(x,y) = \frac{2Q}{2\pi^{3/2}\gamma_{02}\eta^2}G$$

(6-18)

η 和 G 按下式计算：

$$\eta^2 = \left(x^2 + y^2 + \frac{\gamma_{01}^2}{\gamma_{02}^2}H_e^2\right) \tag{6-19}$$

$$G = \exp\left(-\frac{\overline{u_x^2}}{2\gamma_{01}^2}\right)\left[1 + \sqrt{2\pi} \cdot s \cdot \exp\left(\frac{s^2}{2}\right) \cdot \Phi(s)\right] \tag{6-20}$$

$$\Phi(s) = \frac{1}{\sqrt{2\pi}}\int_{-\infty}^{s} e^{-\frac{t^2}{2}}\,dt \tag{6-21}$$

$$s = \frac{ux}{\gamma_{01}\eta} \tag{6-22}$$

式中 $\Phi(s)$——可根据数学手册查到；

γ_{01}——横向扩散系数回归系数，$\sigma_y = \gamma_{01}T$；

γ_{02}——铅直扩散参数回归系数，$\sigma_z = \gamma_{02}T$，T 为扩散时间(s)。

3. 熏烟模式

熏烟模式主要用以计算日出以后，贴地逆温从下而上消失，逐渐形成混合层(厚度为 h_f)时，原本聚集在这一层的污染物所造成的高浓度污染，这一浓度值 C_f(mg/m³)可按下式计算：

$$C_f = \frac{Q}{\sqrt{2\pi}uh_f\sigma_{yf}}\exp\left(-\frac{y^2}{2\sigma_{yf}^2}\right)\Phi(P) \tag{6-23}$$

$$P = (h_f - H_e)/\sigma_z \tag{6-24}$$

$$\sigma_{yf} = \sigma_y + H/8 \tag{6-25}$$

式中 $\Phi(P)$——表达式及确定方法与 $\Phi(s)$相同；

σ_y,σ_z——选取逆温层破坏前稳定层的数值；

h_f,σ_y 和 σ_z 为下风向距离 x_f(或时间 t_f,$t_f = x_f/u$)的函数，当给定 x_f 时,h_f 由下式确定：

$$h_f = H + \Delta h_f \tag{6-26}$$

$$x_f = A(\Delta h_f^2 + 2H\Delta h_f) \tag{6-27}$$

$$A = \frac{\rho_a c_p u}{4 \times 4.186\exp\left[-0.99\left(\dfrac{d\theta}{dz}\right) + 3.22\right] \times 10^3} \tag{6-28}$$

$$\Delta h_f = \Delta H + P\sigma_z \tag{6-29}$$

式中 ΔH——烟气抬升高度,m；

ρ_a——大气密度,g/m³；

c_p——环境大气比定压热容,J/(g·K)；

$\dfrac{d\theta}{dz}$是位温梯度,K/m,$\dfrac{d\theta}{dz} \approx \dfrac{dT_a}{dz} + 0.0098$,$T_a$ 为大气温度,如无实测值,$\dfrac{d\theta}{dz}$可在 $0.005\sim$ 0.015 K/m 之间选取,弱稳定(D、E)可取下限,强稳定(F)可取上限。

C_f最大值可用迭代法求出,P 的初始值可取 2.15。C_f分布值可以 x_f 为自变量,由上述各式解出其所对应的 P、h_f 和 C_f。一般无特殊要求时,只计算 C_f 最大值。

4. 颗粒物扩散模式

颗粒物是大气中很重要的一类污染物,与气态污染物相比,颗粒物除了受到气流的输送和大气扩散过程制约外,还在重力作用下向地面沉降；颗粒物到达地表时,由于重力、表面碰撞、静电吸附和化学反应等因素的影响，一部分颗粒物被地面阻留而从大气中清除。可以利用部分反射的倾斜烟云扩散模式来处理上述颗粒物的干沉积问题。

$$C_p = \frac{(1+\alpha)Q}{2\pi u \sigma_y \sigma_z} \exp\left[-\frac{y^2}{2\sigma_y^2} - \frac{\left(V_g\frac{x}{u} - H_e\right)^2}{2\sigma_z^2}\right] \tag{6-30}$$

式中　C_p——地面浓度，mg/m^3；

　　　α——尘粒子的地面反射系数，其定值见表 6-20；

　　　V_g——尘粒子沉降速度。

$$V_g = \frac{d^2\rho g}{18\mu} \tag{6-31}$$

式中　d——尘粒子的直径；

　　　ρ——尘粒子的密度；

　　　g——重力加速度；

　　　μ——空气动力黏性系数。

表 6-20　　　　　　　　　　　　地面反射系数

粒径范围/μm	15～30	31～47	48～75	76～100
平均粒径/μm	22	38	60	85
反射系数(α)	0.8	0.5	0.3	0

5. 线源扩散模式

连续线源是指连续排放扩散物质的线状源，其源强处处相等且不随时间变化。通常把繁忙的公路当作连续线源。在高斯模式中，连续线源等于连续点源在线源长度上的积分，其浓度公式为：

$$C(x,y,z) = \frac{Q_1}{u}\int_0^L f\,\mathrm{d}l \tag{6-32}$$

式中　Q_1——线源源强，其单位为单位时间单位长度排放的物质量；

　　　f——表示连续点源浓度的函数，可根据源高及有无混合层反射等情况选择适当的表达式。

对直线型线源等简单的情形，可求出连续线源浓度的解析公式。

① 线源与风向垂直：取 x 轴与风向一致，坐标原点设于线源中心，线源在 y 轴上的长度为 $2y_0$。有地面全反射的浓度公式为：

$$C(x,y,z) = \frac{Q_1}{2\sqrt{2\pi}\,u\sigma_z}\left\{\exp\left[-\frac{(z-H_e)^2}{2\sigma_z^2}\right] + \exp\left[-\frac{(z+H_e)^2}{2\sigma_z^2}\right]\right\}\cdot$$
$$\left[\mathrm{erf}\left(\frac{y+y_0}{\sqrt{2}\,\sigma_y}\right) - \mathrm{erf}\left(\frac{y-y_0}{\sqrt{2}\,\sigma_y}\right)\right] \tag{6-33}$$

式中：$\mathrm{erf}(\xi) = \frac{2}{\sqrt{\pi}}\int_0^\xi \mathrm{e}^{-t^2}\,\mathrm{d}t$，当 $y \to \infty$，得到无穷长线源的浓度公式：

$$C(x,z) = \frac{Q_1}{\sqrt{2\pi}\,u\sigma_z}\left\{\exp\left[-\frac{(z-H_e)^2}{2\sigma_z^2}\right] + \exp\left[-\frac{(z+H_e)^2}{2\sigma_z^2}\right]\right\} \tag{6-34}$$

② 线源与风向平行:线源在 x 轴上,长度为 $2x_0$,中点与坐标原点重合。为求得积分的解析形式,在近距离可作如下合理的假设:

$$\sigma_y \doteq \alpha x, \frac{\sigma_z}{\sigma_y} = b \tag{6-35}$$

式中:α,b 为常数。

在上述假定下线源的地面浓度公式为:

$$C(x,y,0) = \frac{Q_1}{\sqrt{2\pi}u\sigma_z}\left\{\mathrm{erf}\left[-\frac{r}{\sqrt{2}\sigma_y(x-x_0)}\right] - \mathrm{erf}\left[-\frac{r}{\sqrt{2}\sigma_y(x+x_0)}\right]\right\} \tag{6-36}$$

式中:$r^2 = y^2 + \dfrac{H_e^2}{b^2}$。

无限长线源的浓度公式:

$$C(y,z) = \frac{Q_1}{\sqrt{2\pi}u\sigma_z(r)} \tag{6-37}$$

线源与风向成任意交角:线源与风向夹角为 $\varphi(\varphi \geqslant 90°)$ 时的浓度公式:

$$C(\varphi) = C(\text{垂直})\sin^2\varphi + C(\text{平行})\cos^2\varphi \tag{6-38}$$

6. 面源扩散模式

源强恒定的面源称为连续面源。对面源扩散的处理方法主要有虚点源法(或称后退点源法)和积分法等。在虚点源法中,设想每个面源单元上风向有一个"虚点源",它所造成的浓度效果与对应的面源单元相当。于是,可以用虚点源的浓度公式计算面源的浓度:

$$C(x,y,z) = \frac{Q_A}{2\pi u\sigma_y(x+x_y)\sigma_z(x+x_z)}\exp\left[-\frac{y^2}{2\sigma_y^2(x+x_y)}\right] \cdot$$
$$\left\{\exp\left[-\frac{(z-H_e)^2}{2\sigma_z^2(x+x_z)}\right] + \exp\left[-\frac{(z+H_e)^2}{2\sigma_z^2(x+x_z)}\right]\right\} \tag{6-39}$$

式中　Q_A——某面源单元的源强,在虚点源法中,其单位与连续点源相同;

x,y,z——计算点的坐标,坐标原点位于面源中心在地面的垂直投影上;

x_y,x_z——虚点源向上风向的后退距离。

若有:

$$\sigma_y = \gamma_1 x^{\alpha_1}, \sigma_z = \gamma_2 x^{\alpha_2} \tag{6-40}$$

则:

$$x_y = \left(\frac{L/4.3}{\gamma_1}\right)^{1/\alpha_1}, x_z = \left(\frac{H_e/2.15}{\gamma_2}\right)^{1/\alpha_2} \tag{6-41}$$

式中 L 为面源单元的边长。应用同样的原理,也可以用虚点源计算线源、体源造成的浓度。

7. 烟气抬升高度计算方法

烟气抬升对高速或热量很大的烟气排放而言是非常重要的因素。因为污染物落地浓度的最大值与烟气的有效源高的平方成反比,烟气抬升高度有时可达排气筒本身高度的数倍,从而极显著地降低了地面污染物的浓度。烟气抬升高度的计算方法有很多,总的来说可分为两大类,另一类是通过对抬升机理的研究而得到的理论公式,另一类是通过实验观测得到的经验公式。以下主要介绍一种半经验公式,抬升后的烟气高度称为有效高度 H_e,可用下式表达:

$$H_e = H_s + \Delta H \tag{6-42}$$

式中 H_s——排气筒的几何高度，m；

ΔH——抬升高度，m，计算方法如下：

(1) 有风时，中性及不稳定条件下：

① 当烟气热释放率 $Q_h \geqslant 2\,100$ kJ/s，且烟气温度与环境温度的差值 $\Delta T \geqslant 35$ K 时，则

$$\Delta H = n_0 Q_h^{n_1} H^{n_2} u^{-1} \tag{6-43}$$

$$Q_h = 0.35 P_a Q_v \frac{\Delta T}{T_t} \tag{6-44}$$

$$\Delta T = T_t - T_a \tag{6-45}$$

式中 n_0——烟气热状况及地表状况系数；

n_1——烟气热释放指数；

n_2——排气筒高度指数，n_0，n_1，n_2 具体数值见表 6-21；

Q_h——烟气热释放率，kJ/s；

H——排气筒距地面几何高度，m，超过 240 m 取 $H = 240$ m；

P_a——大气压力，hPa；

Q_v——实际排烟率，m^3/s；

ΔT——烟气出口温度与环境温度差，K；

T_t——烟气出口温度，K；

T_a——环境大气温度，K；

u——排气筒出口处平均风速，m/s。

表 6-21 n_0、n_1、n_2 的取值

Q_h	地表状况（平原）	n_0	n_1	n_2
$Q_h \geqslant 21\,000$	农村或城市远郊区	1.427	1/3	2/3
	城市及近郊区	1.303	1/3	2/3
$2\,100 \leqslant Q_h < 21\,000$ 且 $\Delta T \geqslant 35$ K	农村或城市远郊区	0.332	3/5	2/5
	城市及近郊区	0.292	3/5	2/5

② $1\,700$ kJ/s $< Q_h < 2\,100$ kJ/s 时，则

$$\Delta H = \Delta H_1 + (\Delta H_2 - \Delta H_1)\Delta\frac{Q_h - 1\,700}{400} \tag{6-46}$$

$$\Delta H_1 = \frac{2(15 V_s D + 0.01 Q_h)}{u} - 0.048(Q_h - 1\,700)/u \tag{6-47}$$

式中 V_s——排气筒出口处烟气排出速度，m/s；

D——排气筒直径，m。

ΔH_2 按式 (6-43) 计算。

③ 当 $Q_h \leqslant 1\,700$ kJ/s 或者 $\Delta T < 35$ K 时，则

$$\Delta H = 2(1.5 V_s D + 0.01 Q_h)/u \tag{6-48}$$

(2) 有风时，稳定条件下：

$$\Delta H = Q_{\mathrm{h}}^{1/3} \left(\frac{\mathrm{d}T_{\mathrm{a}}}{\mathrm{d}z} + 0.009\,8 \right)^{-1/3} u^{-1/3} \tag{6-49}$$

式中　$\dfrac{\mathrm{d}T_{\mathrm{a}}}{\mathrm{d}z}$——排气筒几何高度以上的大气温度梯度,K/m。

（3）静风和小风条件下：

$$\Delta H = 5.50 Q_{\mathrm{h}}^{1/4} \left(\frac{\mathrm{d}T_{\mathrm{a}}}{\mathrm{d}z} + 0.009\,8 \right)^{-3/8} \tag{6-50}$$

式中,$\mathrm{d}T_{\mathrm{a}}/\mathrm{d}z$ 取值小于 0.01 K/m。

八、卫生防护距离与大气环境防护距离

（一）卫生防护距离

工业企业排放大气污染物分集中排放和无组织排放两种。凡不通过排气筒或通过 15 m 以下排气筒排放有害气体或其他有害物均属于无组织排放。例如:工业企业中各种跑、冒、滴、漏、天窗、屋顶的排气筒,各种堆场、废水池、污水沟等形成的空气污染问题,统称为无组织排放。其特点是污染源分散、排放高度低,污染物未经充分稀释扩散就进入近地面,即使排放量不大,在近距离也会形成较为严重的局地污染。

无组织排放源的有害气体进入呼吸带大气层时:浓度如超过《环境空气质量标准》(GB 3095—2012)所容许的浓度限值,则在无组织排放所在的生产单元(生产区、车间或工段)与居住区之间应设置卫生防护距离。从环境空气质量的角度来说,卫生防护带的主要作用就是为无组织排放的大气污染物提供一段稀释距离,使之到达居住区时其浓度符合质量标准的有关规定。

工业企业所需卫生防护距离的宽度主要取决于其无组织排放的方式、数量及污染物的有害程度。因此工业企业所需卫生防护距离应按其无组织排放量可达到的控制水平来确定。为此有不少行业已经明确规定了企业的防护距离,我国先后制定了铅蓄电池厂、石油化工企业、水泥厂、塑料厂、油漆厂等三十几个行业的工业企业卫生防护距离标准。只要有明确规定的,应该按照有关规定执行,但在执行时也应该对企业的实际情况进行分析。

如果没有明确规定企业的卫生防护距离,卫生防护距离 L 按式(6-51)计算:

$$\frac{Q_{\mathrm{c}}}{C_{\mathrm{m}}} = \frac{1}{A} \sqrt{BL^{c} + 0.25 r^{2}} L^{D} \tag{6-51}$$

式中　Q_{c}——工业企业有害气体无组织排放量可以达到控制水平,kg/h,即 Q_{c} 取同类企业中生产工艺流程合理,生产管理与设备维护处于先进水平的工业企业在正常运行时的无组织排放量;

C_{m}——标准浓度限值,mg/m^3;

L——工业企业所需卫生防护距离,m;

r——有害气体无组织排放源所在生产单元的等效半径,m,其值可根据该生产单元占地面积 $S(\mathrm{m}^2)$ 计算:$r=(S/\pi)^{0.5}$;

A,B,C,D——卫生防护距离计算系数,无因次,根据工业企业所在地区近 5 年平均风速和工业企业大气污染源构成类别从表 6-22 中查取。

表 6-22 卫生防护距离计算系数

计算系数	工业企业所在地区近5年平均风速/(m/s)	卫生防护距离 L/m								
		L≤1 000			1 000<L≤2 000			L>2 000		
		工业企业大气污染源构成类别								
		Ⅰ	Ⅱ	Ⅲ	Ⅰ	Ⅱ	Ⅲ	Ⅰ	Ⅱ	Ⅲ
A	<2	400	400	400	400	400	400	80	80	80
	2~4	700	470	350	700	470	350	380	250	190
	>4	530	350	260	530	350	260	290	190	140
B	<2	0.01	0.015	0.015						
	>2	0.021	0.036	0.036						
C	<2	1.85	1.79	1.79						
	>2	1.85	1.77	1.77						
D	<2	0.78	0.78	0.57						
	>2	0.84	0.84	0.76						

表中工业企业大气污染源构成分为三类：

Ⅰ类：与无组织排放源共存的排放同种有害气体的排气筒的排放量大于标准规定的允许排放量的三分之一者；

Ⅱ类：与无组织排放源共存的排放同种有害气体的排气筒的排放量小于标准规定的允许排放量的三分之一，或虽无排放同种大气污染物之排气筒共存，但无组织排放的有害物质的容许浓度是按急性反应指标确定者；

Ⅲ类：无排放同种有害气体的排气筒与无组织排放源共存，且无组织排放的有害物质的容许浓度是按慢性反应指标确定者。

在确定卫生防护距离时，还应注意以下几点：

① 已有明确规定的，应该按照有关卫生防护距离的规定执行。

② 卫生防护距离在100 m以内时，极差为50 m；超过100 m，但小于或等于1 000 m时，极差为100 m；超过1 000 m以上，极差为200 m。

③ 当计算的 L 值在两级之间时，取偏宽的一级。

④ 无组织排放多种有害气体的工业企业，应分别计算，并按计算结果的最大值计算其所需卫生防护距离；但当按两种或两种以上的有害气体的值计算的卫生防护距离在同一级别时，该类工业企业的卫生防护距离级别应提高一级。

⑤ 地处复杂地形条件下的工业企业所需的卫生防护距离，应在风洞模拟或现场扩散实验的基础上确定，并报主管部门，由建设主管部门所在省、市、自治区的卫生和环境主管部门确定。

⑥ 卫生防护距离的设置起点是从无组织排放所在的生产单元（生产区、车间或工段）算起，而不是厂界。

⑦ 应在图上画出卫生防护距离，明确标明卫生防护距离。在卫生防护距离内，不能有长久居住的居民和密集的人群，已有居民应予搬迁。

（二）大气环境防护距离

1．大气环境防护距离确定方法

对于项目厂界浓度满足大气污染物厂界浓度限值，但厂界外大气污染物短期贡献浓度超过环境质量浓度限值的，可以自厂界向外设置一定范围的大气环境防护区域，以确保大气环境防护区域外的污染物贡献浓度满足环境质量标准。对于项目厂（场）界浓度超过大气污染物厂界浓度限值的，应要求削减排放源强或调整工程布局，待满足厂（场）界浓度限值后，再核算大气环境防护距离。在大气环境防护距离内不应有长期居住的人群。

采用推荐模式中的大气环境防护距离模式计算各无组织排放源的大气环境防护距离。计算出的距离是以污染源中心点为起点的控制距离，并结合厂区平面布置图，确定需要控制的范围，对于超出厂界以外的范围，即为项目大气环境防护区域。

当无组织排放多种污染物时，应分别计算各自的防护距离，并按计算结果的最大值确定其大气环境防护距离。

2．大气环境防护距离参数选择

计算环境防护距离时采用的评价标准，应遵循《环境空气质量标准》（GB 3095—2012）中1 h平均取样时间的二级标准的质量浓度限值；对于没有小时浓度限值的污染物，可取日平均浓度限值的三倍值；对该标准中未包含的污染物，可参照《工业企业设计卫生标准》（TJ 36—79）中居住区大气中有害物质的最高容许浓度的一次浓度限值。如已有地方标准，应选用地方标准中的相应值。对某些上述标准中都未包含的污染物，可参照国外有关标准选用，但应做出说明，报环保主管部门批准后执行。

有厂（场）界无组织排放监控浓度限值的，大气环境影响预测结果应首先满足厂（场）界无组织排放监控浓度限值要求。如预测结果在厂（场）界监控点处（以标准规定为准）出现超标，必须要求工程采取可靠的环境保护治理措施以削减排放源强。计算大气环境防护距离的污染物排放源强应采用削减后的源强。

3．防护距离的设定

防护距离的设定首先应执行国家标准中尚有效的各行业卫生防护距离标准。在环评中应根据工程分析确定的无组织排放源参数计算大气环境防护距离，如大气环境防护距离大于卫生防护距离，则必须采取措施削减源强，还需与厂界浓度和评价区域最大浓度结果相互比较，以确定合理的评价结论和保守预测结果。对于没有相关的行业卫生防护距离标准的，可同时计算卫生防护距离和大气环境防护距离，防护距离取两者中的最大者。

九、大气环境影响预测分析与评价

大气环境影响预测分析与评价的主要内容包括：

（1）对环境空气敏感区的环境影响分析，应考虑其预测值和同点位的现状背景值的最大值的叠加影响；对最大地面质量浓度点的环境影响分析可考虑预测值和所有现状背景值的平均值的叠加影响。

（2）叠加现状背景值，分析项目建成后最终的区域环境质量状况，即：新增污染源预测值＋现状监测值－削减污染源计算值（如果有）＝项目建成后最终的环境影响。若评价范围内还有其他在建项目、已批复环境影响评价文件的拟建项目，也应考虑其建成后对评价范围的共同影响。

（3）分析典型小时气象条件下，项目对环境空气敏感区和评价范围的最大环境影响，分析是否超标、超标程度、超标位置，分析小时质量浓度超标概率和最大持续发生时间，并绘制评价范围内出现区域小时平均质量浓度最大值时所对应的质量浓度等值线分布图。

（4）分析典型日气候条件下，项目对环境空气敏感区和评价范围的最大环境影响，分析是否超标、超标程度、超标位置，分析日平均质量浓度超标概率和最大持续发生时间，并绘制评价范围内出现区域日平均质量浓度最大值时所对应的质量浓度等值线分布图。

（5）分析长期气象条件下，项目对环境空气敏感区和评价范围的环境影响，分析是否超标、超标程度、超标范围及位置，并绘制预测范围内的质量浓度等值线分布图。

（6）分析评价不同排放方案对环境的影响，即从项目的选址、污染源的排放强度与排放方式、污染控制措施等方面评价排放方案的优劣，并针对存在的问题提出解决方案。

（7）对解决方案进行进一步预测和评价，并给出最终的推荐方案。

例 6-3 某拟建项目，经预测对附近的环境空气敏感区的 SO_2 的贡献值为 $0.15\ mg/m^3$，最大地面浓度点的贡献值是 $0.2\ mg/m^3$，该环境空气敏感区 SO_2 现状监测值的平均值为 $0.21\ mg/m^3$，最大值为 $0.25\ mg/m^3$，最小值为 $0.18\ mg/m^3$，则该项目建成后，环境空气敏感区和最大地面浓度点的 SO_2 浓度分别是多少？

解：对于环境空气敏感区的环境影响分析，应考虑其预测值＋同点位处的现状背景值的最大值，即 $0.15+0.25=0.4\ mg/m^3$；对最大地面浓度点的环境影响分析，应考虑预测值＋现状背景值的平均值，即 $0.2+0.21=0.41\ mg/m^3$。

例 6-4 某技改扩建项目 NO_2 对附近的环境保护目标（二类区）预测小时贡献值为 $0.05\ mg/m^3$，现状监测值为 $0.09\ mg/m^3$，削减污染物源计算值为 $0.05\ mg/m^3$，在环境保护目标附近另有一个拟建项目，据环评报告该项目小时贡献值为 $0.1\ mg/m^3$，试分析技改完后和新建项目完成后保护目标的小时浓度值和达标情况如何。

解：建成后的小时浓度值＝$0.05+0.09-0.05+0.10=0.19\ mg/m^3$，二类区执行二级标准，$NO_2$ 1 小时平均浓度二级标准为 $0.2\ mg/m^3$，达标。

第五节　大气环境影响评价

大气环境影响评价的最终目的是从大气环境保护的角度评价拟建项目的可行性，做出明确的评价结论。一般应包括两个方面：

（1）以法规标准为依据，根据环保目标，在现状调查、工程分析和影响预测的基础上，判别拟建项目对当地环境的影响，全面比较项目建设对大气环境的有利影响和不利影响，明确回答该项目选址是否合理，对拟建项目的选址方案、总图布置、产品结构、生产工艺等提出改进措施和建议。

（2）针对建设项目特点、环境状况和技术经济条件，对不利的环境影响提出进一步治理大气污染的具体方案和措施，把建设项目对环境的不利影响降到最低程度，最终提出可行的环保对策和明确的评价结论。

一、大气环境影响评价目的和指标

1. 大气环境影响评价目的

(1) 定量预测评价区内大气环境质量的变化程度。

(2) 根据可能出现的高浓度背景,解释污染物迁移规律。

(3) 与环境目标值(标准)比较,了解环境影响的程度,评价厂址选择的合理性。

(4) 优选合理的布局方案、治理方案。

(5) 为项目建成后进行环境监测布点提供建议。

2. 大气环境影响评价指标

(1) 环境目标值确定

它是指经过有关环保部门批准的大气环境质量评价标准,通常是《环境空气质量标准》(GB 3095—2012)、《工业企业设计卫生标准》(TJ 36—79)和相关的地方标准中的指标,缺项由选定的国外标准等补充。

(2) 评价指数

常用的评价指数是空气质量评价标准指数法 $S_i = C_i / C_{si}$, $S_i > 1$ 为超标。

二、建设项目大气环境影响评价的内容

1. 选址的总图布置

(1) 根据建设项目各主要污染因子的全部排放源在评价区的超标区(或 S_i 值的最大区域)或关心点上的等标污染负荷比 K_{ij},同时结合评价区的环境特点、工业生产现状或发展规划,以及环境质量水平和可能的改造措施等因素,从大气环保角度,对厂址选择是否合理提出评价和建议。

(2) 根据建设项目各污染源在评价区关心点以及厂址、办公区、职工生活区等区域的污染分担率,结合环境、经济等因素,对总图布置的合理性提出评价和建议。

(3) 如果该评价区内有几种厂址选择方案和总图布置方案,则应给出各种方案的预测结果(包括浓度分布图和污染分担率),再结合各方面因素,从大气环境保护的角度,进行方案比选并提出推荐意见。

2. 污染源评价

(1) 根据各污染因子和各类污染源在超标区或关心点的 S_i 及 K_{ij} 值,确定主要污染因子和主要污染源,以及各污染因子和污染源对污染贡献大小的次序。

(2) 对原设计的主要污染物、污染源方案从大气环保角度作出评价(源高、源强、工艺流程、治理技术和综合利用措施等)。

3. 分析超标时的气象条件

(1) 根据预测结果分析出现超标时的气象条件,例如静风、大气不稳定状况、日出和日落前的熏烟和辐射逆温的形成,因特定的地表或地形条件引起的局地环流(山谷风、海陆风、热岛环流等),给出其中的主要因素以及这些因素的出现时间、强度、周期和频率。

(2) 扩建项目如已有污染因子的监测数据,可结合同步观测的气象资料,分析其超标时的气象条件。

4. 环境空气质量影响评价

根据上述评价或分析结果,结合各项调查资料,全面分析建设项目最终选择的设计方案(一种或几种)对评价区大气环境质量的影响,并给出这一影响的综合性评价。

5. 环境保护对策与措施

大气污染治理设施与预防措施必须保证污染源排放以及控制措施均符合排放标准的有关规定,满足经济、技术可行性。可从项目选址选线、污染源的排放强度与排放方式、污染控制措施技术与经济可行性等方面,结合区域环境质量现状及区域削减方案、项目正常排放及非正常排放下大气环境影响预测结果,综合评价治理设施、预防措施及排放方案的优劣,并对存在的问题(如果有)提出解决方案。经对解决方案进行进一步预测和评价比选后,给出大气污染控制措施可行性建议及最终的推荐方案。一般可采用以下环保对策:① 改变燃料结构;② 改进生产工艺;③ 加强管理和治理重点污染源;④ 无组织排放的控制;⑤ 排气筒高度选择;⑥ 加强能源资源的综合利用;⑦ 区域污染源总量控制;⑧ 土地的合理利用与调整;⑨ 厂区绿化,防护林建设等;⑩ 环境监测计划的建设等。

6. 环境监测计划

(1) 一般性要求

一级评价项目按要求提出项目在生产运行阶段的污染源监测计划和环境质量监测计划。二级评价项目按要求提出项目在生产运行阶段的污染源监测计划。三级评价项目可适当简化环境监测计划。

(2) 污染源监测计划

污染源监测计划按照各行业排污单位自行监测技术指南及排污许可证申请与核发技术规范执行。污染源监测计划应明确监测点位、监测指标、监测频次、执行排放标准。

(3) 环境空气质量监测计划

环境空气质量监测计划包括监测点位、监测指标、监测频次、执行环境质量标准等。

筛选按要求计算的项目排放污染物 $P_i \geqslant 1\%$ 的污染物作为环境质量监测因子。环境质量监测点位一般在项目厂界或大气环境防护距离(如有)外侧设置 $1 \sim 2$ 个监测点。各监测因子的环境质量每年至少监测一次,监测时段参照补充监测的要求执行。新建 10 km 及以上的城市快速路、主干路等城市道路项目,应在道路沿线设置至少 1 个路边交通自动连续监测点,监测项目包括道路交通源排放的基本污染物。

环境质量监测采样方法、监测分析方法、监测质量保证与质量控制等应符合所执行的环境质量标准、《排污单位自行监测技术指南 总则》(HJ 819—2017)及《排污许可证申请与核发技术规范 总则》(HJ 942—2018)的相关要求。

7. 最终结论

最终结论应明确拟建项目在建设运行各阶段的大气环境影响能否接受。

(1) 达标区域的建设项目环境影响评价,当同时满足以下条件时,则认为环境影响可以接受:

① 新增污染源正常排放下污染物短期浓度贡献值的最大浓度占标率≤100%;

② 新增污染源正常排放下污染物年均浓度贡献值的最大浓度占标率≤30%(其中一类区≤10%);

③ 项目环境影响符合环境功能区划。叠加现状浓度、区域削减污染源以及在建、拟建

项目的环境影响后,主要污染物的保证率日平均质量浓度和年平均质量浓度均符合环境质量标准;对于项目排放的主要污染物仅有短期浓度限值的,叠加后的短期浓度符合环境质量标准。

(2) 不达标区域的建设项目环境影响评价,当同时满足以下条件时,则认为环境影响可以接受:

① 达标规划未包含的新增污染源建设项目,需另有替代源的削减方案;

② 新增污染源正常排放下污染物短期浓度贡献值的最大浓度占标率≤100%;

③ 新增污染源正常排放下污染物年均浓度贡献值的最大浓度占标率≤30%(其中一类区≤10%);

④ 项目环境影响符合环境功能区划或满足区域环境质量改善目标。现状浓度超标的污染物评价,叠加达标年目标浓度、区域削减污染源以及在建、拟建项目的环境影响后,污染物的保证率日平均质量浓度和年平均质量浓度均符合环境质量标准或满足达标规划确定的区域环境质量改善目标,或按预测范围内年平均质量浓度变化率 $k \leqslant -20\%$;对于现状达标的污染物评价,叠加后污染物浓度符合环境质量标准;对于项目排放的主要污染物仅有短期浓度限值的,叠加后的短期浓度符合环境质量标准。

(3) 区域规划的环境影响评价,当主要污染物的保证率日平均质量浓度和年平均质量浓度均符合环境质量标准,对于主要污染物仅有短期浓度限值的,叠加后的短期浓度符合环境质量标准时,则认为区域规划环境影响可以接受。

第六节　大气环境影响评价案例

一、案例背景

某地拟新建一项目,拟建厂址位于平原地区,周围地形条件属简单地形。项目主要大气污染源为锅炉烟囱,主要排放污染物为常规污染物 SO_2、NO_2(排放的 NO_x 全部按 NO_2 计),特征污染物为 HCl,各污染物排放参数见表 6-23(本案例暂不考虑工艺和运输过程中的无组织排放及非正常排放)。

表 6-23　　　　　　　　　　大气污染物排放参数

排放源	坐标	主要污染物	小时浓度限值/(mg/m³)	排放量/(kg/h)	烟气出口流速/(m/s)	烟囱参数		
						H/m	Φ/m	烟囱出口温度/℃
锅炉烟囱	(0,0)	SO_2	0.5	56	24	70	2.0	120
		NO_2	0.25	50				
		HCl	0.05	6.5				

项目周边主要敏感点分布及说明见表 6-24。

表 6-24 　　　　　　　　　　　　　　评价范围主要敏感点

序号	敏感点	坐标	距污染源距离/m	保护目标:功能区
1	某村庄甲	−50,−1 175	1 176	约 80 户,320 人;二类
2	某实验小学	−1 195,−1 960	2 296	职工、学生约 600 人;二类
3	某居民小区乙	−1 230,−950	1 554	约 2 000 人;二类
4	某居民小区丙	−1 680,1 125	2 022	约 650 人;二类
5	某居民小区丁	695,1 290	1 465	约 800 人;二类

二、评价工作等级及评价范围

采用《环境影响评价技术导则 大气环境》(HJ 2.2—2018)推荐模式清单中的估算模式分别计算污染源的 3 种污染物的下风向轴向浓度,并计算相应浓度占标率,结果见表 6-25。根据表中的计算结果可知,3 种污染物的最大地面浓度占标率 $P_{\max} = \mathrm{Max}(P_{SO_2}, P_{NO_2}, P_{HCl}) = 18.31\%$,大于 10%;地面浓度达标准限值 10% 所对应的最远距离 $D_{10\%} = 2.3\ \mathrm{km}$,超过项目厂(场)界。根据评价等级判断标准,确定该项目的评价等级为二级,评价范围为以污染源为中心,边长为 5 km 的正方形。

表 6-25 　　　　　　　　　　　　　　采用估算模式计算结果

距源中心下风向距离/m	SO₂		NO₂		HCl	
	下风向预测浓度 $c_{i1}/(\mathrm{mg/m^3})$	浓度占标率 $P_{i1}/\%$	下风向预测浓度 $c_{i2}/(\mathrm{mg/m^3})$	浓度占标率 $P_{i2}/\%$	下风向预测浓度 $c_{i3}/(\mathrm{mg/m^3})$	浓度占标率 $P_{i3}/\%$
100	0.000 0	0.00	0.000 0	0.00	0.000 0	0.00
200	0.000 0	0.00	0.000 0	0.00	0.000 0	0.00
300	0.000 3	0.05	0.000 2	0.10	0.000 0	0.06
400	0.006 2	1.23	0.005 5	2.29	0.000 7	1.43
500	0.020 7	4.15	0.018 5	7.72	0.002 4	4.81
600	0.029 4	5.88	0.026 3	10.94	0.003 4	6.83
700	0.029 6	5.92	0.026 4	11.02	0.003 4	6.87
800	0.043 3	8.65	0.038 6	16.09	0.005 0	10.04
900	0.048 9	9.78	0.043 7	18.19	0.005 7	11.35
1 000	0.048 5	9.70	0.043 3	18.05	0.005 6	11.26
1 100	0.046 0	9.19	0.041 0	17.10	0.005 3	10.67
1 200	0.043 2	8.65	0.038 6	16.09	0.005 0	10.04
1 300	0.040 8	8.15	0.036 4	15.17	0.004 7	9.46
1 400	0.038 6	7.71	0.034 4	14.35	0.004 5	8.95
1 500	0.036 6	7.73	0.032 7	13.61	0.004 2	8.49
1 600	0.034 8	6.96	0.031 1	12.95	0.004 0	8.08
1 700	0.033 2	6.64	0.029 6	12.35	0.003 9	7.70

距源中心下风向距离/m	SO$_2$		NO$_2$		HCl	
	下风向预测浓度 c_{i1}/(mg/m^3)	浓度占标率 P_{i1}/%	下风向预测浓度 c_{i2}/(mg/m^3)	浓度占标率 P_{i2}/%	下风向预测浓度 c_{i3}/(mg/m^3)	浓度占标率 P_{i3}/%
1 800	0.031 7	6.35	0.028 3	11.8	0.003 7	7.37
1 900	0.030 4	6.08	0.027 1	11.31	0.003 5	7.05
2 000	0.029 2	5.83	0.026 0	10.85	0.003 4	6.77
2 100	0.028 0	5.61	0.025 0	10.43	0.003 3	6.51
2 200	0.027 0	5.40	0.024 1	10.04	0.003 1	6.27
2 300	0.026 0	5.21	0.023 3	9.69	0.003 0	6.05
2 400	0.025 3	5.06	0.022 6	9.41	0.002 9	5.87
2 500	0.025 7	5.13	0.022 9	9.55	0.003 0	5.96
2 600	0.025 9	5.17	0.023 1	9.62	0.003 0	6.00
2 700	0.025 9	5.19	0.023 2	9.65	0.003 0	6.02
2 800	0.025 9	5.18	0.023 1	9.63	0.003 0	6.01
2 900	0.025 7	5.15	0.023 0	9.58	0.003 0	5.98
3 000	0.025 5	5.10	0.022 8	9.49	0.003 0	5.92
3 500	0.023 7	4.73	0.021 1	8.81	0.002 7	5.49
4 000	0.021 5	4.30	0.019 2	8.01	0.002 5	5.00
4 500	0.019 6	3.91	0.017 5	7.28	0.002 3	4.54
5 000	0.019 1	3.81	0.017 0	7.09	0.002 2	4.43
下风向最大浓度	0.049 2	9.85	0.044 0	18.31	0.005 7	11.43
浓度占标准限值10%时距源最远距离 $D_{10\%}$/m	—		2 300		1 300	

三、环境影响与预测评价

（一）预测方案

根据预测评价要求,大气预测部分主要考虑项目建成后排放的常规污染物和特征污染物对评价区域和环境空气敏感点的最大影响,预测因子为 SO$_2$、NO$_2$ 和 HCl。预测计算点包括评价范围内的 5 个环境保护目标和整个评价区域,区域预测网格距离取 50 m,预测内容包括计算区域及各环境空气敏感点的小时平均浓度、日平均浓度和年平均浓度。

（二）预测模式及有关参数

本案例采用《环境影响评价技术导则 大气环境》(HJ 2.2—2018)推荐模式清单中的 AERMOD 模式进行预测计算,AERMOD 模式所需近地面参数(正午地面反照率、白天波文率及地面粗糙度)按一年四季不同,根据项目评价区域特点参考模型推荐参数及实测数据进行设置,本案例设置的地面参数见表 6-26,地形按平坦地形考虑。

表 6-26　　　　　　　　　　　　　　AERMOD 模式选用近地面参数

季节	地面反照率	白天波文率	地面粗糙度
冬季	0.35	1.5	0.38
春季	0.14	1.0	0.38
夏季	0.16	2.0	0.38
秋季	0.18	2.0	0.38

（三）预测结果与分析

采用 AERMOD 推荐模式分别计算 SO_2、NO_2 和 HCl 对评价范围内各环境空气敏感点及区域最大浓度影响值,并叠加现状监测背景浓度值进行分析。

1. 项目贡献浓度预测结果分析

表 6-27 列出了各环境空气敏感点及区域最大浓度点的 NO_2 预测浓度值及占标率,并给出了所对应的最大浓度出现的时刻或日期,并根据预测结果,绘制出区域出现 NO_2 小时平均浓度最大值所对应时刻的区域浓度等值线图、区域出现日平均浓度最大值所对应时刻的区域浓度等值线图及年平均浓度等值线(图略)。

表 6-27　　　　　　　　　　　　　　　　　　NO_2 预测结果

预测点	小时最大浓度				日均最大浓度				年均浓度		
	预测浓度 /(mg/m³)	占标 率/%	出现 位置	出现时刻 (2007)	预测浓度 /(mg/m³)	占标 率/%	出现 位置	出现时刻 (2007)	预测浓度 /(mg/m³)	占标 率/%	出现 位置
某村庄甲	0.015 6	6.50	—	022009	0.002 1	1.71		0220	0.000 5	0.58	
某实验小学	0.019 1	7.95	—	012709	0.001 7	1.39		0127	0.000 2	0.30	
某居民小区乙	0.020 6	8.58	—	121910	0.001 6	1.29		071219	0.000 4	0.47	
某居民小区丙	0.018 6	7.75	—	011411	0.002 0	1.63		070429	0.000 3	0.35	
某居民小区丁	0.010 6	4.42	—	021910	0.001 5	1.26		070523	0.000 2	0.29	—
区域最大浓度点	0.023 0	13.33	−1 300,0	011410	0.007 2	5.99	−350,−100	070530	0.001 4	1.70	−450,0
浓度标准	0.24	0.12	0.08								

2. 项目贡献浓度叠加背景浓度值分析

各敏感点及区域最大浓度点叠加背景浓度结果见表 6-28,其中各环境空气敏感点背景浓度取同点位处的现状背景值的最大值进行叠加分析,区域最大浓度点的背景浓度取所有现状背景值的平均值。根据预测结果,绘制出叠加区域背景浓度值后区域小时浓度等值线图,日平均浓度等值线图(图略)。

表 6-28　　　　　　　　　　　　NO₂ 预测结果叠加背景浓度　　　　　　　　　　　　浓度单位:mg/m³

预测点	小时最大浓度					日均最大浓度				
	预测浓度	背景浓度	叠加浓度	占标率(%)	达标情况	预测浓度	背景浓度	叠加浓度	占标率(%)	达标情况
A	0.015 6	0.071 0	0.086 6	36.1	达标	0.002 1	0.056 0	0.058 1	48.4%	达标
B	0.019 1	0.068 0	0.087 1	36.3	达标	0.001 7	0.033 0	0.034 7	28.9	达标
C	0.020 6	0.107 0	0.127 6	53.2	达标	0.001 6	0.051 0	0.052 6	43.8	达标
D	0.018 6	0.140 0	0.158 6	66.1	达标	0.002 0	0.077 0	0.079 0	65.8	达标
E	0.010 6	0.088 0	0.098 6	41.1	达标	0.001 5	0.088 0	0.089 5	74.6	达标
F	0.032 0	0.064 0	0.096 0	40.0	达标	0.007 2	0.044 2	0.051 4	42.8	达标
浓度标准	0.24					0.12				

注:A——某村庄甲;B——某实验小学;C——某居民小区乙;D——某居民小区丙;E——某居民小区丁;F——区域最大浓度点。

四、小结

本案例仅列出常规项目在进行大气环境影响评价预测工作中的基本步骤和分析内容,对于实际环境影响评价项目,还应根据项目特点和复杂程度,考虑地形、地表植被特征以及污染物的化学变化等参数对浓度预测的影响,并结合环境质量现状监测结果,对区域及各环境空气敏感点进行叠加背景浓度综合分析,从项目选址、污染源排放速率与排放方案、大气污染控制措施及总量控制等多方面进行综合评价,并最终给出大气环境影响可行性的结论。

思　考　题

1. 大气污染源分为哪些类型?
2. 简述大气环境防护距离的定义。
3. 简述大气环境影响评价工作等级和范围如何确定。
4. 大气环境影响评价因子主要包含哪些污染物?
5. 气象观测资料调查的基本原则和内容都有哪些?
6. 大气环境影响预测的模式有哪些?这些模式的使用条件是什么?
7. 大气环境质量现状调查的内容和目的是什么?
8. 某工厂烟囱有效源高 50 m,SO₂ 排放量 3 600 kg/h,排口风速 3.0 m/s,综合参数 P_1 为 100,求 SO₂ 最大落地浓度。若要使最大落地浓度下降至 0.15 mg/m³,其他条件相同的情况下,有效源高应为多少米?
9. 建设项目大气环境影响评价的主要内容有哪些?
10. 简要叙述环境空气质量指数(AQI)和上海大气质量指数评价方法的特点。

第七章　地表水环境影响评价

　　地表水环境影响评价是环境影响评价的重要组成部分,其主要任务是从环境保护目标出发,采用适当的评价手段,确定拟开发行为或建设项目排放的主要污染物对地表水环境可能带来的影响程度和范围,提出预防或减轻不良环境影响的对策和措施,为开发行动或建设项目方案的优化决策、项目建成后地表水环境管理提供依据。地表水环境影响评价历来是我国环评报告中的重要章节,也是许多环境影响评价的评价重点。本章主要介绍地表水环境影响评价的内容和方法,并以案例进一步说明地表水环境影响评价的过程。

第一节　地表水体污染与自净

一、地表水资源状况

　　地球上 97% 的水是海水,2.977% 的水是以冰川和冰盖的形式存在,只有 0.003% 的淡水是可为人类直接利用的,包括土壤水、可开采地下水、水蒸气、江河和湖泊水等。

　　地表水资源则是指地表水中可以逐年更新的淡水量,是水资源的重要组成部分,包括冰雪水、河川水和湖沼水等,通常以还原后的天然河川径流量表示其数量。由于地表水和地下水之间存在着一定的联系,因此,在水资源评价中必须扣除地下水补给河流的那部分水量。地表水由分布于地球表面的各种水体,如海洋、江河、湖泊、沼泽、冰川、积雪等组成。作为水资源的地表水,一般是指陆地上可实施人为控制、水量调度分配和科学管理的水。据理论估算全球地表水总量为 14 亿立方千米。其中,海洋 13.7 亿立方千米、河流 1 700 立方千米、淡水湖及水库 12.5 万立方千米、冰川和永久积雪水 0.3 亿立方千米。

二、水体污染

1. 水体污染源

　　水体是指海洋、河流、湖泊、水库、沼泽、地下水等地表与地下贮水体的总称。水体不仅包括水,而且包括水中的悬浮物、底泥和水生生物,它是完整的生态系统或自然综合体。大量污染物排入水体,其含量超过了水体的自然本底含量和自净能力,使水体的水质和水体沉积物的物理、化学性质或生物群落组成发生变化,从而降低了水体的使用价值和使用功能的现象,即为水体污染。自然界中的水体污染,从不同的角度可以划分为各种污染类别。

从污染成因上划分,水体污染可以分为自然污染和人为污染。自然污染是指由于特殊的地质或自然条件,一些化学元素大量富集,或天然植物腐烂时产生的某些有毒物质或生物病原体进入水体,从而污染了水质。人为污染则是指由于人类活动(包括生产性的和生活性的)引起的地表水水体污染。

从污染源(环境污染物的来源)划分,水体污染可分为点污染源和面污染源。点污染源是指污染物质从集中的地点(如工业废水及生活污水的排放口)排入水体。面污染源则是指污染物质来源于大面积的地面上(或地下),如农田施用化肥和农药,灌排后常含有农药和化肥的成分。面源污染的排放是以扩散方式进行的,时断时续,并与气象因素有联系。

从污染的性质划分,水体污染可分为物理性污染、化学性污染和生物性污染。物理性污染是指水的浑浊度、温度和水的颜色发生改变,水面的漂浮油膜、泡沫以及水中含有的放射性物质增加等;化学性污染包括有机化合物和无机化合物的污染,如水中溶解氧减少,溶解盐类增加,水的硬度变大,酸碱度发生变化或水中含有某种有毒化学物质等;生物性污染是指细菌和病原体等进入水体造成水体污染。

2. 水体污染物类型

在进行地表水环境影响评价预测时经常将水体污染物分成4种类型:持久性污染物、非持久性污染物、酸碱污染物和废热。

(1)持久性污染物是指在水环境中很难通过物理、化学、生物作用而分解、沉淀和挥发的污染物,通常包括在水环境中难降解、毒性大、易长期积累的有毒物质,如金属、无机盐和许多高分子有机化合物等。如果水体的 $BOD_5/COD<0.3$,通常认为其可生化性差,其中所含的污染物可视为持久性污染物。

(2)非持久性污染物是指在水环境中某些因素作用下,由于发生化学或生物反应而不断衰减的污染物,如好氧有机物。通常表征水质状况的 COD、BOD_5 等指标均视为非持久性污染物。

(3)酸碱污染物是指各种废酸、废碱等,通常以 pH 值表征。

(4)废热主要指排放的热废水,由水温表征。

三、水体自净

1. 污染物在水体中的迁移与转化

污染物在水体中的迁移与转化作用包括推流迁移、分散稀释、吸附沉降等方面。

(1)推流迁移:污染物随着水流在 x、y、z 三个方向上平移运动而产生的迁移作用。

(2)分散稀释:污染物在水流中通过分子扩散、湍流扩散和弥散作用分散开来而得到稀释。

(3)转化和运移:污染物与悬浮颗粒之间的吸附与解吸、污染物颗粒的沉淀及再悬浮,污染物为底泥所吸附,随底泥沉积物运移等。

2. 污染物在水体中的衰减变化

污染物在水中的衰减变化主要对有机污染物而言,水体中有机物的生化降解常呈一级反应。一个污染严重的水体的自净过程先是含碳有机物降解到低浓度后再进行氨氮的硝化;而污染较轻的水体,含碳有机物降解与氨氮的硝化作用同时进行。

水体中含氮化合物经过一系列的生化反应过程,首先由氨氮氧化为硝酸盐,即硝化作用。当水中溶解氧被消耗尽时,水中的硝酸盐将被反硝化细菌还原为亚硝酸盐再转化为氮气。

水体中的重金属和有机毒物的衰减与其种类和性质有关,多数呈一级反应。

废水或污染物一旦进入水体后,就开始了自净过程。该过程由弱到强,直到趋于恒定,使水质逐渐恢复到正常水平。全过程的特征是:① 进入水体中的污染物,在连续的自净过程中,总的趋势是浓度逐渐下降;② 大多数有毒污染物经各种物理、化学和生物作用,转变为低毒或无毒化合物;③ 重金属类污染物,从溶解状态被吸附或转变为不溶性化合物,沉淀后进入底泥;④ 复杂的有机物,如碳水化合物、脂肪和蛋白质等,不论在溶解氧富裕还是在缺氧条件下,都能被微生物利用和分解,先降解为较简单的有机物,再进一步分解为二氧化碳和水;⑤ 不稳定的污染物在自净过程中转变为稳定的化合物,如氨转变为亚硝酸盐,再氧化为硝酸盐;⑥ 在自净过程的初期,水中溶解氧含量急剧下降,到达最低点后又缓慢上升,逐渐恢复到正常水平;⑦ 进入水体的大量污染物,如果是有毒的,则生物不能栖息,如不逃避就要死亡,水中生物种类和个体数量就要随之大量减少,随着自净过程的进行,有毒物质浓度或数量下降,生物种类和个体数量也逐渐随之回升,最终趋于正常的生物分布。进入水体的大量污染物中,如果有机物含量过高,那么微生物就可以利用丰富的生物为食料而迅速地繁殖,溶解氧随之减少。

四、水体耗氧与复氧

水体耗氧与复氧过程是指在水中有机物不断降解的同时,水中的溶解氧不断被消耗,水体氧平衡被破坏,空气中的氧不断溶入水中的过程。

(一)耗氧过程

水体的耗氧过程包括有机物降解耗氧、水生植物呼吸耗氧、水体底泥耗氧等。有机污染物的降解一般分为两个阶段:第一阶段为碳氧化阶段,主要是不含氮有机物的氧化,同时也包含部分含氮有机物的氨化及氨化后生成的含氮有机物的继续氧化,这一阶段一般要持续 $7\sim8$ d,氧化的最终产物为水和 CO_2,该阶段的 BOD 被称为碳化耗氧量(BOD_1),第二阶段为氨氮硝化阶段,此阶段的 BOD 被称为硝化耗氧量(BOD_2)。这两个阶段不是完全独立的,对于污染较轻的水体,两个阶段往往同时进行,而污染较重的水体一般是先进行碳氧化阶段再进行氨氮硝化阶段。

一般而言,上述耗氧过程所导致的溶解氧浓度变化均可用一级反应动力学方程表示。

1. 碳化耗氧量(BOD_1)

有机污染物生化降解,使碳化耗氧量衰减,其耗氧量为

$$\rho_{BOD_1} = \rho_{BOD_C}(1 - e^{-K_1 t}) \tag{7-1}$$

式中　ρ_{BOD_C}——总碳化耗氧量,mg/L;

K_1——碳化耗氧系数,d^{-1};

t——污染物在水体中的停留时间,d。

2. 含氮化合物硝化耗氧(BOD_2)

$$\rho_{BOD_2} = \rho_{BOD_N}(1 - e^{-K_N t}) \tag{7-2}$$

式中　ρ_{BOD_N}——总碳化耗氧量,mg/L;

K_N——碳化耗氧系数,d^{-1};

由于含氮化合物硝化作用滞后于碳化耗氧,故式(7-2)可写成

$$\rho_{BOD_2} = \rho_{BOD_N}\left[1 - e^{-K_N(t-a)}\right] \tag{7-3}$$

式中　a——硝化比碳化滞后的时间,d。

3. 水生植物呼吸耗氧(BOD_3)

水体中的藻类和其他水生植物由于呼吸作用而耗氧,其耗氧量为

$$\rho_{BOD_3} = -Rt \tag{7-4}$$

式中　ρ_{BOD_3}——水生植物耗氧量,mg/L;

R——水生植物呼吸消耗水体中溶解氧的速度系数,mg/(L·d);

t——水生植物呼吸时间,d。

4. 水体底泥耗氧(BOD_4)

底泥耗氧的主要原因是由于底泥中返回到水中的耗氧物质和底泥顶层耗氧物质的氧化分解。目前底泥耗氧的机理尚未完全阐明。

(二) 富氧过程

水体富氧过程包括大气富氧和水生植物的光合作用富氧。

1. 大气富氧

大气中氧气进入水体的速率和水体的氧亏量成正比。氧亏量 $\rho_D = \rho_{DO_S} - \rho_{DO}$,$\rho_{DO_S}$ 为水温 T 下水体的饱和溶解氧浓度,ρ_{DO} 为水体中的溶解氧浓度。

$$\frac{d\rho_D}{dt} = -K_2\rho_D \tag{7-5}$$

式中　K_2——大气富氧速率系数,d^{-1}。

饱和溶解氧浓度是温度、盐度和大气压力的函数,在标准大气压力下,淡水中的饱和溶解氧浓度可以用式(7-6)计算。

$$\rho_{DO_S} = 468/(31.6 + T) \tag{7-6}$$

式中　ρ_{DO_S}——饱和溶解氧浓度,mg/L;

T——水温,℃。

在河口,饱和溶解氧浓度还会受到水的含盐量的影响,这时可以用海尔(Hyer,1971)经验式计算:

$$\rho_{DO_S} = 14.6244 - 0.367134T + 0.0044972T^2 - 0.0966S +$$
$$0.00205ST + 0.0002739S^2 \tag{7-7}$$

式中　S——水中含盐量,‰;

T——水温,℃。

2. 光合作用富氧

水生植物的光合作用是水体富氧的另一个重要来源。奥康纳假定光合作用的速率随着光线照射强度的变化而变化,中午光照最强时,产氧速率最快,夜晚没有光照时,产氧速率为零。

五、水环境容量与总量控制

水环境容量是指水体在环境功能不受损害的前提下所能接纳的污染物的最大允许排放量。水体一般分为河流、湖泊和海洋,受纳水体不同,其消纳污染物的能力也不同。需要

说明的是,环境容量所指"环境"是一个较大的范围,如果范围很小,由于边界与外界的物质、能量交换量相对于自身所占比例较大,此时通常改称为环境承载能力。

水环境容量的主要作用是对排污进行控制,利用水体自净能力进行环境规划。

根据水环境质量目标,水环境容量可分为自然容量和管理容量,前者是以水体的自然基准值作为水质目标;后者是以满足一定的水环境质量标准作为环境目标。

根据水环境容量产生机制和污染物迁移降解机理,水环境容量可分为迁移容量、稀释容量和自净容量。

根据污染物排放口分布特征,水环境容量可分为面源环境容量和点源环境容量等。

水环境容量建立在水质目标和水体稀释自净规律的基础上,与水环境的空间特性、运动特性、功能、本底值、自净能力以及污染物特性、排放数量及排放方式等多种因素有关。因此对于水环境容量的确定,目前仍然存在着模型选择、参数识别、模型计算中不确定因素难以量化等困难,尤其是对于面源环境容量。

(一)水环境容量估算方法

(1)对于拟接纳开发区污水的水体,如常年径流的河流、湖泊、近海水域应估算其环境容量。

(2)污染因子应包括国家和地方规定的重点污染物、开发区可能产生的特征污染物和受纳水体敏感的污染物。

(3)根据水环境功能区划明确受纳水体不同断(界)面的水质标准要求,通过现有资料或现场监测分析清楚受纳水体的环境质量状况,分析受纳水体水质达标程度。

(4)在对受纳水体动力特性进行深入研究的基础上,利用水质模型建立污染物排放和受纳水体水质之间的输入响应关系。

(5)确定合理的混合区,根据受纳水体水质达标程度,考虑相关区域排污的叠加影响,应用输入响应关系,以受纳水体水质按功能达标为前提,估算相关污染物的环境容量(即最大允许排放量或排放强度)。

(二)水污染物排放总量控制目标的确定

要确定建设项目总量控制目标,应进行以下工作:

(1)确定总量控制因子。建设项目向水环境排放的污染物种类繁多,不能对其全部实施总量控制,确定对哪几种水污染物实施总量控制是一个非常重要的问题,要根据地区的具体水质要求和项目性质合理选择总量控制因子。

(2)计算建设项目不同排污方案的允许排污量。根据区域环境目标和不同的排污方案,计算建设项目的允许排污量。

(3)分配建设项目总量控制目标。根据各个不同排污方案,通过经济和环境效益的综合分析,确定项目总量控制目标。

(三)水环境容量和水污染物排放总量控制主要内容

(1)选择总量控制指标因子:COD、氨氮、总磷、总氰化物、石油类等因子以及受纳水体最敏感的特征因子。

(2)分析基于环境容量约束的允许排放总量和基于技术经济条件约束的允许排放总量。

(3)对于拟接纳开发区污水的水体,如常年径流的河流、湖泊、近海水域,应根据环境功能区划所规定的水质标准要求,选择适当的水质模型分析确定水环境容量[河流/湖泊:水环境容量;河口/海湾:水环境容量/最小初始稀释度;(开敞的)近海水域:最小初始稀释度];对季节性河流,原则上不要求确定水环境容量。

(4)对于现状水污染物实现达标排放,水体无足够的环境容量可以利用的情形,应在制定基于水环境功能的区域水污染控制计划的基础上确定开发区水污染物排放总量。

(5)如预测的各项总量值均低于上述基于技术水平约束下的总量控制和基于水环境容量的总量控制指标,可选择最小的指标提出总量控制方案。如预测总量大于上述两类指标中的某一类指标,则需调整规划,以降低污染物总量。

第二节　地表水环境影响评价程序、等级与范围

一、地表水环境影响评价基本任务与基本要求

(一)基本任务

在调查和分析评价范围内地表水环境质量现状与水环境保护目标的基础上,预测和评价建设项目对地表水环境质量、水环境功能区、水功能区、水环境保护目标以及水环境控制单元的影响范围与影响程度,提出相应的环境保护措施和环境管理与监测计划,明确给出地表水环境影响是否可以接受的结论。

(二)基本要求

建设项目地表水环境影响主要包括水污染影响与水文要素影响。根据其主要影响,建设项目地表水环境影响评价划分为水污染影响型、水文要素影响型及两者兼有的复合影响型。

地表水环境影响评价应按规定的评价等级开展相应的评价工作。建设项目评价等级分为三级。复合影响型建设项目评价工作,应按类别分别确定评价等级并开展评价工作。

建设项目排放水污染物应符合国家或地方水污染物排放标准的要求,同时应满足受纳水体环境质量管理要求,并与排污许可管理制度相关要求衔接。水文要素影响型建设项目,还应满足生态流量的相关要求。

二、地表水环境影响评价工作程序

地表水环境影响评价工作程序如图 7-1 所示。

三、评价等级确定

(一)环境影响识别与评价因子筛选

地表水环境影响识别要结合分析建设项目建设阶段、生产运行阶段和服务期满后各阶段对地表水环境质量、水文要素的影响行为。

1. 水污染型建设项目

水污染型建设项目评价因子筛选应符合以下要求:

(1)按照污染源源强核算技术指南,识别污染源,确定水污染因子,筛选水环境影响评价因子。

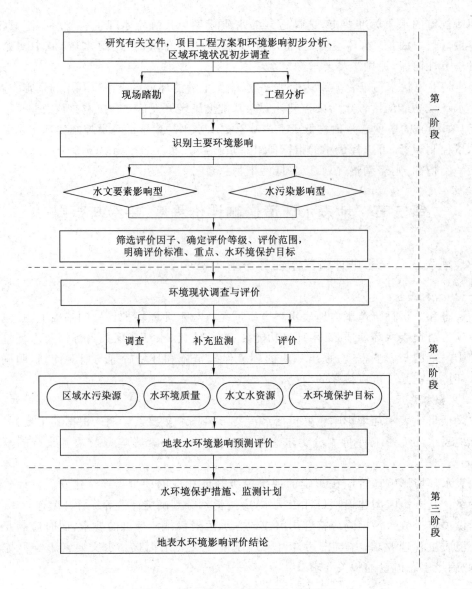

图 7-1　地表水环境影响评价工作程序

（2）行业污染物排放标准中涉及的水污染物应作为评价因子。

（3）在车间或车间处理设施排放口排放的第一类污染物应作为评价因子。

（4）水温应作为评价因子。

（5）面源污染所含的主要污染物应作为评价因子。

（6）建设项目排放的,且为建设项目所在控制单元的水质超标因子或潜在污染因子（指近三年来水质浓度值呈上升趋势的水质因子）,应作为评价因子。

（7）建设项目可能导致受纳水体富营养化的,评价因子还应包括与富营养化有关的因子（如总磷、总氮、叶绿素 a、高锰酸盐指数和透明度等。其中,叶绿素 a 为必须评价的因子）。

2. 水文要素影响型建设项目

水文要素影响型建设项目评价因子,应根据建设项目对地表水体水文要素影响的特征确定。

(1)河流、湖泊及水库主要评价水面面积、水量、水温、径流过程、水位、水深、流速、水面宽、冲淤变化等因子,湖泊和水库需要重点关注湖底水域面积或蓄水量及水力停留时间等因子。

(2)感潮河段、入海河口及近岸海域主要评价流量、流向、潮区界、潮流界、纳潮量、水位、流速、水面宽、水深、冲淤变化等因子。

(二)评价等级确定

按照《环境影响评价技术导则 地表水环境》(HJ 2.3—2018)的规定,建设项目地表水环境影响评价等级按照影响类型、排放方式、排放量或影响情况、受纳水体环境质量现状、水环境保护目标等综合确定。

1. 水污染影响型建设项目

水污染影响型建设项目根据排放方式和废水排放量划分评价等级,见表7-1。直接排放建设项目评价等级分为一级、二级和三级 A,根据废水排放量、水污染物污染当量数确定。间接排放建设项目评价等级为三级 B。

表 7-1　　　　　　　　　　水污染影响型建设项目评价等级判定

评价等级	判定依据	
	排放方式	废水量 $Q/(\text{m}^3/\text{d})$; 水污染物当量数 $W/(\text{无量纲})$
一级		$Q \geqslant 20\,000$ 或 $W \geqslant 600\,000$
二级	直接排放	其他
三级 A		$Q < 200$ 且 $W < 6000$
三级 B	间接排放	—

注:(1)水污染物当量数等于该污染物的年排放量除以该污染物的污染当量值。计算排放污染物的污染物当量数,应区分第一类水污染物和其他类水污染物,统计第一类污染当量数总和,然后与其他类污染物按照污染物当量数从大到小排序,取最大当量数为建设项目评价等级确定的依据。

(2)废水排放量按行业排放标准中规定的废水种类统计,没有相关行业排放标准要求的通过工程分析合理确定,应统计含热量大的冷却水的排放量,可不统计间接冷却水、循环水以及其他含污染物极少的清净下水的排放量。

(3)厂区存在堆积物(露天堆放的原料、燃料、废渣等以及垃圾堆放场)、降尘污染的,应将初期雨污水纳入废水排放量,相应的主要污染物纳入水污染当量计算。

(4)建设项目直接排放第一类污染物的,其评价等级为一级;建设项目直接排放的污染物为受纳水体超标因子的,评价等级不低于二级。

(5)直接排放受纳水体影响范围涉及饮用水水源保护区、饮用水取水口、重点保护与珍稀水生生物的栖息地、重要水生生物的自然产卵场等保护目标时,评价等级不低于二级。

(6)建设项目向河流、湖库排放温排水引起受纳水体水温变化超过水环境质量标准要求,且评价范围有水温敏感目标时,评价等级为一级。

(7)建设项目利用海水作为调节温度介质,排水量≥500 万 m^3/d,评价等级为一级;排水量<500 万 m^3/d,评价等级为二级。

(8)仅涉及清净下水排放的,如其排放水质满足受纳水体水环境质量标准要求的,评价等级为三级 A。

(9)依托现有排放口,且对外环境未新增排放污染物的直接排放建设项目,评价等级参照间接排放,定为三级 B。

(10)建设项目生产工艺中有废水产生,但作为回水利用,不排放到外环境的,按三级 B 评价。

2. 水文要素影响型建设项目

水文要素影响型建设项目评价等级划分根据水温、径流与受影响地表水域等三类水文要素的影响程度进行判定，见表 7-2。

表 7-2　　　　　　　　水文要素影响型建设项目评价等级判定

评价等级	水温	径流		受影响地表水域		
	年径流量与总库容百分比 α /%	兴利库容与年径流量百分比 β /%	取水量占多年平均径流量百分比 γ /%	工程垂直投影面积及外扩范围 A_1/km^2；工程扰动水底面积 A_2/km^2；过水断面宽度占用比例或占用水域面积比例 R /%		工程垂直投影面积及外扩范围 A_1/km^2；工程扰动水底面积 A_2/km^2
				河流	湖泊	入海河口、近岸海域
一级	$\alpha \leqslant 10$；或稳定分层	$\beta \geqslant 20$；或完全年调节与多年调节	$\gamma \geqslant 30$	$A_1 \geqslant 0.3$；或 $A_2 \geqslant 1.5$；或 $R \geqslant 10$	$A_1 \geqslant 0.3$；或 $A_2 \geqslant 1.5$；或 $R \geqslant 20$	$A_1 \geqslant 0.5$；或 $A_2 \geqslant 3$
二级	$20 > \alpha > 10$；或不稳定分层	$0 > \beta > 2$；或季调节与不完全年调节	$30 > \gamma > 10$	$0.3 > A_1 > 0.05$；或 $1.5 > A_2 > 0.2$；或 $10 > R > 5$	$0.3 > A_1 > 0.05$；或 $1.5 > A_2 > 0.2$；或 $20 > R > 5$	$0.5 > A_1 > 0.15$；或 $3 > A_2 > 0.5$
三级	$\alpha \geqslant 20$；或混合型	$\beta \leqslant 2$；或无调节	$\gamma \leqslant 10$	$A_1 \leqslant 0.05$；或 $A_2 \leqslant 0.2$；或 $R \leqslant 5$	$A_1 \leqslant 0.05$；或 $A_2 \leqslant 0.2$；或 $R \leqslant 5$	$A_1 \leqslant 0.15$；或 $A_2 \leqslant 0.5$

注：(1) 影响范围涉及饮用水水源保护区、重点保护与珍稀水生生物的栖息地、重要水生生物的自然产卵场、自然保护区等保护目标，评价等级应不低于二级。

(2) 跨流域调水、引水式电站、可能受到河流感潮河段影响，评价等级不低于二级。

(3) 造成入海河口(湾口)宽度束窄(束窄尺度达到原宽度的 5% 以上)，评价等级应不低于二级。

(4) 对不透水的单方向建筑尺度较长的水工建筑物(如防波堤、导流堤等)，其与潮流或水流主流向切线垂直方向投影长度大于 2 km 时，评价等级应不低于二级。

(5) 允许在一类海域建设的项目，评价等级为一级。

(6) 同时存在多个水文要素影响的建设项目，分别判定各水文要素影响评价等级，并取其中最高等级作为水文要素影响型建设项目评价等级。

四、评价范围确定

(一) 评价范围

建设项目地表水环境影响评价范围指建设项目整体实施后可能对地表水环境造成的影响范围。评价范围应以平面图的方式表示，并明确起、止位置等控制点坐标。

1. 水污染影响型建设项目

水污染影响型建设项目评价范围，根据评价等级、工程特点、影响方式及程度、地表水环境质量管理要求等确定。

(1) 一级、二级及三级 A，其评价范围应符合以下要求：

① 应根据主要污染物迁移转化状况，至少需覆盖建设项目污染影响所及水域。

② 受纳水体为河流时，应满足覆盖对照断面、控制断面与消减断面等关心断面的要求。

③ 受纳水体为湖泊、水库时，一级评价，评价范围宜不小于以入湖（库）排放口为中心、半径为 5 km 的扇形区域；二级评价，评价范围宜不小于以入湖（库）排放口为中心、半径为 3 km 的扇形区域；三级 A 评价，评价范围宜不小于以入湖（库）排放口为中心、半径为 1 km 的扇形区域。

④ 受纳水体为入海河口和近岸海域时，评价范围按照 GB/T 19485 执行。

⑤ 影响范围涉及水环境保护目标的，评价范围至少应扩大到水环境保护目标内受到影响的水域。

⑥ 同一建设项目有两个及两个以上废水排放口，或排入不同地表水体时，按各排放口及所排入地表水体分别确定评价范围；有叠加影响的，叠加影响水域应作为重点评价范围。

（2）三级 B，其评价范围应符合以下要求：

① 应满足其依托污水处理设施环境可行性分析的要求；

② 涉及地表水环境风险的，应覆盖环境风险影响范围所及的水环境保护目标水域。

2. 水文要素影响型建设项目

水文要素影响型建设项目评价范围，根据评价等级、水文要素影响类别、影响及恢复程度确定，评价范围应符合以下要求：

（1）水温要素影响评价范围为建设项目形成水温分层水域，以及下游未恢复到天然（或建设项目建设前）水温的水域。

（2）径流要素影响评价范围为水体天然性状发生变化的水域，以及下游增减水影响水域。

（3）地表水域影响评价范围为相对建设项目建设前日均或潮均流速及水深、或高（累积频率 5%）低（累积频率 90%）水位（潮位）变化幅度超过 5% 的水域。

（4）建设项目影响范围涉及水环境保护目标的，评价范围至少应扩大到水环境保护目标内受影响的水域。

（5）存在多类水文要素影响的建设项目，应分别确定各水文要素影响评价范围，取各水文要素评价范围的外包线作为水文要素的评价范围。

建设项目地表水环境影响评价时期根据受影响地表水体类型、评价等级等确定。如河流、湖库，一级评价要求丰水期、平水期和枯水期，至少丰水期和枯水期；二级评价要求见丰水期和枯水期，至少枯水期；三级评价（含污染型三级 A 和水文要素影响型三级）至少枯水期。

第三节　地表水环境现状调查与评价

地表水环境现状调查应遵循问题导向与管理目标导向统筹、流域（区域）与评价水域兼顾、水质水量协调、常规监测数据利用与补充监测互补、水环境现状与变化分析结合的原则，应满足建立污染源与受纳水体水质响应关系的需求，符合地表水环境影响预测的要求。

一、调查范围与调查因子

（一）调查范围

地表水环境的现状调查范围应覆盖评价范围，应以平面图方式表示，并明确起、止断面的位置及涉及范围。

1. 水污染影响型建设项目

对于水污染影响型建设项目,除覆盖评价范围外,受纳水体为河流时,在不受回水影响的河流段,排放口上游调查范围宜不小于 500 m,受回水影响河段的上游调查范围原则上与下游调查的河段长度相等;受纳水体为湖库时,以排放口为圆心,调查半径在评价范围基础上外延 20%～50%。

如果建设项目排放污染物中包括氮、磷或有毒污染物且受纳水体为湖泊、水库时,一级评价的调查范围应包括整个湖泊、水库,二级、三级 A 评价时,调查范围应包括排放口所在水环境功能区、水功能区或湖(库)湾区。受纳或受影响水体为入海河口及近岸海域时,调查范围依据 GB/T 19485 要求执行。

2. 水文要素影响型建设项目

对于水文要素影响型建设项目,受影响水体为河流、湖库时,除覆盖评价范围外,一级、二级评价时,还应包括库区及支流回水影响区、坝下至下一个梯级或河口、受水区、退水影响区。

(二)调查因子

地表水环境现状调查因子根据评价范围水环境质量管理要求、建设项目水污染物排放特点与水环境影响预测评价要求等综合分析确定。调查因子应不少于评价因子。

(三)调查时期

调查时期和评价时期一致。

二、调查内容与方法

(一)调查内容

地表水环境现状调查内容:包括建设项目及区域水污染源调查、受纳或受影响水体水环境质量现状调查、区域水资源与开发利用状况、水文情势与相关水文特征值调查,以及水环境保护目标、水环境功能区或水功能区、近岸海域环境功能区及其相关的水环境质量管理要求等调查。涉及水工程的,还应调查涉水工程运行规则和调度情况。

1. 建设项目污染源调查

根据建设项目工程分析、污染源源强核算技术指南,结合排污许可技术规范等相关要求,分析确定建设项目所有排放口(包括涉及一类污染物的车间或车间处理设施排风口、企业总排口、雨水排放口、清净下水排放口、温排水排放口等)的污染物源强,明确排放口的相对位置并附图件、地理位置(经纬度)、排放规律等。改建、扩建项目还应调查现有企业所有废水排放口。

2. 区域水污染源调查

点污染源调查的内容:① 基本信息:包括污染源名称、排污许可证编号。② 排放特点:包括排放方式,分散排放或集中排放,连续排放或间接排放;排放口的平面布置(附污染物平面布置图)及排放方向;排放口在断面上的位置。③ 排污数据:主要调查污水排放量、主要污染物及排放浓度等。④ 用排水状况:主要调查取水量、用水量、循环水量、重复利用率、排水总量等。⑤ 污水处理状况:主要调查各排污单位生产工艺流程过程中的产污环节、污水处理工艺、中水回用量、再生水量、污水处理设施的运转情况等。根据评价等级及评价范围,选择上述全部或部分内容进行调查。

面污染源的调查内容,按照农村生活污染源、农田污染源、分散式畜禽养殖污染源、城镇地面径流污染源、堆积物污染源、大气沉降源等,采用源强系数法、面源模型法等方法,估算面源源强、流失量与入河量等。主要包括:① 农村生活污染源:调查人口数量、人均用水量指标、供水方式、污水排放方式、去向和排污负荷量等。② 农田污染源:调查农药和化肥的施用种类、施用量、流失量及入河系数、去向及受纳水体等情况(包括水土流失、农药和化肥流失强度、流失面积、土壤养分含量等调查分析)。③ 畜禽养殖污染源:调查畜禽养殖的种类、数量、养殖方式、粪便污水收集与处置情况、主要污染物浓度、污水排放方式和排污负荷量、去向及受纳水体等。畜禽粪便污水作为肥水进行农田利用的,需要考虑畜禽粪便污水土地承载力。④ 城镇地面径流污染源:调查城镇土地利用类型及面积、地面径流收集方式与处理情况、主要污染物浓度、排放方式和排污负荷量、去向及受纳水体等。⑤ 堆积物污染源:调查矿山、冶金、火电、建材、化工等单位的原料、燃料、废料、固体废物(包括生活垃圾)的堆放位置、堆放面积、堆放形式及防护情况、污水收集与处置情况、主要污染物和特征污染物浓度、污水排放方式和排放负荷量、去向及受纳水体等。⑥ 大气沉降源:调查区域大气沉降(湿沉降、干沉降)的类型、污染物种类、污染物沉降负荷量等。

3. 水文情势调查

水文情势调查内容见表7-3。

表7-3　　　　　　　　　　　　水文情势调查内容

水体类型	水污染影响型	水文要素影响型
河流	水文年及水期划分、不利水文条件及特征水文参数、水动力学参数等	水文系列及其特征参数;水文年及水期的划分;河流物理形态参数;河流水沙参数、丰枯水期水流及水位变化特征等
湖库	湖库物理形态参数;水库调节性能与运行调度方式;水文年及水期划分;不利水文条件特征及水文参数;出入湖(库)水量过程;湖流动力学参数;水温分层结构等	
入海河口(感潮河段)	潮汐特征、感潮河段的范围、潮区界与潮流界的划分;潮位及潮流;不利水文条件组合及特征水文参数;水流分层特征等	
近岸海域	水温、盐度、泥沙、潮位、流向、流速、水深等;潮汐性质及类型;潮流、余流性质及类型;海岸线、海床、滩涂、海岸蚀淤变化趋势等	

4. 水资源调查

水资源现状调查:调查水资源总量、水资源可利用量、水资源时空分布特征,人类活动对水资源量的影响等。主要涉水工程概况调查,包括数量、等级、位置、规模,主要开发任务、开发方式、运行调度及其对水文情势、水环境的影响。应涵盖大、中、小型等各类涉水工程,绘制涉水工程分布示意图。

水资源利用状况调查:调查城市、工业、农业、渔业、水产养殖业、水域景观等各类用水现状与规划(包括用水时间、取水地点、取用水量等),各类用水的供需关系(包括水权等)、水质要求和渔业、水产养殖业等所需的水面面积。

（二）调查方法

调查方法主要采用资料收集、现场监测、无人机或卫星遥感遥测等方法。

三、调查要求

1. 建设项目污染源调查

建设项目污染源调查应在工程分析基础上，确定水污染物的排放量及进入受纳水体的污染负荷量。

2. 区域水污染源调查

（1）应详细调查与建设项目排放污染物同类的、或有关联关系的已建、在建及拟建项目（已批复环境影响评价文件，下同）等污染源。

① 一级评价，以收集利用已建项目的排污许可证登记数据、环评及环保验收数据及既有实测数据为主，并辅以现场调查及现场监测。

② 二级评价，主要收集利用已建项目的排污许可证登记数据、环评及环保验收数据及既有实测数据，必要时补充现场监测。

③ 水污染影响型三级 A 评价与水文要素影响三级评价，主要收集利用与建设项目排放口的空间位置和所排放污染物的性质关系密切的污染源资料，可不进行现场调查及现场监测。

④ 水污染影响型三级 B 评价，可不开展区域污染源调查，主要调查依托污水处理设施的日处理能力、处理工艺、设计进水水质、处理后废水稳定达标排放情况，同时应调查依托污水处理设施执行的排放标准是否涵盖建设项目排放的有毒有害的特征水污染物。

（2）一级、二级评价，建设项目直接导致受纳水体内源污染变化，或存在与建设项目排放污染物同类的且内源污染影响受纳水体水环境质量，应开展内源污染调查，必要时应开展底泥污染补充监测。

（3）具有已审批入河排放口的主要污染物种类及其排放浓度和总量数据，以及国家或地方发布的入河排放口数据的，可不对入河排放口汇水区域的污染源开展调查。

（4）面源污染调查主要采用收集利用既有数据资料的调查方法，可不进行实测。

（5）建设项目的污染物排放指标需要等量替代或减量替代时，还应对替代项目开展污染源调查。

3. 水环境质量现状调查

（1）根据不同评价等级对应的评价时期要求开展水环境质量现状调查。

（2）优先采用国务院生态环境保护主管部门统一发布的水环境质量状况信息。

（3）当现有资料不能满足要求时，按照不同等级对应的评价时期要求开展现状监测。

（4）水污染影响型建设项目一级、二级评价时，应调查受纳水体近 3 年的水环境质量数据，分析其变化趋势。

4. 水环境保护目标调查

水环境保护目标指饮用水水源保护区、饮用水取水口，涉水的自然保护区、风景名胜区，重要湿地、重点保护与珍稀水生生物的栖息地，重要水生生物的自然产卵场及索饵场、越冬场和洄游通道，天然渔场等渔业水体，以及水产种质资源保护区等。

依据环境影响因素识别结果，调查评价范围内水环境保护目标，确定主要水环境保护目标。应注意采用国家及地方人民政府颁布的各相关名录中的统计资料。

5. 水资源利用与开发现状调查

水文要素影响型建设项目一级、二级评价时,应开展建设项目所在流域、区域的水资源与开发利用状况调查。

6. 水文情势调查

(1) 尽量收集邻近水文站既有水文年鉴资料和其他相关的有效水文观测资料。当上述资料不足时,应进行现场水文调查与水文测量,水文调查与水文测量宜与水质调查同步。

(2) 水文调查与水文测量宜在枯水期进行,必要时可根据水环境影响预测需要、生态环境保护要求,在其他时期(丰水期、平水期、冰封期等)进行。

(3) 水文测量的内容应满足拟采用的水环境影响预测模型对水文参数的要求。在采用水环境数学模型时,应根据所选用的预测模型需要输入的水文特征值及环境水力学参数决定水文测量内容;在采用物理模型法模拟水环境影响时,水文测量应提供模型制作及模型试验所需要的水文特征值及环境水力学参数。

(4) 水污染影响型建设项目开展与水质调查同步进行的水文测量,原则上可只在一个时期(水期)内进行。在水文测量的时间、频次和断面与水质调查不完全相同时,应保证满足水环境影响预测所需要的水文特征值及环境水力学参数的要求。

四、补充监测

(一) 补充监测要求

应对收集资料进行复核整理,分析资料的可靠性、一致性和代表性,针对资料的不足,制定必要的补充监测方案,确定补充监测时期、内容、范围。

需要开展多个断面或点位补充监测的,应在大致相同的时段内开展同步监测。需要同时开展水质与水文补充监测的,应按照水质水量协调统一的要求开展同步监测,测量的时间、频次和断面应保证满足水环境影响预测的要求。

(二) 监测内容

应在常规监测断面的基础上,重点针对对照断面、控制断面以及环境保护目标所在水域的监测断面开展水质补充监测。建设项目需要确定生态流量时,应结合主要生态保护对象敏感用水时段进行调查分析,针对性开展必要的生态流量与径流过程监测等。当调查的水下地形数据不能满足水环境影响预测要求时,应开展水下地形补充测绘。

(三) 河流监测布点与采样频次

1. 河流监测断面设置

水质监测断面布设:应布设对照断面、控制断面。对照断面指具体判断某一区域水环境污染程度时,位于该区域所有污染源上游处,能够提供这一区域水环境本底值的断面。控制断面指为了解水环境受污染程度及其变化情况的断面。

水污染影响型建设项目在拟建排放口上游应布置对照断面(宜在 500 m 以内),根据受纳水域水环境质量控制管理要求设定控制断面。控制断面可结合水环境功能区或水功能区、水环境控制单元区划情况,直接采用国家及地方确定的水质控制断面。评价范围内不同水质类别区、水环境功能区或水功能区、水环境敏感区及需要进行水质预测的水域,应布设水质监测断面。

2. 水质取样断面上取样垂线的布设

当河流面形状为矩形或相近于矩形时,可按下列原则布设:

(1) 取样垂线的确定

当河流断面形状为矩形或相近于矩形时,可按下列原则布设:

① 小河:在取样断面的主流线上设一条取样垂线。

② 大、中河:河宽小于 50 m 者,在监测断面上各距岸边三分之一水面宽处,设一条取样垂线(垂线应设在有较明显水流处),共设两条取样垂线;河宽大于 50 m 者,在监测断面的主流线上及距离两岸不少于 0.5 m,并有明显水流的地方,各设一条取样垂线,共设三条取样垂线。

③ 特大河(如长江、黄河、珠江、黑龙江、淮河、松花江、海河等):由于河流过宽,监测断面上的取样垂线应适当增加,而且主流线两侧的垂线数不必相等,拟设置排污口一侧可以多一些。

如断面形状十分不规则时,应结合主流线的位置,适当调整取样垂线的位置和数目。

(2) 垂线上取样水深的确定

如表 7-4 所示,在一条垂线上,水深大于 5 m 时,在水面下 0.5 m 水深处及在距河底 0.5 m 处,各取样一个;水深为 1~5 m 时,只在水面下 0.5 m 处取一样;在水深不足 1 m 时,取样点距水面不应小于 0.3 m,距河底也不应小于 0.3 m。对于三级评价的小河不论河水深浅,只在一条垂线上的一个点取一个样,一般情况下取样点应在水面下 0.5 m 处,距河底不应小于 0.3 m。

表 7-4 采样垂线上采样点数的确定

水深	采样点数	说明
≤5 m	上层一点	上层至水面下 0.5 m 处,水深不到 0.5 m 时,在水深 1/2 处;
5~10 m	上、下层两点	下层指到河底以上 0.5 m 处
>10 m	上、中、下三层三点	中层指 1/2 水深处

其他:(1) 冰封时在冰下 0.5 m 处采样,水深不到 0.5 m 时,在水深 1/2 处;

(2) 凡在该断面要计算污染物通量时,必须按本表布设采样点。

3. 采样频次

每个水期可监测一次,每次同步连续调查取样 3~4 d,每个水质取样点每天至少取一组水样,在水质变化较大时,每间隔一定时间取样一次。水温观测频次,应每间隔 6 h 观测一次水温,统计计算日平均水温。

(四) 湖库监测布点与采样频次

1. 水质取样垂线的布设

对于水污染影响型建设项目,水质取样垂线的设置可采用以排放口为中心,沿放射线布设或网格布设的方法,按照以下原则进行:一级评价在评价范围内布设的水质取样垂线数宜不少于 20 条;二级评价在评价范围内布设的水质取样垂线数宜不少于 16 条。评价范围内不同水质类别区、水环境功能区或水功能区、水环境敏感区、排放口和需要进行水质预测的水域,应布设取样垂线。

对于水文要素影响型建设项目,在取水口、主要入湖(库)断面、坝前、湖(库)中心水域、不同水质类别区、水环境敏感区和需要进行水质预测的水域,应布设取样垂线。对于复合型建设项目,应兼顾进行取样垂线的布设。

2. 水质取样垂线上取样点的布设

大、中型湖泊、水库:① 当平均水深小于 10 m 时,取样点设在水面下 0.5 m 处,但此点距底不应小于 0.5 m。② 平均水深大于等于 10 m 时,首先要根据现有资料查明此湖泊(水库)有无温度分层现象,如无资料可供调查,则先测水温。在取样位置水面下 0.5 m 处测水温,以下每隔 2 m 水深测一个水温值,如发现两点间温度变化较大时,应在这两点间酌量加测几点的水温,目的是找到斜温层。找到斜温层后,在水面下 0.5 m 及斜温层以下,距底 0.5 m 以上处各取一个水样。

小型湖泊、水库:① 当平均水深小于 10 m 时,水面下 0.5 m,并距底不小于 0.5 m 处设一取样点;② 当平均水深大于等于 10 m 时,水面下 0.5 m 处和水深 10 m,并距底不小于 0.5 m 处各设一取样点。

3. 采样频次

每个水期可监测一次,每次同步连续调查取样 2～4 d,每个水质取样点每天至少取一组水样,但在水质变化较大时,每间隔一定时间取样一次。溶解氧和水温观测频次,每间隔 6 h 取样监测一次,在调查取样期内适当监测藻类。

(五) 入河海口、近岸海域监测点位设置与采样频次

1. 水质取样断面和取样垂线的布设

一级评价可布设 5～7 个取样断面,二级评价可布设 3～5 个取样断面。

2. 水质取样点的布设

根据垂线水质分布特点,参照 GB/T 12763 和 HJ 442 执行。排放口位于感潮河段内的,其上游设置的水质取样断面,应根据实际情况参照河流决定,其下游断面的布设与近岸海域相同。

3. 采样频次

原则上一个水期在一个潮周期内采集水样,明确所采样品所处潮时,必要时对潮周日内的高潮和低潮采样。当上、下层水质变幅较大时,应分层取样。入海河口上游水质取样频次参照感潮河段相关要求执行,下游水质取样频次参照近岸海域相关要求执行。对于近岸海域,一个水期宜在半个太阴月内的大潮期或小潮期分别采样,明确所采样品所处潮时;对所有选取的水质监测因子,在同一潮次取样。

底泥污染调查与评价的监测点布设应能够反映底泥污染物空间分布特征的要求,根据底泥分布区域、分布深度、扰动区域、扰动深度、扰动时间等设置。

五、水质现状评价内容与方法

1. 评价内容

根据建设项目水环境影响特点与水环境质量管理要求,选择以下全部或部分内容开展评价:

(1) 水环境功能区或水功能区、近岸海域环境功能区水质达标状况。评价建设项目评价范围内水环境功能区或水功能区、近岸海域环境功能区各评价时期的水质状况与变化特

征,给出水环境功能区或水功能区、近岸海域环境功能区达标评价结论,明确水环境功能区或水功能区、近岸海域环境功能区水质超标因子、超标程度,分析超标原因。

(2)水环境控制单元或断面水质达标状况。评价建设项目所在控制单元或断面各评价时期的水质现状与时空变化特征,评价控制单元或断面的水质达标状况,明确控制单元或断面水质超标因子、超标程度,分析超标原因。

(3)水环境保护目标质量状况。评价涉及水环境保护目标水域各评价时期的水质状况与变化特征,明确水质超标因子、超标程度,分析超标原因。

(4)对照断面、控制断面等代表性断面的水质状况。评价对照断面水质状况,分析对照断面水质水量变化特征,给出水环境影响预测的设计水文条件,评价控制断面水质现状、达标状况,分析控制断面来水水质水量状况,识别上游来水不利组合状况,分析不利条件下的水质达标问题。评价其他监测断面的水质状况,根据断面所在水域的水环境保护目标水质要求,评价水质达标状况与超标因子。

(5)底泥污染评价。评价底泥污染项目及污染程度,识别超标因子,结合底泥处置排放去向,评价退水水质与超标情况。

(6)水资源与开发利用程度及其水文情势评价。根据建设项目水文要素影响特点,评价所在流域(区域)水资源与开发利用程度、生态流量满足程度、水域岸线空间占用状况等。

(7)水环境质量回顾评价。结合历史监测数据与国家及地方生态环境保护主管部门公开发布的环境状况信息,评价建设项目所在水环境控制单元或断面、水环境功能区或水功能区、近岸海域环境功能区的水质变化趋势,评价主要超标因子变化状况,分析建设项目所在区域或水域的水质问题,从水污染、水文要素等方面,综合分析水环境质量现状问题的原因,明确与建设项目排污影响的关系。

(8)流域(区域)水资源(包括水能资源)与开发利用总体状况、生态流量管理要求与现状满足程度、建设项目占用水域空间的水流状况与河湖演变状况。

(9)依托污水处理设施稳定达标排放评价。评价建设项目依托的污水处理设施稳定达标状况,分析建设项目依托污水处理设施环境可行性。

2. 评价方法

(1)监测断面或点位水环境质量现状评价采用单因子评价指数法

① 一般性水质因子(随着浓度增加而水质变差的水质因子)的指数计算公式:

$$S_{ij} = \frac{C_{ij}}{C_{si}} \qquad (7-8)$$

式中　S_{ij}——评价因子 i 的水质指数,大于 1 表明该水质因子超标;

　　　C_{ij}——评价因子 i 在第 j 点的实测统计代表值,mg/L;

　　　C_{si}——评价因子 i 的水质评价标准限值,mg/L。

② DO 的标准指数计算公式:

$$S_{DO,j} = DO_s / DO_j \quad DO_j \leqslant DO_f \qquad (7-9)$$

$$S_{DO,j} = \frac{|DO_f - DO_j|}{DO_f - DO_s} \quad DO_j > DO_f \qquad (7-10)$$

式中　$S_{DO,j}$——溶解氧的标准指数,大于 1 表明该水质因子超标;

　　　DO_j—— 溶解氧在 j 点的实测统计代表值,mg/L;

DO_s——溶解氧的水质评价标准限值，mg/L；

DO_f——饱和溶解氧的浓度，mg/L，对于河流，$DO_f = 468/(31.6+T)$；对于盐度比较高的湖泊、水库及入海河口、近岸海域，$DO_f = (491-2.65S)/(33.5+T)$；

S——实用盐度符号，量纲为1；

T——水温，℃。

③ pH 的指数计算公式：

$$S_{pH_j} = \frac{7.0 - pH_j}{7.0 - pH_{sd}} \quad pH_j \leqslant 7.0$$

$$S_{pH_j} = \frac{pH_j - 7.0}{pH_{su} - 7.0} \quad pH_j > 7.0 \tag{7-11}$$

式中 pH_j——河流上游或湖（库）、海的 pH 值；

pH_{sd}——地表水水质标准中规定的下限值；

pH_{su}——地表水水质标准中规定的上限值。

水质参数的标准指数大于1，表明该水质参数超过了规定的水质标准，已经不能满足使用功能。

（2）底泥污染指数法

底泥污染指数计算公式：

$$P_{i,j} = \frac{C_{i,j}}{C_{si}} \tag{7-12}$$

式中 $P_{i,j}$——底泥污染因子 i 的单项污染指数，大于1表明该污染因子超标；

$C_{i,j}$——调查点位污染因子 i 的实测值，mg/L；

C_{si}——污染因子 i 的评价标值或参考值，mg/L，底泥污染评价标准或参考值可以根据土壤环境质量标准或所在水域的背景值确定。

第四节　地表水环境影响预测

一、总体要求

1. 总体要求

一级、二级、水污染影响型三级 A 与水文要素影响型三级评价，应定量预测建设项目水环境影响，水污染影响型三级 B 评价可不进行水环境影响预测。影响预测应考虑评价范围内已建、在建和拟建项目中，与建设项目排放同类（种）污染物、对相同水文要素产生的叠加影响。建设项目分期规划实施的，应估算规划水平年进入评价范围的污染负荷，预测分析规划水平年评价范围内地表水环境质量变化趋势。

2. 预测因子

预测因子应根据评价因子确定，重点选择与建设项目水环境影响关系密切的因子。

3. 预测范围

预测范围一般与已确定的评价范围一致，并根据受影响地表水体水文要素与水质特点合理拓展。

4. 预测时期

预测时期应满足不同评价等级的评价时期要求。水污染影响型建设项目,水体自净能力最不利以及水质状况相对较差的不利时期、水环境现状补充监测时期应作为重点预测时期;水文要素影响型建设项目,以水质状况相对较差或对评价范围内水生生物影响最大的不利时期为重点预测时期。

5. 预测情景

预测情景根据建设项目特点分别选择建设期、生产运行期和服务期满后三个阶段进行预测。生产运行期应预测正常排放、非正常排放两种工况对水环境的影响,如建设项目具有充足的调节容量,可只预测正常排放对水环境的影响。应对建设项目污染控制和减缓措施方案进行水环境影响预测。对受纳水体环境质量不达标区域,应考虑区(流)域环境质量改善目标要求情景下的模拟预测。

二、预测内容

预测分析内容根据影响类型、预测因子、预测情景、预测范围地表水体类别、所选用的预测模型及评价要求确定。

1. 水污染影响型建设项目预测内容

(1) 各关心断面(控制断面、取水口、污染源排放核算断面)水质预测因子的浓度及变化;

(2) 到达水环境保护目标处的污染物浓度;

(3) 各污染物最大影响范围;

(4) 湖泊、水库及半封闭海湾等,还需关注富营养化状况与水华、赤潮等;

(5) 排放口混合区范围。

2. 水文要素影响型建设项目预测内容

(1) 河流、湖泊及水库的水文情势预测分析主要包括水域形态、径流条件、水力条件及冲淤变化等内容,具体包括水面面积、水量、径流过程、水位、水深、流速、水面宽、冲淤变化等,湖泊和水库需要重点关注湖库水域面积或蓄水量及水力停留时间等因子;

(2) 感潮河段、入海口及近岸海域水动力条件预测分析主要包括流量、流向、潮区界、潮流界、纳潮量、水位、流速、水面宽、水深、冲淤变化等因子。

三、预测模型

地表水环境影响预测模型包括数学模型、物理模型。地表水环境影响预测模型宜选用数学模型。评价等级为一级且有特殊要求时选用物理模型,物理模型应遵循水工模型实验及技术规程等要求。数学模型包括面源污染负荷估算模型、水动力模型、水质(包括水温及富营养化)模型等。

(一)模型选择

1. 面源污染负荷估算模型

根据污染源类型分别选择适用的污染源负荷估算或模拟方法,预测污染源排放量与入河量。面源污染负荷预测可根据评价要求与数据条件,采用源强系数法、水文分析法以及面源模型法等,有条件的地方可以综合采用多种方法进行比对分析确定。各方法适用条件如下：

（1）源强系数法：当评价区域有可采用的源强产生、流失及入河系数等面源污染负荷估算参数时，可采用源强系数法。

（2）水文分析法：当评价区域具备一定数量的同步水质水量监测资料时，可基于基流分割确定暴雨径流污染物浓度、基流污染物浓度，采用通量法估算面源的负荷量。

（3）面源模型法：面源模型选择应结合污染特点、模型适用条件、基础资料等综合确定。

2. 水动力模型及水质模型

按照时间模型分为稳态与非稳态模型，按照空间分布分为零维、一维、二维和三维模式，按照是否需要采用数值离散方法分为解析解模型与数值解模型。水动力模型及水质模型的选取根据建设项目的污染源特征、受纳水体类型、水力学特征、水环境特点及评价等级等要求，选取适宜的预测模型。各地表水体适用的数学模型选择要求如下：

（1）河流数学模型：河流数学模型选择要求见表7-5。在模拟河流顺直、水流均匀且排污稳定时可以采用解析解模型。

表 7-5 河流数学模型适用条件

模型分类	模型空间分类						模型时间分类	
	零维模型	纵向一维模型	河网模型	平面二维	立体二维	三维模型	稳态	非稳态
适用条件	水域基本均匀混合	沿程横断面均匀混合	多条河道相互连通，使得水流运动和污染物交换互相影响的河网地区	垂向均匀混合	垂向分层特征显著	垂向及平面分布差别明显	水流恒定、排污稳定	水流不恒定，或排污不稳定

（2）湖库数学模型：湖库数学模型选择要求见表7-6。在模拟湖库水域形态规则、水流均匀且排污稳定时可采用解析解模型。

表 7-6 湖库数学模型适用条件

模型分类	模型空间分类						模型时间分类	
	零维模型	纵向一维模型	平面二维	垂向一维	立体二维	三维模型	稳态	非稳态
适用条件	水流交换作用较充分，污染质分布基本均匀	污染物在断面上均匀混合的河道型水库	浅水湖库，垂向分层不明显	深水湖库，水平分布差异不明显，存在垂向分层	深水湖库，横向分布差异不明显，存在垂向分层	垂向及平面分布差别明显	流场恒定、源强稳定	流场不恒定，或源强不稳定

（3）感潮河段、入海河口数学模型：污染物在断面上均匀混合的感潮河段、入海河口，可采用纵向一维非恒定数学模型，感潮河网区宜采用一维河网数学模型。浅水感潮河段和入海河口宜采用平面二维非恒定数学模型。

（4）近岸海域数学模型：近岸海域宜采用平面二维非恒定模型。如果评价海域的水流和水质分布在垂向上存在较大的差异,宜采用三维数学模型。

（二）混合过程段长度估算模型

污染物从排污口排出后要与河水完全混合需一定的纵向距离,这段距离称为混合过程段。混合过程段长度估算公式:

$$L_m = 0.11 + 0.7 \left[0.5 - \frac{a}{B} - 1.1 \left(0.5 - \frac{a}{B} \right)^2 \right]^{\frac{1}{2}} \cdot \frac{u B^2}{E_y} \tag{7-13}$$

式中　L_m——混合段长度,m;

　　　B——水面宽度,m;

　　　a——排放口到岸边的距离,m;

　　　u——断面流速,m/s;

　　　E_y——污染物横向扩散系数,m^2/s;

（三）零维数学模型（完全混合模式）

废水排入一条河流（渠）时,如符合下述条件:

（1）河流是稳态的,定常排污。即河床截面积、流速、流量及污染物的输入量和弥散系数都不随时间变化。

（2）污染物在整个河段内均匀混合,即河段内各点污染物浓度相等。

（3）废水的污染物为持久性物质,不分解也不沉淀。

（4）河流无支流和其他排污口废水进入。

此时在排放口下游某断面的浓度可按完全混合模型计算:

$$C = \frac{C_p Q_p + C_h Q_h}{Q_p + Q_h} \tag{7-14}$$

式中　C——均匀混合断面处水质平均浓度,mg/L;

　　　C_p——项目排放污水的水质浓度,mg/L;

　　　Q_p——项目污水排放量,m^3/s;

　　　C_h——排污口上游河流水质浓度,mg/L;

　　　Q_h——排污口上游河流来水量,m^3/s。

例7-1　河边拟建一工厂,排放含氯化物废水,流量2.5 m^3/s,氯化物浓度为900 mg/L,该河流平均流速为0.45 m/s,平均河宽13.5 m/s,平均水深0.60 m,含氯化物浓度为100 mg/L。如该厂废水排入河中与河水迅速混合,河水氯化物是否超标(设该地方标准为200 mg/L)?

解:$C_p = 900$ mg/L,$Q_p = 2.5$ m^3/s,$C_h = 100$ mg/L,$Q_h = 0.45 \times 13.5 \times 0.6 = 3.645$ m^3/s,代入 $C = \frac{C_p Q_p + C_h Q_h}{Q_p + Q_h}$,得 $C = 425.5$ mg/L,则河水氯化物超标。

（四）河流（明渠）一维水质模型

一维模型是目前应用最广的水质模型,其通式为:

$$\frac{\partial C}{\partial t} + \frac{\partial}{\partial x}(uC) = \frac{\partial}{\partial x} \left(D \frac{\partial C}{\partial x} \right) + S \tag{7-15}$$

式中　u——断面平均流速,m/d;

　　　D——纵向弥散系数,m^2/d;

　　　S——源汇项,mg/(L·d)。

1. 一维稳态水质模型

在均匀河段上定常排污条件下,河段横截面、流速、流量、污染物的输入量和弥散系数都不随时间变化。同时污染物按一级化学反应,无其他源和汇项,则:

$$\frac{\partial}{\partial x}(uC) = u\frac{dC}{dx}$$

$$\frac{\partial}{\partial x}\left(D\frac{\partial C}{\partial x}\right) = D\frac{d^2 C}{\partial x^2} \qquad (7\text{-}16)$$

$$S = -k_1 C$$

其中 k_1 为污染物降解的速率常数,稳态时 $\partial C/\partial t = 0$,则微分方程变为:

$$u\frac{dC}{dx} - D\frac{d^2 C}{dx^2} + k_1 C = 0 \qquad (7\text{-}17)$$

这是一个二阶线性微分方程,其特征方程为:

$$u\lambda - D\lambda^2 + k_1 = 0 \qquad (7\text{-}18)$$

由此可以求出特征根为:

$$\lambda = \frac{u}{2D}(1 \pm m)$$

$$m = \sqrt{1 + \frac{4k_1 D}{u^2}} \qquad (7\text{-}19)$$

上式的通解为:

$$C = A\,e^{\lambda_1 x} + B\,e^{\lambda_2 x} \qquad (7\text{-}20)$$

对于保守或降解的污染物,λ 不应该取正值,边界条件:

$x=0$ 时, $C=C_0$

$x=\infty$ 时, $C=0$ $\qquad (7\text{-}21)$

此情况下,式(7-20)的解为:

$$C_x = C_0 \exp\left[\frac{u}{2D}(1-m)x\right] \qquad (7\text{-}22)$$

2. 忽略弥散的一维稳态水质模型

该模型适用于河流较小、流速不大、弥散系数很小的情况。可以近似认为 $D=0$,则微分方程为:

$$u\frac{dC}{dx} = -k_1 C \qquad (7\text{-}23)$$

在 $x=0,C=C_0$ 初始条件下,其解为:

$$C_x = C_0 \exp(-k_1 x/u) \qquad (7\text{-}24)$$

式中 $x/u=t$,则:

$$C_x = C_0 \exp(-k_1 t) \qquad (7\text{-}25)$$

由上式可知,只要知道初始断面河水中污染物的初始浓度和 k_1 值,即可求得下某点处的浓度,常用于预测易降解有机物在河流中的浓度变化。

例 7-2 向一条河流稳定排放污水,污水排放量 $Q_p=0.2$ m^3/s,BOD$_5$ 浓度为 30 mg/L,河流流量 $Q_h=5.8$ m^3/s,河水平均流速 $u=0.3$ m/s,BOD$_5$ 本底浓度为 0.5 mg/L,BOD$_5$ 降解的速率常数 $k_1=0.2$ d^{-1},纵向弥散系数 $D=10$ m^2/s,假定下游无支流汇入,也无其他排

污口,试求排放点下游 5 km 处的 BOD₅ 浓度。

解:污水排入河流后排放口所在河流断面初始浓度可用完全混合模型计算:

$$C_0 = \frac{C_p Q_p + C_h Q_h}{Q_p + Q_h} = \frac{0.2 \times 30 + 5.8 \times 0.5}{0.2 + 5.8} = 1.483 \ (mg/L)$$

计算考虑纵向弥散条件下的下游 5 km 处的浓度:

$$C = C_0 \exp\left[\frac{u}{2D}(1-m)x\right] = C_0 \exp\left[\frac{u}{2D}\left(1 - \sqrt{1 + \frac{4k_1 D}{u^2}}\right)x\right]$$

$$= 1.483 \exp\left[\frac{0.3}{2 \times 10}\left(1 - \sqrt{1 + \frac{4 \times 0.2/86\ 400 \times 10}{0.3^2}}\right) \times 5\ 000\right]$$

$$= 1.427\ 3 \ (mg/L)$$

计算忽略纵向弥散条件下的下游 5 km 处的浓度为:

$$C = C_0 \exp(-k_1 x/u) = 1.483 \exp(-0.2/86\ 400 \times 5\ 000/0.3) = 1.426\ 9 \ (mg/L)$$

由本例,在稳态情况下,忽略弥散的结果与考虑弥散的结果十分接近。

3. S-P 模型的方程式

河流中溶解氧浓度(DO)是决定水质洁净程度的重要参数之一,而排入河流的 BOD 在衰减过程中将不断消耗 DO,与此同时空气中的氧气又不断溶解到河水中。斯特里特(H. Streeter)和菲尔普斯(E. Phelps)于 1925 年提出了描述一维河流中 BOD 和 DO 消长变化规律的模型(S-P),随后出现了多种 BOD-DO 关系的修正模型。

建立 S-P 模型的基本假设如下:

(1) 河流中的 BOD 的衰减和溶解氧的复氧都是一级反应。

(2) 反应速度是恒定的。

(3) 河流中的耗氧是由 BOD 衰减引起的,而河流中的溶解氧来源则是大气复氧。

(4) 仅限于水质中 BOD 和 DO 的水质影响预测。

$$BOD_{5(x)} = BOD_{5(0)} \exp\left(-K_1 \frac{x}{86\ 400 \cdot u}\right) \tag{7-26}$$

$$D = \frac{K_1 BOD_{5(0)}}{K_2 - K_1}\left[\exp\left(-K_1 \frac{x}{86\ 400 \cdot u}\right) - \exp\left(-K_2 \frac{x}{86\ 400 \cdot u}\right)\right] +$$

$$D_0 \exp\left(-K_2 \frac{x}{86\ 400 \cdot u}\right) \tag{7-27}$$

式中 K_1——耗氧系数,d^{-1};

K_2——复氧系数,d^{-1};

x——排污口(或起始断面)至预测断面处的河段长度,m;

D——河流的氧亏变化规律。

其余符号意义同前。

(四) 河流(明渠)二维水质模型(二维稳态水质模式)

1. 常用二维稳态水质混合模式(平直河段)

当受纳河流较大,断面宽深比≥20,污染物进入河流后形成一条明显的污染带,应选用二维稳态混合模式进行预测计算。

(1) 岸边排放

$$C(x,y) = C_h + \frac{C_E Q_E}{H \sqrt{xu}} \left\{ \exp\left(-\frac{uy^2}{4 M_y x}\right) + \exp\left[-\frac{u(2B-y)^2}{4 M_y x}\right] \right\} \qquad (7\text{-}28)$$

（2）非岸边排放

$$C(x,y) = C_h + \frac{C_E Q_E}{2H \sqrt{xu}} \left\{ \exp\left(-\frac{uy^2}{4 M_y x}\right) + \exp\left[-\frac{u(2a+y)^2}{4 M_y x}\right] + \right.$$

$$\left. \exp\left[-\frac{u(2B-2a-y)^2}{4 M_y x}\right] \right\} \qquad (7\text{-}29)$$

式中　C——河流中污染物预测浓度，mg/L；

　　　C_h——河流上游污染物浓度，mg/L；

　　　C_E——污染物排放浓度，mg/L；

　　　Q_E——污水排放量，$\mathrm{m^3/s}$；

　　　H——平均水深，m；

　　　u——河流的平均流速，m/s；

　　　B——河道宽度，m；

　　　a——排污口距岸边距离，m；

　　　K——污染物的一级降解速率常数，$\mathrm{d^{-1}}$，持久性污染物 $K=0$；

　　　M_y——横向混合系数，$\mathrm{m^2/s}$，其计算公示为：

$$M_y = \alpha \delta H$$

　　　α——综合系数，一般取 0.58；

　　　δ——摩阻流速，$\delta = \sqrt{gHI}$；

　　　I——水力坡度；

2. 常用二维稳态水质混合衰减模式（平直河段）

（1）岸边排放

$$C(x,y) = \exp\left(-K \frac{x}{86\,400u}\right) \left\{ C_h + \frac{C_E Q_E}{H \sqrt{\pi M_y xu}} \left[\exp\left(-\frac{uy^2}{4 M_y x}\right) + \exp\left[-\frac{u(2B-y)^2}{4 M_y x}\right] \right] \right\}$$

$$(7\text{-}30)$$

（2）非岸边排放

$$C(x,y) = \exp\left(-K \frac{x}{86\,400u}\right) \left\{ C_h + \frac{C_E Q_E}{2H \sqrt{\pi M_y xu}} \left[\exp\left(-\frac{uy^2}{4 M_y x}\right) + \exp\left[-\frac{u(2a+y)^2}{4 M_y x}\right] + \right. \right.$$

$$\left. \left. \exp\left[-\frac{u(2B-2a-y)^2}{4 M_y x}\right] \right] \right\} \qquad (7\text{-}31)$$

注：两式中的 K 均为水中可降解污染物的综合衰减系数，$\mathrm{d^{-1}}$，其余符号同前。

（五）水质数学模型参数的确定方法

水质数学模型参数确定的方法有：实验室测定法、公式计算法（包括经验公式、模型求解等）、物理模型测定法、现状实测及示踪剂法。

1. 实验室测定法

$$K_1 = K'_1 + (0.11 + 54J)U/H$$

2. 现场实测法

$$K_1 = \frac{1}{\Delta t} \ln \frac{C_A}{C_B} = \frac{86\,400u}{\Delta x} \ln \frac{C_A}{C_B} \quad （对河流）$$

$$K_1 = \frac{172\,800\,Q_p}{\varphi H (r_B^2 - r_A^2)} \ln \frac{C_A}{C_B} \quad \text{（对湖、库）}$$

3. 经验公式法

(1) 复氧系数 K_2 的单独估值法：

① 欧康那-道宾斯（O'Conner-Dobbins，简称欧-道）公式：

$$K_{2(20℃)} = 294 \frac{(D_m u)^{1/2}}{H^{3/2}}, C_Z \geqslant 17$$

$$K_{2(20℃)} = 824 \frac{D_m^{0.5} I^{0.25}}{H^{1.25}}, C_Z < 17 \tag{7-32}$$

式中
$$C_Z = \frac{1}{n} H^{1/6} \text{（谢才系数，} n \text{为河道糙率）}$$

$$D_m = 1.774 \times 10^{-4} \times 1.037^{(T-20)}$$

② 欧文斯等（Owens，et al）经验式

$$K_{2(20℃)} = 5.34 \frac{u^{0.67}}{H^{1.85}} (0.1\,\text{m} \leqslant H \leqslant 0.6\,\text{m} \quad u \leqslant 1.5\,\text{m/s}) \tag{7-33}$$

③ 丘吉尔（Churchill）经验式

$$K_{2(20℃)} = 5.03 \frac{u^{0.696}}{H^{1.673}} (0.6\,\text{m} \leqslant H \leqslant 8\,\text{m} \quad 0.6 \leqslant u \leqslant 1.8\,\text{m/s}) \tag{7-34}$$

上列各式中：D_m 为氧分子扩散系数；

$$D_m = D_{m(20℃)} \times 1.073^{T-20} \tag{7-35}$$

(2) K_1、K_2 的温度校正

$$K_{1或2(T)} = K_{1或2(20℃)} \cdot \theta^{(T-20)} \tag{7-36}$$

温度常数 θ 的取值范围：

对于 K_1，$\theta = 1.02 \sim 1.06$，一般取 1.047；

对于 K_2，$\theta = 1.015 \sim 1.047$，一般取 1.024。

4. 混合（扩散）系数的估值法

(1) 泰勒法求横向混合系数 M_y（适用于河流）

$$M_y = (0.058H + 0.006\,5B)\sqrt{gHI} \quad (B/H \leqslant 100) \tag{7-37}$$

(2) 费希尔法求纵向离散系数（适用于河流）

$$D_l = 0.011\,u^2\,B^2 / hu \tag{7-38}$$

河口、湖泊模型及面源模型比较复杂，可参考相关书籍，在此不再赘述。

四、模型概化

当选用解析解方法进行水环境影响预测时，可对预测水域进行合理的概化。

河流水域概化要求：预测河段及代表性断面的宽深比大于等于 20 时，可视为矩形河流。河段弯曲系数大于 1.3 时，可视为弯曲河流，其余可概化为平直河流。对于河流水文特征值水质急剧变化的河段，应分段概化，并分别进行水环境影响预测；河网应分段概化，分别进行水环境影响预测。

湖库水域概化：根据湖库的入流条件、水力停留时间、水质及水温分布等情况，分别概化为稳定分层型、混合型和不稳定分层型。

受人工控制的河流,根据涉水工程(如水利水电工程)的运行调度方案及蓄水、泄流情况,分别视其为水库或河流进行水环境影响预测。

入海口、近岸海域概化:可将潮区界作为感潮河段的边界。采用解析解方法进行水环境影响预测时,可按潮周平均、高潮平均和低潮平均三种情况,概化为稳态进行预测;预测近岸海域可溶性物质水质分布时,可只考虑潮汐作用。预测密度小于海水的不可溶物质时考虑潮汐、波浪及风的作用。注入近岸海域的小型河流可视为点源,可忽略其对近岸海域流场的影响。

第五节　地表水环境影响评价

一、评价内容

(1)一级、二级、水污染影响型三级 A 及水文要素影响型三级评价,主要评价内容包括:水污染控制和水环境影响减缓措施有效性评价、水环境影响评价。

(2)水污染影响型三级 B 评价,主要评价内容包括:水污染控制和水环境影响减缓措施有效性评价、依托污水处理设施的环境可行性评价。

二、评价要求

1. 水污染控制和水环境影响减缓措施有效性评价

水污染控制和水环境影响减缓措施有效性评价应满足以下要求:

(1)污染控制措施及各类排放口排放浓度限值等应满足国家和地方相关排放标准及符合有关标准规定的排水协议关于水污染物排放的条款要求;

(2)水动力影响、生态流量、水温影响减缓措施应满足水环境保护目标的要求;

(3)涉及面源污染的,应满足国家和地方有关面源污染控制治理要求;

(4)受纳水体环境质量达标区的建设项目选择废水处理措施或多方案必选时,应满足行业污染防治可行技术指南要求,确保废水稳定达标排放且环境影响可以接受;

(5)受纳水体环境质量不达标区的建设项目选择废水处理措施或多方案比选时,应满足区(流)域水环境质量限期达标规划和替代源的削减方案要求、区(流)域环境质量改善目标要求及行业污染防治可行技术指南中最佳可行技术要求,确保废水污染物达到最低排放强度和排放浓度,且环境影响可以接受。

2. 水环境影响评价

水环境影响评价应满足以下要求:

(1)排放口所在水域形成的混合区,应限制在达标控制(考核)断面以外水域,且不得与已有排放口形成的混合区叠加,混合区外水域应满足水环境功能区或水功能区的水质目标要求。

(2)水环境功能区或水功能区、近岸海域环境功能区水质达标。说明建设项目对评价范围内的水环境功能区或水功能区、近岸海域环境功能区的水质影响特征,分析水环境功能区或水功能区、近岸海域环境功能区水质变化状况,在考虑叠加影响的情况下,评价建设项目建成以后各预测时期水环境功能区或水功能区、近岸海域环境功能区达标状况。涉及富营养化问题的,需要评价水温、水文要素、营养盐等变化特征与趋势,分析判断富营养化演变趋势。

（3）满足水环境保护目标水域水环境质量要求。评价水环境保护目标水域各预测时期的水质(包括水温)变化特征、影响程度与达标状况。

（4）水环境控制单元或断面水质达标。说明建设项目污染排放或水文要素变化对所在控制单元各预测时期的水质影响特征,在考虑叠加影响的情况下,分析水环境控制单元或断面的水质变化状况,评价建设项目建成后水环境控制单元或断面在各预测时期下的水质达标状况。

（5）满足区(流)域水环境质量改善目标要求。

（6）水文要素影响型建设项目同时应包括水文情势变化评价、主要水文特征值影响评价、生态流量符合性评价。

（7）对于新设或调整入河(湖库、近岸海域)排放口的建设项目,应包括排放口设置的环境合理性评价。

（8）满足生态保护红线、水环境质量底线、资源利用上线和环境准入清单管理要求。

分析环境水文条件及水动力条件的变化趋势与特征,评价水文要素及水动力条件的改变对水环境及各类用水对象的影响程度。

3. 依托污水处理设施的环境可行性

依托污水处理设施的环境可行性评价,主要从污水处理设施的日处理能力、处理工艺、设计进水水质、处理后的废水稳定达标排放情况及排放标准是否涵盖建设项目排放的有毒有害的特征水污染物等方面开展评价,满足依托的环境可行性要求。

三、污染源排放量核算

1. 一般要求

污染源排放量是新(改、扩)建项目申请污染物排放许可的依据。对改建、扩建项目,除应核算新增源的污染物排放量外,还应核算项目建成后全厂的污染物排放量,污染源排放量为污染物的年排放量。建设项目在批复的区域或水环境控制单元达标方案的许可排放量分配方案中有规定的,按规定执行。规划环评污染源排放量核算与分配应遵循水陆统筹、河海兼顾、满足三线一单(生态保护红线、环境质量底线、资源利用上线、环境准入清单)约束要求的原则,综合考虑水环境质量改善目标要求、水环境功能区或水功能区、近岸海域环境功能区管理要求、经济社会发展、行业排污绩效等因素,确保发展不超载,底线不突破。

2. 间接排放

建设项目污染源排放量核算根据依托污水处理设施的控制要求核算确定。

3. 直接排放

建设项目污染源排放量核算,根据建设项目达标排放的地表水环境影响、污染源源强核算技术指南及排污许可申请与核发技术规范进行核算,并从严要求,在满足水环境影响评价的要求下,遵循以下原则要求:

（1）污染源排放量的核算水体为有水环境功能要求的水体。

（2）建设项目排放的污染物属于现状水质不达标的,包括本项目在内的区(流)域污染源排放量应调减至满足区(流)域水环境质量改善目标要求。

（3）当受纳水体为河流时，不受回水影响的河段，建设项目污染源排放量核算断面位于排放口下游，与排放口的距离应小于 2 km；受回水影响河段，应在排放口的上下游设置建设项目污染源排放量核算断面，与排放口的距离应小于 1 km。建设项目污染源排放量核算断面应根据区间水环境保护目标位置、水环境功能区或水功能区及控制单元断面等情况调整。当排放口污染物进入受纳水体在断面混合不均匀时，应以污染源排放量核算断面污染物最大浓度作为评价依据。

（4）当受纳水体为湖库时，建设项目污染源排放量核算点位应布置在以排放口为中心、半径不超过 50 m 的扇形水域内，且扇形面积占湖库面积比例不超过 5%，核算点位应不少于 3 个。建设项目污染源排放量核算点应根据区间水环境保护目标位置、水环境功能区或水功能区及控制单元断面等情况调整。

（5）遵循地表水环境质量底线要求，主要污染物（化学需氧量、氨氮、总磷、总氮）需预留必要的安全余量。安全余量可按地表水环境质量标准、受纳水体环境敏感性等确定：受纳水体为 GB 3838 Ⅲ 类水域，以及涉及水环境保护目标的水域，安全余量按照不低于建设项目污染源排放量核算断面（点位）处环境质量标准的 10% 确定（安全余量≥环境质量标准×10%）；受纳水体水环境质量标准为 GB 3838 Ⅳ、Ⅴ 类水域，安全余量按照不低于建设项目污染源排放量核算断面（点位）环境质量标准的 8% 确定（安全余量≥环境质量标准×8%）；地方如有更严格的环境管理要求，按地方要求执行。

（6）当受纳水体为近岸海域时，参照 GB 18486 执行。

（7）按照以上要求预测评价范围的水质状况，如预测的水质因子满足地表水环境质量管理及安全余量要求，污染源排放量即为水污染控制措施有效性评价确定的排污量。如果不满足地表水环境质量管理及安全余量要求，则进一步根据水质目标核算污染源排放量。

四、生态流量确定

根据河流、湖库生态环境保护目标的流量（水位）及过程需求确定生态流量（水位）。河流应确定生态流量，湖库应确定生态水位。根据河流、湖库的形态、水文特征及生物重要生境分布，选取代表性的控制断面综合分析、评价河流和湖库的生态环境状况、主要生态环境问题等。生态流量控制断面或点位选择应结合重要生境、重要环境保护对象等保护目标的分布、水文站网分布以及重要水利工程位置等统筹考虑。

五、环保措施与监测计划

1. 一般要求

（1）在建设项目污染控制治理措施与废水排放满足排放标准与环境管理要求的基础上，针对建设项目实施可能造成地表水环境不利影响的阶段、范围和程度，提出预防、治理、控制、补偿等环保措施或替代方案等内容，并制订监测计划。

（2）水环境保护对策措施的论证应包括水环境保护措施的内容、规模及工艺、相应投资、实施计划，所采取措施的预期效果、达标可行性、经济技术可行性及可靠性分析等内容。

（3）对水文要素影响型建设项目，应提出减缓水文情势影响，保障生态需水的环保措施。

2. 水环境保护措施

对建设项目可能产生的水污染物,需通过优化生产工艺和强化水资源的循环利用,提出减少污水产生量与排放量的环保措施,并对污水处理方案进行技术经济及环保论证比选,明确污水处理设施的位置、规模、处理工艺、主要构筑物或设备、处理效率;采取的污水处理方案要实现达标排放,满足总量控制指标要求,并对排放口设置及排放方式进行环保论证。

达标区建设项目选择废水处理措施或多方案比选时,应综合考虑成本和治理效果,选择可行技术方案。不达标区建设项目选择废水处理措施或多方案比选时,应优先考虑治理效果,结合区(流)域水环境质量改善目标、替代源的削减方案实施情况,确保废水污染物达到最低排放强度和排放浓度。

对水文要素影响型建设项目,应考虑保护水域生境及水生态系统的水文条件以及生态环境用水的基本需求,提出优化运行调度方案或下泄流量及过程,并明确相应的泄放保障措施与监控方案。对于建设项目引起的水温变化可能对农业、渔业生产或鱼类繁殖与生长等产生不利影响,应提出水温影响减缓措施。对产生低温水影响的建设项目,对其取水与泄水建筑物的工程方案提出环保优化建议,可采取分层取水设施、合理利用水库洪水调度运行方式等。对产生温排水影响的建设项目,可采取优化冷却方式减少排放量,可通过余热利用措施降低热污染强度,合理选择温排水口的布置和型式,控制高温区范围等。

3. 监测计划

按建设项目建设期、生产运行期、服务期满后等不同阶段,针对不同工况、不同地表水环境影响的特点,根据 HJ 819、HJ/T 92、相应的污染源源强核算技术指南和自行监测技术指南,提出水污染源的监测计划,包括监测点位、监测因子、监测频次、监测数据采集与处理、分析方法等。明确自行监测计划内容,提出应向社会公开的信息内容。

提出地表水环境质量监测计划,包括监测断面或点位位置(经纬度)、监测因子、监测频次、监测数据采集与处理、分析方法等。明确自行监测计划内容,提出应向社会公开的信息内容。

监测因子需与评价因子相协调。地表水环境质量监测断面或点位设置需与水环境现状监测、水环境影响预测的断面或点位相协调,并应强化其代表性、合理性。

建设项目排放口应根据污染物排放特点、相关规定设置监测系统,排放口附近有重要水环境功能区或水功能区及特殊用水需求时,应对排放口下游控制断面进行定期监测。对下泄流量有泄放要求的建设项目,在闸坝下游应设置生态流量监测系统。

六、评价结论

1. 水环境影响评价结论

根据水污染控制和水环境影响减缓措施有效性评价、地表水环境影响评价结论,明确给出地表水环境影响是否可接受的结论。

(1)达标区的建设项目环境影响评价,依据评价要求,同时满足水污染控制和水环境影响减缓措施有效性评价、水环境影响评价的情况下,认为地表水环境影响可以接受,否则认为地表水环境影响不可接受。

(2)不达标区的建设项目环境影响评价,依据评价要求,在考虑区(流)域环境质量改善目标要求、削减替代源的基础上,同时满足水污染控制和水环境影响减缓措施有效性评价、水环境影响评价的情况下,认为地表水环境影响可以接受,否则认为地表水环境影响不可接受。

2. 污染源排放量与生态流量

明确给出污染源排放量核算结果,填写建设项目污染物排放信息表。新建项目的污染物排放指标需要等量替代或减量替代时,还应明确给出替代项目的基本信息,主要包括项目名称、排污许可证编号、污染物排放量等。有生态流量控制要求的,根据水环境保护管理要求,明确给出生态流量控制节点及控制目标。

第六节　地表水环境影响评价案例

某硫酸厂项目拟选址位于某条大河边上,项目建成投产后排放生产废水为 19.01×10^4 t/a,生产废水中污染物主要是 pH、SS、氟化物、砷及微量重金属,其中比较敏感的污染物是氟化物和砷。因此,运营期对地表水环境的影响预测主要是预测项目废水正常排放和事故排放时纳污河段中氟化物和砷的浓度分布。

一、预测因子

根据工程分析,结合所排废水的特征污染物,确定地表水环境影响的预测因子为氟化物和砷。

二、源强确定

根据《环境影响评价技术导则》,废水的排放分为正常排放和事故排放两种情况,达标排放即正常排放;事故排放是指当废水处理系统不能运行或完全失去作用,废水直接排放。根据工程分析结果,废水产生和排放源强见表 7-7。

表 7-7　　　　　　　　　　　生产废水的污染源强

排放类型 污染物	正常排放		事故排放	
	排放浓度/(mg/L)	排放源强/(t/a)	排放浓度/(mg/L)	排放源强/(t/a)
氟化物	10	1.90	41.7	7.93
砷	0.5	0.095	17.5	3.33

三、纳污水体水文条件

纳污河段为一库区范围,考虑枯水期水文条件,库区设计最低水位(33.5 m),下泄流量为控制下泄流量(70 m^3/s),平均河宽 300 m,平均水深 3 m。

四、预测模式

该库区属于典型狭长湖泊,不存在大面积回流区和死水区且流速较快,停留时间较短,可简化为河流。河流的断面宽深比≥20,属于宽浅河道,可以认为水中物质在垂直方向的

扩散是瞬间完成的,垂向浓度分布均匀。污水进入水体后会产生一个污染带,对于混合过程段,计算模式如下:

$$L_m = 0.11 + 0.7\left[0.5 - \frac{a}{B} - 1.1\left(0.5 - \frac{a}{B}\right)^2\right]^{\frac{1}{2}} \cdot \frac{uB^2}{E_y} \qquad (7-39)$$

氟化物和总砷(均为持久性污染物)的预测采用岸边排放时混合过程段二维稳态混合模式:

$$C(x,y) = C_h + \frac{C_E Q_E}{H \sqrt{\pi M_y x u}}\left\{\exp\left(-\frac{uy^2}{4M_y x}\right) + \exp\left[-\frac{u(2B-y)^2}{4M_y x}\right]\right\}$$

完全混合段采用完全混合模式:

$$C = \frac{C_E Q_E + C_h Q_h}{Q_E + Q_h}$$

五、预测结果

对砷和氟化物的预测结果见表 7-8 至表 7-11。

表 7-8　　　　　　　　　　　　　　　砷正常排放预测结果　　　　　　(单位:mg/L　本底 0.012)

x/m ＼ y/m	0	30	60	90	120	150	180	210	240	270	300
0	0.5	0.012	0.012	0.012	0.012	0.012	0.012	0.012	0.012	0.012	0.012
5	0.017 9	0.014 8	0.012 3	0.012	0.012	0.012	0.012	0.012	0.012	0.012	0.012
10	0.016 9	0.014 9	0.013	0.012 2	0.012	0.012	0.012	0.012	0.012	0.012	0.012
50	0.013 9	0.013 7	0.013 4	0.013	0.012 6	0.012 3	0.012 1	0.012 1	0.012	0.012	0.012
100	0.013 3	0.013 3	0.013 1	0.012 9	0.012 7	0.012 5	0.012 4	0.012 2	0.012 2	0.012 1	0.012 1
200	0.012 9	0.012 9	0.012 9	0.012 8	0.012 7	0.012 6	0.012 5	0.012 4	0.012 4	0.012 3	0.012 3
500	0.012 1	0.012 1	0.012 1	0.012 1	0.012 1	0.012 1	0.012 1	0.012 1	0.012 1	0.012 1	0.012 1
800	0.012 1	0.012 1	0.012 1	0.012 1	0.012 1	0.012 1	0.012 1	0.012 1	0.012 1	0.012 1	0.012 1
1 000	0.012 1	0.012 1	0.012 1	0.012 1	0.012 1	0.012 1	0.012 1	0.012 1	0.012 1	0.012 1	0.012 1
1 400	0.012 1	0.012 1	0.012 1	0.012 1	0.012 1	0.012 1	0.012 1	0.012 1	0.012 1	0.012 1	0.012 1
1 800	0.012 1	0.012 1	0.012 1	0.012 1	0.012 1	0.012 1	0.012 1	0.012 1	0.012 1	0.012 1	0.012 1
2 200	0.012 1	0.012 1	0.012 1	0.012 1	0.012 1	0.012 1	0.012 1	0.012 1	0.012 1	0.012 1	0.012 1
2 600	0.012 1	0.012 1	0.012 1	0.012 1	0.012 1	0.012 1	0.012 1	0.012 1	0.012 1	0.012 1	0.012 1
3 000	0.012 1	0.012 1	0.012 1	0.012 1	0.012 1	0.012 1	0.012 1	0.012 1	0.012 1	0.012 1	0.012 1

表 7-9　　　　　　　　　　　　　　　砷事故排放预测结果　　　　　　(单位:mg/L　本底 0.012)

x/m ＼ y/m	0	30	60	90	120	150	180	210	240	270	300
0	17.5	0.012	0.012	0.012	0.012	0.012	0.012	0.012	0.012	0.012	0.012
5	0.218 4	0.111 1	0.023	0.012 3	0.012	0.012	0.012	0.012	0.012	0.012	0.012
10	0.157 9	0.113 1	0.045 6	0.017 4	0.012 4	0.012	0.012	0.012	0.012	0.012	0.012
50	0.077 3	0.072 7	0.060 7	0.045 7	0.032 2	0.022 4	0.016 7	0.013 8	0.012 6	0.012 2	0.012 1

y/m x/m	0	30	60	90	120	150	180	210	240	270	300
100	0.058 2	0.056 5	0.051 9	0.045 2	0.037 7	0.030 5	0.024 4	0.019 7	0.016 6	0.014 9	0.014 4
200	0.044 7	0.044 1	0.042 4	0.039 8	0.036 6	0.033 2	0.029 8	0.026 8	0.024 4	0.022 9	0.022 4
500	0.033 7	0.033 9	0.034	0.033 8	0.033 5	0.033 1	0.032 7	0.032 4	0.032 1	0.031 9	0.031 8
800	0.013 7	0.013 7	0.013 7	0.013 7	0.013 7	0.013 7	0.013 7	0.013 7	0.013 7	0.013 7	0.013 7
1 000	0.013 7	0.013 7	0.013 7	0.013 7	0.013 7	0.013 7	0.013 7	0.013 7	0.013 7	0.013 7	0.013 7
1 400	0.013 7	0.013 7	0.013 7	0.013 7	0.013 7	0.013 7	0.013 7	0.013 7	0.013 7	0.013 7	0.013 7
1 800	0.013 7	0.013 7	0.013 7	0.013 7	0.013 7	0.013 7	0.013 7	0.013 7	0.013 7	0.013 7	0.013 7
2 200	0.013 7	0.013 7	0.013 7	0.013 7	0.013 7	0.013 7	0.013 7	0.013 7	0.013 7	0.013 7	0.013 7
2 600	0.013 7	0.013 7	0.013 7	0.013 7	0.013 7	0.013 7	0.013 7	0.013 7	0.013 7	0.013 7	0.013 7
3 000	0.013 7	0.013 7	0.013 7	0.013 7	0.013 7	0.013 7	0.013 7	0.013 7	0.013 7	0.013 7	0.013 7

表 7-10　　　　　　　　　　　　　　　　氟化物正常排放预测结果　　　　　　　　（单位:mg/L　本底 0.235）

y/m x/m	0	30	60	90	120	150	180	210	240	270	300
0	10	0.235	0.235	0.235	0.235	0.235	0.235	0.235	0.235	0.235	0.235
5	0.352 9	0.291 6	0.241 3	0.235 2	0.235	0.235	0.235	0.235	0.235	0.235	0.235
10	0.318 4	0.292 8	0.254 2	0.238 1	0.235 2	0.235	0.235	0.235	0.235	0.235	0.235
50	0.272 3	0.269 7	0.262 8	0.254 3	0.246 5	0.241	0.237 7	0.236	0.235 3	0.235 1	0.235
100	0.261 4	0.260 4	0.257 8	0.254	0.249 7	0.245 5	0.242 1	0.239 4	0.237 7	0.236 7	0.236 3
200	0.253 7	0.253 3	0.252 4	0.250 9	0.249 1	0.247 1	0.245 1	0.243 4	0.242 1	0.241 2	0.241
500	0.247 4	0.247 5	0.247 5	0.247 5	0.247 3	0.247 1	0.246 9	0.246 6	0.246 5	0.246 4	0.246 3
800	0.235 9	0.235 9	0.235 9	0.235 9	0.235 9	0.235 9	0.235 9	0.235 9	0.235 9	0.235 9	0.235 9
1 000	0.235 9	0.235 9	0.235 9	0.235 9	0.235 9	0.235 9	0.235 9	0.235 9	0.235 9	0.235 9	0.235 9
1 400	0.235 9	0.235 9	0.235 9	0.235 9	0.235 9	0.235 9	0.235 9	0.235 9	0.235 9	0.235 9	0.235 9
1 800	0.235 9	0.235 9	0.235 9	0.235 9	0.235 9	0.235 9	0.235 9	0.235 9	0.235 9	0.235 9	0.235 9
2 200	0.235 9	0.235 9	0.235 9	0.235 9	0.235 9	0.235 9	0.235 9	0.235 9	0.235 9	0.235 9	0.235 9
2 600	0.235 9	0.235 9	0.235 9	0.235 9	0.235 9	0.235 9	0.235 9	0.235 9	0.235 9	0.235 9	0.235 9
3 000	0.235 9	0.235 9	0.235 9	0.235 9	0.235 9	0.235 9	0.235 9	0.235 9	0.235 9	0.235 9	0.235 9

表 7-11　　　　　　　　　　　　　　　　氟化物事故排放预测结果　　　　　　　　（单位:mg/L　本底 0.235）

y/m x/m	0	30	60	90	120	150	180	210	240	270	300
0	41.7	0.235	0.235	0.235	0.235	0.235	0.235	0.235	0.235	0.235	0.235
5	0.726 8	0.471 1	0.261 1	0.235 7	0.235	0.235	0.235	0.235	0.235	0.235	0.235
10	0.582 8	0.476	0.315 2	0.247 8	0.236	0.235	0.235	0.235	0.235	0.235	0.235
50	0.390 5	0.379 5	0.351	0.315 4	0.283 1	0.259 8	0.246 1	0.239 3	0.236 4	0.235 4	0.235 2

x/m \ y/m	0	30	60	90	120	150	180	210	240	270	300
100	0.345	0.341	0.33	0.314 1	0.296 2	0.279	0.264 4	0.253 4	0.246 1	0.241 9	0.240 6
200	0.312 8	0.311 5	0.307 5	0.301 3	0.293 7	0.285 4	0.277 3	0.270 2	0.264 6	0.261 1	0.259 8
500	0.286 8	0.287 3	0.287 3	0.286 9	0.286 3	0.285 4	0.283 6	0.282 9	0.282 4	0.282 4	0.282 2
800	0.239	0.239	0.239	0.239	0.239	0.239	0.239	0.239	0.239	0.239	0.239
1 000	0.239	0.239	0.239	0.239	0.239	0.239	0.239	0.239	0.239	0.239	0.239
1 400	0.239	0.239	0.239	0.239	0.239	0.239	0.239	0.239	0.239	0.239	0.239
1 800	0.239	0.239	0.239	0.239	0.239	0.239	0.239	0.239	0.239	0.239	0.239
2 200	0.239	0.239	0.239	0.239	0.239	0.239	0.239	0.239	0.239	0.239	0.239
2 600	0.239	0.239	0.239	0.239	0.239	0.239	0.239	0.239	0.239	0.239	0.239
3 000	0.239	0.239	0.239	0.239	0.239	0.239	0.239	0.239	0.239	0.239	0.239

六、预测结果分析

1. 废水正常排放的影响

废水处理达标排放时,砷在纳污河段中的最高浓度为 0.5 mg/L,造成下游河段约 0.03 m² 的水域超标,超标河段长 0.12 m;完全混合后的浓度是 0.012 1 mg/L,增量为 0.001 mg/L。氟化物在纳污河段中的最高浓度是 10 mg/L,造成约 0.02 m² 的水域面积超标,超标河段长 0.11 m;完全混合后的浓度是 0.235 9 mg/L,增量是 0.000 9 mg/L。废水正常排放时,对纳污河段的影响很小。

2. 废水事故排放的影响

废水未处理直接排放时,砷在纳污河段中的最高浓度为 17.5 mg/L,造成下游 150 m 河段超标;完全混合后的浓度是 0.013 7 mg/L,增量是 0.001 7 mg/L,没有超过水质标准。混合距离长度为 600 m,对这一段水域有一定的影响。氟化物在纳污河段中的最高浓度是 41.7 mg/L,造成下游 4.5 m 河段超标;完全混合后的浓度是 0.239 mg/L,增量是 0.004 mg/L。可见废水事故排放时将给纳污河段带来一定程度的污染,应尽量减少这种情况出现。

由上述可见,废水正常排放时,除了会造成排放口附近极小区域的污染以外,不会对纳污河段造成实质性影响。在项目排水口下游约 4 000 m 处有一个饮用水取水口,供 15 000 人的生活用水。根据预测结果,废水事故排放时取水口位置的砷和氟化物浓度分别小于 0.013 7 mg/L 和 0.239 mg/L,均未超过标准值。废水处理达标排放时,取水口位置的砷和氟化物浓度分别小于 0.012 1 mg/L 和 0.235 9 mg/L,对饮用水源的影响不大。

思 考 题

1. 简要说明水污染物按照污染性质可分为哪几种类型。

2. 何为水体污染和水体自净?

3. 地表水环境影响评价工作等级的分级依据是什么?

4. 简述地表水环境现状调查的主要内容和调查方法。

5. 简要说明河流监测断面布设的要求。

6. 水污染影响型建设项目的预测内容都有哪些?

7. 一个改扩建工程拟向河流排放污水,污水量 Q_P 为 0.15 m³/s,苯酚浓度 C_P 为 30 mg/L,河流流量 Q_h 为 5.5 m³/s,流速 v 为 0.3 m/s,苯酚背景浓度 C_h 为 0.5 mg/L,苯酚的降解系数 K_1 为 0.2 d⁻¹,纵向弥散系数 D_x 为 10 m²/s。求排放点下游 10 km 处的苯酚浓度。

9. 简述地表水环境影响评价中拟预测水质参数的筛选原则。

10. 某河段地表水监测结果见表 7-12,请采用单因子水质指数对其进行评价,采用标准为 GB 3838—2002 中Ⅲ类水质标准。

表 7-12

因子	水温/℃	pH	DO/(mg/L)	BOD₅/(mg/L)	COD_Cr/(mg/L)	氨氮/(mg/L)	石油类/(mg/L)	CrⅥ/(mg/L)	Cd/(mg/L)
指标	15.2	7.5	4.3	5.2	19.5	0.7	0.06	0.01	0.002

第八章　地下水环境影响评价

第一节　水文地质基础知识

一、地下水

（一）地下水的定义

地下水是指赋存于地面以下岩石空隙中的水。《环境影响评价导则 地下水》（HJ 610—2016）将地下水定义为地面以下饱和含水层中的重力水。

（二）地下水的分类

地下水赋存于岩石空隙中，岩石空隙既是地下水的储容场所，又是地下水的运动通道。空隙的多少、大小、连通情况及分布规律，决定着地下水分布与运动的特点。将空隙作为地下水的储容场所与运动通道研究时，地下水可以分为三类，即：松散岩类中的孔隙水、坚硬岩石中的裂隙水、易溶岩石中的溶穴与溶蚀裂隙的岩溶水。

① 孔隙：松散岩石类由大大小小的颗粒组成，在颗粒或颗粒的集合体之间存在着相互连通的空隙，因是小孔状，称作孔隙。

② 裂隙：固结的坚硬岩石，包括沉积岩、岩浆岩与变质岩，其中不存在或很少存在颗粒之间的孔隙，岩石中主要存在各种成因的裂隙，即成岩裂隙、构造裂隙与风化裂隙。

③ 溶穴与溶蚀裂隙：易溶的沉积岩，如岩盐、石膏、石灰岩、白云岩等，由于地下水对裂隙面的溶蚀而成溶蚀裂隙，进一步溶蚀便形成空洞就是溶穴或称溶洞。

衡量岩石中空隙发育程度的指标是空隙度，对应以上三种空隙分别称孔隙率、裂隙率和岩溶率。虽然三者都是岩石中空隙所占整体岩石的体积比，但实际意义区别很大：松散岩类空间上颗粒变化较小，而且通常是渐次递变的，因此，对某一类岩性所测得的孔隙率有较好的代表性，可以适用于一个相当大的范围；坚硬岩石中的裂隙，受岩性及应力的控制，一般发育很不均匀，某一处测得的裂隙率只能代表一个特定部位的情况，适用范围有限；岩溶发育一般不均匀，利用现有的办法，实际上很难测得能够说明某一岩层岩溶发育程度的岩溶率。即使求得了某一岩层的平均岩溶率，也不能代表真实的岩溶发育情况。

二、含水层和隔水层

含水层是指能够透过并给出相当数量水的岩层。含水层不但能储存水,而且水可以在其中运移。隔水层则是不能透过和给出水,或透过和给出水的数量很小的岩石。

划分含水层和隔水层的标志并不在于岩层是否含水,关键在于所含水的性质。空隙细小的岩层(如致密黏土、裂隙闭合的页岩),所含的几乎全是结合水。而结合水在通常条件下是不能运动的,这类岩层起着阻隔水通过的作用,所以构成隔水层。空隙较大的岩层(如砂砾石、发育溶穴的可溶岩),则含有重力水,在重力作用下通常能透过和给出水,即构成含水层。

在一定条件下,含水层与隔水层可以互相转化。例如在正常条件下,黏性土层,特别是小孔隙的黏土层,由于饱含结合水而不能透水与给水,起着隔水层的作用。但当孔隙足够大时,在较大的水头差作用下,部分结合水会发生运动,黏土层便能透水并给出一定数量的水。这种现象实际上普遍存在着。对于这种兼具隔水与透水性能的岩层,可称为半含水-半隔水层。所谓的越流渗透主要是在这类岩层中进行的。

三、含水层的埋藏条件

(一)包气带与饱水带

1. 包气带

地表以下地下水面以上的岩土层,其空隙未被水充满,空隙中仍包含着部分空气,该岩土层即称为包气带。包气带水泛指贮存在包气带中的水,包括通称为土壤水的吸着水、薄膜水、毛细水、气态水和过路的重力渗入水,以及由特定条件所形成的属于重力水状态的上层滞水。上层滞水接近地表,补给区和分布区一致,可受当地大气降水及地表水的入渗补给,并以蒸发的形式排泄。在雨季可获得补给并储存一定的水量;而在旱季则逐渐消失,甚至干涸,其动态变化显著。由于自地表至上层滞水的补给途径很短,极易受污染。

包气带居于大气水、地表水和地下水相互转化、交替的地带。包气带水是水转化的重要环节,故研究包气带水的形成及运动规律,对于剖析水的转化机制及掌握浅层地下水的补排、均衡和动态规律具有重要意义。研究包气带的厚度、结构、岩性、渗透性及污染物在包气带中的吸附与解吸、沉淀与溶解、机械过滤、化学反应等作用,对于研究污染物从地表转入地下水环境,评价预测建设工程对地下水的环境影响意义重大。包气带是地表物质进入地下含水层的必经之路,因而是地下水环境评价工作的重点研究对象。

2. 饱水带

饱水带指地下水面以下,岩层的空隙全部被水充满的地带,属于固、液二相介质,有重力水也有结合水,是开发利用与保护的主要对象。根据埋藏条件饱水带分为潜水和承压水。

(二)潜水

潜水是埋藏于地表以下、第一个稳定隔水层以上、具有自由水面的含水层中的重力水。潜水一般埋藏于第四系松散沉积物的孔隙中,以及裸露基岩的裂隙、溶穴中。

潜水的自由表面称为潜水面。潜水面至地面的垂直距离称为潜水埋藏深度。潜水面上任一点的标高称该点的潜水位(H)。潜水面至隔水底板的垂直距离称潜水含水层的厚度(h),它是随潜水面的变化而变化的。

由于潜水含水层上面一般不存在隔水层,直接与包气带相接,所以潜水在其全部分布范围内都可以通过包气带接受大气降水、地表水或灌溉回渗水的补给。潜水面不承压,在重力作用下,通常由位置高的地方向位置低的地方流动,形成径流。自然条件下潜水的排泄方式有两种:一种是向下游径流,以泉、渗流等形式泄出地表或流入地表水体,这便是径流排泄;另一种是通过包气带或植物蒸发进入大气,称为蒸发排泄。人类取用地下水时,人工开采便成为第三种排泄方式。

(三)承压水

充满于两个隔水层之间的含水层中的水叫作承压水。承压含水层上、下部的隔水层分别称作隔水顶板和隔水底板。顶底板之间的距离为含水层厚度(M)。

承压水受到隔水层的限制,它与大气圈、地表水圈的联系很弱。当顶底板隔水性能良好时,它主要通过含水层出露地表的补给区(该地段地下水已转变为潜水)获得补给,并通过范围有限的排泄区进行排泄。当顶底板为水平隔水层时,它还可以通过半隔水层,从上部或下部的含水层获得补给,或向上、下部含水层排泄。无论在哪种情况下,承压水参与水循环都不如潜水那样积极。因此,气候、水文因素的变化对承压水的影响较小,承压水动态比较稳定,一般也不易受到污染。但是,一旦污染后很难使其净化,因此在开发利用时应注意水源的卫生保护。

四、地下水的补给、排泄与径流

补给与排泄是含水层与外界发生联系的两个作用过程。补给与排泄方式及其强度,决定着含水层内部的径流以及水量与水质的变化。这些变化在空间上的表现就是地下水的分布,在时间上的表现便是地下水的动态,而从补给与排泄的数量关系研究含水层水量及盐量的增减,便是地下水的均衡。只有对地下水的补给、径流、排泄过程建立起清晰的概念,才有可能正确地分析与评价地下水资源,提出行之有效的防止措施。

(一)地下水的补给

含水层自外界获得水量的作用过程称作补给。地下水补给区指含水层出露或接近地表接受大气降水和地表水等入渗补给的地区。地下水的补给来源主要有:大气降水、地表水和灌溉回渗水。近年来,地下水的人工补给,已经成为一种不可忽视的补给来源。

大气降水是地下水最普遍的补给来源。对一个独立流域来说,地表径流也是流域内的大气降水转化来的,因此,降水量的大小对一个地区地下水的补给来源起着控制作用。影响降水补给的因素主要有:降水强度、包气带岩性与厚度、地形坡度、植被发育情况等。

(二)地下水的排泄

含水层失去水量的过程称作排泄。地下水排泄区是指含水层的地下水向外部排泄的范围。

在排泄过程中,含水层的水质也发生相应变化。地下水的排泄方式是多样的,可通过"泉"作点状排泄,通过向河水泄流作线状排泄,通过蒸发消耗作面状排泄。此外,一个含水层的水可向另一个含水层排泄。此时对后者来说,也是从前者获得补给。开发利用地下水或用井孔、渠道排除地下水,都属于地下水的人工排泄。

　　蒸发排泄仅消耗地下水量,盐分仍留在地下水中,故此种排泄方式会使地下水矿化度升高,水质发生变化。其他种类的排泄,均属于径流排泄,盐分随同水分一起排走,一般不引起水质变化。

(三)地下水的径流

　　地下水由补给区流向排泄区的过程称作径流。地下水径流区指含水层的地下水从补给区至排泄区的流经范围。径流是连接补给与排泄的中间环节,通过径流,含水层中的水、盐由补给区输送到排泄区,径流的强弱影响着含水层的水量与水质。除某些构造封闭的自流盆地及地势十分平坦地区的潜水外,地下水都处于不断的径流过程中。

　　地下水的径流方向是环评工作中应该注意的问题。最简单情况下,含水层中地下水自一个集中的补给区流向集中的排泄区,具有单一径流方向。地下水的径流方向总体上受地势控制,从上游流向下游。局部受地形控制从高处流向低处。控制地下水流动方向的根本因素是水位和水位差,在水头作用下地下水从高水位流向低水位。例如在山前冲洪积扇的水源地附近一定范围内,地下水的流向并不都是背向山区流向平原,而是向着取水构筑物(水井)流动,因为井水位低于周边地下水位。

(四)水文地质单元与地下水系统

　　水文地质单元:根据水文地质条件差异划分,一个具有明确物理边界和统一补给、径流、排泄关系的地下水分布空间域。常见的自然边界有:与地下水水力联系密切的河流、阻水断层、地下分水岭、不透水岩层与透水岩层接触带等。

　　地下水系统一般分三类:含水系统、水流系统和水文系统。

　　含水系统是由隔水或相对隔水边界圈围的,由含水层和相对隔水水层组合而成的、内部具有统一水力联系的含水岩系。

　　水流系统是由一个或多个补给区(源)流向一个或多个排泄区(汇)的流线簇构成的,时空有序相互作用的流动地下水体。

　　水文系统是地表水和地下水统一的水循环及水均衡单元。

五、地下水运动的基本定律

(一)渗流的概念

　　地下水在岩石空隙(孔隙、裂隙及溶隙)中的运动称为渗透。由于岩石的空隙形状、大小和连通程度的变化,地下水在这些空隙中的运动是十分复杂的。要掌握地下水在每个实际空隙通道中的流动特征几乎是不可能的,也是不必要的。实际研究工作中,常用一种假想的水流代替岩石空隙中的实际水流。这种假想的水流,一方面,认为它是连续地充满整个岩石空间(包括空隙和岩石骨架所占的空间);另一方面,它要符合三个条件:其一,假想水流通过任一断面必须等于真正水流通过同一断面的流量;其二,假想水流在任一断面的水头必须等于真正水流在同一断面的水头;其三,假想水流在运动中所受的阻力必须等于真正水流所受的阻力。满足该三个假想条件的水流称为渗透水流,或简称渗流。发生渗流的区域称为渗流场。

(二)线性渗流基本定律——达西定律

　　法国工程师达西(H. darcy)经过大量的试验研究,1856 年总结得出渗透能量损失与渗流速度之间的相互关系,发现水在单位时间内通过多孔介质的渗流量与渗流路径长度成反

比,而与过水断面面积和总水头损失成正比,即

$$Q = K\bar{\omega}\frac{\Delta h}{L} = K\bar{\omega}I \qquad (8\text{-}1)$$

式中　Q——渗透流量,m^3/d;

　　$\bar{\omega}$——过水断面面积,m^2;

　　Δh——水头损失,m;

　　L——渗流长度,m;

　　I——水力坡度,%;

　　K——渗透系数,m/d。

假设渗流流速为 V,那么根据达西公式(8-1),可知

$$V = KI \qquad (8\text{-}2)$$

由此可见,达西定律描述了渗透流速与水力坡度成正比的关系,揭示了地下水径流运动的基本规律。

渗透系数 K 是反映岩石透水性能的指标,其大小不仅与岩石的孔隙性有关,而且还与渗透液体的黏滞性等物理性质有关。一般认为水的物理性质变化不大,其影响可以忽略,而把渗透系数看成单纯说明岩石渗透性能的参数。对于不同地区的不同岩石,渗透系数是不同的。

绝大多数情况下,可以认为地下水的运动基本符合线性渗透定律。因此,达西定律适用范围很广,是地下水环境影响预测的基础。

六、饮用水水源地

1. 集中式饮用水水源

集中式饮用水水源是指进入输水管网送到用户的且具有一定供水规模(供水人口一般不小于 1 000 人)的现用、备用和规划的地下水饮用水水源。

显然,同时具备输送管网送到用户、供水人口大于 1 000 人两个条件,才是集中式饮用水水源。

2. 分散式饮用水水源地

分散式饮用水源地指供水小于一定规模(供水人口一般小于 1000 人)的地下水饮用水水源地。

七、地下水污染

(一)地下水污染

人为原因直接导致地下水化学、物理、生物性质发生改变,使地下水水质恶化的现象,称为地下水污染。由于地质背景原因导致的超标不属于污染。

(二)地下水污染对照值

地下水污染对照值是指调查评价区内有历史记录的地下水水质指标统计值,或评价区内受人类活动影响程度较小的地下水水质指标统计值。

八、正常状况、非正常状况

（一）正常状况

正常状况是指建设项目的工艺设备和地下水环境保护措施均达到设计要求条件下的运行状况。如防渗系统的防渗能力达到了设计要求，防渗系统完好，验收合格。

（二）非正常状况

非正常状况是指建设项目的工艺设备或地下水环境保护措施因系统老化、腐蚀等原因不能正常运行或保护效果达不到设计要求时的运行状况。

九、地下水环境保护目标

地下水环境保护目标是指潜水含水层和可能受建设项目影响且具有饮用水开发利用价值的含水层，集中式饮用水水源和分散式饮用水水源地，以及《建设项目环境影响评价分类管理名录》中所界定的涉及地下水的环境敏感区。

第二节　地下水环境影响评价工作程序

一、地下水环境影响评价基本任务

地下水环境影响评价是对建设项目在建设期、运营期和服务期满后对地下水水质可能造成的直接影响进行分析、预测和评估，提出预防、保护或者减轻不良影响的对策和措施，制订地下水环境影响跟踪监测计划，为建设项目地下水环境保护提供科学依据。

根据建设项目对地下水环境影响的程度，结合《建设项目环境影响评价分类管理名录》，将建设项目分为四类，对Ⅰ类、Ⅱ类、Ⅲ类建设项目需开展评价，对Ⅳ类建设项目不需开展地下水环境影响评价。

二、地下水环境影响评价工作程序

地下水环境影响评价的工作程序一般包括四个阶段：准备阶段、现状调查与评价阶段、影响预测与评价阶段、结论阶段。

（1）准备阶段。收集和分析国家和地方地下水环境保护的法律、法规、政策、标准及相关规划等资料，了解建设项目工程概况，进行初步工程分析，识别建设项目对地下水环境可能产生的直接影响；开展现场踏勘工作，识别地下水环境敏感程度；确定评价工作等级、评价范围和评价重点。

（2）现状调查与评价阶段。开展现场调查、勘探、地下水监测、取样、分析、室内外试验和室内资料分析等工作，进行现状评价。

（3）影响预测与评价阶段。进行地下水环境影响预测，依据国家、地方有关地下水环境的法规及标准，评价建设项目对地下水环境的直接影响。

（4）结论阶段。综合分析各阶段成果，提出地下水环境保护措施与防控措施，制定地下水环境影响跟踪监测计划，完成地下水环境影响评价。

具体的工作程序见图 8-1。

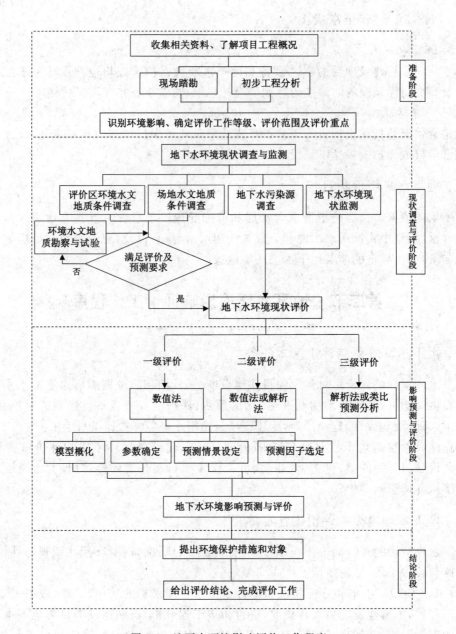

图 8-1 地下水环境影响评价工作程序

第三节 地下水环境影响评价工作等级

一、评价工作等级划分

地下水评价工作等级的划分应依据建设项目行业分类和地下水环境敏感程度分级进行判定,划分为一、二、三级。

（一）划分依据

1. 建设项目所属的地下水环境影响评价项目类别

依据《环境影响评价技术导则 地下水环境》(HJ 610—2016)附录 A 确定建设项目所属的地下水环境影响评价项目类别。附录 A 参照《建设项目环境影响评价分类管理名录》进行编制，在提高了可操作的同时，也存在一定的不确定性，通常可遵循以下原则：

（1）若某一建设项目可判定为Ⅰ类、Ⅱ类、Ⅲ类项目中两个或两个以上类别的，原则上按照最高级别判定；某类别中某环节的高于该类别的，处于敏感区的应单独就该环节判定项目分类，其他情况不变。

（2）属于项目类别Ⅰ类或Ⅱ类，但整个生产工艺流程中不涉及有毒有害物质（可能进入地下水）运输、储存、使用、产生、排放的，且处于较敏感区或不敏感区的，可根据项目情况适当降低评价要求。

（3）Ⅳ类项目按照导则要求可不开展地下水环境影响评价。

2. 建设项目的地下水环境敏感程度

建设项目的地下水环境敏感程度可以分为敏感、较敏感、不敏感三级。分级原则见表8-1。

表 8-1　　　　　　　　　　地下水环境敏感程度分级表（HJ 610—2016）

敏感程度	地下水环境敏感特征
敏感	集中式饮用水水源地（包括已建成的在用、备用、应急水源地，在建和规划的水源地）准保护区；除集中式饮用水水源地以外的国家或地方政府设定的与地下水环境相关的其他保护区，如热水、矿泉水、温泉等特殊地下水资源保护区
较敏感	集中式饮用水水源地（包括已建成的在用、备用、应急水源地，在建和规划的水源地）准保护区以外的补给径流区；未划定准保护区的集中式饮用水水源，其保护区以外的补给径流区；分散式饮用水水源地；特殊地下水资源（如矿泉水、温泉等）保护区以外的分布区等其他未列入上述敏感分级的环境敏感区
不敏感	上述地区之外的其他地区

注："环境敏感区"是指《建设项目环境影响评价分类管理名录》中所界定的涉及地下水的环境敏感区。

地下水环境敏感程度划分要以现场调研为基础。

地下水环境敏感程度中对"敏感"的判定相对简单，已划定准保护区的集中式饮用水水源以其准保护区范围为准，未划定准保护区或保护区的，参照《饮用水水源保护区划分技术规范》公式法划定迹线范围作为敏感区；对"较敏感"的判定则相对困难，由于"补给径流区"范围不易确定。准保护区与敏感区范围的具体量化可参照表8-2确定。

（二）评价工作等级划分

建设项目地下水环境影响评价等级划分见表8-3。

对于利用废弃盐岩矿井洞穴或人工专制盐岩洞穴、废弃矿井巷道加水幕系统、人工硬岩洞库加水幕系统、地质条件较好的含水层储油、枯竭的油气层储油等形式的地下储油库，危险废物填埋场应进行一级评价，不按表8-3划分评价工作等级。

表 8-2   准保护区与敏感区范围的量化

类型	特征		敏感	较敏感	备注
集中式	已划保护区	已划定准保护区的	准保护区	准保护区边界外扩 3 000 天的质点迁移距离范围内	外扩边界不超过水源地所在区水文地质单元的边界范围
		未划定准保护区的	以二级保护区边界为起点,中小型水源地外扩 2 000 天,大型水源地外扩 3 000 天的质点迁移距离范围作为敏感区	以敏感区边界外扩 3 000 天的质点迁移距离范围内	
	未划定保护区的		以水源边界为起点,中小型水源地外扩 3 000 天,大型水源地外扩 4 000 天的质点迁移距离范围作为敏感区		

表 8-3   地下水环境评价工作等级分级表(HJ 610—2016)

项目类别 环境敏感程度	Ⅰ类项目	Ⅱ类项目	Ⅲ类项目
敏感	一	一	二
较敏感	一	二	三
不敏感	二	三	三

当同一建设项目涉及两个或两个以上场地时,各场地应分别判定评价工作等级,并按相应等级开展评价工作。

线性工程根据所涉地下水环境敏感程度和主要站场位置(如输油站、泵站、加油站、机务段、服务站等)进行分段判定评价等级,按相应等级分别开展评价工作。

二、地下水环境影响评价技术要求

地下水环境影响评价应充分利用已有资料和数据,当已有资料和数据不能满足评价要求时,应开展相应评价等级要求的补充调查,必要时进行勘察试验。

(一)一级评价要求

(1)详细掌握调查评价区环境水文地质条件,主要包括含(隔)水层结构及分布特征、地下水补径排条件、地下水流场、地下水动态变化特征、各含水层之间以及地表水与地下水之间的水力联系等,详细掌握调查评价区内地下水开发利用现状与规划。

(2)开展地下水环境现状监测,详细掌握调查评价区地下水环境质量现状和地下水动态监测信息,进行地下水环境现状评价。

(3)基本查清场地环境水文地质条件,有针对性地开展现场勘察试验,确定场地包气带特征及其防污性能。

(4)采用数值法进行地下水环境影响预测,对于不宜概化为等效多孔介质的地区,可根据自身特点选择适宜的预测方法。

(5)预测评价应结合相应环保措施,针对可能的污染情景,预测污染物运移趋势,评价建设项目对地下水环境保护目标的影响。

（6）根据预测评价结果和场地包气带特征及其防污性能，提出切实可行的地下水环境保护措施与地下水环境影响跟踪监测计划，制定应急预案。

（二）二级评价要求

（1）基本掌握调查评价区的环境水文地质条件，主要包括含（隔）水层结构及其分布特征、地下水补径排条件、地下水流场等。了解调查评价区地下水开发利用现状与规划。

（2）开展地下水环境现状监测，基本掌握调查评价区地下水环境质量现状，进行地下水环境现状评价。

（3）根据场地环境水文地质条件的掌握情况，有针对性地补充必要的现场勘察试验。

（4）根据建设项目特征、水文地质条件及资料掌握情况，选择采用数值法或解析法进行影响预测，预测污染物运移趋势和对地下水环境保护目标的影响。

（5）提出切实可行的环境保护措施与地下水环境影响跟踪监测计划。

（三）三级评价要求

（1）了解调查评价区和场地环境水文地质条件。

（2）基本掌握调查评价区的地下水补径排条件和地下水环境质量现状。

（3）采用解析法或类比分析法进行地下水影响分析与评价。

（4）提出切实可行的环境保护措施与地下水环境影响跟踪监测计划。

（四）其他技术要求

一级评价要求场地环境水文地质资料的调查精度应不低于 1∶10 000 比例尺，评价区的环境水文地质资料的调查精度应不低于 1∶50 000 比例尺。

二级评价环境水文地质资料的调查精度要求能够清晰反映建设项目与环境敏感区、地下水环境保护目标的位置关系，并根据建设项目特点和水文地质条件复杂程度确定调查精度，建议一般以不低于 1∶50 000 比例尺为宜。

第四节　地下水环境现状调查与评价

现状调查评价工作属于整个项目的先导性、基础性工作，是整个地下水环境影响评价过程中最重要的环节。

一、调查与评价原则

（一）基本任务

（1）查清拟建项目区水文地质条件和地下水环境基本状况。

（2）确定地下水环境影响的保护目标和敏感对象，识别可能的污染源和污染途径。

（3）评价地下水环境现状，并为拟建项目对地下水环境影响预测评价和地下水污染监测、防控措施等提供技术参数和科学依据。

（二）基本原则

（1）地下水环境现状调查与评价工作应遵循资料收集与现场调查相结合、项目所在场地调查（勘察）与类比考察相结合、现状监测与长期动态资料分析相结合的原则。类比考察就是在充分收集建设项目资料基础上，通过实地调查或现场考察类似建设项目情况，当考察对象的工艺流程相似、产污环节相似、水文地质条件相似情况下,类比考察数据和结果可以作为新建项目对地下水环境影响评价的重要依据。例如同一矿田相邻矿山之间,工业园区内相同类型的建设项目。

(2)地下水环境现状调查与评价工作的深度应满足相应的工作级别要求。当现有资料不能满足要求时,应通过组织现场监测或环境水文地质勘查与试验等方法获取。

(3)对于一、二级评价的改、扩建类建设项目,应开展现有工业场地的包气带污染现状调查。

(4)对于长输油品、化学品管线等线性工程,调查评价工作应重点针对场站、服务站等可能对地下水产生污染的地区开展。

二、调查评价范围

(一)基本要求

调查范围:调查范围原则上应该涵盖整个水文地质单元;主要通过收集资料和现场踏勘方式,了解区域自然地理概况、地质背景、地表水系结构、地下水主要出露点;建立建设项目位置与所在区域地质条件的空间关系,掌握主要保护目标和敏感对象空间分布等。调查范围的工作精度一般控制在 1:50 000 或更大(1:25 000 或 1:10 000)。

评价范围:指建设项目所在位置的空间区域,需要开展地下水环境现状和影响预测评价的空间区域。大部分现状调查、监测、现场测试、水文地质钻探工作量都集中布置在评价范围,工作精度要求在 1:10 000~1:2 000。调查范围包含评价范围,往往比评价范围要大。

(二)调查评价范围确定

1.建设项目(线性工程除外)

建设项目地下水环境影响现状调查评价范围可采用公式计算法、查表法和自定义法确定。

(1)公式计算法

$$L = \alpha \cdot K \cdot I \cdot T/n_e \tag{8-3}$$

式中　L——下游迁移距离,m;

　　　α——变化系数,$\alpha \geq 1$,一般取 2;

　　　K——渗透系数,m/d;

　　　I——水力坡度,无量纲;

　　　T——质点迁移天数,取值不小于 5 000 d;

　　　n_e——有效孔隙率,无量纲。

采用该方法时应包含重要的地下水环境保护目标,所得的调查评价范围如图 8-2 所示。

(2)查表法(表 8-4)

(3)自定义法

可根据建设项目所在地水文地质条件自行确定,需说明理由。

2.线性工程

线性工程应以工程边界两侧向外延伸 200 m 作为调查评价范围;穿越饮用水源准保护区时,调查评价范围应至少包含水源保护区;线性工程站场的调查评价范围确定参照建设项目。

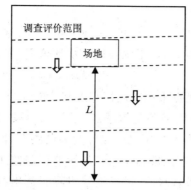

虚线表示等水位线；空心箭头表示地下水流向；

场地上游距离根据评价需求确定，场地两侧不小于$L/2$。

图 8-2 调查评价范围示意图

表 8-4   地下水环境现状调查评价范围参照表

评价等级	调查评价面积/km²	备注
一级	≥20	应包括重要的地下水环境保护目标，必要时适当扩大范围。
二级	6～20	
三级	≤6	

三、调查内容与要求

（一）水文地质条件调查

在充分收集资料的基础上，根据建设项目特点和水文地质条件复杂程度开展调查工作，主要内容包括：① 气象、水文、土壤和植被状况；② 地层岩性、地质构造、地貌特征与矿产资源；③ 包气带岩性、结构、厚度、分布及垂向渗透系数等；④ 含水层岩性、分布、结构、厚度、埋藏条件、渗透性、富水程度等；⑤ 隔水层（弱透水层）的岩性、厚度、渗透性等；⑥ 地下水类型、地下水补径排条件；⑦ 地下水水位、水质、水温、地下水化学性质；⑧ 泉的成因类型、出露位置、形成条件及泉水流量、水质、水温、开发利用情况；⑨ 集中供水水源地和水源井的分布情况（包括开采层的成井密度、水井结构、深度以及开采历史）；⑩ 地下水现状监测井的深度、结构以及成井历史、使用功能；⑪ 地下水环境现状值（或地下水污染对照值）。

场地范围内应重点调查包气带岩性、结构、厚度、分布及垂向渗透系数等。

（二）地下水污染源调查内容

调查评价区内具有与建设项目产生或排放同种特征因子的地下水污染源。虽然调查评价范围大，但调查对象限定在污染源。

对于一、二级的改、扩建项目，应在可能造成地下水污染的主要装置或设施附近开展包气带污染现状调查，对包气带进行分层取样，一般在0～20 cm埋深范围内取一个样品，其他取样深度应根据污染源特征和包气带岩性、结构特征等确定，并说明理由。调查范围限于场地尺度，但调查的对象不仅是污染源，还应包括污染途径。

（三）地下水环境现状监测

建设项目地下水环境现状监测应通过对地下水水质、水位的监测，掌握或了解评价区地下水水质现状及地下水流场，为地下水环境现状评价提供基础资料。

1. 现状监测点的布设原则

（1）地下水环境现状监测点采用控制性布点与功能性布点相结合的布设原则。监测点应主要布设在建设项目场地、周围环境敏感点、地下水污染源以及对于确定边界条件有控制意义的地点。当现有监测点不能满足监测位置和监测深度要求时，应布设新的地下水现状监测井，现状监测井的布设应兼顾地下水环境影响跟踪监测计划。

（2）监测层位应包括潜水含水层、可能受建设项目影响且具有饮用水开发利用价值的含水层。

（3）一般情况下，地下水水位监测点数宜大于相应评价级别地下水水质监测点数的 2 倍为宜，并非强制要求。水位监测数据以能否反映地下水流场为原则，若区域资料能够有效控制流场，现状水位监测点数则可以校正水位为主。

（4）地下水水质监测点布设的具体要求：① 监测点布设应尽可能靠近建设项目场地或主体工程，监测点数应根据评价等级和水文地质条件确定。② 一级评价项目潜水含水层的水质监测点应不少于 7 个，可能受建设项目影响且具有饮用水开发利用价值的含水层的水质监测点 3～5 个。原则上建设项目场地上游和两侧的地下水水质监测点均不得少于 1 个，建设项目场地及其下游影响区的地下水水质监测点不得少于 3 个。③ 二级评价项目潜水含水层的水质监测点应不少于 5 个，可能受建设项目影响且具有饮用水开发利用价值的含水层的水质监测点 2～4 个。原则上建设项目场地上游和两侧的地下水水质监测点均不得少于 1 个，建设项目场地及其下游影响区的地下水水质监测点不得少于 2 个。④ 三级评价项目潜水含水层水质监测点应不少于 3 个，可能受建设项目影响且具有饮用水开发利用价值的含水层的水质监测点 1～2 个。原则上建设项目场地上游及下游影响区的地下水水质监测点各不得少于 1 个。具体可见表 8-5。

表 8-5　　　　　　　　不同级别评价对地下水水质监测点布设的具体要求

监测目标	潜水含水层			可能受建设项目影响且具有饮用水开发利用价值的含水层		
评价级别	一级	二级	三级	一级	二级	三级
水质监测点数	≥7	≥5	≥3	3～5	2～4	1～2
布设要求	上游、两侧≥1 下游≥3	上游、两侧≥1 下游≥2	上游≥1 下游≥1	无明确要求，视情况而定		

（5）管道型岩溶区等水文地质条件复杂的地区，地下水现状监测点应视情况确定，并说明布设理由。

（6）在包气带厚度超过 100 m 的评价区或监测井较难布置的基岩山区，地下水质监测点无法满足要求时，可视情况调整数量，并说明调整理由。一般情况下，该类地区一、二级评价项目至少设置 3 个监测点，三级评价项目根据需要设置一定数量的监测点。

2. 地下水水质现状监测取样要求

地下水水质取样应根据特征因子在地下水中的迁移特性选取适当的取样方法。一般情况下,只取一个水质样品,取样点深度宜在地下水位以下 1.0 m 左右。建设项目为改、扩建项目,且特征因子为 DNAPLs(重质非水相液体)时,应在含水层底部至少取一个样品。

3. 地下水水质现状监测因子

(1) 检测分析地下水环境中 K^+、Na^+、Ca^{2+}、Mg^{2+}、CO_3^{2-}、HCO_3^-、Cl^-、SO_4^{2-} 的浓度。

(2) 地下水水质现状监测因子原则上应包括两类:一类是基本水质因子,另一类为特征因子。

基本水质因子以 pH、氨氮、硝酸盐、亚硝酸盐、挥发性酚类、氰化物、砷、汞、铬(六价)、总硬度、铅、氟、镉、铁、锰、溶解性总固体、高锰酸盐指数、硫酸盐、氯化物、总大肠菌群、细菌总数等及背景值超标的水质因子为基础。除总大肠菌群和细菌总数两项微生物指标可根据行业类型调整外,其余基本水质监测因子,不建议对其进行调整。

特征因子根据影响识别结果确定。

四、地下水现状评价

(一) 地下水水质现状评价

以含水层为单元进行整理、以补径排过程为基础进行分析评价,确定地下水背景值和异常值。

评价方法同地表水现状评价,不再赘述。

(二) 包气带环境现状分析

对于污染场地修复工程项目和评价工作等级为一、二级的改扩建项目,应开展包气带污染现状调查,分析包气带污染状况。

目前定量评价地下水脆弱性最普遍的是 DRASTIC 模型,该模型参数分别是:① 地下水位埋深(D)——包气带厚度;② 净补给量(R)——单位面积内渗入地表到达地下水水位的水量;③ 含水层介质(A)——空隙、裂隙或岩溶介质类型(代表含水层的易污性);④ 土壤带介质(S)——指包气带最上部生物活动较强烈部分,一般取表层 50 cm 的土体;⑤ 地形(T)——是指地表的坡度或坡度变化大小;⑥ 包气带影响(I)——空隙、裂隙或岩溶介质类型;⑦ 水力传导系数(C)——包气带的饱和垂向渗透系数(入渗试验)。

第五节　地下水环境影响预测

一、预测原则、范围和时段

(一) 预测原则

由于地下水污染具有复杂性、隐蔽性和难恢复性,应遵循保护优先、预防为主的原则。预测的范围、时段、内容和方法均应根据评价工作等级、工程特征与环境特征,结合当地环境功能和环保要求,预测建设项目对地下水水质产生的直接影响,重点预测对地下水环境保护目标的影响。

（二）预测范围

地下水环境影响预测范围一般与调查评价范围一致。

预测范围应包括：① 已有、拟建和规划的地下水供水水源区（集中式和分散式）；② 地下水环境保护目标；③ 地下水环境的敏感、较敏感区域；④ 主要污水排放口和固废堆存（处置）区的地下水下游区域。

预测层位应以潜水含水层或污染物直接进入的含水层为主，兼顾与其水力联系密切且具有饮用水开发利用价值的含水层。

当建设项目场地天然包气带垂向渗透系数小于 1×10^{-6} cm/s 或厚度超过 100 m 时，预测范围应扩展至包气带。

（三）预测时段

地下水环境影响预测时段应选取可能产生地下水污染的关键时段，至少包括污染发生后 100 d、1 000 d，服务年限或能反映特征因子迁移规律的其他重要的时间节点。

二、预测因子

预测因子包括：① 环境影响识别确定的特征污染因子，按照重金属、持久性有机污染物和其他类别进行分类，并对每一类别中的各项因子采样标准指数法进行排序，分别取标准指数最大的因子作为预测因子；② 现有工程已经产生的且改、扩建后将继续产生的特征因子，改、扩建后新增的特征因子；③ 污染场地已查明的主要污染物；④ 国家或地方要求控制的污染物。

三、情景设置与预测源强

（一）情景设置

一般情况下，建设项目须对正常状况和非正常状况的情景分别进行预测。已依据 GB 16889、GB 18597、GB 18598、GB 18599、GB/T 50934 设计地下水污染防渗措施的建设项目，可不进行正常状况情景下的预测。

正常状况是指建设项目的工艺设备和地下水环境保护措施均达到设计要求条件下的运行状况。非正常状况指建设项目的工艺设备或地下水环境保护措施因系统老化、腐蚀等原因不能正常运行或保护效果达不到设计要求时的运行状况。

正常状况和非正常状况，有别于正常工况和非正常工况（生产运行阶段的开、停车，检修，操作不正常或设备故障等，不包括事故排放）。

当场界区域内地层岩性结构（渗透性能、厚度等）差异明显时，可开展不同装置布局方案条件下对地下水环境的影响预测，并根据预测结果，提出总图优化布置。当总图优化后，场界处仍然不能达标时，可通过模拟预测包气带不同渗透系数条件下的影响结果，根据预测结果，提出基础处理方案（目的是降低包气带的渗透性能）。

在风险事故情景下，模拟不同地下水污染应急控制措施方案下地下水环境的影响范围与程度，根据预测结果，提出应急响应方案中切断污染途径。

根据不同情景下，模拟预测污染因子的影响范围、重要位置（场界、环境保护目标等）处的浓度变化规律，提出跟踪监测计划。

（二）预测源强

正常状况下,预测源强应结合建设项目工程分析和相关设计规范确定。一般情况下,工程设计规范未充分考虑地下水污染防控。对地下水环境而言,工程措施验收达标时的允许渗漏量为正常状况下的预测源强,因此可引用相关工程技术规范确定,如 GB 50141、GB 50268。

非正常状况下,预测源强可根据工艺设备或地下水环境保护措施因系统老化或腐蚀程度等设定。目前,非正常状况下污染源强尚无研究成果支撑,建议暂时按惯例执行:非正常状况渗漏量大小应不小于正常状况渗漏量的 10 倍;防渗膜失效面积应不小于防渗面积的 1‰。

四、预测方法、预测模型概化

（一）预测方法

建设项目地下水环境影响预测方法包括数学模型法和类比分析法。其中数学模型法包括数值法、解析法等方法。

预测方法的选取应根据建设项目工程特征、水文地质条件及资料掌握程度来确定,当数值方法不适用时,可用解析法或其他方法预测。一般情况下,一级评价应采用数值法,不宜概化为等效多孔介质的地区除外;二级评价中水文地质复杂且适宜采用数值法时,建议优先采用数值法;三级评价可采用解析法或类比分析法。

（二）预测模型概化

1. 水文地质条件概化

根据调查评价区和场地环境水文地质条件,对边界性质、介质特征、水流特征和补径排等条件进行概化。

2. 污染源概化

污染源概化包括排放形式与排放规律的概化。根据污染源的具体情况,排放形式可以概化为点源、线源、面源;排放规律可以简化为连续恒定排放或非连续恒定排放以及瞬时排放。

3. 水文地质参数初始值的确定

预测所需要的包气带垂向渗透系数、含水层渗透系数、给水度等参数初始值的获取应以收集评价范围内已有水文地质资料为主,不满足预测要求时,需要通过现场试验获取。

五、预测内容

预测内容主要包括:给出特征因子不同时段的影响范围、程度、最大迁移距离;给出预测期内场地边界或地下水环境保护目标处特征因子随时间的变化规律;当建设项目场地天然包气带垂向渗透系数小于 1×10^{-6} cm/s 或厚度超过 100 m 时,须考虑包气带阻滞作用,预测特征因子在包气带中的迁移;污染场地修复治理工程项目应给出污染物变化趋势或污染控制的范围。

第六节　地下水环境影响评价

一、评价原则

评价应以地下水环境现状调查和地下水环境影响预测结果为依据,对建设项目各实施阶段(建设期、运营期及服务期满后)不同环节及不同污染防控措施下的地下水环境影响进行评价。地下水环境影响预测未包括环境质量现状值时,应叠加环境质量现状值后再进行评价;评价建设项目对地下水水质的直接影响,重点评价建设项目对地下水环境保护目标的影响。

二、评价范围与评价方法

地下水环境影响评价范围一般与调查评价范围一致。

评价方法采用标准指数法。

三、地下水污染防治对策

(一)基本要求

地下水污染防治重在预防,环评是地下水污染预防的重要手段。"源头控制、分区防控、污染监测、应急响应"是地下水污染预防的基本原则。源头防控主要切断正常状况下的地下水污染源,分区防控主要控制非正常状况下的地下水环境污染状况,并辅以跟踪监测,提出相应的应急响应措施。

(二)建设项目污染防控对策

地下水环境污染防治,应采取源头控制和分区防控措施,加强地下水环境监测与管理体系。

源头控制主要包括提出各类废物循环利用的具体方案,减少污染物的排放量;提出工艺、管道、设备、污水储存及处理构筑物应采取的污染控制措施,将污染物跑、冒、滴、漏降到最低极限。

分区防控措施是结合地下水环境影响评价结果,对工程设计或可行性研究报告中的地下水污染防控方案提出优化调整建议,给出不同分区的具体防渗技术要求。地下水污染防控可分为主动防控与被动防控。主动防控是指工程本身的防渗要求,被动防控是利用包气带防污性能进行防控。分区防渗综合了主动防控与被动防控的相关内容,在充分考虑天然包气带防污性能的条件下,参照固体废物填埋和石油化工相关防渗技术要求,结合污染物特性和控制的难易程度,提出满足相应防渗等级的技术要求。

(三)制订地下水环境跟踪监测计划。

防控的环境管理体系,包括地下水环境跟踪监测方案和定期信息公开等。环境跟踪监测是地下水环境监管的核心。

四、评价结论

评价建设项目对地下水水质的影响时,可采用以下判据评价水质能否满足标准的要求。

（一）以下情况应得出可以满足标准要求的结论

（1）建设项目各个不同阶段,除场界内小范围以外地区,均能满足标准要求。

（2）在建设项目实施的某个阶段,有个别评价因子出现较大范围超标,但采取环境保护措施后,可以满足标准要求。

（二）以下情况应得出不能满足标准要求的结论

（1）新建项目排放的主要污染物,改扩建项目已经排放的及将要排放的主要污染物,在评价范围内地下水中已经超标的。

（2）环保措施在技术上不可行,或经济上明显不合理的。

思 考 题

1. 简述地下水在岩土中的存在形式。

2. 什么是地下水污染？

3. 地下水环境现状监测布点都有哪些要求？

4. 地下水水质现状监测因子包含哪几类？

5. 在地下水环境影响评价中,建设项目被划分为哪几类？

6. 地下水环境影响预测应预测建设项目的哪些时段？

第九章　固体废物环境影响评价

第一节　概　　述

一、固体废物的定义与来源

（一）定义

《中华人民共和国固体废物污染环境防治法》（以下简称《固废法》）中固体废物是指在生产、生活和其他生活中产生的丧失原有的利用价值或者虽未丧失利用价值但被抛弃或者放弃的固体、半固体和置于容器中的气态物品、物质以及法律、行政法规规定纳入固体废物管理的物品、物质。不能排入水体的液态废物和不能排入大气的置于容器中的气态物质，由于多具有较大的危害性，一般归入固体废物管理体系。

（二）来源

固体废物来自人类活动的许多环节，主要包括生产过程和生活过程的一些环节。表9-1列出了各类产生源产生的主要固体废物。

表 9-1　　　　　　　　　　主要固体废物来源一览表

产生源	产出的主要固体废物
居民生活	食物、垃圾、纸、木、布、庭院植物修剪物、金属、玻璃、塑料、陶瓷、燃料灰渣、脏土、碎砖瓦、废器具、粪便、杂品等
商业、机关	除上述废物外，另有管道、碎砌体、沥青及其他建筑材料，易爆、易燃腐蚀性、放射性废物以及废汽车、废电器、废器具等
市政维护、管理部门	脏土、碎砖瓦、树叶、死畜禽、金属、锅炉灰渣、污泥等
矿业	废石、尾矿、金属、废木、砖瓦、水泥、砂石等
冶金、金属结构、交通、机械等工业	金属、渣、砂石、模型、芯、陶瓷、涂料、管道、绝热和绝缘材料、黏结剂、污垢、废木、塑料、橡胶、纸、各种建筑材料、烟尘等
建筑材料工业	金属、水泥、黏土、陶瓷、石膏、石棉、砂、石、纸、纤维等
食品加工业	肉、谷物、蔬菜、硬壳果、水果、烟草等

产生源	产出的主要固体废物
橡胶、皮革、塑料等工业	橡胶、塑料、皮革、布、线、纤维、染料、金属等
医疗、保健机构	废器具、废药、敷料、化学试剂等
石油化工工业	化学药剂、金属、塑料、橡胶、陶瓷、沥青、油毡、石棉、涂料等
电器、仪器仪表等工业	金属、玻璃、木、橡胶、塑料、化学药剂、研磨料、陶瓷、绝缘材料等
纺织服装工业	布头、纤维、金属、橡胶、塑料等
造纸、木材、印刷等工业	刨花、锯末、碎木、化学药剂、金属填料、塑料等
核工业和放射性医疗单位	金属、含放射性废渣、粉尘、污泥、器具和建筑材料等
农业	秸秆、蔬菜、水果、果树枝条、糠秕、人和畜禽粪便、农药等

二、固体废物的分类

固体废物种类繁多,分类方法有多种,按其组成可分为有机废物和无机废物;按其污染特性可分为有害废物和一般废物;按其来源可分为工业固体废物、农业固体废物和生活垃圾。

（一）生活垃圾

生活垃圾是指在日常生活中或者为日常生活提供服务的活动中产生的固体废物以及法律、行政法规规定视为生活垃圾的固体废物,包括城市生活垃圾、建筑垃圾、农村生活垃圾。

（二）农业固体废物

农业固体废物是指农业生产、畜禽饲养、农副产品加工所产生的废物,如农作物秸秆、农用薄膜、畜禽排泄物等。

（三）工业固体废物

工业固体废物是指在工业生产活动中产生的固体废物,主要包括冶金工业固体废物（如高炉渣、钢渣、赤泥等）、能源工业固体废物（如燃煤厂产生的粉煤灰、炉渣、烟道灰等）、石油化学工业固体废物（如焦油、油泥、废催化剂、酸渣、碱渣、釜底泥等）、矿业固体废物（包括采矿废石和尾矿等）、轻工业固体废物（如工业加工产生的污泥、动物残物、废酸和废碱等）、其他工业固体废物等,详见表 9-2。

表 9-2 　　　　　　　　　　　　工业固体废物来源及种类

工业类型	产废环节	废物种类
军工产品	生产、装配	金属、塑料、橡胶、纸、木材、织物、化学残渣等
食品类产品	加工、包装、运送	肉、油脂、油、骨头、下水、蔬菜、水果、果壳、谷类等
织物产品	编织、加工、染色、运送	织物及过滤残渣
服装	裁剪、缝制	织物、纤维、金属、塑料、橡胶
木材及木制品	锯床、木制容器、各类木制产品的生产	碎木头、刨花、锯屑,有时还有金属、塑料、纤维、胶、封蜡、涂料、溶剂等

工业类型	产废环节	废物种类
木制家具	家庭及办公家具、隔板、办公室和商店附属装置、床垫的生产	同上,还有织物及衬垫残余物等
金属家具	家庭及办公家具、锁、弹簧、框架的生产	金属、塑料、树脂、玻璃、木头、橡胶、胶黏剂、织物、纸等
纸类产品	造纸、纸和纸质制品、纸板箱及纸容器的生产	纸和纤维残余物、化学试剂、包装纸及填料、墨、胶、扣钉等
印刷及出版	报纸出版、印刷、平版印刷、雕版印刷、装订	纸、白报纸、卡片、金属、化学试剂、织物、墨、胶、扣钉等
化学试剂及其产品	无机化学制品的生产和制备	有机和无机化学制品、金属、塑料、橡胶、玻璃油、涂料、溶剂、颜料等
石油精炼及其工业	精炼、加工	沥青和焦油、毡、石棉、纸、织物、纤维
橡胶及各种塑料制品	橡胶和塑料制品加工	橡胶和塑料碎料、被加工的化合物染料
皮革和皮革制品	鞣革和抛光、皮革和衬垫材料加工	皮革碎料、线、染料、油、处理及加工的化合物
石材、黏土及玻璃制品	平板玻璃生产,玻璃加工制作,混凝土、石膏及塑料的生产,研磨料、石棉及各种矿物质的生产及加工	玻璃、水泥、黏土、陶瓷、石膏、石棉、石材、纸、研磨料
金属工业	冶炼、铸造、锻造、冲压、滚轧、成型、挤压	黑色及有色金属碎料、炉渣、尾矿、铁芯、模子、黏合剂
金属加工产品	金属容器、手工工具、非电加热器、器件附件加工,农用机械设备、金属丝和金属的涂层与电镀的加工	金属、陶瓷制品、尾矿、炉渣、铁屑、涂料、溶剂、润滑剂、酸洗剂
机械(不包括电动)	建筑、采矿设备、电梯、移动楼梯、输送机、工业卡车、拖车、升降机、机床等的生产	炉渣、尾矿、铁芯、金属碎料、木材、塑料、树脂、橡胶、涂料、溶剂、石油产品、织物
电动机械	电动设备、装置及交换器的生产,机床加工、冲压成型焊接用印膜冲压、弯曲、涂料、电镀、烘焙工艺	金属碎料、炭、玻璃、橡胶、塑料、树脂纤维、织物、残余物
运输设备	摩托车、卡车及汽车车体的生产,摩托车零件、飞机及零件、船及零件生产	金属碎料、玻璃、橡胶、塑料、纤维、织物、木料、涂料、溶剂、石油产品
专用控制设备	生产工程、实验室和研究仪器及有关的设备生产	金属、玻璃、橡胶、塑料、树脂、木料、纤维、研磨料
电力生产	燃煤发电工艺	粉煤灰(包括飞灰和炉渣)
采选工业	煤炭、铁矿、石英石等的开采	煤矸石、各种煤矿
其他生产	珠宝、银器、电镀制品、玩具、娱乐、运动物品、服饰、广告	金属、玻璃、橡胶、塑料、树脂、皮革、混合物、骨状物织物、胶黏剂、涂料、溶剂等

工业固体废物按其特性可分为一般工业固体废物和危险废物。

1. 一般工业固体废物

一般工业固体废物是指未列入《国家危险废物名录》或者根据国家规定的《危险废物鉴别标准》(GB 5085—2007)认定其不具有危险特性的工业固体废物,例如粉煤灰、煤矸石和炉渣等。

一般工业固体废物又分为Ⅰ类和Ⅱ类两类:

Ⅰ类:按照 GB 5086 规定的方法进行浸出试验而获得的浸出液中,任何一种污染物的浓度均未超过《污水综合排放标准》(GB 8978—1996)中最高允许排放浓度,且 pH 值在 6～9 的一般工业固体废物。

Ⅱ类:按照 GB 5086 规定的方法进行浸出试验而获得的浸出液中,有一种或一种以上的污染物浓度超过《污水综合排放标准》(GB 8978—1996)中的最高允许排放浓度,或者 pH 值在 6～9 之外的一般工业固体废物。

2. 危险废物

危险废物是指列入《国家危险废物名录》或者根据国家规定的《危险废物鉴别标准》认定的具有危险特性(腐蚀性、毒性、易燃性、反应性、感染性)的固体废物。

医疗废物是指各类医疗卫生机构在医疗、预防、保健以及其他相关活动中产生的具有直接或者间接传染性、毒性及其他相关危害性的废物。医疗废物分为五类,即感染性废物、病理性废物、损伤性废物、药物性废物、化学性废物,如表 9-3 所示。医疗废物属于危险废物。

表 9-3　　　　　　　　　　　　　　　　医疗废物分类表

类别	特性	常见组分或者废物名称
感染性废物	携带病原微生物,具有引发感染性疾病、传播危险的医疗废物	1. 被病人血液、体液、排泄物污染的物品; 2. 传染病人的生活垃圾; 3. 病原体的培养基、标本、菌种、毒种保存液; 4. 各种废弃的医学标本; 5. 废弃的血液、血清; 6. 使用后的一次性医疗用品或一次性医疗器械
病理性废物	诊疗过程中的人体废弃物和医学实验动物尸体等	1. 手术及其他诊疗过程中产生的废弃人体组织; 2. 医学实验动物的组织、尸体; 3. 病理切片后废弃的人体组织、病理蜡块等
损伤性废物	能够刺伤或者割伤人体的废弃医用锐器	1. 医用针头等; 2. 各种医用锐器; 3. 载玻片、玻璃试管、玻璃安瓿等
药物性废物	过期、淘汰、变质或者被污染的废弃药品	1. 废弃的一般性药品; 2. 废弃的细胞毒性药物或遗传毒性药物; 3. 废弃的疫苗、血液制品等
化学性废物	具有毒性、腐蚀性、易燃易爆性的废弃化学物品	1. 医学影像室、实验室废弃的化学试剂; 2. 废弃的过氧乙酸、戊二醛等化学消毒剂; 3. 废弃的汞血压计、汞温度计

三、固体废物的鉴别

对于固体废物和非固体废物的鉴别,除根据上述定义进行判断外,还可以根据原国家环保总局为贯彻《固体废物污染环境防治法》,加强固体废物的环境管理,在 2006 年发布的《固体废物鉴别导则(试行)》中的规定进行判断。

(一)固体废物的范围

《固体废物鉴别导则(试行)》规定,固体废物包含(但不限于)下列物质、物品及材料:① 从家庭收集的垃圾;② 生产过程中产生的废弃物质、报废产品;③ 实验室产生的废弃物质;④ 办公产生的废弃物质;⑤ 城市污水处理厂产生的污泥,生活垃圾处理厂产生的残渣;⑥ 其他污染控制设施产生的垃圾、残余渣、污泥;⑦ 城市河道疏浚污泥;⑧ 不符合标准或规范的产品,继续用作原用途的除外;⑨ 假冒伪劣产品;⑩ 所有者或其代表声明是废物的物质或物品;⑪ 被污染的材料(如被多氯联苯 PCBs 污染的油);⑫ 被法律禁止使用的任何材料、物质或物品;⑬ 国务院环境保护行政主管部门声明是固体废物的物质或物品。

若出现根据《固体废物污染环境防治法》中的固体废物定义和《固体废物鉴别导则(试行)》中所列上述固体废物范围仍难以鉴别的,还可以从废物的"作业方式或原因"及"特点和影响"两个方面进行判断。

(二)固体废物有毒有害特征的鉴别

固体废物的环境影响评价、处理处置方法以及综合利用主要取决于它的有毒有害特征。固体废物的有毒有害特征可从以下六个方面进行鉴别。

1. 急性毒性

对小白鼠(或大白鼠)经口灌胃,经过 48 h,死亡超过半数者,则该废物是具有急性毒性的危险废物。

2. 易燃性

闪点低于 60 ℃的液体,经摩擦、吸湿或自发产生着火倾向的固体,着火时燃烧较剧烈并能持续,以及在管理期间会引起危险者。

3. 腐蚀性

固体废物经水浸出后,其浸出液的 pH 值大于或者等于 12.5,或者小于或等于 2.0 者;或在最低温度 55 ℃时,对钢制品的腐蚀深度大于 0.04 cm/a 者。

4. 反应性

反应性不包括以下七种情况:

(1)性质不稳定,在无爆震时即易发生剧烈变化。

(2)遇水剧烈反应。

(3)遇水能形成爆炸性混合物。

(4)与水混合会产生毒性气体、蒸汽或烟雾。

(5)在有引发源和加热时能爆震或爆炸。

(6)在常温、常压下易发生爆炸或爆炸性反应。

(7)根据其他法规所定义的爆炸品。

5. 放射性

含有放射性或被放射性物质污染,其放射性浓度或总活度大于确定的清洁解控水平,并且预计不再利用的物质。

6. 浸出毒性

浸出液中有一种或者一种以上有毒有害物超标者。

固体废物的有毒有害特征是鉴别其固废类别的重要依据。我国现行的危险废物鉴别标准为《危险废物鉴别标准》,它包括七项鉴别标准,分别为《危险废物鉴别标准 腐蚀性鉴别》(GB 5085.1—2007)、《危险废物鉴别标准 急性毒性初筛》(GB 5085.2—2007)、《危险废物鉴别标准 浸出毒性鉴别》(GB 5085.3—2007)、《危险废物鉴别标准 易燃性鉴别》(GB 5085.4—2007)、《危险废物鉴别标准 反应性鉴别》(GB 5085.5—2007)、《危险废物鉴别标准 毒性物质含量鉴别》(GB 5085.6—2007)及《危险废物鉴别标准 通则》(GB 5085.7—2007)。

（三）固体废物的特点

1. 数量巨大、种类繁多、成分复杂

随着工业生产规模的扩大、人口数量的增加和居民生活水平的提高,各类固体废物的产生量也逐年增加。固体废物的来源广泛,有工业垃圾、生活垃圾、农业垃圾等,其成分也十分复杂。

2. 富集终态和污染源头的双重作用

固体废物往往是许多污染成分的终极状态。例如,一些有害气体或飘尘,通过治理最终富集成为固体废物;一些有害溶质和悬浮物,通过治理最终被分离出来成为污泥或残渣;一些含重金属的可燃固体废物,通过焚烧处理,有害金属浓集于灰烬中。但是,这些"终态"物质中的有害成分,在长期的自然因素作用下,又会转入大气、水体和土壤,故又成为大气、水体和土壤环境的污染"源头"。

3. 危害具有潜在性、长期性和灾难性

固体废物对环境的污染不同于废水、废气和噪声。固体废物呆滞性大、扩散性小,它对环境的影响主要是通过水、气和土壤进行的。其中污染成分的迁移转化,如浸出液在土壤中的迁移,是一个比较缓慢的过程,其危害可能在数年以致数十年后才能被发现。从某种意义上讲,固体废物,特别是有害废物对环境造成的危害可能要比水、气造成的危害严重得多。

4. 资源和废物的相对性

固体废物具有二重性,即鲜明的时间性和空间性,是在错误时间放错地点的资源。任何产品经过使用都将变成废物,但所谓废物仅仅相对于当时的科技水平和经济条件而言,随着时间的推移,科学技术进步了,今天的废物也可能成为明天的有用资源。例如:动物粪便可转化为液体燃料;石油炼制过程中产生的残留物,可变成沥青筑路的材料。

第二节　固体废物中有毒有害污染物释放量估算

一、固体废物产生量预测

（一）建筑垃圾产生量预测

$$J_s = \frac{Q_s D_s}{1\,000} \tag{9-1}$$

式中　J_s——每年建筑垃圾产生量,t/a;

Q_s——年建筑面积,m^2;

D_s——单位面积垃圾产生量,kg/m^2。

根据相关资料,在建筑建造和拆毁过程中,D_s是不同的,一般情况下建造过程中D_s取$20\sim50$ kg/m^2,拆毁过程中D_s为$1\sim2.5$ t/m^2。

（二）生活垃圾产生量

$$W_s = \frac{P_s C_s}{1\ 000} \tag{9-2}$$

式中　W_s——生活垃圾产生量,t/d;

P_s——人口数,人;

C_s——生活垃圾产生系数,kg/(人·d)。

不同地区生活垃圾产生系数是不同的。一般情况下,城镇居民C_s为1 kg/(人·d),农村居民为0.81 kg/(人·d),办公楼和商场为0.51 kg/(人·d)或0.51 kg/50 (m^2·d),餐饮垃圾为10 kg/(100 m^2·d)。

（三）工业固废产生量

$$M_t = S_t W_t \tag{9-3}$$

$$S_t = S_o(1-k)^{1-t_o} \tag{9-4}$$

式中　M_t——目标年工业固废产生量,t/a;

S_t——目标年单位产品废物产生量,t/吨产品;

S_o——基准年单位产品废物产生量,t/吨产品;

W_t——目标年的产品量,t/a;

k——单位产品排污量的消减率。

（四）燃煤锅炉固体废物产生量

1. 灰渣产生量

灰渣产生量指除尘器、省煤器、预热器收集的粉煤灰与锅炉冷灰斗排出的炉渣量之和(不包括自烟囱排出的飞灰)。

小时灰渣产生量计算公式:

$$N_{hz} = B_g\left(\frac{A_{ar}}{100} + \frac{q_4 \times Q_{net,ar}}{100 \times 33\ 870}\right)\left(\frac{\eta_c}{100} \times \alpha_{fh} + \alpha_{Lx}\right) \tag{9-5}$$

式中　N_{hz}——单炉小时灰渣量,t/h;

B_g——锅炉小时燃烧原煤量,t/h;

A_{ar}——燃煤收到基灰分含量,%;

q_4——机械未完全燃烧热损失,%,推荐值见表9-4;

η_c——除尘器的除尘效率,%,按设计值计算;

$Q_{net,ar}$——原煤收到基低位发热量,kJ/kg;

α_{fh}——粉煤灰占燃料灰分的份额,推荐值见表9-5;

α_{Lx}——炉渣占燃料灰分的份额,推荐值见表9-5。

单炉灰渣年产生量(t/a)＝N_{hz}×该炉年利用小时数

表 9-4　　　　　　　　　　　　　机械未完全燃烧热损失 q_4 的一般取值

锅炉型式	煤种	q_4
固态排渣煤粉炉	无烟煤	4
	贫煤	2
	烟煤($V_{daf} \leqslant 25\%$)	2
	烟煤($V_{daf} > 25\%$)	1.5
	褐煤	0.5
	洗煤($V_{daf} \leqslant 25\%$)	3
	洗煤($V_{daf} > 25\%$)	2.5
液态排渣煤粉炉	无烟煤	2~3
	烟煤	1~1.5
	褐煤	0.5
卧式旋风锅炉	烟煤	1.0
卧式旋风锅炉	褐煤	0.2
抛煤炉	烟煤、贫煤	8~12
	无烟煤	10~15
炉排炉	烟煤、贫煤	7~10
	无烟煤	9~12
循环流化床锅炉	烟煤	2~2.5
	无烟煤	2.5~3.5

表 9-5　　　　　　　　　　　　　　　锅炉灰分平衡的推荐值

锅炉类型		α_{fh}（飞灰）	α_{Lx}（炉渣）
固态排渣煤粉炉		0.85~0.95	0.05~0.15
液态排渣煤粉炉	无烟煤	0.85	0.15
	贫煤	0.80	0.20
	烟煤	0.80	0.20
	褐煤	0.70~0.80	0.20~0.30
卧式旋风锅炉		0.10~0.15	0.85~0.90
立式旋风锅炉		0.20~0.40	0.60~0.80
层燃链条锅炉		0.15~0.20	0.80~0.85
循环流化床锅炉		0.4~0.6	0.4~0.6

2. 粉煤灰产生量

小时产生量计算公式：

$$N_h = B_g \left(\frac{A_{ar}}{100} + \frac{q_4 \times Q_{net,ar}}{100 \times 33\ 870} \right) \times \frac{\eta_c}{100} \alpha_{fh} \qquad (9-6)$$

式中　N_h——小时粉煤灰产生量，t/h。

其余字母含义同上。

$$粉煤灰年总产生量(t/a) = N_h \times 该炉年利用小时数$$

3. 炉渣产生量

小时炉渣产生量计算公式：

$$N_z = B_g\left(\frac{A_{ar}}{100} + \frac{q_4 \times Q_{net,ar}}{100 \times 33\ 870}\right) \times \frac{\eta_c}{100}\alpha_{Lx} \tag{9-7}$$

式中　N_z——小时炉渣产生量，t/h。

其余字母含义同上。

二、有毒有害污染物的淋滤液产生量

含有毒有害的固体废物直接倾入水体或不适当堆置而受到雨水淋溶或地下水的浸泡，使固体废物中的有毒有害成分浸出而引起水体污染。

淋滤液的产生量一般可用下式进行估算：

$$L = W_{SR} + W_P + W_{GW} + W_D - \Delta S - E \tag{9-8}$$

式中　L——淋滤液产生量；

W_{SR}——地面水径流量，通常可用下式计算：

$$W_{SR} = W_P C \tag{9-9}$$

W_P——降雨量，可参照堆置场所在地区的气象资料；

C——径流常数，按美国市政工程协会的经验数据，砂质土（坡度为 2%～7%）时，$C=0.01-0.015$，黏质土（坡度 2%～7%）时，$C=0.18\sim0.22$；

W_D——固体废物原有含水量；

ΔS——固体废物在堆置过程中的失水量；

E——蒸发量；

W_{GW}——地下水径流量，通常可用下式计算：

$$W_{GW} = K \cdot A \cdot \frac{dh}{dL} \tag{9-10}$$

其中，K 为堆场底部土壤渗透率，A 为堆场被地下水浸渍的面积，$\frac{dh}{dL}$ 为地下水的水力坡度。

若年淋滤液以 m^3 表示，则 W_P 和 E 可以气象站公布的年降雨量（$m \times 10^{-3}$）乘以堆置场面积（m^2）得出地面水径流量 $W_{SR}(m^3)$；同样，地下水径流量也以年平均流量（m^3）表示。W_D 和 ΔS 都应折算成体积（m^3）表示。

淋滤液和浸出液的成分和浓度可以通过现场实测，也可以采用动态淋滤或静态浸出模拟实验求得。

根据前面淋滤液产生量计算公式，并考虑生活垃圾填埋场的防渗特点，用水量平衡法得出生活垃圾填埋场渗滤液产生量公式如下：

$$Q = (W_P - R - E)A_a + Q' \tag{9-11}$$

式中　Q——渗滤液的年产生量，m^3/a；

W_P——年降水量；

R——年地表径流量，$R = C \cdot W_P$，C 为地表径流系数；

E——年蒸发量；

A_a——填埋场地表面积；

Q'——垃圾产水量。

降雨的地表径流系数 C 与土壤条件、地表植被条件和地形条件等因素有关。Sahato 等 (1971)给出的用于计算填埋场渗滤液产生量的地表径流系数见表 9-6。

表 9-6 降雨地表径流系数

地表条件	坡度/%	地表径流系数 C		
		亚砂土	亚黏土	黏土
草地(表面有植被覆盖)	0～5(平坦)	0.10	0.30	0.40
	5～10(起伏)	0.16	0.36	0.55
	10～30(陡坡)	0.22	0.42	0.60
草地(表面无植被覆盖)	0～5(平坦)	0.30	0.50	0.60
	5～10(起伏)	0.40	0.60	0.70
	10～30(陡坡)	0.52	0.72	0.82

三、有毒有害气体释放量

(一)恶臭气体的释放量

含有机物和生物病原体的固体废弃物,在堆置过程中,因有机物腐烂变质或厌氧分解产生恶臭气体污染环境。

对恶臭气体的散发速率,有关资料推荐用以下公式进行计算:

$$E_r = 2PW\sqrt{\frac{DLu}{\pi F}} \cdot \frac{m}{M} \tag{9-12}$$

式中 P——化学气体的蒸汽压,为 101.325 kPa；

W——堆场或填埋场的宽度,cm；

D——扩散率,cm^2/s；

L——堆场或填埋场的长度,cm；

u——风速,cm/s；

F——蒸汽压校正系数；

m——填埋场挥发性物质的重量,kg；

M——土壤中挥发性化合物的重量,kg；

E_r——散发速率,cm^2/s。

如果有条件时,最好是通过现场实验求得实际参数。

(二)煤堆的起尘量

煤矿、煤码头、工矿企业贮煤场等,由于自然风力作用,将产生扬尘等固体废物污染大气。关于这类污染源强尚无理论计算公式,目前根据风洞模拟实验等测定数据,经回归统计分析,得出以下经验公式,可以参考使用。

(1) 日本三菱重工业公司长崎研究所经验公式:

$$Q_P = \beta\left(\frac{W}{4}\right)^{-6} U^5 \cdot A_P \qquad (9-13)$$

（2）西安冶金建筑学院经验公式：

$$Q_P = 4.23 \times 10^{-4} \times U^{4.9} \times A_P（适用于煤堆放，W \geqslant 2.8\%） \qquad (9-14)$$

$$Q_P = 1.479 \times 10^2 \times e^{-0.43W} \times A_P（适用于湿煤堆放，8.2\% \geqslant W \geqslant 2.8\%） \qquad (9-15)$$

式中　Q_P——起尘量，mg/s；

W——煤的含水率，%；

A_P——煤堆的面积，m^2；

U——堆场平均风速，m/s；

U_0——起尘风速，m/s；

β——经验系数，大同煤 $\beta=6.13 \times 10^{-5}$，淮北煤 $\beta=1.55 \times 10^{-4}$。

第三节　固体废物的环境影响评价

一、固体废物的主要环境影响

固体废物往往含有多种污染成分，并长期存在环境中，在一定条件下会发生化学、物理或生物的转化，对周围环境造成一定的影响。如果对其处理、处置、管理不当，污染成分就会通过水、气、土壤等途径污染外环境，最终危害人体健康。通常，工业、矿业等废物所含的化学成分会形成化学物质型污染；人禽粪便和生活垃圾是各种病原微生物的滋生地和繁殖地，形成病原体型污染，其污染途径与化学污染物类似，但在流行病流行期，可引起病原体大范围的急性传播。

（一）对大气环境的影响

堆放的固体废物中的细微颗粒、粉尘等可随风飞扬，从而对大气环境造成污染。一些有机固体废物，在适宜的湿度和温度下被微生物分解，能释放出有害气体，造成区域性空气污染。危险废物处理过程中释放的特征气体污染物，也将对区域环境空气造成污染。

采用焚烧法处理固体废物，除排放烟尘、SO_2、NO_x 等常规污染物外，还将排放二噁英、酸性气体等特征污染物，从而对区域人体健康和生态环境造成威胁。目前美国约有 2/3 的固体废物焚烧炉，由于缺乏空气净化装置而污染大气，有的露天焚烧炉排出的粉尘在接近地面处的浓度可达 0.56 g/m^3，污染严重。我国多处生活垃圾焚烧发电厂在建设和运行过程中，也引发了环境纠纷。

（二）对水环境的影响

固体废物弃置于水体，将使水质直接受到污染，严重危害水生生物的生存条件，并影响水资源的利用。此外，向水体倾倒固废还将缩减江河、湖泊有效面积，影响其排洪和灌溉。在陆地堆积的或简单填埋的固体废物，经过雨水的淋洗、浸渍和废物本身的分解，将会产生含有有害化学物质的渗滤液，会对附近地区的地表径流和地下水系造成污染，影响区域水资源的持久利用和人体健康。

（三）对生态环境的影响

固体废物堆放场的建设将占用土地，必然造成天然土层植被的破坏、林木的损失，同时干扰现有土壤结构,加重水土流失,破坏区域景观生态。同时固体废物填埋需要使用大量的黏土资源,从而对取土区域造成二次生态破坏,在填埋场运行过程中,将排放废水、废气等多种污染物,对区域土壤及动植物的生存造成影响。

废物堆放时,其中的有害成分容易污染土壤。土壤是许多细菌、真菌等微生物聚居的场所。这时微生物与其周围环境构成一个生态系统,在大自然的物质循环中,担负着碳循环和氮循环的一部分重要任务。工业固体废物特别是有害固体废物,经过风化、风雪淋洗、地表径流的侵蚀,产生的高温和有毒液体渗入土壤,能杀害土壤中的微生物,改变土壤的性质和土壤结构、破坏土壤的腐解能力,导致草木不生。

除以上影响外,固体废物运输时将排放废气、噪声,对沿线环境尤其是近距离居民等环境敏感目标造成影响。近年,在我国由于固体废物的无害化处理工程的选址及运行已引发多起环境纠纷、群体性上访事件,因此固体废物无害化处理工程的环境影响评价日益受到各级环境保护主管部门的重视。

二、一般工程项目的固体废物环境影响评价

（一）污染源调查

通过拟建项目工程分析,统计出各个环节产生的固体废物的种类、组分、排放量、排放规律。

根据《国家危险废物名录》或国家规定的危险废物鉴别标准和鉴别方法对项目产生的固体废物进行识别和鉴别,明确产生的固体废物的类别(是一般工业固体废物还是危险废物),列表说明固体废物的分类情况,对于危险废物需要明确其危废类别、危险特性等。

（二）防治措施的论证

根据工艺过程的各个工艺产生的固体废物的危害性及排放方式、排放速率,以"全过程控制"的思路,分析其在生产、收集、运输、贮存等过程中对环境的影响,并有针对性地提出污染防治措施,同时对措施的可行性加以论证。对于危险废物则需提出最终处置措施并进行论证。固体废物在厂内临时贮存必须符合相应标准要求。

（三）提出危险废物的最终处置措施

1. 综合利用

给出综合利用的危险废物的名称、数量、性质、用途、利用价值、防止污染转移及二次污染措施、综合利用单位情况、综合利用途径、供需双方的书面协议等。

2. 焚烧处置

给出危险废物的名称、组分、热值、状态及在《国家危险废物名录》中的分类编号,并应说明处理设施的名称、隶属关系、地址、运距、路由、运输方式及管理,论证处理的环境可行性。如果工程投资中包括处理设施的建议,则需要对处理设施进行单独环境影响评价。

3. 安全填埋处置

给出危险废物的名称、组分、产生量、状态、容量、浸出液组分及浓度以及在《国家危险废物名录》中的分类编号,提出是否需要预处理或固化处理。

对填埋场应说明名称、隶属关系、地址、运距、路由、运输方式及管理,论证处理的环境可行性。如果工程投资中包括填埋场的建议,则需要对填埋场进行单独环境影响评价。

4. 其他处置方法

使用其他物理、化学方法处置危险废物,必须注意对处置过程中产生的环境影响进行评价。

5. 委托处置

一般工程项目产出的危险废物也可采取委托处置的方式进行处理,受委托单位须具有环境保护行政主管部门颁发的相应类别的危险废物处理处置资质。在采取委托处置方式时,应提供与接收方的危险废物委托处置协议和接收方的危险废物处理处置资质证书,并将其作为环境影响评价文件的附件。危险废物的转运必须执行危险废物转移联单制度。

三、一般固体废物集中处置设施建设项目的环境影响评价

一般固体废物集中处置设施包括固体废物填埋场、固体废物焚烧厂等,现以生活垃圾填埋场为例,说明一般固体废物集中处置设施建设项目环境影响内容和技术原则。

(一)生活垃圾填埋场对环境的主要影响

(1)填埋场渗滤液泄漏或处理不当对地下水及地表水的污染。

(2)填埋场产生的气体排放对大气的污染、对公众健康的危害以及可能发生的爆炸对公众安全的威胁。

(3)施工期水土流失对生态环境的不利影响。

(4)填埋场的存在对周围景观的不利影响。

(5)填埋作业和垃圾堆体对周围地质环境的影响,如造成滑坡、崩塌、泥石流等。

(6)填埋机械噪声对公众的影响。

(7)填埋场滋生的害虫、昆虫、啮齿动物以及在填埋场觅食的鸟类和其他动物可能传播疾病。

(8)填埋场垃圾中的塑料袋、纸张以及尘土等在未来得以覆土压实情况下可能飘出场外,造成环境污染和景观破坏。

(9)流经填埋场区的地表径流可能受到污染。

封场后的填埋场对环境的影响减小,上述环境影响中的(6)~(9)项基本上不再存在,但在填埋场植被恢复过程中所种植于填埋场顶部覆盖层上的植被可能受到污染。

(二)生活垃圾填埋场环境影响评价的主要工作内容

根据垃圾填埋场建设及其排污特点,环境影响评价工作主要内容见表 9-7。

表 9-7 垃圾填埋场环境影响评价的主要工作内容

评级项目	评价内容
场址选择评价	场址评价是填埋场环境影响评价的基本内容,主要是评价所选场地是否符合选址标准。其方法是根据场地自然条件,采用选址标准逐项进行评判。评价的重点是场地的水文地质条件、工程地质条件土壤自净能力等。
自然环境质量现状评价	自然现状评价方面,要突出对地质现状的调查与评价。环境质量现状评价方法,主要评价所选场地及其周围的空气、地面水、地下水、噪声等自然环境质量状况。其方法一般是根据监测值与各种标准,采用单因子和多因子综合评判法。

评级项目	评价内容
工程污染因素分析	对拟填埋垃圾的组分,预测产生量、运输途径等进行分析说明;对施工布局、施工作业方式、取土石区及废渣点设置及其环境类型和占地特点进行说明;分析填埋场建设过程中和建成投产后可能产生的主要污染源及其污染物,以及它们产生的数量、种类、排放方式等。其方法一般采用计算、类比、经验统计等。污染源一般有渗滤液、释放气、恶臭、噪声等。
施工期影响评价	主要评价施工期场地内排放生活污水、各类施工机械产生的机械噪声、振动以及二次扬尘对周围地区产生的环境影响,还应对施工期水土流失生态环境影响进行相应评价。
水环境影响预测与评价	主要评价填埋场衬里结构的安全性以及结合渗滤液防治措施综合评价渗滤液的排出对周围水环境的影响两方面内容。 ① 正常排放对地表水的影响。主要评价渗滤液经处理达标后排出,是否会对受纳水体产生影响或影响程度如何。 ② 非正常渗漏对地下水的影响。主要评价衬里破裂后渗滤液下渗对地下水的影响,此外,在评价时段上应体现对施工期、运行期和服务期满后的全时段评价。
空气环境影响预测及评价	主要评价填埋场释放气体及恶臭对环境的影响: ① 释放气体的影响。主要根据排气系统的结构,预测和评价排气系统的可靠性、排气利用的可能性以及排气对环境的影响。预测模式可采用地面源模式。 ② 恶臭气体的影响。主要评价运输、填埋过程中及封场后对环境可能产生的影响。评价时要根据垃圾的种类,预测各阶段臭气产生的位置、种类、浓度及其影响范围。在评价时段上应体现对施工期、运行期和服务期满后的全时段评价。

四、危险废物和医疗废物处置设施建设项目的环境影响评价

（一）对危险废物和医疗废物处置设施建设项目的环境影响评价要求

由于危险废物和医疗废物都具有危险性、危害性和对环境影响的滞后性,因此为了防止在处置过程中的二次污染,减少处置设施建设项目潜在的环境风险,认真落实国务院颁布的《全国危险废物和医疗废物处置设施建设规划》,原国家环境保护总局于 2004 年 4 月 15 日发布了《危险废物和医疗废物处置设施建设项目环境影响评价技术原则（试行）》（以下简称《技术原则》）,规定所有危险废物和医疗废物集中处置建设项目的环境影响评价都应符合《技术原则》的要求。

（二）《技术原则》的主要内容

《技术原则》是在环境影响评价技术导则的基础上,针对危险废物焚烧厂和危险废物填埋场的污染特点,提出一些基本要求。

目前的技术原则主要包括厂（场）址选择、工程分析、环境现状调查、大气环境影响评价、水环境影响评价、生态环境影响评价、污染防治措施、环境风险评价、环境监测与管理、公众参与、结论与建议等内容。

（三）《技术原则》的要点

《技术原则》与一般工程环境影响评价相比具有以下五个方面的区别:

1. 厂（场）址选择

由于危险废物及医疗废物的处置所具有的危险性和危害性,因此在环境影响评价中,

首要关注的是厂(场)址的选择。处置设施选址除要符合国家法律法规要求外,还要就社会环境、自然环境、厂(场)地环境、工程地质、水文地质、气候条件、应急救援等因素进行综合分析。结合《危险废物焚烧污染控制标准》《危险废物填埋污染控制标准》《危险废物贮存污染控制标准》《医疗废物集中焚烧处置工程建设技术要求》中对厂(场)址选择的要求,详细论证拟选厂(场)址的合理性。厂(场)址选择在环境角度是否合理,是制约环境影响评价的最重要因素。

2. 全时段的环境影响评价

处置的对象是危险废物或医疗废物,处置的方法包括焚烧法、安全填埋法、其他物化方法。无论使用何种技术处置何种对象,其设施建设项目都经历建设期、营运期和服务期满后三个阶段。但是根据此类环评的特殊性,对于使用焚烧及其他物化技术的处置主要关注的是营运期,而对于填埋场则关注的是建设期、营运期和服务期满后全时段的环境影响。填埋场在建设期势必会有永久占地和临时占地问题,植被将受到影响,可能造成生物资源或农业资源损失,甚至对生态环境敏感目标产生影响。而在服务期满后,需要提出填埋场封场、植被恢复的具体措施,并要求提出封场后 30 年内的管理和监测方案。这对保护生态环境可谓是重要的问题。

3. 全过程的环境影响评价

危险废物和医疗废物处置设施建设项目的环境影响评价应包括收集、运输、贮存、预处理、处置全过程。由于各环节产生的污染物及其对环境的影响有所不同,由此制定的防治措施是保证在处置过程中不造成二次污染的重要环境影响评价内容。

4. 必须要有环境风险评价

环境风险评价的目的是分析和预测建设项目存在的潜在危险,预测项目营运期可能发生的突发性事件,以及由其引起有毒有害和易燃易爆等物质的泄漏,造成对人体的损害和对环境的污染,从而提出合理可行的防范与减缓措施及应急预案,以使建设项目的事故率达到最小,使事故带来的损失及对环境的影响达到可接受的水平。环境风险评价是该类项目环境影响评价必备内容。

5. 充分重视环境管理与环境监测

为保证危险废物和医疗废物的处置设施安全、有效的运行,必须有健全的管理机构和完善的规章制度。环境影响评价报告书必须提供风险管理及应急救援制度,转移联单管理制度,处置过程安全操作规程,人员培训考核制度,档案管理制度,处置全过程管理制度以及职业健康、安全、环保管理体系等。在环境监测方面,对焚烧处置厂重点是大气环境监测,而对安全填埋场重点则是地下水的监测。

第四节 固体废物的管理制度和处理/处置设施

一、管理制度

(一)管理原则

对固体废物的管理,应当从产生、收集、运输、贮存、再循环利用,到最终处置(即"从摇篮到坟墓"),实现废物的全过程控制,从而达到废物的减量化、资源化和无害化。对固体废物的管理,首要的是力求最小量化,这是现代管理的基点。

在生活垃圾方面,如何减少商品的过度包装,日用品、食品容器的回收再利用,净菜进城等;在工业生产方面,培养每个生产和管理人员在各自岗位上树立最小量化意识,建立最小量化制度和操作规范,改进生产工艺或设计,选择适当原料,制定科学的运行操作程序,提高产品收率和废物回收利用率,提高清洁生产水平,鼓励实施循环经济,使生产过程不产生或少产生固体废物。

（二）管理制度

1. 废物交换制度

一个行业或企业的废物可能是另一个行业或企业的原料,可通过信息系统对废物进行交换。这种废物交换已不同于一般意义上的废物综合利用,而是利用信息技术实现废物资源合理配置的系统工程。

2. 废物审核制度

废物审核制度是对废物从产生、处理到处置实行全过程监督的有效手段。它的主要内容有:废物合理产生的估量、废物流向和分配及监测记录、废物的处理和转化、废物的排放和废物总量衡算、废物从产生到处置的全过程评估。根据废物审核的结果可以及时判断工艺的合理性,发现操作过程中的跑、冒、滴、漏或非法排放,有助于改善工艺、改进操作,实现废物的最小量化。

3. 申报登记制度

为了使环境保护主管部门掌握工业固体废物和危险废物的种类、产生量、流向以及对环境的影响等情况,进而有效地防治工业固体废物和危险废物对环境的污染,《固体废物污染环境防治法》要求实施工业固体废物和危险废物申报登记制度。

4. 排污收费制度

固体废物排污与废水、废气排污有着本质的不同,《固体废物污染环境防治法》规定,企、事业单位对其产生的不能利用或者暂时不利用的工业固体废物,必须按照国务院环境保护主管部门的规定建设贮存或者处置的设施、场所,任何单位都被禁止向环境排放固体废物。而固体废物排污费的缴纳,则是针对那些在按照规定和环境保护标准建成工业固体废物贮存或者处置的设施、场所,以及经改造设施、场所达到环境保护标准之前产生的工业固体废物而言的。

5. 许可证制度

危险废物的危险特性决定并非任何单位和个人都能从事危险废物的收集、贮存、处理、处置等经营活动。从事危险废物的收集、贮存、处理、处置等活动,必须既具备达到一定要求的设施、设备,又要有相应的专业技术能力等条件,必须对从事这方面工作的企业和个人进行审批和技术培训,建立专门的管理机制和配套的管理程序。因此对从事这一行业的单位的资质进行审查是必要的。《固体废物危险环境防治法》规定,从事收集、贮存、处理危险废物经营活动的单位,必须向县级以上人民政府环境保护行政主管部门申请领取经营许可证。许可证制度将有助于我国危险废物管理和处置水平的提高,保证危险废物的严格控制,防止危险废物污染环境的事故发生。

6. 转移报告单制度

危险废物转移必须填写报告单(转移联单)。在转移的过程中,报告单位始终跟随着危险废物。危险废物转移报告单制度的建立,是为了保证危险废物的运输安全,以及防止危险废物的非法转移和非法处置。保证危险废物的安全监控,防止危险废物的流失和污染事故的发生。

(三)污染控制标准

污染控制标准是固体废物管理制度的重要组成部分,也是环境影响评价、"三同时"、限时治理、排污收费等一系列管理制度的基础。固体废物的污染控制标准与废水、废气的标准是不同的,无法采用末端浓度的控制方法。我国固体废物控制标准采用处置控制的原则,在现有成熟处置技术的基础上,制定废物处置的最低技术要求,再辅以释放物控制,从而达到防治固体废物污染环境的目的。

固体废物污染控制标准分为两大类:一类是废物处置控制标准,即对某种特定废物的处置标准和要求。目前,这类标准有《含多氯联苯废物污染控制标准》(GB 13015—2017),这一标准规定了对不同水平的含多氯联苯废物允许采用的处置方法。另外《生活垃圾产生源分类及其排放》(CJ/T 368—2011)中有关城市垃圾排放的内容也属于这一类,这个标准规定了对城市垃圾收集、运输和处置过程的管理要求。另一类标准是设施控制标准,如《生活垃圾填埋场污染控制标准》(GB 16889—2008)、《危险废物焚烧污染控制标准》(GB 18484—2001)、《生活垃圾焚烧污染控制标准》(GB 18485—2014)、《危险废物贮存污染控制标准》(GB 18597—2001)、《危险废物填埋污染控制标准》(GB 18598—2001)、《一般工业固体废物贮存、处置场污染控制标准》(GB 18599—2001)。这些标准中都规定了各种处置设施的选址、设计与施工、入场、运行、封场的技术要求和释放物的排放标准以及监测要求。这些标准在颁布后即成为固体废物管理最基本的强制性标准。在这之后建成的处置设施如果不能达到这些要求将不能运行或被视为非法排放;在这之前建成的处置设施如果达不到这些要求将被要求限期整改,并收取排污费。

二、固体废物的处理/处置措施

(一)固体废物污染控制的主要原则

1. 减量化、资源化和无害化原则

无害化是指对于不能再利用的固体废物进行妥善贮存或处置,使其不对环境及人身安全造成危害。减量化是指在对资源能源的利用过程中,最大限度地利用资源和能源,尽可能地减少固体废物的排放量和产生量。资源化是指对已经成为固体废物的各种物质进行回收、加工,使其转化成为二次原料或能源予以再利用的过程。

2. 全过程管理原则

全过程管理是对固体废物从生产、收集贮存、运输、利用直到最终处置的全部过程实行一体化管理。我国固体废物污染环境防治法对全过程管理的规定是产生固体废物的环节,应当采取措施防止或者减少固体废物对环境的污染;收集、贮存、运输、利用和处置固体废物的环节,必须采取防治环境污染的措施;对于可能成为固体废物的产品的管理,规定应当采用易回收利用、易处置或者在环境中易消纳的包装物。

3. 分类管理原则

分类管理是指对固体废物的管理根据不同情况采取分类管理的方法,制定不同的规定和措施。我国固体废物污染环境防治法对分类管理的规定是对工业固体废物和城市垃圾

的污染环境防治采取一般性管理措施,对危险废物则采取严格管理措施。

（二）固体废物的综合利用和资源化

1. 一般工业固体废物的再利用

由矿物开采、火力发电以及金属冶炼产生的大量的一般工业固体废物,积存量大,处置占地多。主要固体废物有煤矸石、锅炉渣、粉煤灰、高炉渣、钢渣、尘泥等,这些废物多以 SiO_2、Al_2O_3、CaO、MgO、Fe_2O 为主要成分,只要适当进行调配,经加工即可生产水泥等多种建筑材料,这不仅实现了资源再利用,而且由于其产生量大,可以大大减少处置的费用和难度。

在一般工程项目固体废物环境影响评价过程中,应首先考虑实现对建筑项目产生的固体废物的再利用,并应在环境影响评价文件中明确可实现资源化的固体废物利用方式。

2. 固体废物的生物处理技术

固体废物生物处理是以固体废物中的可降解有机物为对象,通过微生物的好氧或厌氧作用,使之转化为稳定产物、能源和其他有用物质的一种处理技术。该技术是对固体废物进行稳定化、无害化处理的重要方式之一,也是实现固体废物资源化、能源化的途径,主要包括堆肥化、沼气化和其他生物转化技术。

好氧堆肥化是大规模处理生物垃圾的一种常用生物处理技术,并已取得了成熟的经验。生活垃圾经分拣后,对玻璃废物、塑料废物、金属物质进行回收再利用,剩余垃圾的有机质含量得到很大提高,具有好氧堆肥的极大潜力。

利用城市生活污水处理厂剩余污泥进行堆肥,产生的肥料必须进行组分分析,只有符合国家相关用肥标准和规定才能使用,否则将会导致土壤污染,这是环境影响评价中经常遇到并必须关注的问题。

3. 固体废物的热处理技术

各类固体废物包括城市垃圾中的有机物均可采用不同类型的热处理技术使其无害化。在固体废物处理技术中,所谓热处理工艺是在某种装有固体废物的设备中以高温使有机物分解并深度氧化而改变其化学、物理或生物特性和组成的处理技术。热处理技术具有减容效果好、消毒彻底、减轻或消除后续处置过程对环境的影响以及可回收资源、能源等特点,但也具有投资和运行费用高、操作运行复杂、存在二次污染等问题。热处理技术的方法包括焚烧、热解、熔融、湿式氧化和烧结等,其中最常用的是焚烧技术。

（1）焚烧处理技术特点

焚烧处理技术是一种最常用的高温热处理技术,在过量氧气的条件下,采用加热氧化作用使有机物转换成无机废物,同时减少废物体积。焚烧处理技术的特点是可以同时实现废物的无害化、减量化和资源化。焚烧法不但可以处理固体废物,还可以处理液态废物和气态废物;不但可以处理城市垃圾和一般工业废物,还可以处理危险废物。焚烧适宜处置有机成分多、热值高的废物。当可燃有机物组分很少时,需添加辅助燃料以维持高温燃烧。

（2）焚烧技术的废气污染

焚烧烟气中常见的空气污染物包括粒状污染物、酸性气体、氮氧化物、重金属、一氧化碳和毒性有机氯化物。

① 粒状污染物

在废物焚烧过程中产生的粒状污染物有三类:废物中的不可燃物,在焚烧过程中（较大残留物)称为炉渣排出,而部分的粒状物则随废气排出炉外称为飞灰。飞灰所占的比例随焚烧炉操作条件(如送风量、炉温等),粒状物粒径分布、形状与密度而定;部分无机盐类在高温下氧化而排出,在炉外凝结成粒状物。另外,排出的二氧化硫在低温下遇水滴而形成硫酸盐雾状颗粒等;未燃烧完全而产生的炭颗粒与煤烟,由于颗粒微细,难以去除,最好的控制办法是在高温下使其氧化分解。

② 酸性气体

废物焚烧过程中,产生的酸性气体主要包括 SO_2、HCl 和 HF 等。这些污染物都是直接由废物中的 S、Cl、F 等元素经过焚烧反应而形成的。据国外研究报道,一般城市垃圾中硫含量为 0.12%,其中 30%~60% 转化为 SO_2,其余则残留于底灰或被飞灰所吸收。

③ 氮氧化物

废物焚烧过程中产生的氮氧化物有两个主要来源:一个来源是在高温下,助燃空气中的 N_2 和 O_2 反应形成氮氧化物;另一个来源是废物中的氮组分转化为氮氧化物。

④ 重金属

废物中所含重金属物质经高温焚烧后一部分残留于灰渣中,一部分在高温下气化挥发进入烟气,还有一部分金属物在炉中参与反应生成重金属氧化物或氯化物进入烟气,这些氧化物及氯化物因挥发、热解、还原及氧化等作用,可能进一步发生复杂的化学反应,最终产物包括元素态重金属、重金属氧化物及重金属氯化物等。

⑤ 毒性有机氯化物

废物焚烧过程中产生的毒性有机氯化物主要为二噁英类,包括多氯代二苯并二噁英(PCDDs)和多氯代二苯并呋喃(PCDFs)。在焚烧过程中有三条途径产生二噁英类物质:即本身含有二噁英类物质、炉内形成和炉外低温再合成。二噁英类物质由于毒性极强,因此最为人们所关注。

4. 固体废物的土地填埋处置技术

填埋处置生活垃圾是应用最早、最广泛的,也是当今世界各国普遍使用的一项固体废物的处置技术。将垃圾埋入地下会大大减少因垃圾敞开堆放带来的环境问题,如散发恶臭、滋生蚊蝇等。但垃圾填埋处理不当,也会引发新的环境污染,如由于降雨的淋洗及地下水的浸泡,垃圾中的有害物质溶出并污染地表水和地下水;垃圾中的有机物在厌氧微生物的作用下产生以甲烷为主的可燃性气体,从而引发填埋场火灾或爆炸。

填埋处置对环境的影响包括多个方面,通常主要考虑占用土地、植被破坏所造成的生态影响以及填埋场释放物包括渗滤液和填埋气体对周围环境的影响。

随着人们对填埋场所带来的各种环境影响的认识,填埋技术也不断得到发展,由最初的简易堆填,发展到具有防渗系统、集排水系统、导气系统和覆盖系统的卫生填埋。填埋场设计和施工的要求是最有效地控制和利用释放气体,最有效地减少渗滤液的产生量,有效地收集渗滤液并加以处理,防止渗滤液对地下水的污染。

根据填埋场污染控制"三重屏障"理论(即地质屏障、人工防渗屏障和废物处理屏障),填埋场污染控制的重点通常是填埋场选址、填埋场防渗结构和渗滤液处理、填埋气体控制。

5. 其他物理化学技术

物理、化学方法是综合利用或预处理的方法。工业生产过程产生的某些含油、含酸、含碱或含重金属的废液不宜直接焚烧或填埋,需利用物理、化学方法进行处理。经处理后的有机溶剂可以作为燃料,浓缩物或沉淀物则可进行填埋或焚烧处理。固体废物的物理、化学处理方法包括沉淀法、固化法、脱水法、化学反应等。

思　考　题

1. 什么是固体废物？其有什么特点？
2. 什么是一般工业固体废物？分为哪几类？
3. 固体废物的有毒有害特征可从哪几个方面进行鉴别？
4. 固体废物污染控制的主要原则是什么？常用的处理/处置方法有哪些？
5. 固体废物的环境影响主要有哪些？

第十章　声环境影响评价

第一节　噪声和噪声评价量

一、声、环境噪声

（一）声、声源

1. 声的定义

声由物体的振动产生（固体声、流体声、气体声）。声波是由物体机械振动引起的介质密度由近及远的传播过程。媒质质点振动方向与传播方向垂直称为横波，媒质质点振动方向与传播方向相同称为纵波。媒质是声传播的必要条件，声波传播的是能量，而不是媒质。描述声波的基本物理量有：声速、波长和频率。

声音的传播需要介质，固体、液体、气体都可以作为传播声音的介质。

2. 声源

物理学中把正在发声的物体叫作声源。如：正在振动的声带、正在振动的音叉、敲响的鼓等都是声源。声源将非声能量转化为声能。

（1）根据声源的物理位置及形态，声源可以划分为：

① 固定声源：在声源发声时间内，声源位置不发生移动的声源。

② 流动声源：在声源发声时间内，声源位置按一定轨迹移动的声源。

③ 点声源：以球面波形式辐射声波的声源，辐射声波的声压幅值与声波传播距离（r）成反比。任何形状的声源，只要声波波长远远大于声源几何尺寸，该声源可视为点声源。在声环境影响评价中，声源中心到预测点之间的距离超过声源最大几何尺寸 2 倍时，可将该声源近似为点声源。

④ 线声源：以柱面波形式辐射声波的声源，辐射声波的声压幅值与声波传播距离的平方根（$\sqrt{r}$）成反比。

⑤ 面声源：以平面波形式辐射声波的声源，辐射声波的声压幅值不随传播距离改变（不考虑空气吸收）。

（2）根据产生机理，声源可以划分为：

① 机械声源：由机械碰撞、摩擦等产生噪声的声源。

②空气动力性声源:由气体流动产生噪声的声源。如空压机、风机等进气和排气产生的噪声。

③电磁噪声源:由电磁场变化引起的磁致伸缩所产生噪声的声源。

（3）按噪声随时间的变化分类:

按噪声随时间的变化分类可分成稳态噪声和非稳态噪声两大类。非稳态噪声中又可有瞬态的、周期性起伏的、脉冲的和无规则的噪声之分。在环境噪声现状监测中应根据噪声随时间的变化来选定恰当的测量和监测方法。

（二）环境噪声

1. 噪声

噪声有两种意义:第一,在物理学上指不规则的、间歇的或随机的声振动;第二,指任何难听的、不和谐的声或干扰,包括在有用频带内的任何不需要的干扰。这种噪声干扰不仅是由声音的物理性质决定的,还与人们的心理状态有关。

从保护环境的角度看,噪声就是人们不需要的声音。它不仅包括杂乱无章不协调的声音,而且也包括影响他人工作、休息、睡眠、谈话和思考的音乐等声音。因此,对噪声的判断不仅仅是根据物理学上的定义,而且往往与人们所处的环境和主观感觉反应有关。

2. 环境噪声

根据《中华人民共和国环境噪声污染防治法》第二条,环境噪声是指在工业生产、建筑施工、交通运输和社会生活中所产生的干扰周围生活环境的声音（频率在 20 Hz～20 kHz 的可听声范围内）。

根据来源,环境噪声可以划分为以下四类:

（1）工业噪声:在工业生产活动中使用固定的设备时所产生的干扰周围生活环境的声音,主要来自机器和高速运转的设备,如鼓风机、汽轮机、纺织机、冲床等发出的声音。

（2）建筑施工噪声:在建筑施工过程中所产生的干扰周围生活环境的声音,主要指建筑施工现场产生的噪声,如打桩机、混凝土搅拌机、起重机和推土机等发出的声音。

（3）交通运输:机动车辆、铁路机车、机动船舶、航空器等交通运输工具在运行时所产生的干扰周围生活环境的声音,主要指机动车辆、飞机、火车和轮船等交通工具在运行时发出的噪声。这些噪声的噪声源是流动的,干扰范围大。

（4）社会生活噪声:人为活动所产生的除工业噪声、建筑施工噪声和交通运输噪声之外的干扰周围生活环境的声音,主要指人们在商业交易、体育比赛、游行集会、娱乐场所等各种社会活动中产生的喧闹声,以及收音机、电视机、洗衣机等各种家电的嘈杂声。

3. 环境噪声的特征

环境噪声的特征与其他污染相比,具有 4 个特征:

（1）感觉性公害:对噪声的判断来自人的主观感觉和心理因素,因此,任何声音都可能成为噪声。不同的人,或同一人在不同的行为状态下对同一种噪声会有不同的反应。当人们不需要时,音乐也是噪声;现在不是噪声的声音,将来也可能成为噪声。

（2）局地性和分散性:其一,任何一个环境噪声源,由于距离发散衰减等因素只能影响一定的范围,超过一定距离的人群就不会受到该声源的影响;其二,环境的噪声源是分散的,可以认为噪声源是无处不在的,人群可受到不同地点的噪声影响。

（3）瞬时性（暂时性）:噪声源一旦停止发声后,周围声环境即可恢复原来的状态,其影响可随即消除,不会残留污染物质,但听力损伤等疾病具有累积效应。

(4) 间接性:日常噪声污染不直接致命/致病,其危害是慢性和间接的。

4. 环境噪声污染

环境噪声污染,是指所产生的环境噪声超过国家规定的环境噪声排放标准,并干扰他人正常生活、工作和学习的现象。

5. 其他概念

敏感目标:指医院、学校、机关、科研单位、住宅、自然保护区等对噪声敏感的建筑物或区域。

贡献值:由建设项目自身声源在预测点产生的声级。

背景值:不含建设项目自身声源影响的环境声级。

预测值:预测点的贡献值和背景值按能量叠加方法计算得到的声级。

二、噪声的评价量

(一)噪声的物理量

1. 声音的频率、波长和声速

声音由声源、介质、接收器三个要素组成。声源在单位时间内的振动次数,称为频率,用 f 表示。每秒振动一次称 1 赫兹(Hz)。人耳能觉察的频率在 $20 \sim 20\,000$ Hz 间。频率 < 20 Hz,称为次声,频率 $> 20\,000$ Hz,称为超声。声波振动经过一个周期传播的距离,称为波长,用 λ 表示,单位为 m;声波通过一个波长的距离所用的时间,称为周期,用 T 表示,单位为 s。振动在介质中传播的速度,称为声速,单位为 m/s。在任何介质中,声速的大小只取决于媒质的弹性和密度,与声源无关。声波的波长 λ、频率 f、周期 T 与声速 c 之间的关系:

$$c = \lambda f; \quad f = 1/T; \quad c = \lambda/T;$$

2. 声压级、声强级及声功率级

(1) 声压(P)

声压是衡量声音大小的尺度,其单位为 $\mathrm{N/m^2}$ 或 Pa。

① 瞬时声压:是指某瞬时媒质中内部压强受到声波作用后的改变量,即单位面积的压力变化。所以声压的单位就是压强的单位 Pa,即 $\mathrm{N/m^2}$,二者关系为:

$$1 \text{ Pa} = 1 \text{ N/m}^2$$

② 有效声压:瞬时声压的均方根值称为有效声压。通常所说声压,是指有效声压,用 P 表示。正常人刚刚听到的最微弱的声音的声压为 2×10^{-5} Pa,如人耳刚刚听到的蚊子飞过的声音的声压称为人耳的听阈。使人耳产生疼痛感觉的声压,如飞机发电机噪声的声压为 20 Pa,称为人耳的痛阈,其间相差 100 万倍。显然用声压的绝对值表示声音的大小是不方便的。为了方便应用,人们便根据人耳对声音强弱变化响应的特性,引出一个对数量来表示声音的大小,这就是声压级。

③ 声压级(L_P):所谓声压级就是声压 P 与基准声压 P_0 之比的常用对数乘以 20 称为该声音的声压级,以分贝计,计算式为:

$$L_P = 20\lg P/P_0 \tag{10-1}$$

式中　L_P——声压级,dB;

　　　P——有效声压,Pa;

P_0——基准声压,即听阈,2×10^{-5} Pa。

（2）声功率（W）及声功率级（L_W）

声功率是声源在单位时间内向空间辐射声的总能量:

$$W = E/\Delta t \tag{10-2}$$

取 W_0 为 10^{-12} W,基准声功率级,则声功率级定义为:

$$L_W = 10\lg W/W_0 \tag{10-3}$$

式中　L_W——声功率级,dB;

　　　W——声功率,W;

　　　W_0——基准声功率,10^{-12} W。

（3）声强（I）及声强级（L_I）

声强是单位时间内,声波通过垂直于声波传播方向单位面积的声能量,即:$I = W/\Delta s$,单位为 W/m²。声压与声强有密切关系。声强表达式为:

$$I = \frac{P^2}{\rho_0 c_0} \tag{10-4}$$

式中　P——有效声压,Pa;

　　　ρ_0——空气密度,kg/m²;

　　　c_0——空气中的声速。

如以人的听阈声强值 10^{-12} W/m² 为基准,则声强级定义为:

$$L_I = 10\lg I/I_0 \tag{10-5}$$

式中　L_I——声强级,dB;

　　　I——声强,W/m²;

　　　I_0——基准声强,10^{-12} W/m²。

3. 分贝的计算

分贝是一个对数概念,所以两个声压级的叠加计算,必须遵循对数运算法则。

（1）分贝的相加

① 公式法:

$$L_P = 20\lg \frac{P}{P_0} = 10\lg \left(\frac{P}{P_0}\right)^2 = 10\lg \frac{\sum_1^n P_i{}^2}{P_0{}^2} = 10\lg \sum_1^n \left(\frac{P_i}{P_0}\right)^2 \tag{10-6}$$

$$L_P = 10\lg \left[\sum_1^n (10^{\frac{L_P}{10}}) \right] \tag{10-7}$$

式中:P_i、L_i 为噪声源 i 作用于该点的声压与声压级。

若两个声源的声压级相等,$L_1 = L_2$,则总声压级:

$$L_P = L_1 + 10\lg 2 \approx L_1 + 3 (\text{dB}) \tag{10-8}$$

也就是说,作用于某一点的两个声源声压级相等,其合成的总声压级比一个声源的声压级增大 3 dB。

② 查表法（表 10-1）:

当声压级不相等时,而且假设 $L_1 > L_2$,以 $L_1 - L_2$ 值按表查得 ΔL,则总声压级 $L_P = L_1 + \Delta L$。

表 10-1　　　　　　　声级差(L_1-L_2)与增值 ΔL 对应关系　　　　　　单位:dB

声级差($L_1 \sim L_2$)	0	1	2	3	4	5	6	7	8	9	10
增值 ΔL	3.0	2.5	2.1	1.8	1.5	1.2	1.0	0.8	0.6	0.5	0.4

声压级叠加时,总声级由其中较大的那个分贝值决定。声压级差值大于 10 dB 时,较小的声级可以忽略不计。

例 10-1　两声源作用于某点的声压级分别为 $L_1=96$ dB,$L_2=93$ dB。求 $L_P=?$

解:由于 $L_1-L_2=3$ dB,按表查得 $\Delta L=1.8$ dB,则 $L_P=96+1.8=97.8\approx98$。

(2)分贝的相减

① 公式法:

已知两个声源在某一预测点产生的合成声压级为 L_P 和其中一个声源在预测点单独产生的声压级 L_2,则另一个声源在此点单独产生的声压级 L_1 可用下式计算:

$$L_1 = 10\lg(10^{0.1L_P} - 10^{0.1L_2}) \tag{10-9}$$

② 查表法(表 10-2):

已知两个声源在 M 点产生的总声压级 L_P 及其中一个声源在该点产生的声压级 L_1,则另一个声源在该点产生的声压级 L_2 可按定义得

$$L_2 = L_P - \Delta L \tag{10-10}$$

表 10-2　　　　　　　　L_P-L_1 差值与 ΔL 的对应关系

L_P-L_1	3	4	5	6	7	8	9	10	11
ΔL	-3	-2.2	-1.6	-1.3	-1	-0.8	-0.6	-0.5	-0.4

例 10-2　为测定某车间中一台机器的噪声大小,从声级计上测得声级为 104 dB,当机器停止工作,测得背景噪声为 100 dB,求该机器噪声的实际大小。

解:由题可知 104 dB 是指机器噪声和背景噪声之和 L_P,背景噪声 L_1 为 100 dB。由 $L_P-L_1=4$ dB,从表知道,$\Delta L=-2.2$ dB,因此机器噪声为:$104-2.2=101.8$ dB。

或用公式法计算:$L_2=10\lg(10^{10.4}-10^{10})=101.8$ dB。

(3)分贝的平均

一般不按算术平均,而求对数平均值,声压级平均值可按下式计算:

$$L_P = 10\lg\left[\frac{1}{n}\sum_1^n 10^{\frac{L_i}{10}}\right] = 10\lg\sum_1^n 10^{0.1L_i} - 10\lg n \tag{10-11}$$

式中　L_P——n 个噪声源的平均声级;

L_i——第 i 个噪声源的声级;

n——噪声源的个数。

(二)环境噪声评价量

1. 基本概念

(1)A 声级(L_A)

人耳的听觉特性:声压级相同而频率不同的声音,听起来不一样响,高频声音比低频声音响。根据听觉特性,在声学测量仪器中设置有"A 计权网络",使接收到的噪声在低频有

较大的衰减而高频甚至稍有放大。A 网络测得的噪声值较接近人耳的听觉,其测得值称为 A 声级(L_A),记作分贝(A)或 dB(A)。

由于 A 声级能较好地反映出人们对噪声吵闹的主观感觉,因此,它几乎成为一切噪声评价的基本值。由噪声各频带的声压级和对应频带的 A 计权修正值,换算公式如下:

$$L_A = 10\lg\sum_{i=1}^{N}\left[(L_i + A_i)/10\right] \tag{10-12}$$

(2)等效连续 A 声级(L_{eq})

A 声级能够较好地反映人耳对噪声的强度和频率的主观感觉,对于一个连续的稳定噪声,它是一种较好的评价方法。但是对于起伏的或不连续的噪声,很难确定 A 声级的大小。为此提出了用噪声能量平均的方法来评价噪声对人的影响,这就是时间平均声级或等效连续声级,用 L_{eq} 表示。这里仍用 A 计权,故亦称等效连续 A 声级 L_{eq}(A)。等效连续 A 声级的数学表达式:

$$L_{eq} = 10\lg\left[\frac{1}{t_2 - t_1}\int_{t_1}^{t_2}10^{\frac{L_{At}}{10}}dt\right] \tag{10-13}$$

式中　$L_{eq(A)}$——在 T 段时间内的等效连续 A 声级,dB(A);

　　　$L_{A(t)}$——t 时刻的瞬时 A 声级,dB(A);

　　　$t_2 - t_1$——连续取样的总时间,min。

(3)昼夜等效声级(L_{dn})

昼夜等效声级是考虑了噪声在夜间对人影响更为严重,将夜间噪声另增加 10 dB 加权处理后,用能量平均的方法得出 24 h A 声级的平均值,单位为 dB,记为 L_{dn}。计算公式为:

$$L_{dn} = 10\lg(T_d \times 10^{0.1L_d} + T_n \times 10^{0.1(L_n+10)})/24 \tag{10-14}$$

式中　L_d——昼间 T_d 个小时(一般昼间小时数取 16)的等效声级,dB;

　　　L_n——昼间 T_n 个小时(一般昼间小时数取 8)的等效声级,dB。

一般取 6:00~22:00 为白天,22:00~6:00 为夜间,由当地政府确定。

(4)计权有效连续感觉噪声级(L_{WECPN})

计权有效连续感觉噪声级(Weighted Equivalent Continuous Perceive Noise Level,WECPNL)是在有效感觉噪声级的基础上发展起来的,用于评价航空噪声的方法。其特点是既考虑了在 24 h 的时间内,飞机通过某一固定点所产生的总噪声级,同时也考虑了不同时间内的飞机对周围环境所造成的影响。

一日计权有效连续感觉噪声级的计算公式如下:

$$L_{WECPN} = L_{EPN} + 10\lg(N_1 + 3N_2 + 10N_3) - 39.4 \tag{10-15}$$

式中　L_{EPN}——N 次飞行的有效感觉噪声级的能量平均值,dB;

　　　N_1——白天 7:00~19:00 时的飞行次数;

　　　N_2——傍晚 19:00~22:00 时的飞行次数;

　　　N_3——夜间 22:00~7:00 时的飞行次数。

(5)统计噪声级(L_n)

统计噪声级是指在某点噪声级有较大波动时,用于描述该点噪声随时间变化状况的统计物理量,一般用 L_{10}、L_{50}、L_{90} 表示。

L_{10} 表示在取样时间内 10% 的时间超过的噪声级,相当于噪声平均峰值。

L_{50} 表示在取样时间内 50% 的时间超过的噪声级,相当于噪声平均中值。

L_{90} 表示在取样时间内 90% 的时间超过的噪声级,相当于噪声平均底值。

计算方法:将测得的 100 个或 200 个数据按大小顺序排列,第 10 个数据或总数 200 个的第 20 个数据即为 L_{10},第 50 个数据或总数为 200 个的第 100 个数据即为 L_{50}。同理,第 90 个数据或第 180 个数据即为 L_{100}。

2. 环境噪声评价量

(1) 声环境质量评价量

根据《声环境质量标准》(GB 3096—2008),声环境功能区的环境质量评价量为昼间等效声级(L_d)、夜间等效声级(L_n),突发噪声的评价量为最大 A 声级(L_{max})。

根据《机场周围飞机噪声环境标准》(GB 9660—88),机场周围区域受飞机通过(起飞、降落、低空飞越)噪声环境影响的评价量为计权等效连续感觉噪声级(L_{WECPN})。

(2) 声源源强表达量

声源源强表达量:A 声功率级(L_{Aw}),频带声功率级(L_{wi});距离声源 r 处的 A 声级 $[L_A(r)]$ 或频带声压级 $[L_{wi}(r)]$;等效感觉噪声级(L_{EPN})。

(3) 厂界、场界、边界噪声评价量

工业企业厂界、建筑施工场界噪声评价量为昼间等效声级(L_d),夜间等效声级(L_n),室内噪声倍频带声压级,频发、偶发噪声的评价量为最大 A 声级(L_{max})。

铁路边界、城市轨道交通车站站台噪声评价量为昼间等效声级(L_d)、夜间等效声级(L_n)。

社会生活噪声源边界噪声评价量为:昼间等效声级(L_d)、夜间等效声级(L_n),室内噪声倍频带声压级、非稳态噪声的评价量为最大 A 声级(L_{max})。

第二节 声环境影响评价程序、评价等级划分

《环境影响评价导则 声环境》(HJ 2.4—2009)于 2009 年 12 月 23 日正式发布,并于 2010 年 4 月 1 日实施。HJ 2.4—2009 增加了评价类别、评价量、评价时段等内容,尤其是明确评价量、增加对非稳态用最大声级值评价等要求,增加了夜间等效声级值、机场噪声评价量等方面的规定,使该规范可操作性增强。明确规定了流动源工程预测中应当使用"近期、中期和远期"三个时段作为评价时段。在评价级别中不再将工程规模作为划分依据,增加了可操作性。

一、声环境影响评价的基本任务、评价类别、评价时段

(一)基本任务

声环境影响评价的基本任务是评价建设项目实施引起的声环境质量的变化和外界噪声对需要安静建设项目的影响程度;提出合理可行的防治措施,把噪声污染降低到允许水平;从声环境影响角度评价建设项目实施的可行性;为建设项目优化选址、选线、合理布局以及城市规划提供科学依据。

(二)评价类别

(1) 按评价对象划分,可分为建设项目声源对外环境的环境影响评价和外环境声源对

需要安静建设项目的环境影响评价。

（2）按声源种类划分，可分为固定声源和流动声源的环境影响评价。

固定声源的环境影响评价：主要指工业（工矿企业和事业单位）和交通运输（包括航空、铁路、城市轨道交通、公路、水运等）固定声源的环境影响评价。

流动声源的环境影响评价：主要指在城市道路、公路、铁路、城市轨道交通上行驶的车辆以及从事航空和水运等运输工具，在行驶过程中产生的噪声的环境影响评价。

建设项目既拥有固定声源，又拥有流动声源时，应分别进行噪声环境影响评价；同一敏感点既受到固定声源影响，又受到流动声源影响时，应进行叠加环境影响评价。

（三）评价时段

根据建设项目实施过程中噪声的影响特点，可按施工期和运行期分别开展声环境影响评价。

运行期声源为固定声源时，固定声源投产运行后作为环境影响评价时段；

运行期声源为流动声源时，将工程预测的代表性时段（一般分为运行近期、中期、远期）分别作为环境影响评价时段。

二、评价工作程序

声环境影响评价的工作程序见图 10-1。

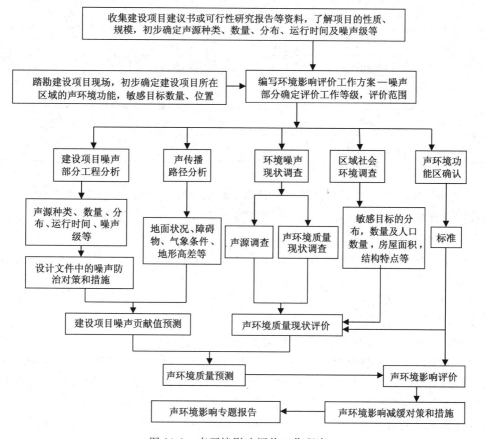

图 10-1　声环境影响评价工作程序

三、评价工作等级、评价范围及评价要求

（一）评价等级划分的依据

声环境影响评价工作等级划分依据包括：

（1）建设项目所在区域的声环境功能区类别。

（2）建设项目建设前后所在区域的声环境质量变化程度。

（3）受建设项目影响人口的数量。

（二）评价等级划分

声环境影响评价工作等级一般分为三级，一级为详细评价，二级为一般性评价，三级为简要评价。评价等级划分见表10-3。

一级评价：建设项目所处的声环境功能区为 GB 3096—2008 规定的 0 类声环境功能区域，以及对噪声有特别限制要求的保护区等敏感目标，或建设项目建设前后评价范围内敏感目标噪声级增高量达 5 dB(A)以上[不含 5 dB(A)]，或受影响人口数量显著增多时，按一级评价。

二级评价：建设项目所处的声环境功能区为 GB 3096 规定的 1 类、2 类地区，或建设项目建设前后评价范围内敏感目标噪声级增高量达 3～5 dB(A)[含 5 dB(A)]，或受噪声影响人口数量增加较多时，按二级评价。

表 10-3　　　　　　　　　　声环境影响评价等级及其划分依据

工作等级	划分依据		
	功能区类别	敏感目标噪声级增高量	受影响人口数量
一级评价	0 类	＞5 dB(A)(不含 5 dB(A))	显著增多
二级评价	1 类、2 类	3～5 dB(A)（含 5 dB(A)）	增加较多
三级评价	3 类、4 类	＜3 dB(A)（不含 3 dB(A)）	变化不大

三级评价：建设项目所处的声环境功能区为 GB 3096 规定的 3 类、4 类地区，或建设项目建设前后评价范围内敏感目标噪声级增高量在 3 dB(A)以下[不含 3 dB(A)]，且受影响人口数量变化不大时，按三级评价。

在确定评价工作等级时，如建设项目符合两个以上级别的划分原则，按较高级别的评价等级评价。

（三）评价范围及基本要求

1. 评价范围的确定

声环境影响评价范围依据评价工作等级和建设项目评价类别确定。

（1）固定声源为主的建设项目（如工厂、港口、施工工地、铁路站场等）：满足一级评价的要求，一般以建设项目边界向外 200 m 为评价范围；二级、三级评价范围可根据建设项目所在区域和相邻区域的声环境功能区类别及敏感目标等实际情况适当缩小；如依据建设项目声源计算得到的贡献值到 200 m 处，仍不能满足相应功能区标准值时，应将评价范围扩大到满足标准值的距离。

（2）流动声源建设项目：城市道路、公路、铁路、城市轨道交通地上线路和水运线路等建设项目，满足一级评价的要求，一般以道路中心线外两侧 200 m 以内为评价范围；二级、三级评价范围可根据建设项目所在区域和相邻区域的声环境功能区类别及敏感目标等实际情况适当缩小；如依据建设项目声源计算得到的贡献值到 200 m 处，仍不能满足相应功能区标准值时，应将评价范围扩大到满足标准值的距离。

（3）机场周围飞机噪声评价范围应根据飞行量计算到 L_{WECPN} 为 70 dB 的区域。满足一级评价的要求，一般以主要航迹离跑道两端各 5～12 km、侧向各 1～2 km 的范围为评价范围；二级、三级评价范围可根据建设项目所处区域的声环境功能区类别及敏感目标等实际情况适当缩小。

2. 评价的基本要求

（1）一级评价的基本要求

① 工程分析：给出建设项目对环境有影响的主要声源的数量、位置和声源源强，并在标有比例尺的图中标识固定声源的具体位置或流动声源的路线、跑道等位置。在缺少声源源强的相关资料时，应通过类比测量取得，并给出类比测量的条件。

② 声环境质量现状：评价范围内具有代表性的敏感目标的声环境质量现状需要实测。对实测结果进行评价，并分析现状声源的构成及其对敏感目标的影响。

③ 噪声预测：a. 要覆盖全部敏感目标，给出各敏感目标的预测值。b. 给出厂界（或场界、边界）噪声值。c. 等声级线：固定声源评价、机场周围飞机噪声评价、流动声源经过城镇建成区和规划区路段的评价应绘制等声级线图，当敏感目标高于（含）三层建筑时，还应绘制垂直方向的等声级线图。d. 环境影响：给出建设项目建成后不同类别的声环境功能区内受影响的人口分布、噪声超标的范围和程度。给出项目建成后各噪声级范围内受影响的人口分布、噪声超标的范围和程度。

④ 预测时段：不同代表性时段噪声级可能发生变化的建设项目，应分别预测其不同时段的噪声级。

⑤ 方案比选：对工程可行性研究和评价中提出的不同选址（选线）和建设布局方案，应根据不同方案噪声影响人口的数量和噪声影响的程度进行比选，并从声环境保护角度提出最终的推荐方案。

⑥ 噪声防治措施：针对建设项目的工程特点和所在区域的环境特征提出噪声防治措施，并进行经济、技术可行性论证，明确防治措施的最终降噪效果和达标分析。

（2）二级评价的基本要求

① 工程分析：给出建设项目对环境有影响的主要声源的数量、位置和声源源强，并在标有比例尺的图中标识固定声源的具体位置或流动声源的路线、跑道等位置。在缺少声源源强的相关资料时，应通过类比测量取得，并给出类比测量的条件。

② 声环境质量现状：评价范围内具有代表性的敏感目标的声环境质量现状以实测为主，可适当利用评价范围内已有的声环境质量监测资料，并对声环境质量现状进行评价。

③ 噪声预测：a. 预测点应覆盖全部敏感目标，给出各敏感目标的预测值。b. 给出厂界（或场界、边界）噪声值。c. 等声级线：根据评价需要绘制等声级线图。d. 给出建设项目建成后不同类别的声环境功能区内受影响的人口分布、噪声超标的范围和程度。

④ 预测时段：不同代表性时段噪声级可能发生变化的建设项目，应分别预测其不同时

段的噪声级。

⑤ 噪声防治措施：从声环境保护角度对工程可行性研究和评价中提出的不同选址（选线）和建设布局方案的环境合理性进行分析。针对建设项目的工程特点和所在区域的环境特征提出噪声防治措施，并进行经济、技术可行性论证，给出防治措施的最终降噪效果和进行达标分析。

（3）三级评价的基本要求

① 声环境质量现状：重点调查评价范围内主要敏感目标的声环境质量现状，可利用评价范围内已有的声环境质量监测资料，若无现状监测资料时应进行实测，并对声环境质量现状进行评价。

② 工程分析：给出建设项目对环境有影响的主要声源的数量、位置和声源源强，并在标有比例尺的图中标识固定声源的具体位置或流动声源的路线、跑道等位置。在缺少声源源强的相关资料时，应通过类比测量取得，并给出类比测量的条件。

③ 噪声预测：应给出建设项目建成后各敏感目标的预测值及厂界（或场界、边界）噪声值，分析敏感目标受影响的范围和程度。

④ 噪声防治措施：针对建设项目的工程特点和所在区域的环境特征提出噪声防治措施，并进行达标分析。

第三节　声环境影响预测

一、声环境现状调查及监测

（一）调查内容

影响声波传播的环境要素调查：调查建设项目所在区域的主要气象特征，包括年平均风速、主导风向、年平均气温和年平均相对湿度等。收集评价范围内 1：2 000～50 000 地理地形图，说明评价范围内声源和敏感目标之间的地貌特征、地形高差及影响声波传播的环境要素。

声环境功能区划调查：调查评价范围内不同区域的声环境功能区划情况，调查各声环境功能区的声环境质量现状。

敏感目标调查：调查评价范围内的敏感目标的名称、规模、人口的分布等情况，并以图、表相结合的方式说明敏感目标与建设项目的关系（如方位、距离、高差等）。

现状声源调查：建设项目所在区域的声环境功能区的声环境质量现状超过相应标准要求或噪声值相对较高时，需对区域内的主要声源的名称、数量、位置、影响的噪声级等相关情况进行调查。有厂界（或场界、边界）噪声的改、扩建项目，应说明现有建设项目厂界（或场界、边界）噪声的超标、达标情况及超标原因。

（二）调查方法

环境现状调查的基本方法是：① 收集资料法；② 现场调查法；③ 现场测量法。评价时，应根据评价工作等级的要求确定需采用的具体方法。

（三）现状监测

1. 监测布点原则

监测布点应覆盖整个评价范围，包括厂界（或场界、边界）和敏感目标。当敏感目标高于（含）三层建筑时，还应选取有代表性的不同楼层设置测点；评价范围内没有明显的声源（如工业噪声、交通运输噪声、建设施工噪声、社会生活噪声等），且声级较低时，可选择有代表性的区域布设测点；评价范围内有明显的声源，并对敏感目标的声环境质量有影响，或建设项目为改、扩建工程，应根据声源种类采取不同的监测布点原则。

① 固定声源：监测点重点布设在可能既受到现有声源影响，又受到建设项目声源影响的敏感目标处，以及有代表性的敏感目标处；为满足预测需要，也可在距离现有声源不同距离处设衰减测点。

② 流动声源，且呈现线声源特点时：监测点位布设应兼顾敏感目标的分布状况、工程特点及线声源噪声影响随距离衰减的特点，布设在典型敏感目标处和确定的若干监测断面上。在监测断面上选取距声源不同距离（如 15 m、30 m、60 m、120 m 等）处布设监测点。

③ 对于改、扩建机场工程，可在主要飞行航迹下离跑道两端不超过 12 km、侧向不超过 2 km 范围内布设监测点，监测点一般布设在评价范围内的主要敏感目标处。

2. 监测执行的标准

声环境质量监测执行 GB 3096—2008；

机场周围飞机噪声测量执行 GB/T 9661—1988；

工业企业厂界环境噪声测量执行 GB 12348—2008；

社会生活环境噪声测量执行 GB 22337—2008；

建筑施工场界噪声测量执行 GB/T 12524—1990；

铁路边界噪声测量执行 GB 12525—1990；

城市轨道交通车站站台噪声测量执行 GB 14227—2006。

3. 现状评价

现状评价要以图、表结合的方式给出评价范围内的声环境功能区及其划分情况，以及现有敏感目标的分布情况；分析评价范围内现有主要声源种类、数量及相应的噪声级、噪声特性等，明确主要声源分布，评价厂界（或场界、边界）超、达标情况；分别评价不同类别的声环境功能区内各敏感目标的超、达标情况，说明其受到现有主要声源的影响状况；给出不同类别的声环境功能区噪声超标范围内的人口数及分布情况。

二、预测范围及预测需要资料

（一）预测范围

预测范围一般同评价范围。视建设项目声源特征（声级大小特征，频率分布特征和时空分布特征等）和周边敏感目标分布特征（集中与分散分布，地面水平与楼房垂直分布，建筑物使用功能等）可适当扩大预测范围。

预测点：包括厂界（或场界、边界）和评价范围内的敏感目标。

（二）预测需要的基础资料

1. 声源资料

建设项目的声源资料主要包括：声源种类、数量、空间位置、噪声级、频率特性、发声持续时间和对敏感目标的作用时间段等。

2. 影响声波传播的各类参量

影响声波传播的各类参量应通过资料收集和现场调查取得,各类参量如下:① 建设项目所处区域的年平均风速和主导风向,年平均气温,年平均相对湿度;② 声源和预测点间的地形、高差;③ 声源和预测点间障碍物(如建筑物、围墙等;若声源位于室内,还包括门、窗等)的位置及长、宽、高等数据;④ 声源和预测点间树林、灌木等的分布情况,地面覆盖情况(如草地、水面、水泥地面、土质地面等)。

三、预测步骤

1. 建立坐标系

建立坐标系,确定各声源坐标和预测点坐标,并根据声源性质以及预测点与声源之间的距离等情况,把声源简化成点声源,或线声源,或面声源。

点声源确定原则:当声波波长比声源尺寸大得多或是预测点离开声源的距离比声源本身尺寸大得多时,声源可作点声源处理,等效点声源位置在声源本身的中心。如各种机械设备、单辆汽车、单架飞机等可简化为点声源。

线声源确定原则:当许多点声源连续分布在一条直线上时,可认为该声源是线状声源。如公路上的汽车流、铁路列车均可作为线状声源处理。

面声源状况的考虑:当声源体积较大(有长度有高度)、声源声级较强时,在声源附近的一定距离内会出现距离变化而声级基本不变或变化微小时,可认为该环境处于面声源影响范围;当城市市区主干道周边高层楼房建筑某一层附近出现垂直声场最大值时,可认为该层声环境受到主干道多条车道线声源叠加的影响。

2. 计算各噪声源在预测点的贡献值(L_{eqg})

计算公式:

$$L_{eqg} = 10\lg\left[\frac{1}{T}\sum_i t_i 10^{0.1L_{Ai}}\right] \tag{10-16}$$

式中　L_{eqg}——建设项目声源在预测点的等效声级贡献值,dB(A);

　　　L_{Ai}——i 声源在预测点产生的 A 声级,dB(A);

　　　T——预测计算的时间段,s;

　　　t——i 声源在 T 时段内的运行时间,s。

3. 与本地噪声叠加,计算环境噪声预测值(L_{eq})

计算公式:

$$L_{eq} = 10\lg(10^{0.1L_{eqg}} + 10^{0.1L_{eqb}}) \tag{10-17}$$

式中　L_{eqg}——建设项目声源在预测点的等效声级贡献值,dB(A);

　　　L_{eqb}——预测点的背景值,dB(A)。

4. 按工作等级要求绘制等声级线图

等声级线的间隔应不大于 5 dB(一般选 5 dB)。对于 L_{eq} 等声级线最低值应与相应功能区夜间标准值一致,最高值可为 75 dB;对于 L_{WECPN} 一般应有 70 dB、75 dB、80 dB、85 dB、90 dB 的等声级线。

四、预测模式

(一) 工业噪声预测模式

1. 室外声源

按照户外声传播衰减计算模式计算。

2. 室内声源

等效到室外声源,再进行衰减计算。室内声源示意图见图 10-2。

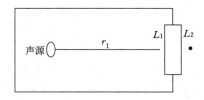

图 10-2　室内声源示意图

(1) 室内外声级差:$NR = L_1 - L_2 = TL + 6$,其中,TL 表示隔墙(或窗户)的传输损失。

(2) 计算户外辐射声功率级:$L_W = L_2 + 10\lg S$

(3) 按户外衰减模式计算:L_1 的获得方法:① 实测;② 室内声学方法计算,其计算公式:

$$L_1 = L_W + 10\lg\left(\frac{Q}{4\pi r_1{}^2} + \frac{4}{R}\right) \tag{10-18}$$

式中　Q——指向性因子,其取值方法是:通常对无指向性声源,当声源位于房间中心时 $Q=1$,当放在一面墙的中心时 $Q=2$,当放在两面墙夹角处时 $Q=4$,当放在三面墙夹角处时 $Q=8$;

　　　R——房间常数,$R = S\alpha(1-\alpha)$,其中,S 为房间内表面积,m^2,α 为平均吸声系数;

　　　r——声源到靠近围护结构某点处的距离,m。

(二) 道路交通噪声预测模式

1. 车型分类

车辆分为大、中、小型 3 种类型。

当量交通量:　　　　$PCU = X \times$ 小车 $+ Y \times$ 中车 $+ Z \times$ 大车

道路交通噪声示意图见图 10-3。

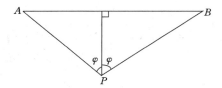

图 10-3　道路交通噪声

2. 第 i 类车的等效声级

$$L_{eq}(h) = (\overline{L}_{0E})_i + 10\lg\left(\frac{N_i}{V_i T}\right) + 10\lg\left(\frac{7.5}{r}\right) + 10\lg\left(\frac{\varphi_1 + \varphi_2}{\pi}\right) + \Delta L - 16 \tag{10-19}$$

式中 $(\overline{L}_{0E})_i$ ——第 i 类车速度为 V_i(km/h)、水平距离为 7.5 m 处的能量平均 A 声级,dB(A);

N_i ——昼间、夜间通过某个预测点的第 i 类车平均小时车流量,辆/h;

r ——从车道中心到预测点的垂直距离,m;公式适用于 $r>7.5$ m 预测点的噪声预测;

V_i ——第 i 类车的平均车速,km/h;

T ——计算等效声级的时间,1 h;

φ_1,φ_2 ——预测点到有限长路段两端的夹角,弧度;

ΔL ——由其他因素引起的修正量,dB(A),可按照下式计算:

$$\Delta L = \Delta L_1 - \Delta L_2 + \Delta L_3 \tag{10-20}$$

$$\Delta L_1 = \Delta L_{纵波} + \Delta L_{路面}$$

$$\Delta L_2 = A_{atm} + A_{gr} + A_{bar} + A_{misc}$$

式中 A_{atm} ——空气吸收引起的倍频带衰减,dB(A);

A_{gr} ——地面效应引起的倍频带衰减,dB(A);

A_{bar} ——屏障效应引起的倍频带衰减,dB(A);

A_{misc} ——其他多方面引起的倍频带衰减,dB(A)。

3. 总车流的等效声级

$$L_{eq}(T) = 10\lg\left(\sum_{i=1}^{3} 10^{0.1L_{eq(h)_i}}\right) \tag{10-21}$$

(三)铁路噪声预测模式

1. 预测点列车运行引起的等效声级(贡献量)

$$L_{Aeq,P} = 10\lg\left[\frac{1}{T}\left(\sum_i n_i t_{eq,i} 10^{0.1(L_{0,t,i}+C_{t,i})} + \sum_i t_{f,i} 10^{0.1(L_{0,f,i}+C_{f,i})}\right)\right] \tag{10-22}$$

式中 T ——规定的评价时间,s;

n_i —— T 时间内通过的第 i 类列车列数;

$t_{eq,i}$ ——第 i 类列车通过的等效时间,s;

$L_{0,t,i}$ ——第 i 类列车最大垂向指向性方向上的噪声辐射源强,dB(A);

$C_{t,i}$ ——第 i 类列车的噪声修正项,dB(A);

$T_{f,i}$ ——固定声源的作用时间,s;

$L_{0,f,i}$ ——固定声源的噪声辐射源强,dB(A);

$C_{f,i}$ ——固定声源的噪声修正项,dB(A)。

2. 环境噪声预测值

$$L_{Aeq,环境} = 10\lg\left(10^{0.1L_{Aeq铁路}} + 10^{0.1L_{Aeq背景}}\right) \tag{10-23}$$

3. 等效时间的确定

$$t_{eq,i} = \frac{l_i}{V_i}\left(1 + 0.8\frac{d}{l_i}\right) \tag{10-24}$$

式中 l_i ——第 i 类列车的列车长度,m;

V_i ——第 i 类列车的列车运行速度,m/s;

d ——预测点到线路的距离,m。

(四)机场噪声预测模式

1. 确定飞行剖面(图 10-4)

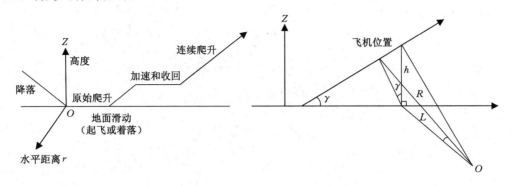

图 10-4　飞机飞行剖面

2. 计算斜距

$$R = \sqrt{L^2 + (h\cos r)^2} \tag{10-25}$$

3. 计算平均等效感觉声级

$$\overline{L}_{\text{EPN}} = 10\lg\left[\left(\frac{1}{N_1 + N_2 + N_3}\right)\left(\sum_{i=1}^{N} 10^{0.1L_{\text{EPN}}}\right)\right] \tag{10-26}$$

4. 计权等效连续感觉噪声级(L_{WECPN})

$$L_{\text{WECPN}} = \overline{L}_{\text{EPN}} + 10\lg(N_1 + 3N_2 + 10N_3) - 39.4 \tag{10-27}$$

式中　N_1——7:00~19:00 对某个预测点声环境产生噪声影响的飞行架次;

　　　N_2——19:00~22:00 对某个预测点声环境产生噪声影响的飞行架次;

　　　N_3——2:00~7:00 对某个预测点声环境产生噪声影响的飞行架次;

　　　$\overline{L}_{\text{EPN}}$——N 次飞行有效感觉噪声级能量平均值($N = N_1 + N_2 + N_3$),dB。

其中,$\overline{L}_{\text{EPN}}$ 的计算公式:

$$\overline{L}_{\text{EPN}} = 10\lg\left(\frac{1}{N_1 + N_2 + N_3}\sum_i \sum_j 10^{0.1L_{\text{EPN}ij}}\right) \tag{10-28}$$

式中　$L_{\text{EPN}ij}$——j 航路,第 i 架次飞机在预测点产生的有效感觉噪声级,dB。

四、户外声传播衰减计算

(一)基本公式

声的衰减是指声波在传播过程中其强度随距离的增加而逐渐减弱的现象。声的吸收是指声波传播经过媒质或遇到表面时声能量减少的现象。

户外声传播衰减包括几何发散(A_{div})、大气吸收(A_{atm})、地面效应(A_{gr})、屏障屏蔽(A_{bar})、其他多方面效应(A_{misc})引起的衰减。

(1)在环境影响评价中,应根据声源声功率级或靠近声源某一参考位置处的已知声级(如实测得到的)、户外声传播衰减,计算距离声源较远处的预测点的声级。在已知距离无指向性点声源参考点 r_0 处的倍频带声压级及计算出参考点(r_0)和预测点(r)处之间的户外声传播衰减后,预测点 8 个倍频带声压级可分别用下式计算。

$$L_A(r) = L_A(r_0) - (A_{\text{div}} + A_{\text{atm}} + A_{\text{bar}} + A_{\text{gr}} + A_{\text{misc}}) \tag{10-29}$$

（2）预测点的 A 声级 $L_A(r)$ 可按下式计算，即将 8 个倍频带声压级合成，计算出预测点的 A 声级 $[L_A(r)]$。

$$L_A(r) = 10\lg(\sum_{}^{8} 10^{0.1(L_{P_i}(r)-\Delta L_i)}) \tag{10-30}$$

式中　$L_{P_i}(r)$——预测点(r)处，第 i 倍频带声压级，dB；

　　　ΔL_i——第 i 倍频带的 A 计权网络修正值，dB。

（3）只考虑几何发散衰减时

$$L_A(r) = L_A(r_0) - A_{div} \tag{10-31}$$

（二）几何发散衰减（A_{div}）

1. 点声源

（1）点声源随传播距离增加引起衰减值：

$$A_{div} = 10\lg\frac{1}{4\pi r^2} \tag{10-32}$$

式中　A_{div}——距离增加产生的衰减值，dB；

　　　r——点声源至受声点的距离，m。

（2）在距离点声源 r_1 处至 r 处的衰减值：

$$A_{div} = 20\lg(r_1/r_2) \tag{10-33}$$

当 $r_2 = 2r_1$ 时，$A_{div} = -6$ dB，即点声源声传播距离增加 1 倍，衰减值是 6 dB。

2. 线状声源随距离增加的几何衰减

（1）线声源随距离增加引起的衰减值为：

$$A_{div} = 10\lg\frac{1}{2\pi l} \tag{10-34}$$

式中　A_{div}——距离增加产生的衰减值，dB；

　　　l——线声源至受声点的距离，m。

（2）有限长线声源

设线声源长度为 l_0，单位长度线声源辐射的倍频带声功率级为 L_W。在线声源垂直平分线上距声源 r 处的声压级为：

$$L_P = L_W + 10\lg\left[\frac{1}{r}\text{arctg}\left(\frac{l_0}{2r}\right)\right] - 8 \tag{10-35}$$

① 当 $r > l_0$ 且 $r_0 > l_0$ 时，即在有限长线声源的远场，有限长线声源可当作点声源处理，近似公式为：

$$L_P(r) = L_P(r_0) - 20\lg(r/r_0)$$

② 当 $r < l_0/3$ 且 $r_0 < l_0/3$ 时，即在有限长线声源的近场，有限长线声源可当作无限长线声源处理，近似公式为：

$$L_P(r) = L_P(r_0) - 10\lg(r/r_0)$$

③ 当 $l_0/3 < r < l_0$ 且 $l_0/3 < r_0 < l_0$ 时，近似公式为：

$$L_P(r) = L_P(r_0) - 15\lg(r/r_0)$$

3. 面声源的几何发散衰减

面声源随传播距离的增加引起的衰减值与面源形状有关。

例如，一个具有许多建筑机械的施工场地：

设面声源短边是 a，长边是 b，随着距离的增加，其衰减值与距离 r 的关系为：

当 $r < a/\pi$ 时，在 r 处 $A_{div} = 0$ dB；

当 $b/\pi > r > a/\pi$ 时，在 r 处，距离 r 每增加一倍，$A_{div} = -(0 \sim 3)$ dB；

当 $b > r > b/\pi$ 时，在 r 处，距离 r 每增加一倍，$A_{div} = -(3 \sim 6)$ dB；

当 $r > b$ 时，在 r 处，距离 r 每增加一倍，$A_{div} = -6$ dB。

（三）大气吸收引起的衰减（A_{atm}）

大气吸收引起的衰减按下式计算：

$$A_{atm} = \frac{a(r - r_0)}{1\ 000} \tag{10-36}$$

式中　A_{atm}——大气吸收造成衰减值，dB；

a——每 100 m 空气的吸声，其值与温度、湿度和声波频率有关。预测计算中一般根据建设项目所处区域常年平均气温和湿度选择相应的大气吸收衰减系数（见《环境影响评价导则　声环境》表3）；

r_0——参考位置声源距离，m；

r——声源到预测点的距离，m。

（四）地面效应衰减（A_{gr}）

地面类型可分为：① 坚实地面，包括铺筑过的路面、水面、冰面以及夯实地面。② 疏松地面，包括被草或其他植物覆盖的地面，以及农田等适合于植物生长的地面。③ 混合地面，由坚实地面和疏松地面组成。

如图 10-5 所示，声波越过疏松地面或大部分为疏松地面的混合地面传播时，在预测点仅计算 A 声级前提下，地面效应引起的倍频带衰减可用下式计算：

$$A_{gr} = 4.8 - \left(\frac{2h_m}{r}\right)\left[17 + \left(\frac{300}{r}\right)\right] \tag{10-37}$$

式中　r——声源到预测点的距离，m；

h_m——传播路径的平均离地高度，m；可按图 10-5 计算，$h_m = F/r$；

F——面积，m^2。

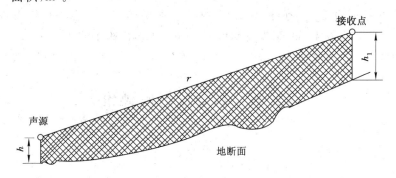

图 10-5　估计平均高度 h_m 的方法

（五）屏障引起的衰减（A_{bar}）

位于声源和预测点之间的实体障碍物，如围墙、建筑物、土坡或地堑等起声屏障作用，从而引起声能量的较大衰减。在环境影响评价中，可将各种形式的屏障简化为具有一定高度的薄屏障。

如图 10-6 所示，S、O、P 三点在同一平面内且垂直于地面。

定义 $\delta=SO+OP-SP$ 为声程差，$N=2\delta/\lambda$ 为菲涅尔数，其中 λ 为声波波长。

在噪声预测中，声屏障插入损失的计算方法应根据实际情况作简化处理。

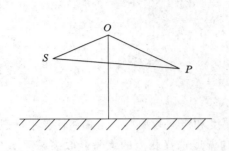

图 10-6　无限长声屏障示意图　　　　图 10-7　在有限长声屏障上不同的传播路径

有限长薄屏障在点声源声场中引起的声衰减计算：

（1）首先计算图 10-7 所示三个传播途径的声程差 δ_1、δ_2、δ_3 和相应的菲涅尔数 N_1、N_2、N_3。

（2）声屏障引起的衰减按下式计算：

$$A_{\text{bar}} = -10\lg\left(\frac{1}{3+20N_1}+\frac{1}{3+20N_2}+\frac{1}{3+20N_3}\right) \tag{10-38}$$

式中：N_1、N_2、N_3 为三个传播途径的相应的菲涅尔数。

屏障很长（可作无限长）时，可简化为：

$$A_{\text{bar}} = -10\lg\left(\frac{1}{3+20N_1}\right) \tag{10-39}$$

双绕射计算、绿化林带噪声衰减计算比较复杂，详细内容参看 HJ 2.4—2009。

（六）其他多方面原因引起的衰减（A_{misc}）

其他衰减包括通过工业场所的衰减，通过房屋群的衰减等。在声环境影响评价中，一般情况下，不考虑自然条件（如风、温度梯度、雾）变化引起的附加修正。

工业场所的衰减、房屋群的衰减等可参照 GB/T 17247.2—1998 进行计算。

第四节　声环境影响评价

一、评价标准的确定

应根据声源的类别和建设项目所处的声环境功能区等，确定声环境影响评价标准。没有划分声环境功能区的区域由地方环境保护部门参照 GB 3096—2008 和 GB/T 15190—2014 的规定划定声环境功能区。

二、评价的主要内容

（一）评价方法和评价量

根据噪声预测结果和环境噪声评价标准，评价建设项目在施工、运行期噪声的影响程度、影响范围，给出边界（厂界、场界）及敏感目标的达标分析。

进行边界噪声评价时，新建建设项目以工程噪声贡献值作为评价量；改扩建建设项目以工程噪声贡献值与受到现有工程影响的边界噪声值叠加后的预测值作为评价量。

进行敏感目标噪声环境影响评价时，以敏感目标所受的噪声贡献值与背景噪声值叠加后的预测值作为评价量。

（二）影响范围、影响程度分析

给出评价范围内不同声级范围覆盖下的面积，主要建筑物类型、名称、数量及位置，影响的户数、人口数。

（三）噪声超标原因分析

分析建设项目边界（厂界、场界）及敏感目标噪声超标的原因，明确引起超标的主要声源。对于通过城镇建成区和规划区的路段，还应分析建设项目与敏感目标间的距离是否符合城市规划部门提出的防噪声距离的要求。

（四）对策建议

分析建设项目的选址（选线）、规划布局和设备选型等的合理性，评价噪声防治对策的适用性和防治效果，提出需要增加的噪声防治对策、噪声污染管理、噪声监测及跟踪评价等方面的建议，并进行技术、经济可行性论证。

三、噪声防治对策和措施

（一）噪声防治措施的一般要求

工业（工矿企业和事业单位）建设项目噪声防治措施应针对建设项目投产后噪声影响的最大预测值制订，以满足厂界（场界、边界）和厂界外敏感目标（或声环境功能区）的达标要求。

交通运输类建设项目（如公路、铁路、城市轨道交通、机场项目等）的噪声防治措施应针对建设项目不同代表性时段的噪声影响预测值分期制订，以满足声环境功能区及敏感目标功能要求。其中，铁路建设项目的噪声防治措施还应同时满足铁路边界噪声排放标准要求。

（二）防治途径

1. 规划防治对策

规划防治对策主要指从建设项目的选址（选线）、规划布局、总图布置和设备布局等方面进行调整，提出减少噪声影响的建议。如采用"闹静分开"和"合理布局"的设计原则，使高噪声设备尽可能远离噪声敏感区；建议建设项目重新选址（选线）或提出城乡规划中有关防止噪声的建议等。

2. 技术防治措施

（1）从声源上降低噪声的措施。主要包括：① 改进机械设计，如在设计和制造过程中选用发声小的材料来制造机件，改进设备结构和形状、改进传动装置以及选用已有的低噪声设备等。② 采取声学控制措施,如对声源采用消声、隔声、隔振和减振等措施。③ 维持设备处于良好的运转状态。④ 改革工艺、设施结构和操作方法等。

(2) 从噪声传播途径上降低噪声措施。主要包括:① 在噪声传播途径上增设吸声、声屏障等措施。② 利用自然地形物(如利用位于声源和噪声敏感区之间的山丘、土坡、地堑、围墙等)降低噪声。③ 将声源设置于地下或半地下的室内等。④ 合理布局声源,使声源远离敏感目标等。

(3) 敏感目标自身防护措施。主要包括:① 受声者自身增设吸声、隔声等措施。② 合理布局噪声敏感区中的建筑物功能和合理调整建筑物平面布局。

3. 管理措施

管理措施主要包括提出环境噪声管理方案(如制订合理的施工方案、优化飞行程序等),制订噪声监测方案,提出降噪减噪设施的运行使用、维护保养等方面的管理要求,提出跟踪评价要求等。

第五节　噪声环境影响评价案例

项目概况:海滨城市 A 市拟在距离 A 市中心 32 km 处建设大型现代化机场工程。机场建设需征果园面积 123 亩,草地 12 亩,森林 2 hm²。在机场 5 km 范围内,有村庄 3 个,需要搬迁居民 425 户,学校 2 所。项目主体工程由 1 条跑道、2 条平行滑行道、4 条快速出口滑行道及 6 条跑滑之间的垂直联络道组成。项目营运后的年旅客流量为 2 090 万人,货物吞吐量为 150 万 t,年飞机起降架次为 238 906,高峰期飞机起降架次为 80 次/h。工程内容主要包括跑道工程、航站工程、停机坪工程、导航台站、公用工程、供水工程、排水工程、供热工程、运输工程、行政管理及生活设施等。试说明声环境影响评价等级、声环境现状调查与评价的范围、内容、监测因子及评价方法。

答:(1) 声环境影响评价等级的确定:根据项目介绍,噪声评价等级的判断依据有三个。建设前后,敏感点的噪声级增加量大于 5 dB,本项目噪声应该是一级评价。

(2) 声环境现状调查范围:主跑道两端 12 km,侧向各 2 km。

(3) 评价内容:评价范围内既有噪声源种类、数量及相应声级,又有村镇、学校、医院的数量及可能影响的人数。做噪声等值线并说明各声级下的人口分布,项目建成前后噪声变化的比较,提出噪声的防治措施。

(4) 监测因子:机场噪声监测提供最大声级、声暴露级噪声值。

(5) 评价方法:根据对应区域噪声标准限值,对评价范围内的现状噪声影响程度作出评价,并分析产生噪声影响的主要因素。

思　考　题

1. 什么是环境噪声?

2. 简要说明声环境影响评价等级划分的依据。

3. 对比说明声环境一级、二级及三级评价要求的异同点。

4. 在城市 1 类声功能区内,某卡拉 OK 厅的排风机在 19:00～02:00 间工作,在距直径

0.1 m 的排气口 1 m 处,测得噪声级为 68 dB,在不考虑背景噪声和声源指向性条件下,问距排气口 10 m 处的居民楼前,排气噪声是否超标? 如果超标,排气口至少应距居民楼前多少米?

5. 城市道路、公路建设项目声环境影响评价范围如何确定?

第十一章 土壤环境影响评价

第一节 概 述

一、土壤及其特性

土壤是有层次结构、水分、养分和生命体的地球疏松表层,是农业生产的基本资料、生态系统的组成部分和人类赖以生存的物质基础。它是由岩石风化而成的矿物质、动植物残体腐解产生的有机质以及水分、空气等组成。

土壤圈是地球系统的重要组成部分,处于大气圈、水圈、生物圈和岩石圈的界面和中心位置,既是它们所长期共同作用的产物,又是对这些圈层的支撑;是连接无机环境与有机环境的纽带,是各种物理、化学以及生物过程、界面反应、物质与能量交换、迁移转化过程的最为复杂、最为频繁的地带。土壤具有生产力、生命力以及环境净化能力,是自然环境的中心要素和环节。

二、土壤环境质量

土壤环境质量是指土壤环境(或土壤生态系统)的组成、结构、功能特性及其所处状态的综合体现与定性、定量的表述。它包括在自然环境因素影响下的自然过程及其所形成的土壤环境的组成、结构、功能特性、环境地球化学背景值与元素背景值、净化功能、自我调节功能与抗逆功能、土壤环境容量等相对稳定而仍在不断变化中的环境基本属性以及在人类活动影响下的土壤环境污染和土壤生态状态的变化。

当今的土壤环境质量已经不仅是土壤养分贫瘠与过剩、土壤酸化与铝毒、土壤盐碱化与次生盐渍化、土壤板结与通透性不畅等肥力障碍问题,而且表现出微量有毒金属、农药、持久性有机污染物的单一、复合、混合污染与生态功能退化问题,以及肥力障碍、污染退化与温室气体排放叠合共存的综合问题。

三、土壤环境影响识别

(一)土壤环境影响类型的识别

土壤环境影响按照不同的分类依据,可划分为不同的类型。

1. 按影响结果,可划分为污染型影响、退化型影响和资源破坏型影响

土壤污染型影响是指建设项目在开发建设和投产使用过程中,或者项目服务期满后排出和残留有毒有害物质,对土壤环境产生化学性、物理性或生物性污染危害。典型的如土壤重金属污染、化学农药污染、化肥污染、土壤酸化等。这种污染一般是可逆的,如进入到土壤环境中的有机物,经过自然净化作用和适当的人工处理,可以使它们从土壤中消除,恢复到污染前的水平。但严重的重金属污染由于恢复费用昂贵、技术难度大,污染后土地被迫废弃,也可以认为是不可逆的。

土壤退化型影响是指由于人类活动导致的土壤中各组分之间或土壤与其他环境要素(大气、水体、生物)之间的正常的自然物质和能量循环过程遭到破坏,而引起土壤肥力、土壤质量和承载力的下降。这种污染一般是可逆的。

土壤资源破坏型影响是指由建设项目或由其诱发的自然活动(如泥石流、洪崩)导致土壤被占用、淹没和破坏,还包括由于土壤过度侵蚀或重金属严重污染而使土壤完全丧失原有功能而被废弃的情况。这种污染具有土壤资源被彻底破坏和不可逆等特点。

2. 按建设项目建设时序,可划分为建设阶段(也称施工阶段)、运行阶段和服务期满后的影响

建设阶段影响指建设项目在施工期间的各种活动对土壤环境产生的影响,如厂房、道路交通施工,建筑材料和生产设备的运输、装卸、贮存等活动导致土壤的占压、开挖或利用方式的改变;施工开挖导致植被破坏,进而引起土壤侵蚀;拆迁安置过程中产生的土壤挖压、破坏等。

运行阶段影响指建设项目投产运行和使用期间产生的影响,如化工、冶金、造纸等项目在生产过程中排放的废气、废水和固体废弃物对土壤造成的污染,以及部分水利、交通、矿山开发项目在使用生产过程中引起土壤的退化和破坏。

服务期满后的影响指建设项目使用寿命结束后仍继续对环境产生的影响,这类影响仅适用于部分特定的建设项目。如矿山开发类项目,当其生产终了之后,遗留的矿坑、采矿场、排土场、尾矿场对土壤环境的影响并不会终结,可能继续导致土壤的退化和破坏。

3. 按影响方式可划分为直接影响和间接影响

直接影响指影响因子产生后直接作用于被影响对象,并呈现出明显的因果关系,如土壤侵蚀、土壤沙化、土壤因污水灌溉造成的污染都属于直接影响。

间接影响指影响因子产生后需经过中间转化过程才能作用于被影响对象,如项目排污使污染物进入土壤,随后通过食物链进入人体危害人群健康,就是典型的间接影响,这也是土壤污染在影响方式上区别于大气、水体污染的显著特征。

4. 按影响性质可分为可逆影响、不可逆影响、累积影响和协同影响

可逆影响指施加影响的活动停止后,土壤可迅速或者逐渐恢复到原来的状态。如土壤轻度退化、土壤有机污染等,均属于可逆影响。

不可逆影响指施加的活动一旦发生,土壤就不可能或者很难恢复到原来的状态。例如,严重的土壤侵蚀就很难恢复到原来普查时的土壤和土壤剖面,一些疏松土层流失造成岩石裸露的地区一般来说就不可能恢复到原来的土壤层,这些都属于不可逆影响。对一些重金属污染,由于重金属在土壤中不能被土壤微生物降解,又容易为土壤有机、无机胶体吸附,因此,被重金属污染的土壤一般难以恢复,也属于不可逆影响。

累积影响指排放到土壤中的某些污染物对产生的影响需要经过长期的作用,直到累积超过一定的临界值以后才会体现出来。例如,某些重金属在土壤中对农作物的污染累积作用而致死的影响就是一种累积影响。

协同作用指当两种或两种以上的污染物同时作用于土壤时所产生的影响大于每种污染物单独影响的总和。

(二)开发行动对土壤环境的影响

土壤系统是在成千上万年的地球演变过程中形成的,它受自然和人类行动的双重影响,特别是近百年来的人类影响。

1.人工改变局地小气候

人工降雨、改变风向、农田灌溉补水和排水等对土壤的影响是有利的;但人类大量排放温室气体,导致全球变暖趋势加剧、气温升高,进而使土壤过分曝晒和风蚀影响加大。

2.改变植被和生物分布状况

合理控制土地上动植物种群,松土犁田增加土壤中的氧,施加粪便和各种有机肥,休耕和有控制烧田去除有害的昆虫和杂草等的影响是有利的;过度放牧和种植而减少土壤有机物含量,施用化学农药杀虫、除草,用含有害污染物的废水灌溉则产生不利影响。

3.改变地形

土地平整并重铺植被,营造梯田,在裸土上覆盖或铺砌植被等是有利的;湿地排水和开矿及地下水过量开采引起地面沉降和加速土壤侵蚀,以及开山、挖地生产建筑材料而产生不利影响。

4.改变成土母质

在土壤中加入水产和食品加工厂的贝壳粉、动物骨骸,清水冲洗盐渍土等是有利的;将含有有害元素矿石和碱性粉煤灰混入土壤,农业收割带走的矿物营养超过了补给量等则产生不利影响。

5.改变土壤自然演化的时间

通过水流的沉积作用将上游的肥沃母质带到下游,对下游土壤是有利的;过度放牧和种植作用会快速移走成土母质中的矿物营养,造成土壤退化,将固体废物堆积于土壤表面而产生不利影响。

第二节 土壤环境影响评价等级划分、评价内容及评价标准

一、土壤环境影响评价等级划分

我国土壤环境影响评价,尚无推荐的行业导则,可从以下几个方面,来确定土壤环境影响评价的工作等级。

(1)项目占地面积、地形条件和土壤类型,可能被破坏的植被种类、面积以及对当地生态系统影响的程度。

(2)侵入土壤的污染物种类及数量,对土壤和植物的毒性,及其在土壤环境中降解的难易程度,以及受影响的土壤面积。

(3)土壤环境容量,即土壤容纳拟建项目污染物的能力。

（4）项目所在地土壤环境功能区划要求。

二、土壤环境影响评价内容及评价范围

（一）土壤环境影响评价工作内容

土壤环境影响评价的基本工作内容包括以下几个方面：

（1）收集和分析拟建项目工程分析的成果以及与土壤侵蚀和污染有关的地表水、地下水、大气和生物等专题评价资料。

（2）调查检测拟建项目所在区域土壤环境资料，包括土壤类型、性态、土壤中污染物的背景和基线值；植物的产量、生产状况及体内污染物的基线值；与土壤污染物相关的环境标准和卫生标准以及土壤利用现状。

（3）调查、监测评价区内现有土壤污染源的排污情况。

（4）描述土壤环境现状，包括现有的土壤侵蚀和污染状况，进行土壤环境现状评价。

（5）根据进入土壤环境中污染物的种类、数量及方式，区域环境特点，土壤理化特性以及污染物在土壤环境中的迁移、转化和累积规律，分析污染物累积趋势，预测土壤环境质量的变化和发展。

（6）预测项目建设可能造成的土壤退化及破坏和损失情况。

（7）评价拟建项目对土壤环境影响的重大性，并提出消除和减轻负面影响的对策措施及跟踪监测计划。

（8）如果由于时间限制或特殊原因，不能详细、准确地收集到评价区土壤的背景值和基线值以及植物体内污染物含量等资料，可采用类比调查方法；必要时应作盆栽、小区乃至田间实验，确定植物体内的污染物含量，或者开展污染物在土壤中累积过程的模拟实验，以确定各种系数值。

一般，一级评价项目的内容应包括以上各个方面，三级评价项目可利用现有资料和参照类比项目从简，二级评价项目的工作内容类似于一级评价项目，但工作深度可视具体情况适当降低。

（二）评价范围

一般来说，土壤环境影响评价范围比拟建项目占地面积要大，应考虑的因素主要包括以下几点。

（1）项目建设期可能破坏原有的植被和地貌的范围。

（2）可能受项目排放的废水污染的区域，例如排放废水渠道经过的土地。

（3）项目排放到大气中的气态和颗粒态有毒污染物由于干或湿沉降作用而受较重污染的区域。

（4）项目排放的固体废物特别是危险废物堆放和填埋场周围的土地。

（三）土壤环境影响评价程序

土壤环境影响评价的技术工作程序，与其他要素评价程序类似，大致可划分为四个阶段，即准备阶段，土壤环境质量现状调查、监测及评价阶段，建设项目对土壤环境质量的影响预测、评价与减缓对策拟定阶段，报告书编写阶段。

三、土壤环境影响评价标准

(一)土壤环境质量标准

我国《土壤环境质量标准》(GB 15618—1995)适用于农田、蔬菜地、茶园、果园、牧场、林地、自然保护区等地的土壤,是进行土壤环境影响评价的主要标准。该标准按土壤应用功能、保护目标和土壤主要性质,规定了土壤中污染物的最高允许浓度指标值。但是该标准仅对土壤中镉、汞、砷、铜、铅、铬、锌、镍做了规定,对其他重金属和难降解的危险性化合物未做规定。

(二)土壤环境背景值

土壤组成相当复杂,主要是由矿物质、动植物残体腐解产生的有机物质、水分和空气等组成。岩石圈和土壤的主要化学组成如表 11-1 所示。

表 11-1 岩石圈和土壤的主要化学组成

元素	重量百分比/%	元素	重量百分比/%	元素	重量百分比/%
O	49.0	S	0.085	SiO_2	64.17
Si	27.6	Mn	0.085	Al_2O_3	12.86
Al	7.13	P	0.08	Fe_2O_3	6.58
Fe	3.8	N	0.1	CaO	1.17
Ca	1.37	Cu	0.002	MgO	0.91
Na	0.63	Zn	0.005	K_2O	0.95
K	1.36			Na_2O	0.58
Mg	0.6			P_2O_5	0.11
Ti	0.46			TiO_2	1.25

土壤环境背景值又称土壤环境本底值。它代表一定环境单元中的一个统计量的特征值,是指在未受或少受人类活动影响下,尚未受或少受污染和破坏的土壤中元素的含量。目前,由于人类活动的长期积累和现代工农业的高速发展,自然环境的化学成分和含量水平发生了明显的变化,要想寻找一个绝对未受污染的土壤环境是十分困难的,因此,土壤环境背景值实际上是一个相对的概念。

土壤元素背景值的常用表达方式有下列几种:用土壤样品平均值 $\bar{x}$ 表示;用平均值加减一个或两个标准偏差 S 表示(即 $\bar{x} \pm S$ 或 $x \pm 2S$);用几何平均值 M 加减一个标准偏差 D 表示(即 $M \pm D$)。

我国土壤元素背景值的表达方式如下:

(1)对元素测定值呈正态分布或近似正态分布的元素,用算术平均值 $\bar{x}$ 表示数据分布的集中趋势,用算术均值标准偏差 S 表示数据的分散度,用 $\bar{x} \pm 2S$ 表示 95% 置信度数据的范围。

(2)对元素测定值呈对数正态或近似对数正态分布的元素,用几何平均值(M)表示数据分布的集中趋势,用几何标准偏差(D)表示数据分散度。

（三）土壤临界含量

土壤中污染物的临界含量是指植物中的化学元素的含量达到卫生标准或使植物显著受到危害或减产时土壤中该化学元素的含量。当土壤中污染物达到临界含量时，土壤已经被严重污染，这将严重影响人群健康。

（四）其他标准

1. 土壤轻度污染判别标准

在土壤环境背景值与土壤临界含量之间，可以拟定进一步反映土壤污染程度的标准。例如，土壤轻度污染标准可以根据植物的初始污染值来确定，其中植物的初始污染值是指植物吸收与积累土壤中的污染物致使植物体内的污染物含量超过当地同类植物的含量。

2. 土壤沙化判别标准

宁夏盐池地区根据植被覆盖度和流沙面积占耕地面积比例，并参考景观特征等，拟定了土壤沙化标准，见表 11-2。

表 11-2　　　　　　　　　　　　　　　土壤沙化标准

土壤沙化标准		综合景观特征	土壤沙化程度
植被覆盖度	流沙面积比例		
＞60％	＜5％	绝大部分未见流沙，流沙分布呈斑点状	潜在沙化
30％～60％	5％～25％	出现小片流沙、坑丛沙滩和风蚀坑	轻度沙化
10％～30％	25％～50％	流沙面积大，坑丛沙滩密集，吹蚀强烈	中度沙化
＜10％	＞50％	密集的流动沙丘占绝对优势	强度沙化

3. 土壤盐渍化判别标准

土壤盐渍化是指可溶性盐分主要在土壤表层积累的现象。一般根据土壤全盐量或各离子组成的总量拟定土壤盐渍化的判别标准，在以氯化物为主的滨海地区也可以 Cl^- 含量拟定标准，其中，以全盐量为依据的判别标准见表 11-3。

表 11-3　　　　　　　　　　　　　　　土壤盐渍化标准

土壤盐渍化程度	非盐渍化	轻盐渍化	中盐渍化	重盐渍化
土壤含盐量	＜2.0％	2％～5％	5％～10％	＞10％

4. 土壤沼泽化判别标准

土壤沼泽化是指土壤长期处于地下水浸泡下，土壤剖面中下部某些层次发生 Fe、Mn 还原而生成青泥层（也称潜育层）或有机质层转化为腐泥层或泥炭层的现象。土壤沼泽化一般发生在地势低洼、排水不畅通、地下水位较高的地区。

土壤沼泽化判别标准可以根据土壤潜育化程度即土壤潜育层距地面深度确定，见表 11-4。

表 11-4   土壤沼泽化标准

土壤沼泽化程度	非沼泽化	轻沼泽化	中沼泽化	重沼泽化
土壤潜育层距地面深度/cm	>60	60~40	40~30	<30

5. 土壤侵蚀标准

土壤侵蚀是指土壤中通过水力及其重力作用而搬运移走土壤物质的过程。土壤侵蚀一般按照被侵蚀的土壤剖面保留的发生层厚度拟定评价标准,见表 11-5。

表 11-5   土壤侵蚀标准

土壤侵蚀程度	无明显侵蚀	轻度侵蚀	中度侵蚀	强度侵蚀
土壤发生层保留厚度	土壤剖面保存完整	A 层保存厚度 50%	A 层全部流失或保存厚度<50%	B 层全部流失或保存厚度<50%

6. 土壤破坏标准

土壤破坏是指被非农业、非林业、非牧业长期占用,或土壤极端退化而失去土壤肥力的现象。土壤破坏程度一般可按照区域内耕地、林地、园地和草地损失的土壤面积拟定评价标准,见表 11-6。

表 11-6   土壤破坏标准

土壤破坏程度	未破坏	轻度破坏	中度破坏	强度破坏
土壤损失面积	0	3.5 hm²(合 50 亩)	20 hm²(合 300 亩)	35 hm²(合 500 亩)

7. 工业企业土壤环境质量风险评价基准

为保护在工业企业中工作或在工业企业附近生活的人群以及工业企业界区内的土壤和地下水,对工业企业生产生活造成的土壤污染危害进行风险评价,国家颁布《工业企业土壤环境质量风险评价基准》(HJ/T 25—1999)。该基准用风险评价的方法确定基准值,制定了两套基准数据:土壤基准直接接触和土壤基准迁移至地下水。

土壤基准直接接触是用于保护在工业企业生产生活中因不当摄入或皮肤接触土壤的工作人员。土壤基准迁移至地下水是用于保证化学物质不因土壤的沥滤导致工业企业界区内土壤下方(简称工业企业下方)饮用水源造成危害。如果工业企业下方的地下水现在或将来作为饮用水源,应执行土壤基准迁移至地下水。如果工业企业下方的地下水现在或将来均不用作饮用水源,应执行土壤基准直接接触。

第三节　土壤环境质量现状调查与评价

一、土壤环境质量现状调查

土壤环境质量现状调查包括资料调查和现场实测。资料调查主要是从有关管理、研究和行业信息中心以及图书馆和情报所等部门收集相关资料,调查内容主要包括以下几点:

① 自然环境特征,如气象、地貌、水文和植被等资料。

② 土壤及其特性,包括成土母质(成土母岩和成土母岩类型)、土壤特性(土类名称、面积及分布规律)、土壤组成(有机质、N、P、K 以及主要微量元素含量)、土壤特性(土壤质地、结构、pH 值和 Eh 值,土壤代换量及盐基饱和度等)。

③ 土地利用状况,包括城镇、工矿、交通用地面积,农、林、牧、副、渔业用地面积及其分布。

④ 水土侵蚀类型、面积以及分布和侵蚀模数等。

⑤ 土壤环境背景值资料。

⑥ 当地植物种类、分布以及生长情况。

现场实测包括布点、采样、确定评价因子即监测项目等。其中布点要考虑评价区内土壤的类型及分布、土地利用及地形地貌条件,要使各种土壤类型、土地利用和地形地貌条件均有一定数量的采样点,还要设置对照点。最后,要使土壤采集点的布设在空间分布均匀并有一定密度,从而保证土壤环境质量现状调查的代表性和精度。主要采样点布点方法有:网格法、对角线法、梅花形法、棋盘形法、蛇形法等。采样时应采用多点采样法,将样品均匀混合,最后得到代表采样地点的土壤样品。采样的同时还应当调查评价区植物生长和污染源的状况。植物生长状况调查包括植物种类、不同生长期的生长状况、产量、质量等的变化情况;污染源状况调查包括工业、农业污染源、污水灌溉以及各种人为破坏植被和地貌造成的土壤退化的活动。

二、土壤环境质量现状评价

(一)土壤环境污染现状评价

1. 土壤污染源调查

调查评价区内的污染源、污染物及污染途径,包括评价区内土壤的各种工业、农业、交通和生活污染源特征及其污染物排放特点,并通过调查、分析确定主要污染源和主要污染物。

2. 土壤环境污染现状调查

土壤环境污染现状调查通常采用现场监测方式进行,主要包括采样点的选择、土壤样品采集、制备和分析等方面的内容。

3. 评价因子的选择

评价因子的选取是否合理,关系到评价结论的科学性和可靠程度,应根据土壤污染物的类型和评价的目的要求来选择评价因子。一般选取的基本因子有:

① 重金属及其他有毒有害物质:镉、汞、砷、铜、铅、铬、锌、镍、氟、氰等。

② 有机毒物:酚、DDT、六六六、石油、3,4-苯并芘、三氯乙醛及多氯联苯等。

此外,还可选择附加因子,例如:有机质、土壤质地、酸度、氧化还原电位等。

4. 评价标准的选择

判断土壤环境是否已经受到污染以及污染的程度如何,需要一些评价标准。由于土壤受外界干扰的因素很多,评价标准不能统一划定。可结合土壤评价目的、要求及实际情况,选用土壤环境背景值、土壤临界含量或介于两者之间的其他标准作为评价标准。

5. 评价模式及指数分级

土壤环境现状评价方法常采用指数法。

(1) 单因子评价

计算各项污染物的污染指数,然后进行分级评价。

① 以实测值与评价标准值相比计算土壤污染指数。

$$P_i = C_i / C_{si} \tag{11-1}$$

式中 P_i——土壤污染指数;

   C_i——土壤中污染物 i 的实测含量,mg/kg;

   C_{si}——污染物 i 的评价标准值,mg/kg。

② 根据土壤和作物中污染物积累的相关数量计算土壤污染指数,再根据计算出的污染指数判定污染等级。

首先,根据前面的评价标准,确定土壤初始污染值(即土壤环境背景值)X_a、土壤轻度污染值 X_c 和土壤重度污染值 X_e。

然后计算污染指数,根据 C_i(实测值范围)按相应的公式计算。

$C_i \leqslant X_a$ 时,$\qquad\qquad\qquad P_i = C_i / X_a \tag{11-2}$

$X_a \leqslant C_i \leqslant X_c$ 时,$\qquad P_i = 1 + (C_i - X_a)/(X_c - X_a) \tag{11-3}$

$X_c \leqslant C_i \leqslant X_e$ 时,$\qquad P_i = 2 + (C_i - X_c)/(X_e - X_c) \tag{11-4}$

$C_i \geqslant X_e$ 时,$\qquad\qquad P_i = 3 + (C_i - X_e)/(X_e - X_c) \tag{11-5}$

最后按如下标准划分污染等级。

清洁级:$\qquad\qquad\qquad C_i < 1$

轻污染级:$\qquad\qquad\qquad 1 \leqslant C_i < 2$

中污染级:$\qquad\qquad\qquad 2 \leqslant C_i < 3$

重污染级:$\qquad\qquad\qquad C_i > 3$

(2) 多因子综合评价

多因子综合评价是综合考虑土壤中各污染因子的影响,计算出综合指数进行评价。计算方法一般有以下五种。

① 叠加土壤各污染物的污染指数作为污染综合指数:

$$P = \sum_{i=1}^{n} P_i \tag{11-6}$$

式中 P——土壤污染指数;

   n——污染物种类数。

② 按内梅罗污染指数式计算土壤污染指数:

$$P = \sqrt{\frac{\operatorname{avr}(C_i/C_{s_i})^2 + \max(C_i/C_{s_i})^2}{2}} \tag{11-7}$$

③ 以土壤中各污染物的污染指数和权重计算土壤综合指数:

$$P = \sum_{i=1}^{n} W_i P_i \tag{11-8}$$

式中 W_i——污染物 i 的权重。

④ 以均方根的方法求综合指数:

$$P = \sqrt{\frac{1}{n}\sum_{i=1}^{n}P_i^2} \tag{11-9}$$

⑤ 选取各个污染指数中的最大值作为综合指数:这种计算方法认为各种污染物造成的污染影响同等重要。

$$P = \max(P_1, P_2, \cdots, P_n) \tag{11-10}$$

（3）土壤环境质量分级

用不同方法计算得到的综合污染指数,必须进行土壤环境质量分级,才能更加清楚地反映区域土壤环境质量。一般 $P \leqslant 1$,为未受污染;$P > 1$,为已受污染;P 越大,受到的污染越严重。具体可按以下两种方法进行土壤环境质量的详细分级:

① 根据综合污染指数 P 值划分土壤环境质量级别,根据各地具体的 P 值变幅,结合作物受害程度和污染物积累状况,再划分轻度污染、中度污染和重度污染。

② 根据系统分级法划分土壤环境质量级别,首先对土壤中各污染物的浓度进行分级,然后将土壤污染物浓度分级标准转换为污染指数,将各级污染物指数加权综合为土壤质量指数分级标准,据此划分土壤环境质量级别。

（4）土壤质量评价图的编制

土壤质量评价图能够非常直观形象地反映区域土壤环境质量状况,可直接为土壤保护、综合治理规划服务,并可在环境质量评价量化中发挥作用。通常,评价工作等级为一、二级时需要绘制评价图。

（二）土壤退化现状评价

1. 土壤沙化现状评价

土壤沙化是风蚀过程和风沙堆积过程共同作用的结果,一般发生在干旱荒漠及半干旱和半湿润地区(主要发生在河流沿岸地带)。建设项目虽然可能促进土壤沙化的发展,但必须有一定的外在作用条件,如气候气象、河流水文、植被等。因此,在评价土壤沙化现状时,必须对这些相关的环境条件进行详细的调查。调查主要内容包括沙漠特征、气候、河流水文、植被,以及农、牧业生产情况。

评价因子一般选取植被覆盖度、流沙占耕地面积比例、土壤质地,以及能反映沙漠化的景观特征等。

评价标准可根据评价区的有关调查研究,或咨询有关专家、技术人员的意见拟定。

评价指数计算采用分级评分法。

2. 土壤盐渍化现状评价

土壤盐渍化是指可溶性盐分在土壤表层积累的现象或过程。引起土壤盐渍化的环境条件和盐渍化的程度,是现状调查和评价的核心内容。

土壤盐渍化一般发生在干旱、半干旱和半湿润地区以及滨海地带。主要调查内容包括灌溉状况、地下水情况、土壤含盐量情况和农业生产情况等。

评价因子一般选取表层土壤全盐量或 CO_3^{2-}、HCO_3^-、SO_4^{2-}、Cl^-、Ca^{2+}、Mg^{2+}、K^+、Na^+ 等可溶性盐的主要离子含量。

评价标准一般根据土壤全盐量或各离子组成的总量拟定标准,在以氯化物为主的滨海地区,也可以 Cl^- 含量拟定标准。

评价指数计算采用分级评价法。

3. 土壤沼泽化现状调查与评价

土壤沼泽化是指土壤在长期处于地下水浸泡下,土壤剖面中下部某些层次发生 Mn、Fe 还原而成青灰色斑纹层或青泥层(也称潜育层),或在基质层转化为腐泥层和泥潭层的现象或过程。

土壤沼泽化一般发生在地势低洼、排水不畅、地下水位较高地区,主要调查内容包括地形、地下水、排水系统和土壤利用等。

评价因子一般选取土壤剖面中潜育层出现的高度;评价标准根据土壤潜育化程度拟定;评价指数计算采用分级评分法。

4. 土壤侵蚀现状评价

土壤侵蚀是指通过水力及重力作用而搬运移走土壤物质的过程,主要发生在我国黄河中上游黄土高原地区、长江中上游丘陵地区和东北平原微有起伏的漫岗地形区。

主要调查内容包括地形地貌、气象气候条件、水文条件、植被条件和耕作栽培方式等。

评价因子一般选用土壤侵蚀量,或以未侵蚀土壤为对照,选取已侵蚀土壤剖面的发生层厚度等。

评价指数计算采用分级评分法。

(三)土壤破坏现状评价

土壤破坏是指土壤资源被非农、林、牧业长期占用,或土壤极端退化而失去肥力的现象。

(1)土壤破坏现状调查。土壤破坏除自然灾害因素外,还涉及土地利用问题。因此,在进行土壤破坏现状调查时,应重点注意土地利用类型现状、变化趋势及各类型面积的消长关系,以及人均占有量等。

(2)评价因子的选择。可选取区域耕地、林地、园地和草地在一定时段(1～5 年或多年平均)内被自然灾害破坏或被建设项目占用的土壤面积或平均破坏率。

(3)评价标准的确定。按评价区内耕地、林地、园地和草地损失的土壤面积拟定。具体数据,应根据当地具体情况,咨询有关部门、专家确定。

(4)评价土壤损失面积指数计算采用分级评分表。

第四节 土壤环境影响预测与评价

一、土壤环境影响预测

开发行动或建设项目的土壤环境影响评价是从预防性环境保护的目的出发,依据建设项目的特征与开发区域土壤环境条件,通过监测了解情况,识别各种污染和破坏因素对土壤可能产生的影响;预测影响的范围、程度及变化趋势,然后评价影响的含义和重要性;提出避免、消除和减轻土壤侵蚀与污染的对策,为行动方案的优化决策提供依据。

预测开发项目在建设中及投标后对土壤的污染状况,必须分析土壤中污染物的累积因素和污染趋势,建立土壤污染物累积和土壤容量模式,计算主要污染物在土壤中的累积或残留数量,预测未来的土壤环境质量状况和变化趋势。

（一）土壤中污染物运移及其变化趋势预测

1. 土壤中污染物累积和污染的预测

（1）土壤污染物的输入量

土壤污染物的输入量取决于评价区原有污染源排入土壤的各种污染物的数量和建设项目新增加的土壤污染物数量的总和。因此对于土壤污染物输入量的计算，除必须进行污染源现状调查外，还应收集建设项目工程分析的"三废"排放类别和数量的资料，并分析、计算其中可能进入土壤的途径、形态和数量。

（2）土壤污染物的输出量

土壤污染物的输出有随土壤侵蚀的输出、随作物吸收的输出、随淋溶作用的输出和随物质的降解转化的输出等多种途径，必须根据不同途径计算输出量。

（3）土壤污染物的残留率

土壤污染物的残留率是指输入土壤中的污染物，通过土壤侵蚀、作物吸收、淋溶和降解等输出后保留在土壤中的污染物的残留浓度值（用实测值减去本底值）占污染物年输入量的百分比。一般用模拟试验求残留率，其计算公式为：

$$K = \frac{残留浓度（mg/kg）}{年输入量（mg/kg）} \times 100\%$$

(11-11)

式中　K——土壤污染物年残留率。

（4）土壤污染的趋势

土壤污染趋势的预测是根据土壤中污染物的数量与输出量相比，说明土壤是否被污染和污染的程度，或根据土壤污染物的输入量和残留率的乘积，说明污染状况及污染程度，也可以根据污染物输入量和土壤环境容量比较说明污染积蓄及趋势。

2. 土壤中重金属污染物累积模式

进入土壤的重金属由于土壤的吸附、络合、沉淀和阻留的作用，绝大多数残留、累积在土壤中。一般可用以下模式进行预测：

$$W = K(B + E)$$

(11-12)

式中　W——污染物在土壤中年累积量，mg/kg；

　　　　B——区域性土壤背景值，mg/kg；

　　　　E——污染物的年输入量，mg/kg；

　　　　K——污染物在土壤中的年残留量，%。

若计算 n 年内，污染物在土壤中累积量时，则用下式计算。

$$W_n = BK^n + EK\frac{1 - K^n}{1 - K}$$

(11-13)

农药进入土壤后，在各种因素作用下，会产生降解或转化，其最终残留量可以按下式计算：

$$R = Ce^{-kt}$$

(11-14)

式中　R——农药残留量，mg/kg；

　　　　C——农药施用量；

　　　　k——降解常数；

　　　　t——时间。

当一次施用农药时土壤中农药的浓度为 C_0，一年后的残留量为 C_1，则农药的残留率 f，可以用下式计算：

$$f = \frac{C_1}{C_0} \tag{11-15}$$

若每年一次连续施用农药，则农药在土壤中数年后的残留总量又可用下式进行计算：

$$R_n = (1 + f + f^2 + f^3 + \cdots + f^{n-1})C_0 \tag{11-16}$$

式中　R_n——残留总量，mg/kg；

　　　f——残留率，%；

　　　C_0—— 一次施用农药在土壤中的浓度，mg/kg；

　　　n——连续施用年数。

3. 土壤环境容量计算模式

土壤环境容量是指在作物不致受害或过量积累污染物的前提下，土壤所能容纳污染物的最大负荷量。

土壤环境容量包括绝对容量和年容量两方面。绝对容量(Q)是指土壤所能容纳污染物的最大负荷量。它是由土壤环境标准定值(C_K)和土壤环境背景值(B)来决定的，以重量单位表示的数学表达式是：

$$Q = (C_K - B) \times 2\,250 \tag{11-17}$$

式中　$2\,250$——mg/kg 换算成 g/hm^2 的换算系数。

在一定的区域、土壤特性和环境条件下，B 值是一定的，土壤环境标准定值(C_K)越大，土壤环境容量越大。因此制定准确的区域性土壤环境标准极为重要。

年容量(Q_A)是指污染物在土壤的积累浓度不超过土壤环境标准规定的最大容许值情况下，每年所能容纳污染物的最大负荷量，与绝对容量的关系为：

$$Q_A = K \cdot Q \tag{11-18}$$

式中　K——某污染物在某土壤中的年净化率。

（二）土壤退化趋势预测

土壤退化是指土壤肥力衰退导致生产力下降的过程。土壤退化是土壤环境和土壤理化性状恶化的综合表征，表现为：有机质含量下降，营养元素减少，土壤结构遭到破坏；土壤侵蚀，土层变浅，土体板结；土壤盐化、酸化、沙化等。其中有机质下降，是土壤退化的主要标志。在干旱、半干旱地区，原来稀疏的植被受破坏，土壤沙化，这就是严重的土壤退化现象。预测方法一般用类比分析或建立预测模型估算。

1. 土壤侵蚀预测

土壤侵蚀是指土壤或成土母质在外力(水、风)作用下被破坏剥蚀、搬运和沉积的过程。建设项目对土壤环境的一般影响是由于施工开挖、土壤裸露造成的侵蚀，也由于项目建成后，土壤植被条件的变化改变了地面径流条件而造成的侵蚀。估算侵蚀作用常用美国的通用土壤流失方程，此式适用于土壤侵蚀量、面蚀量、片蚀量和细沟侵蚀量的计算，不适用于预测流域性土壤侵蚀量、切沟侵蚀量、河岸侵蚀量、耕地侵蚀量的计算。

$$E = 0.247\, R_e K_e L_l S_l C_t P \tag{11-19}$$

式中　E——平均土壤流失率，kg/(m^2·a)；

　　　R_e——年平均降雨量的侵蚀潜力系数，kg/(m^2·a)，是一次降雨的总动能与该场雨

30 min 最大强度的积,降雪是同等降雨值的 2/3;

K_e——土壤可侵蚀系数,不同的土壤有不同的 K_e 值,它反映了土壤对侵蚀的敏感性及降水所产生的径流量与径流速度的大小,表 11-7 是一般土壤 K_e 的平均值;

L_1——坡长系数,按下式计算:

$$L_1 = \left(\frac{\lambda}{22.1}\right)^m \tag{11-20}$$

λ——斜坡长度,m;

m——指数,一般为 0.5,当坡度大于 10% 时取 0.6,当坡度小于 0.5% 时取 0.3;

S_1——坡度系数,由下式计算:

$$S_1 = \frac{0.43 + 0.30S + 0.043S^2}{6.613} \tag{11-21}$$

S——坡度,%,如坡度为 3% 时,$S=3$;

C_t——作物和植物覆盖系数,指地表覆盖情况,如植被类型、作物及其种植类型等对土壤侵蚀的影响,表 11-8 列出典型作物和种植方式的 C_t 值,表 11-9 为不同地面植被覆盖率的值。

P——实际侵蚀控制系数,说明不同的土地管理技术和水土保持措施,如构筑梯田、平整、夯实土地对土壤侵蚀的影响,表 11-10 表示不同管理技术对 P 值的影响。

表 11-7 **土壤可侵蚀系数(K_e)平均值**

土壤类型	有机物含量			土壤类型	有机物含量		
	<0.5%	2%	4%		<0.5%	2%	4%
砂	0.05	0.03	0.02	壤土	0.38	0.34	0.29
细砂	0.16	0.14	0.10	粉砂壤土	0.48	0.42	0.33
特细砂土	0.42	0.36	0.28	粉砂	0.60	0.52	0.42
壤性沙土	0.12	0.10	0.08	砂性黏壤土	0.27	0.25	0.21
壤性细沙土	0.24	0.20	0.16	黏壤土	0.28	0.25	0.21
壤性特细沙土	0.44	0.38	0.30	粉砂黏壤土	0.37	0.32	0.26
砂壤土	0.27	0.24	0.19	砂性黏土	0.14	0.31	0.12
细砂壤土	0.35	0.30	0.24	粉砂黏土	0.25	0.23	0.19
特很细砂壤土	0.47	0.41	0.33	黏土	—	0.13~0.29	—

表 11-8 **典型农作物田地和种植方式的 C_t 值**

作物	种植方式	C_t
裸土	—	1.0
草和豆科植物	全年平均	0.004~0.01
苜蓿属植物	全年平均	0.015~0.025
胡枝子	全年平均	0.01~0.02

作物	种植方式	C_t
谷物连作	休耕期清除残根	0.60～0.85
	种子田,残根已清除	0.70～0.90
	残留生长作物已清除	0.60～0.85
	残根或残梗已清除	0.25～0.40
	种子田保留残根	0.45～0.75
	保留生长作物残留物	0.25～0.40
棉花连作	未翻耕的休耕地	0.30～0.45
	苗田	0.50～0.80
	生长作物	0.45～0.55
	残根、残梗保留	0.20～0.50
青草覆盖	—	0.01
土地被火烧裸	—	1.00
种子和施肥	18～20 个月的建设周期	0.60
种子、施肥和干草覆盖	18～20 个月的建设周期	0.30

表 11-9　　　　　　　　　　　　不同地面植被覆盖率 C_t 值

植被	覆盖率/%					
	稀少	20	40	60	80	100
草地	0.45	0.24	0.15	0.09	0.043	0.011
灌木	0.40	0.22	0.14	0.085	0.040	0.011
乔灌混交	0.39	0.20	0.11	0.06	0.027	0.007
茂密森林	0.10	0.08	0.06	0.02	0.004	0.001
裸土	1.0					

表 11-10　　　　　　　　　不同管理技术对实际侵蚀控制系数 P 值的影响

实际情况	土地坡度/%	P 值	实际情况	土地坡度/%	P 值
无措施	—	1.00	等高耕作,带状播种	7.1～12.0	0.45
等高耕作	1.1～2.0	0.60		12.1～18.0	0.60
	2.1～7.0	0.50		18.1～24.0	0.70
	7.1～12.0	0.60	梯田	1.1～2.0	0.45
	12.1～18.0	0.80		2.1～7.0	0.40
	18.1～24.0	0.90		7.1～12.0	0.45
等高耕作,带状播种	1.1～2.0	0.45		12.1～18.0	0.60
	2.1～7.0	0.4		18.1～24.0	0.70
	—	0.45	顺坡直行耕作	—	1.00

当评价区内有多个土壤性质和状态不同的地块,则应分别计算后累加,这时总的侵蚀量 G 按下式求得:

$$G = \sum_{i=1}^{n} E_i A_i = 0.247 \sum_{i=1}^{n} (R_{ei} K_{ei} L_{Ii} S_{Ii} C_{Ii} P_i) A_i \tag{11-22}$$

式中　i, n ——第 i 地块和总地块数;

　　　A_i ——第 i 地块的面积,m^2。

2. 通用的土壤流失方程评价拟建项目的影响

式(11-22)还可以用于估算侵蚀率的差异。对一个地区、一种给定的土壤,R_e 和 K_e 值以及 $L_I S_I$ 值均为恒定。因此,一个项目的年侵蚀率可用下式计算:

$$E_I = E_0 \frac{C_I P_I}{C_0 P_0} \tag{11-23}$$

式中　E_0 ——项目建设前的侵蚀率,$1/(hm^2 \cdot a)$;

　　　E_I ——项目建设后的侵蚀率,$1/(hm^2 \cdot a)$;

　　　C_0, C_I ——项目建设前、后的作物系数;

　　　P_0, P_I ——项目建设前、后的实际侵蚀控制系数。

（三）土壤资源破坏和损失预测

土壤资源破坏和损失是指随着开发建设项目的实施,不可避免地要占据、破坏或淹没一部分土壤,特别是在生态脆弱地区,建设项目可以引起极度的土壤侵蚀,从而有可能造成一些土壤功能丧失和破坏。

土壤资源破坏和损失的预测一般采用类比法,其步骤有两步:首先,对土地利用类型进行现状调查,并将调查结果绘成土地利用类型图;其次,对建设项目造成的土地利用类型的变化和损失进行预测,预测内容包括:占用、淹没、破坏土地资源的面积;因表层土壤过度侵蚀造成的土地废弃面积;地貌改变而损失和破坏的面积,包括地表塌陷、沟谷堆填、坡度变化等;因严重污染而废弃或改为其他用途的耕地面积。

二、土壤环境影响评价

（一）评价拟建项目对土壤环境影响的重大性和可接受性

1. 将影响预测的结果与法规和标准进行比较

(1) 拟建项目造成的土壤侵蚀或水土流失是否明显违反了国家的有关法规。例如,某矿山建设项目造成的水土流失十分严重,而水土保持方案不足以显著防治土壤流失,则可判定该项目的负面影响重大,在环境保护,至少是土壤环境保护方面是不可行的。

(2) 影响预测值与背景值叠加后是否超过土壤环境质量标准。例如,某拟建化工厂排放有毒废水使土壤中的重金属含量超过土壤环境质量标准,则可判断该项目废水排放对土壤环境的污染影响是重大的。

(3) 利用分级型土壤指数,计算对应土壤基线值和叠加拟建项目影响后的指数值,土壤级别是否降低。如果土质级别降低（例如基线值为轻度污染,受拟建项目影响后为中度污染）,则表明该项目的影响重大;如果仍维持原级别,则表示影响不十分显著。

2. 与当地历史上已有污染源和(或)土壤侵蚀源进行比较

请专家判断拟建项目所造成新的污染和增加侵蚀程度的影响的重大性。例如,土壤专家一般认为在现有的土壤侵蚀条件下,如果一个大型工程的兴建将使土壤侵蚀率提高的值不超过 1 100 t/(km² · a),则是允许的。在做这类判断时,必须考虑区域内多个项目的累积效应。

3. 拟建项目环境可行性的确定

根据土壤环境影响预测与影响重大性的分析,指出工程在建设过程和投产后可能遭受到污染或破坏的土壤面积和经济损失状况。通过费用-效益分析和环境整体性考虑,判断土壤环境影响的可接受性,由此确定该拟建项目的环境可行性。

(二) 避免消除和减轻负面影响的对策和措施

1. 提出拟建工程应采用的控制土壤污染的措施

(1) 工程建设项目应首先通过清洁生产或废物减量化措施减少或消除废水、废气和固体废物的产生量和排放量,同时在生产中不用或少用在土壤中容易积累的化学原料;其次是采取末端治理控制手段,控制废水和废气中污染物的浓度,保证不造成土壤中重金属、持久性污染物(属多环芳烃、多氯联苯,有机氯等)及其他高毒性化学品(如酚类,石油类等)的累积。

(2) 危险废物堆放场和城市垃圾等固体废物填埋场应有严格的隔水层设计和施工,确保工程质量,使渗滤液影响减至最小;同时做好渗滤液收集和处理工程,防止土壤和地下水受到污染。

(3) 提出针对可能受污染土壤的监测方案。

2. 提出防止和控制土壤侵蚀的对策和措施

针对拟建项目的特征及当地条件,可从以下几个方面提出防止与控制土壤侵蚀的对策和措施。

(1) 对于一般建设项目,在施工期应对施工破坏的植被、造成的裸露地块及时覆盖砂、石和种植速生草种并进行经常性管理,以减少土壤侵蚀;在建设期及运行期,应适时采取水土保持措施。如在建设期,施工弃土应堆置在安全的场地上,防止侵蚀和流失;如果弃土中含有污染物,应防止其流失、污染下层土壤和附近河流,在工程竣工后,这些弃土应尽可能迅速回填。

(2) 对于农副业建设项目,应通过休耕、轮作以减少土壤侵蚀。

(3) 对于牧区建设项目,应合理设计放牧强度,降低过度放牧,保持草场的可持续利用。

(4) 对于水土保持有较大影响的项目,需要请有资质单位制定水土保持方案,并在项目建设和运行期间,严格依照水土保持方案实施。

(5) 加强土壤与作物或植物的监测和管理。在建设项目周围地区采取措施加快森林和植被的生长。

3. 方案选址

任何开发行动或拟建项目,通常都有多个选址方案,应从整体布局上进行比较,从中选择出对土壤环境负面影响最小,占用农、牧、林业耕地最少的方案。

第五节　土壤环境影响评价案例

一、工程概况

某焦化分厂第三号炼焦炉工程环境影响评价,是在原有两座炼焦炉基础上,进一步扩大焦炭和煤制气生产,扩建第三号炼焦炉和处理能力为 60 万 t/a 焦炭规模的回收车间,并扩建备煤、筛焦和锅炉房、给水排水等公用设施,并对原有的废水处理站进行扩建,增加其处理能力。

该厂位于城市东北工业区内,距市区 13 km,属暖温带落叶阔叶林褐色土地带,为山前平原区,地表水为河流,北靠黄河侧渗补给水源。河流经城市时,接纳市区大量工矿企业废水和生活污水,成为该地区主要的纳污排污河道,水体环境质量很差。

本项工程是扩建第三号炼焦炉,属该钢铁厂焦化分厂的一部分,建成投产后废水排放污染物的种类和数量列入表 11-11。

表 11-11　　　　　　　　　　　　水体污染排放量

焦炉工程投产前后情况		排放量/(kg/h)				
		COD	酚	氰	油	共计
现状	酚、氰废水站排放 3 t/h	0.450	0.001 5	0.001 5	0.030	0.483
	直接外排废水 73 t/h	109.5	25.55	2.19	2.19	139.43
焦炉新建酚、氰废水处理站投产后外排废水 72.4 t/h		14.48	0.036	0.036	0.724	15.276
焦炉工程投产后水体污染物外排减少量		95.47	25.516	2.156	1.496	124.64
排放量减少率/%		86.83	99.86	98.38	67.39	89.08

该厂污水通过暗沟和明沟排往河流,加重了河流的污染负荷,该厂外排废水部分用来农业灌溉,对土壤造成污染威胁,据此在本项环境影响评价中,着重对土壤的环境影响做出评价。

二、焦化分厂对周围土壤影响

焦化厂扩建后排放的废水中酚、氰、油等污染物含量,均达到工厂排放标准和农田灌溉标准,在严防"跑、冒、滴、漏"事故的情况下,若进行农田灌溉,一方面可解决部分农业用水,另一方面还可利用土地处理部分活水,减轻小清河的污染负荷,对土壤的影响情况做以下分析。焦化厂废水灌溉农田,土壤中污染物含量评价结果列于表 11-12。

从表 11-12 可以看出,土壤表层土中苯并[a]芘(Bap)污染系数很高,超过底土 41 倍,而一般含量在 0.01～0.03 μg/kg 之间,这说明焦化厂附近农田已受到 Bap 的污染,土壤酚和重金属 Hg、Cd、Cu、Zn 污染系数已超过 1,说明农田亦已受到污染。若以土壤背景值加两倍标准差作为污染起始值,求出土壤 Hg、Cd 污染指数较高,这说明农田受其污染程度较重,应引起重视。土壤表层 Pb、As、Cr 含量尚未超出背景值,属正常范围。

表 11-12   地区土壤污染状况

元素	表土/底土	土壤背景值/(mg/kg)	污染起始值/(mg/kg)(2s背景值)	污染指数
Hg	14.38	0.018	0.052	4.42
Cd	1.07	0.042	0.66	1.55
Cu	1.49	17.34	30.28	0.84
Pb	0.78	24.81	42.79	0.39
As	0.94	9.9	15.96	0.40
Cr	0.78	63.06	82.86	0.57
Zn	1.57	55.70	91.70	0.69
酚	1.13	—	—	
氰	0.98	—	—	
氟	0.89	—	—	
油	无	—	—	
Bap	41.14	—	—	

从土壤污染地区来看,厂址以北、以西,土壤污染物含量高,污染重,说明土壤除受污水灌溉影响外,大气降尘对土壤来讲也是一个不可忽视的污染来源,厂址以南地区,远离厂址,灌溉地下水,土壤基本上未受到污染。

土壤氟含量较高,在 224.5～292 mg/kg 之间,且上下土层含量一致,对照点土壤氟含量也并未降低,说明氟并非人为污染,而是属于土壤高氟区。

根据有机物在土壤中的运动规律,按照式(11-12)计算出污染物在土壤中的逐年累积量,计算结果见表 11-13。

表 11-13   土壤中污染物累积量的预测   单位:mg/kg

灌溉年限/a	1	5	10	20	28	30	42	50
酚	0.462 8	0.514 0	0.578 0	0.706 0		0.834 0	0.987 6	1.004
氰化物	0.498 4	0.672 0	0.664 0	0.848 0	0.995 2	1.032		
油	7.00	19.41	22.67	23.31		23.33	23.33	23.33

表 11-13 说明,在土壤酚、氰含量现状基础上,扩建后焦化废水用于灌溉,28 年后土壤氰化物达到标准,42 年后土壤酚接近标准,30 年后矿物油在土壤中残留量达到稳定状态。土壤中重金属从目前情况分析,汞和镉的含量已超过污染物起始值,扩建后焦化废水经处理后不能有重金属检出。在降低氰化物含量情况下,可以利用处理后的废水灌溉农田,但时间不能超过 30 年。

思 考 题

1. 什么是土壤环境质量和土壤环境背景值?
2. 土壤环境影响评价的工作内容有哪些?

第十二章　生态影响评价

第一节　生态影响评价概述

生态环境是指除人口种群以外的生态系统中不同层次的生物所组成的生命系统。研究和评价生态环境,主要是针对生态环境质量而言的。所谓生态环境质量是指上述生态系统在人为作用下总的变化状态。

一、基本概念

1. 生物量(Biomass)

生物量又称"现存量",指单位面积或体积内生态系统的周围环境因素,是衡量环境质量变化的主要标志。

2. 生态因子(Ecological Factors)

生态因子指生物或生态系统的周围环境因素,可归纳为两大类:非生物因子(光照、温度、盐分、水分、土壤和大气等)和生物因子(动物、植物、微生物等)。

3. 生物群落(Biomes)

生物群落指在一定区域或一定环境中各个生物群落相互松散结合的一种结构单元。任何一个群落都由一定的生物种和伴生种组成,每个生物种均要求一定的生态条件,并在群落中处于不同的地位和起着不同的生态作用。

4. 连通程度(Connectivity)

连通程度指一个地域空间成分具有的隔离其他成分的物理屏障能力和具有的适宜物种流动通道的能力。

5. 生态影响(Ecological Impact)

生态影响指经济社会活动对生态系统及其生物因子、非生物因子所产生的任何有害的或有益的作用,影响可划分为不利影响和有利影响,直接影响、间接影响和累积影响,可逆影响和不利影响。

6. 直接生态影响(Direct Ecological Impact)

直接生态影响指经济社会活动所导致的不可避免的、与该活动同时同地发生的生态影响。

7．间接生态影响（Indirect Ecological Impact）

间接生态影响指经济社会活动及其直接生态影响所诱发的、与该活动不在同一地点或不在同一时间发生的生态影响。

8．累积生态影响（Cumulative Ecological Impact）

累积生态影响指经济社会活动各个组成部分之间或者该活动与其相关活动（包括过去、现在、未来）之间造成生态影响的相互叠加。

9．生态监测（Ecological Monitoring）

生态监测指运用物理、化学或生物等方法对生态系统或生态系统中的生物因子、非生物因子状况及其变化趋势进行的测定、观察。

二、项目影响区域的分类

在生态影响评价中，根据建设项目对所影响区域的生态服务功能的重要性、所造成的生态影响的严重程度，项目影响区域可以分为特殊生态敏感区、重要生态敏感区和一般区域。

1．特殊生态敏感区（Special Sensitive Region）

特殊生态敏感区指具有极重要的生态服务功能，生态系统极为脆弱或已有较为严重的生态问题，如遭到占用、损失或破坏后所造成的生态影响后果严重且难以预防、生态功能难以恢复和替代的区域，包括自然保护区、世界文化和自然遗产地等。

2．重要生态敏感区（Impact Ecological Sensitive Region）

重要生态敏感区指具有相对重要的生态服务功能或生态系统较为脆弱，如遭到占用、损失或破坏后所造成的生态影响后果较严重，但可以通过一定措施加以预防、恢复和替代的区域，包括风景名胜区、森林公园、地质公园、重要湿地、原始天然林、珍稀濒危野生动植物天然集中分布区、重要水生生物的自然产卵场及索饵场、越冬场和洄游通道、天然渔场等。

3．一般区域（Ordinary Region）

一般区域指除特殊生态敏感区和重要生态敏感区以外的其他区域。

三、生态环境影响的特点

1．阶段性

项目建设对生态环境的影响往往从规划设计开始就有表现，贯穿全过程，并且在不同建设阶段影响不同。因此，生态环境影响评价应从项目开始时介入，注重整个过程。

2．区域性和流域性

由于生态系统具有显著的地域特点，因此相同建设项目在不同区域和流域可能会产生不同的生态环境影响。这就要求在进行生态环境影响评价以及影响分析与提出相应措施时，应有针对性，分析项目所在区域或流域的主要生态环境特点与问题。

3．高度相关性和综合性

生态因子间的关系错综复杂，生态系统的开放性也使得各系统之间彼此密切相关，项目建设通常会影响到所在地整个区域或流域的生态环境，即使只是直接影响其中一部分，也可能通过该部分直接或间接影响其全部。因此，在进行生态环境影响评价时，应有整体论的观点，即不管影响到生态系统的什么因子，其影响效应是系统综合的。

4. 累积性

项目建设对生态系统的影响往往是长期的、潜在的、间接的，当影响积累到达一定程度，超过生态系统的承载能力时，生态系统的结构或功能将发生质变，开始退化，最终将导致生态系统不可逆的质的恶化或破坏。

5. 多样性

项目建设对生态系统的影响性质是多方面的，包括直接的、间接的；显见的、潜在的；长期的、短期的、暂时的、累积的，等等。有时间接影响比直接影响或潜在影响比显见影响更大。如大坝建设为发展水产养殖提供了良好条件，但同时淹没了大片土地，阻碍了河谷生命网络间的联系，影响了野生动植物原有生存、繁衍的生态环境，阻隔了洄游性鱼类通道，影响了物种交流；建坝改变了河流的洪泛特性，对洪泛区环境的不利影响主要表现在使洪泛区湿地景观减少、生物多样性减损、生态功能退化等。

四、生态环境影响评价原则

1. 生态环境影响评价的总体原则

（1）坚持重点与全面相结合原则。既要突出评价项目所涉及的重点区域、关键时段和主导生态因子，又要从整体上兼顾评价项目所涉及的生态系统和生态因子在不同时空等级尺度上结构与功能的完整性。

（2）坚持预防与恢复相结合的原则。预防优先，恢复补偿为辅。恢复、补偿等措施必须与项目所在地的生态功能区划的要求相适应。

（3）坚持定量与定性相结合的原则。生态影响评价应尽可能采用定量方法进行描述和分析，当现有科学方法不能满足定量需要或因其他原因无法实现定量测定时，生态影响评价可通过定性或类比的方法进行描述和分析。

2. 生态环境影响评价的基本原则

（1）可持续性原则。即生态环境影响评价应当保持生存环境资源和区域生态环境功能。

（2）科学性原则。生态环境影响评价遵循生态学和生态环境保护的基本原理。

（3）针对性原则。生态环境保护措施必须符合开发建设活动特点和环境具体条件。

针对性是进行开发建设活动生态环境影响评价的灵魂，这主要是由环境的地域差异性所决定的。

（4）政策性原则。生态环境保护应当贯彻国家环境政策、实行法制管理。

（5）协调性原则。生态环境保护必须综合考虑环境与社会、经济的协调发展，特别注重人与自然的协调发展。

第二节　生态影响评价的工作等级及评价标准

一、评价工作等级

1. 评价工作等级的划分

（1）依据影响区域的生态敏感性和评价项目的工程占地（含水域）范围，包括永久占地和临时占地,将生态影响评价工作等级划分为一级、二级和三级,如表 12-1 所示。位于原厂界(或永久用地)范围内的工业类改扩建项目,可作生态影响分析。

(2) 当工程占地(含水域)范围的面积或长度分别属于两个不同评价工作等级时,原则上应按其中较高的评价等级进行评价。改扩建工程的工程占地范围以新增占地(含水域)面积或长度计算。

(3) 在矿山开采可能导致矿区土地利用类型明显改变,或拦河闸坝建设可能明显改变水文情势等情况下,评价工作等级应上调一级。

表 12-1　　　　　　　　　　　　　**生态影响评价工作等级划分表**

影响区域生态敏感性	工程占地(含水域)范围		
	面积≥20 km² 或长度≥100 km	面积 2～20 km² 或长度 50～100 km	面积≤2 km² 或长度≤50 km
特殊生态敏感区	一级	一级	一级
重要生态敏感区	一级	二级	三级
一般区域	二级	三级	三级

2. 评价等级要求

(1) 一级评价:深入全面地调查与评价,生态环境保护要求严格,须进行技术经济分析和编制生态环境保护实施方案或行动计划,评价要满足生态完整性的需要,对生态负荷及环境容量要进行分析确定。凡造成生态环境不可逆变化或影响程度大的开发建设项目,需进行一级影响评价。

(2) 二级评价:一般评价与重点因子评价相结合,生态环境保护要求较严格,针对重点问题编制生态环境保护计划和进行相应的技术经济分析,二级评价同样满足生态完整性的需要,对生态负荷或环境容量进行分析确定。

(3) 三级评价:对重点因子评价或一般性分析,生态环境保护要求一般,须按规定完成绿化指标和其他保护与恢复措施。

3. 评级工作范围

生态影响评价应能够充分体现生态完整性,涵盖评价项目全部活动的直接影响区域和间接影响区域。评级工作范围应依据评价项目对生态因子的影响方式、影响程度及生态因子之间的相互影响和相互依存关系确定。可综合考虑评价项目与项目区的气候过程、水文过程、生物过程等生物地球化学循环过程的相互作用关系,以评价项目影响区域所涉及的完整气候单元、水文单元、生态单元、地理单元界限为参照边界。

生态影响工作范围一般宜大不宜小。对于一、二、三级评价项目,要以重要评价因子受影响方向为扩展距离,一般不能小于 8～30 km、2～8 km 和 1～2 km。

4. 生态影响判定依据

生态影响的判定依据有以下几个方面:

(1) 国家、行业和地方已颁布的资源环境保护等相关法规、政策、标准、规划和区划等确定的目标、措施与要求。

（2）科学研究判定的生态效应或评价项目实际的生态监测、模拟结果。

（3）评价项目所在地区及相似区域生态背景值或本底值。

（4）已有性质、规模以及区域生态敏感性相似项目的实际生态影响类比。

（5）相关领域专家、管理部门及公众的咨询意见。

二、生态影响评价标准

现行的环境影响评价以污染控制为宗旨，其评价标准有两类：环境质量标准和污染物控制标准。在作环境影响评价时，以是否达到标准要求作为项目可行与否的基本度量。在进行生态影响评价时，也需要一定的判别基准。但是，生态系统不是大气和水那样介质均匀和单一的体系，而是一种类型和结构多样性很高、地域性特别强的复杂系统，其影响变化包括生态结构的变化和环境功能的变化，既有数量变化问题，也有质量变化问题，并且存在着由量变到质变的发展变化规律，因而评价的标准体系不仅复杂，而且因地而异。此外，生态环境影响评价是分层次进行的，评价标准也是根据需要分层次决定的，即系统整体评价有整体评价的标准，单因子评价有单因子评价的标准。

目前，除国家已制定的标准和行业规范与设计标准之外，生态影响评价的标准大多数尚处于探索阶段。

开发建设项目生态影响评价的标准可从以下几方面选取。

（1）国家、行业和地方规定的标准。国家已发布的环境质量标准如《地表水环境质量标准》（GB 3838—2002）、《环境空气质量标准》（GB 3095—2012）、保护农作物大气污染物最高允许浓度、农药安全使用标准、粮食卫生标准等。

地方政府颁布的标准和规划区目标，河流水系保护要求，特别地域的保护要求，如绿化率要求、水土流失防治要求等，均是可选择的评价标准。

（2）背景值或本底值。以项目所在的区域生态环境的背景值或本底值作为评价标准，如区域植被覆盖率、区域水土流失本地值等。

（3）类比标准。以未受人类严重干扰的相似生态环境或以相似自然条件下的原生自然生态系统作为类比标准，以类似条件的生态因子和功能作为类比标准，如类似生态环境的生物多样性、植被覆盖率、蓄水功能、防风固沙功能等。

（4）科学研究已判定的生态效应。通过当地或相似条件下科学研究已判定的保障生态安全的绿化率要求、污染物在生物体内的最高允许量、特别敏感生物的环境质量要求等，亦可作为生态环境影响评价中的参考标准。

第三节　生态影响评价工作程序与工作内容

一、生态影响评价的工作程序

生态影响评价的基本工作程序（图12-1）可大致分为生态环境影响识别、现状调查与评价、影响预测与评价、减缓措施和替代方案四个步骤。

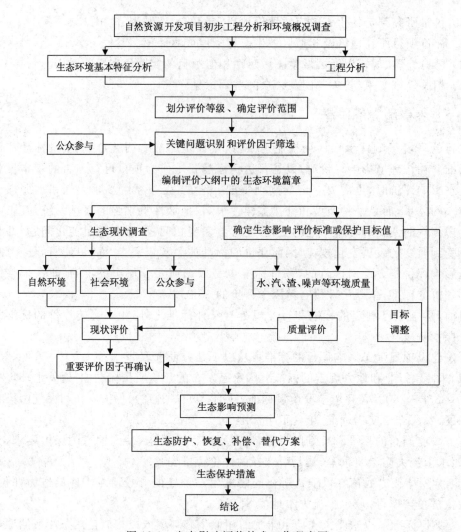

图 12-1　生态影响评价技术工作程序图

二、生态影响评价的工作内容

（1）规划或建设项目的工程分析。

（2）生态现状的调查与评价。

（3）环境影响识别与评价因子筛选。

（4）选址选线的环境合理性分析，尤其是与规划协调性的分析与论证。

（5）评价等级与范围。

（6）建设项目全过程的影响评价和动态管理。

（7）敏感保护目标的影响评价和研究保护管理。

（8）消除和减缓影响的对策措施，包括环境监理和生态监测，并进行技术经济论证。

（9）结论。

第四节　生态影响识别与评价因子的选择

一、生态影响识别

生态影响识别是一种定性的和宏观的生态影响分析,其目的是明确主要影响因素、主要受影响的生态系统和生态因子,从而筛选出评价工作的重要内容。影响识别包括影响因素的识别、影响对象的识别、影响性质和程度的识别。

1. 影响因素的识别

影响因素的识别是对拟建项目的识别,目的是明确主要作用因素,包括以下几个方面:

(1) 作用主体。作用主体包括主要工程(或主设施、主装备)和全部辅助工程,如施工道路、作业场地、重要原料产地、储运设施建设、拆迁居民安置等。

(2) 项目实施的时间序列。项目实施的全时间序列包括设计期(如选址和决定施工布局)、施工建设期、运营期和服务期满后(如矿山闭矿、渣场封闭与复垦)。

(3) 项目实施地点。包括集中开发建设地和分散影响点,永久占地等。

(4) 其他影响因素。包括影响方式、作用时间长短、物理性作用、化学性作用还是生物性作用,直接还是间接作用等。其中,物理性作用是指因土地用途改变、清除植被、收获生物资源、引入外来物种、分割生境、改变河流水系、以人工生态系统代替自然生态系统,使组成生态系统的成分、结构形态或生态系统的外部条件发生变化,从而导致结构和功能的变化;化学性作用是指环境污染的生态效应;生物性作用是指人为地引进外来物种或严重破坏生态平衡导致的生态影响,但这种作用在开发建设项目中发生的概率不高。很多情况下,生态系统都同时处在人类和自然力的双重作用下,两种作用常常相互叠加,加剧危害。

2. 影响对象的识别

影响对象识别是指对主要受影响的生态系统和生态因子的识别,识别的内容包括以下几个方面:

(1) 识别受影响的生态系统的生态类型及生态系统的构成要素。如生态系统的类型、组成生态系统的生物因子(动物和植物)、组成生态系统的非生物因子(如水和土)、生态系统的区域性特点及区域性作用与主要环境功能。

(2) 识别受影响的重要生境。生物多样性受到的影响往往是由于所在的重要生境受到占据、破坏或威胁等造成的,故在识别影响对象时对此类生境应予足够重视并采取有效措施加以防护。重要生境识别方法见表12-2。

(3) 识别区域自然资源及主要生态问题。区域自然资源对拟建项目及区域生态系统均有较大的影响或限制作用。在我国,诸如耕地资源和水资源等都是在影响识别及保护时首先考虑的。同时,由于自然资源的不合理利用以及生境的破坏等原因,一些区域性的生态环境问题如水土流失、沙漠化、各种自然灾害等也需要在影响识别中予以注意。

表 12-2　　　　　　　　　　　　重要生境识别方法

生境的性质	重要性比较
天然性	真正的原始生境＞次生生境＞人工生境(如农田)
生境面积大小	在其他条件相同的情况下,面积大的生境＞面积小的生境
多样性	群落或生境类型多、复杂的区域＞类型单一、简单的区域
稀有性	拥有一个或多个稀有物种的生境＞没有稀有物种的生境
可恢复性	易天然恢复的生境＞不易天然恢复的生境
完整性	完整性的生境＞破碎的生境
生态联系	功能上相互联系的生境＞功能上孤立的生境
潜在价值	经过自然过程或适当管理最终能发展成较目前更具有自然保护价值的生境＞无发展潜力的生境
功能价值	有物种或群落繁殖、成长生境＞无此功能的生境
存在期限	历史久远的生境＞新近形成的生境
生物丰富度	生物多样性丰富的生境＞生物多样性贫乏的生境

（4）识别敏感生态保护目标或地方要求的特别保护目标。这些目标往往是人们的关注点,在影响评价中应予以足够重视,一般包括以下目标:具有生态学意义的保护目标,如珍稀濒危野生生物、自然保护区、重要生境等;具有美学意义的保护目标,如风景名胜区、文物古迹等;具有科学意义的保护目标,如著名溶洞、自然遗迹等;具有经济价值的保护目标,如水源地、基本农田保护地等;具有社会安全意义的保护目标,如排洪泄洪通道等;生态脆弱区和生态环境严重恶化区,如脆弱生态系统、严重缺水区等;人类社会特别关注的保护对象,如学校、医院、科研文教区和集中居民区等;其他一些有特别纪念或科学价值的地方,如特产地、繁殖基地等,均应加以考虑。

（5）识别受影响的途径和方式。即指直接影响、间接影响或通过相关性分析确定的潜在影响。

3. 影响性质和程度的识别

影响效应的识别主要是识别影响作用产生的生态效应,即影响后果与程度的识别,具体包括以下几个方面的内容。

（1）影响的性质。影响的性质应考虑是正影响还是负影响、可逆影响还是不可逆影响、可补偿影响还是不可补偿影响、短期影响还是长期影响、累积影响还是一次性影响,渐进的、累积性的或是有临界值的影响,凡是不可逆变化应给予更多关注,在确定影响可否接受时应给予重大权重。

（2）影响的程度。影响的程度包括影响范围的大小、持续时间的长短、作用剧烈程度、受影响的生态因子多少、生态环境功能的损失程度、是否影响到敏感目标或影响到生态系统主导因子及重要资源。在判别生态系统受到影响的程度时,受到影响的空间范围越大、强度越高、时间越长、受到影响因子越多或影响到主导因子,则影响越大。

（3）影响发生的可能性分析。影响发生的可能性分析即分析影响发生的可能性和概率,影响可能性可按极小、可能、很可能来识别。

二、评价因子的选择

生态环境影响评价的评价因子选择应考虑以下几个方面：

（1）应反映建设项目的性质与特点。根据建设项目特点、影响因素及其效应等选择评价因子，如水库和水坝建设等水利工程项目，主要影响有土地利用方式与生物栖息地变化（淹没等）、敏感目标保护、水生生物通道、景观变化、移民、生态安全等，此时应考虑土地资源、生物资源、生物生产能力等。

（2）应能代表和反映受影响生态环境的性质和特点。受到影响的生态系统类型不同，涉及的生态层次不同，应选择不同的评价因子与对应的评价方法。例如项目建设涉及森林生态系统，则应主要考虑其系统的完整性、生物资源受到的影响、系统的生态过程及其服务功能是否发生改变等，评价因子应考虑从森林生态系统的类型及其稳定性、生物多样性水平、珍稀濒危或重要物种、生产力、生态服务功能等方面选择，如面积、覆盖率，生物资源的种类、分布、珍稀濒危程度、重要性，生产力与生产量，生态效益及其价值，环境退化程度，景观结构指标等。

（3）应表征出生态资源与生态环境问题。对于生态资源与生态环境方面评价因子的选择，可以采用相关的资源部门与管理部门的标准或规范中涉及的评价指标；区域敏感目标可以按其性质、规划目标、功能分区等确定评价因子，如生态环境问题可以选择水土流失中的侵蚀类型、模数、面积、分布，土地沙漠化中的沙化程度、沙化面积及其分布、发展趋势、生态损失、法定保护区域或对象，土地盐渍化中的类型与全盐含量、面积、级别、危险与危害指数、地下水状况。

第五节　生态环境现状调查与评价

一、生态环境现状调查

（一）生态现状调查要求

生态现状调查是生态现状评价、影响预测的基础和依据，调查的内容和指标应能反映评价工作范围内的生态背景特征和现存的主要生态问题。在有敏感生态保护目标（包括特殊生态敏感区和重要生态敏感区）或其他特别保护要求对象时，应作专题调查。

生态现状调查应在收集资料基础上开展现场工作，生态现状调查范围应不小于评价工作的范围。

一级评价应给出采样地样方实测、遥感等方法测定的生物量、物种多样性等数据，给出主要生物物种名录、受保护的野生动植物物种等调查资料。

二级评价的生物量和物种多样性调查可依据已有资料推断，或实测一定数量的、具有代表性的样方予以验证。

三级评价可充分借鉴已有资料进行说明。

（二）生态现状调查的方法

1. 资料收集法

收集现有的能反映生态现状或生态背景的资料，从表现形式上分为文字资料和图形资料,从时间上可分为历史资料和现状资料,从收集行业类别上可分为农、林、牧、渔和环境保护部门,从资料性质上可分为环境影响报告书、有关污染源调查、生态保护规划、规定、生态功能区划、生态敏感目标的基本情况以及其他生态调查材料等。使用资料收集法时,应保证资料的现时性,引用资料必须建立在现场校验的基础上。

2. 现场勘查法

现场勘查应遵循整体与重点相结合的原则,在综合考虑主导生态因子结构与功能的完整性的同时,突出重点区域和关键时段的调查,并通过对影响区域的实际踏勘,核实收集资料的准确性,以获取实际资料和数据。

3. 专家和公众咨询法

专家和公众咨询法是对现场勘查的有益补充。通过咨询有关专家,收集评价工作范围内的公众、社会团体和相关管理部门对项目影响的意见,发现现场踏勘中遗漏的生态问题。专家和公众咨询应与资料收集和现场勘查同步开展。

4. 生态监测法

当资料收集、现场勘查、专家和公众咨询提供的数据无法满足评价的定量需要,或项目可能产生潜在的或长期累积效应时,可考虑选用生态监测法。生态监测应根据监测因子的生态学特点和干扰活动的特点确定监测位置和频次,有代表性地布点。生态监测方法与技术要求需符合国家现行的有关生态监测规范和监测标准分析方法;对于生态系统生产力的调查,必要时需现场采样、实验室测定。

5. 遥感调查法

当涉及区域范围较大或主导生态因子的空间等级尺度较大,通过人力踏勘较为困难或难以完成评价时,可采用遥感调查法。遥感调查过程中必须辅助必要的现场勘查工作。

6. 海洋生态调查方法

海洋生态调查方法参见《海洋调查规范 第 9 部分:海洋生态调查指南》(GB/T 12763.9—2007)。

7. 水库渔业资源调查方法

水库渔业资源调查方法参见《水库渔业资源调查规范》(SL 167—2014)。

(三) 生态现状调查的内容

1. 生态背景调查

根据生态影响的空间和时间尺度特点,调查影响区域内涉及的生态系统类型、结构、功能和过程,以及相关的非生物因子特征(如气候、土壤、地形地貌、水文及水文地质等),重点调查受保护的珍稀濒危物种、关键种、土著种、建群种和特有种,天然的重要经济物种等。如涉及国家级和省级保护物种、珍稀濒危物种和地方特有物种时,应逐个或逐类说明其类型、分布、保护级别、保护状况等;如涉及特殊生态敏感区和重要生态敏感区时,应逐个说明其类型、等级、分布、保护对象、功能区划、保护要求等。

2. 主要生态问题调查

调查影响区域内已经存在的制约本区域可持续发展的主要问题,如水土流失、沙漠化、石漠化、盐渍化、自然灾害、生物入侵和污染危害等,指出其类型、成因、空间分布、发生特点等。

二、生态现状评价

生态现状评价是在区域生态基本特征现状调查的基础上，对评价区的生态现状进行定量或定性的分析评价，评价应采用文字和图件相结合的表现形式。

（一）生态现状评价要求

生态现状评价应在现状调查的基础上阐明生态现状，分析工程影响生态系统的因素，评价生态系统总体存在的问题、变化趋势。分析影响区域内动、植物等生态因子的组成、分布；涉及敏感区时，分析其生态现状、保护现状和存在的问题。

生态现状评价要解决的主要问题为：① 从生态完整性的角度评价生态现状，即注意区域内生态系统的结构与功能状况（如水源涵养、防风固沙、生物多样性保护等主导生态功能）；② 用可持续发展观点评价自然资源现状、发展趋势和承受干扰的能力；③ 植被破坏、荒漠化、珍稀濒危动植物物种消失、自然灾害、土地生产能力下降等生态系统面临的压力和存在的问题，及其产生的历史、现状和生态系统的总体变化趋势等；④ 分析和评价受影响区域内动、植物等生态因子的现状组成、分布；⑤ 当评价区域涉及受保护的敏感物种时，应重点分析该敏感物种的生态学特征；⑥ 当评价区域涉及特殊生态敏感区域或重要生态敏感区域时，应分析其生态现状、保护现状和存在的问题等。

现状评价结论要明确回答区域环境的生态完整性、人与自然的共生性、土地和植物的生产能力是否受到破坏等重大环境问题，要回答自然资源的特征及其对干扰的承受能力，并用可持续发展的观点对生态系统状况进行判定。

由于生态系统结构的层次特点决定了生态现状评价也具有层次性，一般可按两个层次进行评价：一是生态因子层次上的因子状况评价；二是生态系统层次上的整体状况评价。两个层次上的评价都是由若干指标来表征的。在建设项目的生态环评中，一般对可控因子要作较详细的评价，以便采取保护或恢复性措施；对人力难以控制的因子，如气候因子，一般只作为生态系统存在的条件和影响因素看待，不作为评价的对象。

（二）生态现状评价图件

生态现状评价图件是指以图形、图像的形式对生态影响评价有关空间内容的描述、表达或定量分析。生态影响评价图件是生态影响评价报告的必要组成内容，是评价的主要依据和成果的重要表示形式，是指导生态保护措施设计的重要依据。

生态现状评价图件应遵循有效、实用、规范的原则，根据评价工作等级和成图范围以及所表达的主题内容选择适当的成图精度和图件构成，充分反映出评价项目、生态因子构成、空间分布以及评价项目与影响区域生态系统的空间作用关系、途径或规模。

（三）生态现状评价内容

1. 生态因子现状评价

（1）植被。包括植被的类型、分布、面积和覆盖率、历史变迁的原因，植物群系及优势植物种，植被的主要环境功能，珍稀植物的种类、分布及其存在的问题等。植被现状评价应以植被现状图表达。

（2）动物。包括野生动物的栖息地现状、破坏与干扰，野生动物的种类、数量、分布特点，珍稀动物种类与分布等。动物的有关信息可从动物地理区划资料、动物资源收获（如皮毛收购）、实地考察与走访、调查，从栖息地与动物习性相关性等获得。

(3) 土壤。包括土壤的成土母质、形成过程、理化性质、土壤类型、性状与质量(有机质含量、全氮、有效磷含量,并与选定的标准比较而评定其优劣)、物质循环速度、土壤厚度与密度、受外环境影响(淋溶、侵蚀)以及土壤生物丰度、包水蓄水性能和土壤碳氮比(保肥能力)等以及污染水平。

(4) 水资源。包括地表水资源与地下水资源评价两大领域,评价内容主要是水质与水量两个方面。水质评价是污染性环评的主要内容之一。生态环评中水环境的评价亦有两个方面:一是评价水的资源量;二是与水质和水量都有紧密联系的水生生态评价。

2. 生态系统结构与功能的现状评价

不同类型的生态系统难以进行结构上的优劣比较,但可借助于图件并辅之以文字阐明生态系统的空间结构和运行情况,亦可借助景观生态的评价方法进行结构的描述,还可通过类比分析定性地认识系统的结构是否受到影响等。

生态功能是可以定量或半定量地评价的。例如生物量、植被生产力和种群量都可定量地表达;生物多样性亦可量化和比较。运用综合评价的方法、进行层次分析,设定指标和赋值,可以综合地评价生态系统的整体结构和功能。

3. 生态资源的现状评价

无论是水土资源还是动植物资源,因其巨大的经济学意义,一般已在使用中都有相应的经济学评价指标。例如土地资源需进行分类,阐明其适宜性和限制性、现状利用情况以及开发利用潜力;耕地分等级,并可用历年的粮食产量来衡量其质量,评价中应阐明其肥力、通透性、利用情况、水利设施、抗洪涝能力、主要灾害威胁等。

4. 区域生态现状评价

一般区域生态问题是指水土流失、沙漠化、自然灾害和污染危害等。这类问题亦可以进行定性与定量相结合的评价,用土壤流失方程计算工程建设导致的水土流失量;用侵蚀模数、水土流失面积和土壤流失量指标,可定量地评价区域的水土流失状况;测算流动沙丘、半固定沙丘和固定沙丘的相对比例,辅之以沙漠化指示生物的出现,可以半定量地评价土地沙漠化程度;通过类比,可以定性地评价生态系统防灾减灾功能。

第六节　生态影响预测与评价

一、生态环境影响预测内容和要求

生态环境影响预测就是在生态现状调查与评价、工程分析与环境影响识别的基础上,有选择、有重点地对某些评价因子的变化和生态功能变化进行预测。

1. 生态影响预测内容

生态影响预测内容包括影响因素分析、生态环境受体分析、生态影响效应分析。自然资源开发项目对区域生态(主要包括土地、植被、水文和珍稀濒危动、植物五种生态因子)影响的预测内容包括以下方面:

(1) 评价工作范围内涉及的生态系统及其主要生态因子的影响评价。通过分析影响作用的方式、范围、强度和持续时间来判别生态系统受影响的范围、强度和持续时间;预测生态系统组成和服务功能的变化趋势,重点关注其中的不利影响、不可逆影响和累积生态影响。

（2）敏感生态保护目标的影响评价在明确保护目标的性质、特点、法律地位和保护要求的情况下，分析评价项目的影响途径、影响方式和影响程度，预测潜在后果。

（3）预测评价项目对区域现在主要生态问题的影响趋势。

2. 生态影响预测要求

（1）三级项目要对关键评价因子（如对绿地、珍稀濒危物种、荒漠等）进行预测；二级项目要对所有重要评价因子均进行单项预测；一级项目除进行单项预测外，还要对区域性全方位的影响进行预测。

（2）为便于分析和采取对策，要将生态影响划分为有利影响与不利影响、可逆影响与不可逆影响、近期影响与长期影响、一次性影响与累积性影响、明显影响与潜在影响、局部影响与区域影响。

（3）要根据不同因子受开发建设影响在时间和空间的表现和累积情况下进行预测评估。从时间分布上，可表现为年内（月份）和年际（准备期、施工期、运转期）变化两个方面；从空间分布上，可以划分为宏观（开发区域及其周边地区）和微观（影响因子分布）两个部分。

（4）自然资源开发建设项目的生态影响预测要进行经济损益分析。

二、生态影响预测与评价方法

生态影响预测与评价方法应根据评价对象的生态学特性，在调查、判定该区主要的、辅助的生态功能以及完整功能必需的生态过程的基础上，分别采用定量分析与定性分析相结合的方法进行预测与评价。

常用的方法包括列表清单法、图形叠置法、生态机理分析法、景观生态学方法、指数法与综合指数法、类比分析法、系统分析法和生物多样性评价等。

1. 列表清单法

列表清单法是 Little 等人于 1971 年提出的一种定性分析方法。该方法的特点是简单明了，针对性强。列表清单法的基本做法是将拟实施的开发建设活动的影响因素与可能受影响的环境因子分别列在同一张表格的行与列内，逐点进行分析，并逐条阐明影响的性质、强度等，由此分析开发建设活动的生态影响。

2. 图形叠置法

图形叠置法是把两个以上的生态信息叠合到一张图上，构成复合图，用以表示生态变化的方向和程度。

本方法的特点是预测结果直观、容易被人理解。如用带方格的透明纸还可以定量地估测受影响的地区的面积。该方法使用简便，但不能作精确的定量评价。目前该方法被用于公路或铁路选线、滩涂开发、水库建设、土地利用等方面的评价，也可将污染影响程度和植被或动物分布叠置成污染物对生物的影响分布图。

3. 生态机理分析法

生态机理分析法是根据建设项目的特点和受其影响的动、植物的生物学特征，依照生态学原理分析、预测工程生态影响的方法。生态机理分析法的工作步骤如下：

（1）调查环境背景现状、搜集工程组成和建设等有关资料。

（2）调查植物和动物分布，动物栖息地和迁徙路线。

（3）根据调查结果分别对植物或动物种群、群落和生态系统进行分析，描述其分布特点、结构特征和演化等级。

（4）识别有无珍稀濒危物种及重要经济、历史、景观和科研价值的物种。

（5）监测项目建成后该地区动物、植物生长环境的变化。

（6）根据项目建成后的环境（水、气、土和生命组分）变化，对照无开发项目条件下动物、植物或生态系统演替趋势，预测项目对动物和植物个体、种群和群落的影响，并预测生态系统演替方向。

评价过程中有时要根据实际情况进行相应的生物模拟试验，如环境条件、生物习性模拟试验、生物毒理学试验、实地种植或放养试验等；或进行数学模拟，如种群增长模型的应用。

该方法需与生物学、地理学、水文学、数学及其他多学科合作评价，才能得出较为客观的结果。

4. 景观生态学法

景观生态学法是通过研究某一区域、一定时段内的生态系统类群的格局、特点、综合资源状况等自然规律，以及人为干预下的演替趋势，揭示人类活动在改变生物与环境方面的作用的方法。景观生态学对生态质量状况的评判是通过两个方面进行的，一是空间结构分析，二是功能与稳定性分析。景观生态学认为，景观的结构与功能是相当匹配的，且增加景观异质性和共生性也是生态学和社会学整体论的基本原则。

空间结构分析基于景观是高于生态系统的自然系统，是一个清晰的和可度量的单位。景观由斑块、基质和廊道组成，其中基质是景观的背景地块，是景观中一种可以控制环境质量的组分。因此，基质的判定是空间结构分析的重要内容。判定基质有三个标准，即相对面积大、连通程度高、有动态控制功能。基质的判定多借用传统生态学中计算植被重要性的方法。决定某一斑块类型在景观中的优势，也称优势度值（D_0）。优势度值由密度（R_d）、频率（R_f）和景观比例（L_p）三个参数计算得出。其数学表达式如下：

$$R_d = （斑块~i~的数目/斑块总数）\times 100\%$$
$$R_f = （斑块~i~出现的样方数/总样方数）\times 100\%$$
$$L_p = （斑块~i~的面积/样地总面积）\times 100\%$$
$$D_0 = 0.5 \times [0.5 \times (R_d + R_f) + L_p] \times 100\%$$

上述分析同时反映自然组分在区域生态系统中的数量和分布，因此能较准确地表示生态系统的整体性。

景观的功能和稳定性分析包括如下四方面内容：

（1）生物恢复力分析：分析景观基本元素的再生能力或高亚稳定性元素能否占主导地位。

（2）异质性分析：基质为绿地时，异质化程度高的基质很容易维护它的基质地位，从而达到增强景观稳定性的作用。

（3）种群源的持久性和可达性分析：分析动、植物物种能否持久保持能量流、养分流，分析物种流可否顺利地从一种景观元素迁移到另一种景观元素，从而增强共生性。

（4）景观组织的开放性分析：分析景观组织与周边生境的交流渠道是否畅通。开放性强的景观组织可以增强抵抗力和恢复力。景观生态学方法既可以用于生态现状评价也可以用于生境变化预测,目前是国内外生态影响评价学术领域中较先进的方法。

5. 指数法与综合指数法

指数法是利用同度量因素的相对值来表明因素变化状况的方法,指数法简明扼要,且符合人们所熟悉的环境污染影响评价思路,但困难在于需明确建立表征生态质量的标准体系,且难以赋权和准确定量。综合指数法是从确定同度量因素出发,把不能直接对比的事物变成能够同度量的方法。

指数法与综合指数法的基本原理:通过对环境因子性质及变化规律的研究与分析,建立其评价函数曲线,通过评价函数曲线将这些环境因子的现状值(项目建设前)与预测值(项目建设后)转换为统一的无量纲的环境质量指标,由好至差用1~0表示,由此可计算出项目建设前、后各因子环境质量指标的变化值。最后,根据各因子的重要性赋予权重,再将各因子的变化值综合起来,便得出项目对生态环境的综合影响。

$$\Delta E = \sum (E_{hi} - E_{qi}) \times W_i \tag{12-1}$$

式中　ΔE——开发建设活动日前后生态质量变化值;

E_{hi}——开发建设活动后i因子的质量指标;

E_{qi}——开发建设活动前i因子的质量指标;

W_i——i因子的权值。

该方法的核心问题是建立环境因子的评价曲线,通常是先确定环境因子的质量标准,再根据不同标准规定的数值确定曲线的上、下限。对于已被国家标准或地方标准明确规定的环境因子,如水、大气等,可以直接用标准值确定曲线的上、下限;对于一些无明确标准的环境因子,需要对其进行大量工作,选择其相对的质量标准,再用以确定曲线的上、下限。权值的确定大多采用专家咨询法。

指数法可用于生态因子单因子质量评价、生态系统多因子综合质量评价、生态系统功能评价等。

6. 类比分析法

类比分析法是一种比较常用的定性和半定量评价方法,一般有生态整体类比、生态因子类比和生态问题类比等。根据已有的开发建设活动(项目、工程)对生态系统产生的影响来分析或预测拟进行的开发建设活动(项目、工程)可能产生的影响。选择好类比对象(类比项目)是进行类比分析或预测评价的基础,也是该法成败的关键。

7. 系统分析法

系统分析法是指把要解决的问题作为一个系统,对系统要素进行综合分析,找出解决问题的可行方案的咨询方法。具体步骤包括:限定问题、确定目标、调查研究、搜集数据、提出备选方案和评价标准、备选方案评估和提出最可行方案。

系统分析法因其能妥善地解决一些多目标动态性问题,目前已广泛应用于各行各业,尤其在进行区域开发或解决优化方案选择问题时,系统分析法显示出其他方法所不能达到的效果。

在生态系统质量评价中使用系统分析的具体方法有专家咨询法、层次分析法、模糊综合评判法、综合排序法、系统动力学、灰色关联等方法,这些方法原则上都适用于生态影响评价。这些方法的具体操作过程可查阅有关书刊。

8. 生物多样性评价方法

生物多样性评价是指通过实地调查,分析生态系统和生物种的历史变迁、现状和存在主要问题的方法,评价目的是有效保护生物多样性。

生物多样性通常用香农-威纳指数(Shannon-Wiener index)表征:

$$H = -\sum_{i=1}^{s} P_i \ln(P_i) \tag{12-2}$$

式中 H——样品的信息含量(彼得/个体)=群落的多样性指数;

s——种数;

P_i——样品中属于第 i 种的个体比例,如样品总个体数为 N,第 i 种个体数为 n_i,则 $P_i = n_i/N$。

9. 海洋及水生生物资源影响评价方法

海洋生物资源影响评价技术方法参见 SC/T 9110—2007,以及其他推荐的生态影响评价和预测适用方法;水生生物资源影响评价技术方法,可适当参照该技术规程及其他推荐的适用方法进行。

10. 水土保持技术方法

水土保持技术方法参见 GB 50433—2018。

第七节　生态环境保护措施

一、生态环境保护措施的基本要求

生态环境保护措施的基本要求如下:

(1)体现法规的严肃性。

(2)体现可持续发展思想与战略。

(3)体现产业政策方向与要求。生态环境保护战略特别注重保护 3 类地区:① 生态环境良好的地区,要预防对其破坏;② 生态系统特别重要的地区,要加强对其保护;③ 资源强度利用,生态系统十分脆弱,处于高度稳定或正在发生退化性变化的地区。

(4)满足多方面的目的要求。

(5)注重生态保护的整体性,以保护生物多样性为核心。

(6)遵循生态环境保护科学原理。

(7)全过程评价与管理。

(8)措施包括勘探期、可行性研究阶段、设计期、施工建设期、营运期及营运后期的措施。

(9)突出针对性与可行性。

二、生态环境保护对策与措施

1. 生态影响的防护与恢复

自然资源开发项目中的生态影响评价应根据区域的资源特征和生态特征,按照资源的可承载能力,论证开发项目的合理性,对开发方案提出必要的修正,使生态系统得到可持续发展。

生态影响的防护与恢复要遵循以下原则:

① 应按照避让、减缓、补偿和重建的次序提出生态影响防护与恢复的措施;所采取措施的效果应有利修复和增强区域生态功能。

② 凡涉及不可替代、极具价值、极敏感、被破坏后很难恢复的敏感生态保护目标(如特殊生态敏感区、珍稀濒危物种)时,必须提出可靠的避让措施或生境替代方案。

③ 涉及采取措施后可恢复或修复的生态目标时,也应尽可能提出避让措施;否则,应制定恢复、修复和补偿措施。

④ 对于再生周期长、恢复速度较慢的自然资源损失要制定恢复和补偿措施。

各项生态保护措施应按项目实施阶段分别提出,并提出实施时限和估算经费,同时论证必要性。原则是自然资源中的植被,尤其是森林,损失多少必须补充多少,原地补充或异地补充。

2. 生态影响的补偿与建议

补偿是一种重建生态系统以补偿因开发建设活动损失的环境功能的措施。补偿有就地补偿和异地补偿两种形式,就地补偿类似于恢复,但建立的新生态系统与原生态系统没有一致性。异地补偿则是在开发建设项目发生地无法补偿损失的生态功能时,在项目发生地之外实施补偿措施,如在区域内或流域内的适宜地点或其他规划的生态建设工程中。补偿中最重要的是植被补偿,因为它是整个生态功能所依赖的基础,植被补偿可按照生物物质生产等当量的原理确定具体的补偿量。

补偿措施的确定应考虑流域或区域生态功能保护的要求和优先次序,考虑建设项目对区域生态功能的最大依赖和需求,补偿措施体现社会群体平等使用和保护环境的权利,也体现生态保护的特殊性要求。

在生态系统已经相当恶劣的地区,为保证建设项目的可持续发展和促进区域的可持续发展,开发建设项目不仅应保护、恢复、补偿直接受其影响的生态系统及其环境功能,而且需要采取改善受到间接影响区域的生态功能、建设具有更高环境功能的生态系统的措施。

从工程建设特点来考虑,主要能采取的保护生态系统的措施是替代方案、生产技术改革、生态保护工程措施和加强管理几个方面。其中,在设计勘察期、项目建设期、生产运营期和工程退役期均有不同的考虑。

3. 替代方案

从保护生态环境出发,开发建设项目的替代方案主要有场址或线路走向的替代、施工方式的替代、工艺技术的替代、生态保护工程措施的替代等。替代方案原则上应达到与原拟建项目或方案同样的目的和效益,并在评价工作中应描述替代项目或方案的优点和缺点。替代方案应具有环境损失最小、费用最少、生态功能最大的特点。生态环境保护、恢复、补偿和建设措施,都可以结合建设项目的工程特点有一种或多种替代方案。

一级以上项目要进行替代方案比较,尤其是对关键的单项问题进行替代方案比较并对环境保护措施进行多方案比较,这些替代方案应该是环境保护决策的最佳选择。

4. 生产技术选择与工程措施

采用清洁和高效的生产技术是从工程本身来减少污染和减少生态影响或破坏的根本

性措施。可持续发展理论认为,数量增长型发展受资源能源有限性的限制是有限度的,只有依靠科技进步的质量型发展才是可持续的。环评中的技术先进性论证,特别要注意对生态资源的使用效率和使用方式的论证,如造纸工业不仅是造纸废水污染江河湖海导致水生生态系统恶化的问题,还有原料采集所造成的生态影响问题。

生态保护的工程措施可分为一般工程性措施和生态工程性措施两类。前者主要是防治污染和解决污染导致的生态效应问题;后者则是专为防止和解决生态问题或进行生态建设而采取的措施。如为防止泥石流和滑坡而建造的人工构筑物,为防止地面下沉实行的人工回灌,为防止盐渍化和水涝而采取的排涝工程,为防风或保持水土、防止水土流失或沙漠化而植树和造林、种草、退耕还牧、返田还湖等。所有为生态保护而实施的工程,都需在综合考虑建设项目内容、规模及工艺、工程的可行性和效益、保护对象和目标的特点与需求、实施的空间和时序等情况的基础上提出,并提出落实生态工程的保障措施,对预期效果、环境保护投资等进行必要的科学论证。绘制生态保护措施平面布置示意图和典型措施设施工艺图。

5. 生态监测与管理计划

对可能具有重大、敏感生态影响的建设项目,区域、流域开发项目,应提出长期的生态监测计划、科技支撑方案,明确监测因子、方法、频次等。

明确施工期和运营期管理原则与技术要求。可提出环境保护工程分标与招投标原则,施工期工程环境监理,环境保护阶段验收和总体验收、环境影响后评价等环保管理技术方案。

第八节 生态影响评价案例
——某水电项目生态环境影响评价

一、案例背景

该水电站是梯级开发电站,以发电为主,兼顾航运、防洪等综合利用,为特大型项目,总工期 9 年,筹建期 1 年;静态总投资 919 712×10⁴ 元,总投资 1 110 971×10⁴ 元。报告书内容较多,因篇幅所限,本章只针对生态环境影响评价简要说明,且省略了要求的相关图件。工程基本规模见表 12-3。

表 12-3　　　　　　　　　**工程基本规模**

项目	规模
装机容量	总容量 3 000 MW,多年平均发电量为 96.67×10⁸ kW·h
库容	总库容 64.51×10⁸ m³,调节库容 31.54×10⁸ m³,防洪库容(2~4)×10⁸ m³
航运	过坝船舶吨位 500 t,年过坝能力 293×10⁴ t
淹没面积	96.04 km²,其中陆地 79.21 km²,水域 16.83 km²(水库正常蓄水位 630 m)
淹没影响区	面积 1.85 km²,人口 234 人,房屋 8 780.1m²,耕地 859.4 亩
施工占地	279.61×10⁴ m²,其中库区用地 60×10⁴ m²

续表 12-3

项目	规模
修建公路	全长 24 km,改建公路 23 km
征地	8 364.2 亩:耕地 2 731.9 亩、园地 66.3 亩、林地 4634.4 亩、宅基地 83.7 亩、其他 842.0 亩
人口安置	16 763 人,全部为种植业安置;涉及 41 个乡(镇),其中非淹没涉及 9 个乡
安置用地	新开发荒地 2 324.5 亩,调整和征用耕园地 28 015.2 亩,改造低产地 2 084.0 亩

注:1 亩约为 666.7 m²。

二、生态环境影响识别

本工程对环境影响的作用因素主要为工程施工、移民安置、水库蓄水及工程运行。

施工期因施工道路建设、围堰及导流、主体工程建设等,需进行土石方开挖、填筑、场地平整、砂石料开采与加工、混凝土混拌等施工活动,将扰动原有地貌、破坏地表植被,增加工程施工区水土流失。

工程运行期因水库蓄水,将淹没人口居住地、房屋和土地等,需要移民,对其生产生活带来影响;移民安置过程中因土地开发、生产生活安置、专项设施复建等安置活动可能影响安置区的生态环境和库区人群健康。水库蓄水、调度及运行,将改变库区和坝下游河段水位、天然河流水文情势、水温和流速等水文条件,对水文、泥沙、局地气候、环境地质、生态环境、两岸自然景观等产生影响。

三、评价等级与评价范围

由于本工程位于峡谷河段,水库为河道型水库,生态影响范围有限,故生态环境影响评价工作等级确定为《环境影响评价技术导则 生态影响》(HJ 19—2011)的二级。

生态环境直接影响区为水库淹没区和施工征地区;评价范围 4 016.9 km²,主要为施工区、库区和坝址下游区。施工区为工程建设区;库区包括水库淹没区和移民安置区;坝址下游区范围为坝址及坝下游区。

四、生态环境现状调查与评价

通过调查,库区陆生高等植物有 316 种,淹没线下无国家或省级所列重点保护植物。陆生脊椎动物种类较丰富,共有 226 种,根据《国家重点保护野生动物名录》规定,共有国家重点保护动物 21 种。浮游生物的种类和生物量都较少,干流基本上没有水生维管束植物生长。库区共有鱼类 61 种,未见珍稀鱼类分布。

评价区平均净生产力 704.0 g/(m²·a),低于全球陆地水平;人类活动对自然体系的生产力存在一定干扰,但自然等级的性质未发生根本改变,自然系统具有一定的恢复和调控能力。评价区域内,林草地是基质,本区域受人为干扰有限,但区域异质性不高。

评价区内的主要土地类型是耕园地和林地、草地,分别占总面积的 33.9% 和 48.5%。在水土流失现状调查中,以水力侵蚀中的面蚀、沟蚀为主,重力侵蚀较少,人为因素是主要原因。存在的主要环境问题有:① 土地利用不合理,水土流失严重;② 森林生态系统综合调控能力差。

五、生态环境影响分析与评价

1. 生态环境影响分析

水电站淹没线下无国家或省级重点保护植物,因此水库蓄水不会对国家规定保护的珍稀濒危植物造成直接不利影响。水库淹没及移民搬迁会进一步缩小野生动物栖息地,故项目将会对野生动物产生一定影响。施工期的生活废水,由于排放量小,加上在排放前均要求处理后达标排放,因此工程施工对水生生态环境的影响不大。水库运行后,喜静水或缓流水体生活的经济鱼类种群数量的增加,为发展水产养殖业提供了良好的条件。由于库水的沉降与生化作用,大坝下泄水的物理和化学性状优于建坝前,从而提高坝下江段污水稀释比,有利于改善枯水期水质。据预测,水电站建设期间,如不采取相应的水土保持措施,工程建设区新增水土流失量 $5\,466.95 \times 10^4$ t,其中施工期内扰动地表新增的水土流失量为 7.15×10^4 t;建设区土石方多余的 394.75×10^4 m^3(实方)弃渣堆放于专用弃渣场,可能造成的水土流失量为 539.8×10^4 t;移民安置区新增水土流失量 25.30×10^4 t。

2. 水土流失影响评价

工程施工及移民安置活动引起地表扰动,加重区域水土流失,如不采取治理措施,将造成土地肥力严重退化,甚至使土地石化、沙化,导致土地生产力降低;项目建设活动产生的弃渣堆放,如不采取有效防护措施,在暴雨季节易造成弃渣大量流失,掩埋农田,影响工程施工进度;可造成河道或湖塘淤积,妨碍河道正常行洪,也可使水利设施利用效益下降,还可能引起泥石流灾害。

水土保持措施实施范围分为工程施工区、移民安置区(略)。

思 考 题

1. 生态环境影响有哪些特点?
2. 生态环境影响评价工作等级划分的依据有哪些?
3. 生态影响识别包括哪几个方面?
4. 生态现状调查和评价的内容各有哪些?
5. 生态影响预测的内容有哪些?
6. 通常从哪些方面考虑生态环境保护对策与措施?

第十三章　其他类型环境影响评价

第一节　环境风险评价

一、概述

（一）基本概念

1. 风险

风险一般指遭受损失、损伤或毁坏的可能性，或者说发生人们不希望出现的后果的可能性。它存在于人的一切活动中，不同的活动会带来不同性质的风险，如经常遇到的灾害风险、工程风险、投资风险、健康风险、污染风险、决策风险等。目前比较通用和严格的定义是：风险指一定时期产生有害事件的概率与有害事件后果的乘积。

2. 环境风险

环境风险是指突发性事故对环境（健康）的危害程度，用风险值 R 表征，其定义为事故发生概率 P 与事故造成的环境（或健康）后果 C 的乘积，用 R 表示，即

$$R[危害/单位时间] = P[事故/单位时间] \times C[危害/事故]$$

3. 建设项目环境风险评价

建设项目环境风险评价是对建设项目建设和运行期间发生的可预测突发性事件或事故（一般不包括人为破坏及自然灾害）引起有毒有害、易燃易爆等物质泄漏，或突出事件产生的新的有毒有害物质，所造成的人身安全与环境的影响和损害，进行评估，提出防范、应急与减缓措施。

4. 最大可信事故

最大可信事故是在所有预测的概率不为零的事故中，对环境（或健康）危害最严重的重大事故。

5. 重大事故

重大事故是指导致有毒有害物泄漏的火灾、爆炸和有毒有害物泄漏事故，给公众带来严重危害，对环境造成严重污染。

6. 危险物质

危险物质是指一种物质或若干物质的混合物，由于它的化学、物理或毒性，其具有导致

火灾、爆炸或中毒的危险。

7. 重大危险源

重大危险源是指长期或短期生产、加工、运输、使用或贮存危险物质,且危险物质的数量等于或超过临界量的功能单元。

(二) 环境风险评价标准

环境风险评价标准是为环评系统的风险性而制定的标准,是识别系统的安全水平、安全管理有效性和对环境所造成的危害程度及制定相应应急措施的依据。风险评价标准是为管理决策服务的,是社会对某一风险所能承受的最大阈值,即风险的最大可接受水平,风险评价标准需要包含两方面内容:第一,风险事故的发生概率,如海堤或河堤,其设计堤坝中采用的百年一遇或千年一遇标准即为此内容;第二,风险事故的危险程度,主要反映风险事故所致的损失率,包括财产损失率和人员的死亡、重伤、轻伤率等。

在环境风险评价中常用的标准有以下 3 类:

1. 补偿极限标准

风险所造成的损失主要有两类:一是事故造成的物质损失;二是事故造成的人员伤亡。物质损失可核算成经济损失,其相应的风险标准常用补偿极限标准,即随着减少风险的措施投资的增加,年事故发生率就会下降,当达到某点时,如果继续增加投资,从减少事故损失中得到的补偿就很少,此时的风险度可作为风险评价的标准。

2. 人员伤亡风险标准

普通人受自然灾害的危害或从事某种职业而造成伤亡的概率是客观存在的,且一般人能接受,这样的风险度可作为评价标准。正常情况下因各种原因而造成的死亡率范围是可接受的,要将风险水平降到 $10^{-8} \sim 10^{-4}$ 范围内是可接受的,要将风险水平降到 10^{-8} 以下所需的代价太大,是不现实的。一般公众对风险的认识,可认为是风险背景,也可以看作是评价标准。

3. 恒定风险标准

当存在多种可能的事故,而每种事故不论其产生的后果强度如何,它的风险概率与风险后果强度的乘积规定为一个可接受的恒定值。当投资者有足够的资金去补偿事故的损失时,该恒定风险值作为评价和管理标准是最客观和合理的。但是投资者往往只对其中某类事故更为关注,常常愿意花钱去降低低概率高强度的事故风险,而不愿意花钱去降低高概率低强度的事故风险,尽管二者的乘积(即可能的风险损失)相差无几。

(三) 环境风险评价与其他评价的区别

1. 环境风险评价与环境影响评价的区别

环境影响评价中考虑的影响是指由系统引起的,其影响后果是相对确定的,影响程度也相对较易度量,而对影响的条件性、不确定性或概率性方面一般是不考虑的;而环境风险评价主要是预测不确定性事件发生后所造成后果的严重程度和波及范围。可以这样说,在环境影响评价中引入风险评价不是为了增加另外一个评价体系,而是为了提高整个环境影响评价的质量。

表 13-1 列举了环境风险评价与环境影响评价的主要区别。从中可以看出,环境影响评价研究重点是正常运行工况下,长时间释放污染物,采用确定性的评价方法,评价时段较长,采用多为确定论方法和长期措施;而环境风险评价研究重点是事故情况,瞬时或短时间

释放污染物,评价方法多以概率论和随机方法为主,评价时段较短,其对策主要是以防范措施和应急计划为主。

表 13-1　　　　　　　　　　　　　　　环境风险评价与环境影响评价的主要不同点

序号	项目	环境风险评价	环境影响评价
1	分析重点	突发事故	正常运行工况
2	持续时间	很短	很长
3	应计算的物理效应	火灾、爆炸,向空气、水体中释放污染物	向空气、地面水、地下水释放污染物、噪声、热污染等
4	释放类型	瞬时或短时间连续释放	长时间的连续释放
5	应考虑的影响类型	突发性的激烈的效应及事故后期长远效应	连续的、累积效应
6	主要危害受体	人、建筑、生态	人和生态
7	危害性质	急性中毒、灾难性的	慢性中毒
8	扩散模式	烟团模式、分段烟羽模式	连续烟羽模式
9	照射时间	很短	很长
10	源项确定	较大的不确定性	不确定性很小
11	评价方法	概率方法	确定论方法
12	防范措施与应急计划	需要	不需要

2. 环境风险评价与安全评价的区别

由于环境风险评价与安全评价两者联系紧密,在实际工作中两者很容易混淆。在实际评价工作中,两者的侧重点不同,研究内容上也存在着较大的差别。

安全评价以实现工程和系统安全为目的,应用安全系统工程原理和方法,对工程、系统中存在的危险、有害因素进行辨识与分析,判断工程、系统发生事故和职业危害的可能性及其严重程度,从而为制定预防措施和管理决策提供科学依据。

表 13-2 为常见事故类型下环境风险评价与安全评价的内容对比。

表 13-2　　　　　　　　常见事故类型下环境风险评价与安全评价的内容对比

序号	事故类型	环境风险评价	安全评价
1	石油化工厂输管线油品泄漏	土壤污染和生态系统	火灾、爆炸
2	大型码头油品泄漏	海洋污染	火灾、爆炸
3	储罐、工艺设备有毒物质泄漏	空气污染、人员毒害	火灾、爆炸,人员急性中毒
4	油井井喷	土壤污染和生态系统	火灾、爆炸
5	高硫化氢井井喷	空气污染、人员毒害	火灾、爆炸
6	石化工艺设备易燃烧烃类泄漏	空气污染、人员毒害	火灾、爆炸,人员急性中毒
7	炼化厂二氧化硫等事故排放	空气污染、人员毒害	人员急性中毒

由表 13-2 可以总结出,环境风险评价与安全评价的主要区别在于:

(1) 环境风险评价主要关注事故对厂(场)界外环境和人群的影响,而安全评价主要关注事故对厂(场)界内环境和职工的影响。

(2)环境风险评价不仅关注由火灾产生的热辐射、爆炸产生的冲击波带来的破坏影响,而且更关注火灾、爆炸产生、伴生或诱发的有毒有害物质泄漏对环境造成的危害或环境污染影响;安全评价主要关注火灾产生的热辐射、爆炸产生的冲击波带来的破坏影响。

(3)我国目前环境影响风险评价导则关注的是概率很小或极小但环境危害最严重的最大可信事故,而安全评价主要关注的是概率相对较大的各类事故。

二、环境风险评价工作的具体内容

(一)环境风险评价的目的和重点

环境风险评价的目的是分析和预测建设项目存在的潜在危险、有害因素,建设项目建设和运行期间可能发生的突发性事件或事故(一般不包括人为破坏及自然灾害),有毒有害和易燃易爆等物质泄漏所造成的人身安全与环境影响及损害程度,提出合理可靠的防范、应急与减缓措施,以使建设项目事故率、损失和环境影响达到可接受水平。

环境风险评价应把事故引起厂(场)界外人群的伤害、环境质量的恶化及对生态系统影响的预测和防护作为评价工作重点。

(二)环境风险评价工作等级

根据评价项目的物质危险性和功能单元重大危险源判定结果,以及环境敏感程度等因素,环境风险评价工作分为一级、二级。评价工作等级划分见表13-3。

表 13-3　　　　　　　　　　　　评价工作级别(一、二级)

	剧毒危险性物质	一般毒性危险物质	可燃、易燃危险性物质	爆炸危险性物质
重大危险源	一	二	一	一
非重大危险源	二	二	二	二
环境敏感地区	一	一	一	一

一级评价按《建设项目环境风险评价技术导则》(HJ/T 169—2004)对事故影响进行定量预测,说明影响范围和程度,提出防范、减缓和应急措施。

二级评价可参照标准进行风险识别、源项分析和对事故影响进行简要分析,提出防范、减缓和应急措施。

经过对建设项目的初步工程分析,选择生产、加工、运输、使用或贮存中涉及的1~3个主要化学品,按导则中的规定进行物质危险性判定,分为有毒物质、易燃物质和爆炸性物质。

(三)环境风险评价范围

按照危险性物质的工业场所有害因素职业接触限值(如无职业接触限值,按伤害域),以及环境敏感保护目标位置,确定环境影响评价范围。大气环境影响预测一级评价范围距离原点不低于5 km;二级评价范围距离原点不低于3 km范围。地表水环境影响预测评价范围不低于《环境影响评价技术导则 地表水环境》确定的评价范围,虽然在预测范围以外,但估计有可能受到事故影响的水环境保护目标,应设立预测点。

（四）环境风险评价内容

1. 风险识别

通过风险识别辨识出风险因素，确定出风险的类型。风险识别主要是利用建设项目工程分析、环境现状调查与评价、相似建设项目所属行业事故统计的结果等资料，通过定性分析、经验判断进行的。风险识别的对象包括生产设施、所涉及物质、受影响的环境要素和环境保护目标。根据有毒有害物质排放起因，将风险类型分为泄漏、火灾、爆炸 3 种。

2. 风险源项分析

风险源项分析既是环境风险评价中的基础工作，也是环境风险评价中最为重要的内容。在风险识别的基础上，通过源项分析，识别评价系统的危险源、危险类型和可能的危险程度，确定主要危险源。根据潜在事故分析列出的事故树，筛选确定最大可信事故，对最大可信事故给出源强发生概率，危险物泄漏量（泄漏速率）等源项参数，为计算、评价事故的环境影响提供依据。源项分析准确与否直接关系到环境风险评价的质量和结论，其中最大可信事故是指在所有预测概率不为零的事故中环境（或健康）风险最大的事故。

3. 后果计算

后果计算的主要任务是确定最大可信事故发生后对环境质量、人群健康、生态系统等造成的影响范围和危害程度。可以根据危险物相态、危险类型（火灾、爆炸、有毒有物扩散等）分别采用不同的模式、方法进行计算，得到影响评价所需的数据和信息。

4. 风险计算和评价

根据最大可信事故的发生概率、危害程度，计算项目风险的大小，并确定是否可以接受。风险大小多采用风险值作为表征量。

$$R = PC \qquad (13\text{-}1)$$

式中　R——风险值，损害/单位时间，具体环境评价中常以"死亡数/a"为单位；

P——最大可信事故概率，事件数/单位时间；

C——最大可信事故造成的危害，损害/事件。

风险评价需要从各功能单元的最大可信事故风险 R_j 中，选出风险最大的事故，作为本项目的最大可信灾害事故，并将其风险值 R_{max} 与同行业可接受水平 R_L 比较，若 $R_{max} \leqslant R_L$，认为项目风险水平可以接受，若 $R_{max} > R_L$，认为本项目需要采取措施降低风险，否则不具备环境可行性。

5. 风险管理

风险管理主要是结合成本效益分析等工作，制定和执行合理的风险防范措施和应急预案，以防范、降低和应对可能存在的风险。由于事故的不确定性和现有资料、评价方法的局限性，在进行建设项目环境风险评价时，制定严格、可行的环境风险管理方案极为重要。

风险防范措施主要包括调整选址、优化总图布置、改进工艺技术、加强危险化学品贮运管理和电器安全防范、增加自动报警和在线分析系统等。

应急预案包括应急组织机构、人员，报警和通信方式，抢险、救援设备，应急培训计划，公众教育和信息发布等内容。应特别注意，必须根据具体情况制定防止二次污染的应急措施。

（五）环境风险评价工作程序

一般来说，一个完整的环境风险评价工作包括：历史数据分析、风险识别和危害分析、

事故频率和后果估算、风险计算和评价、风险减缓和应急措施等。具体工作程序如图 13-1
所示。

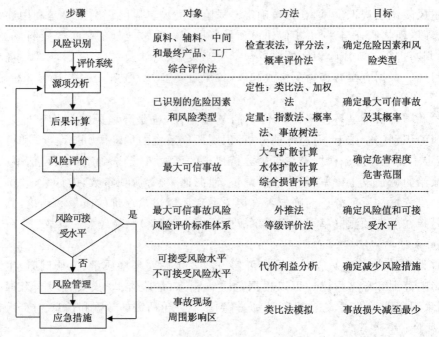

图 13-1　环境风险评价工作程序

三、环境风险管理

（一）环境风险管理概念、目的与内容

环境风险管理是指由环境管理机构、企事业单位和环境科研机构等运用各种先进的管理工具，通过对环境风险的分析、评估，研究并实施各种控制环境风险的措施，力求以较少的成本将环境风险控制在经济社会发展可以承受的范围内，从而实现经济社会的可持续发展。

环境风险管理过程一般包括以下几个主要步骤：

（1）环境风险识别：识别各种重要的环境风险。

（2）环境风险评价：分析环境风险事件发生的可能性、后果。

（3）开发并选择适当环境风险管理方法。

（4）实施所选定的风险管理方法。

（5）持续地监督风险管理方法的实施情况和适用性，并加以改进。

环境风险管理是在环境风险基础之上，在行动方案效益与其实际或潜在的风险以及降低的代价之间谋求平衡，以选择较佳的管理方案。通常，环境风险管理者在需要对人体健康或生态风险做出管理决策时，可有多种可能的选择。

环境风险管理内容包括：① 制定污染物的环境管理条例和标准；② 加强对风险源的控制；③ 风险的应急管理及其恢复技术。

（二）环境风险管理方法

环境风险管理方法有如下几种：

1. 政府的职责

作为政府行为,风险管理与灾害管理是密切联系的。通常包括制定和修改法规,要求全国各地达到确定的目标;在各部门形成良好的管理制度和工作方法;要求企业修改或采用与提高安全性有关的操作规程和技术措施等。

2. 建设单位的职责

建设单位在政府环保和有关职能部门的监督指导下,拟定风险管理计划和方法,并具体落实防范措施。

3. 企业的职责

每个工厂、企业都努力不出现环境污染,从而制止地球环境的恶化,并进一步改善地球的环境。每个工厂企业应建立和运用环境管理系统,从而达到保护环境性能的最终目标。为了建立高水准的环境管理系统,降低或避免环境风险,有必要引入防范风险的方法,包括企业领导的保证,企业和利害关系者之间的协调,企业环境风险管理等。

（三）减少环境风险危害的措施

依据风险的特性,环境风险管理可采取以下措施:

（1）抑制风险。抑制风险是指在事故发生时或之后为减少损失而采取的各项措施。

（2）转移风险。转移风险是指改变风险发生的时间、地点及承受风险的客体的一种处理方法。

（3）减轻风险。减轻风险就是在风险损失发生前,为了消除或减少可能引起损失的各种因素采取具体措施,以减少风险造成的损失。

（4）避免风险。避免风险是指考虑到风险损失的存在或可能发生而主动放弃或拒绝实施某项可能引起风险损失的方案。

最根本的措施是将风险管理与全局管理相结合,实现"整体安全"。

（四）风险应急管理计划

应急预案随事故类型和影响范围而异,但事故应急预案一般应由应急组织、应急措施、应急设备和外援机构组成。风险应急管理计划具体有以下几项:

（1）建立应急组织和指挥中心,明确应急组织各级人员的职责,任命指挥者和协调人员。指挥者应是企业最高管理机构的成员,能代表且进行决策。指挥者应熟悉企业情况,能估计事故发生的原因和可能发生的情况,负责事故的总体及其协调指挥,要及时做出人员疏散和停产等决定。各级应急组织在应对事故时应服从指挥,相互配合,高效有序地控制事故的蔓延扩大。健全的应急组织应包括处理紧急事故的领导机构、专业和自愿救护队伍以及医疗、后勤、保卫等机构和人员。领导组织有力和专业人员技术过硬、组织纪律严密、行动速度是实施应急救援的重要保障。指挥中心应装备精良、反应灵敏,具有足够的通信设备及其他必要设施。

（2）制订有效的应急计划和措施,将事故灾害控制在萌芽时期,尽量减少事故对人员和财产的影响。任何事故从隐患形成到灾害发生都有一定的发展过程和各自的特殊规律,应根据事故发生规律,建立灾情感知和信息传递系统,及早发现灾情并立即通知相关人员将其消灭在萌芽时期。事故发生时要求操作人员和紧急事故处理人员必须迅速行动,科学有效地启用应急设施,防止事故扩大。

（3）应急设施包括警报系统、通信器材、疏散通道、急救器材和设备等。应建立灵敏的警报系统和可靠的通信联络网,确保一旦事故发生就能立即通知相关机构和人员。对通信设备、线路及方式进行合理安排,以保证紧急状态下能够联络。要有足够的消防和救灾器材,消防和救灾器材应取用方便,简单实用。应对安全通道和安全出口进行合理设计并标志明确,确保事故发生时疏散路径畅通。

(4) 外部救援包括消防部门、公安部门、公共卫生机构、上级主管部门等。在企事业单位本身不能够应对突发事故时,应及时地寻求外部支援。

第二节 清洁生产评价

一、概述

(一)清洁生产的定义

清洁生产是我国实施可持续发展战略的重要组成部分,也是我国污染控制由末端控制向全过程转变,实现经济和环境协调发展的一项重要措施。

联合国环境规划署于 1989 年提出了清洁生产的最初定义,1996 年又进一步完善该定义:"清洁生产是一种新的创造型的思想,该思想将整体预防的环境战略持续应用于生产过程、产品和服务中,以增加生态效率和减少人类及环境的风险。对生产过程,要求节约原材料和能源,淘汰有毒原材料,减降所有废弃物的数量和毒性;对产品,要求减少从原材料提炼到产品最终处置的全生命周期的不利影响;对服务,要求将环境因素纳入设计和所提供的服务中。"

我国《清洁生产促进法》第二章第 2 条指出:"本法所指清洁生产,是指不断采取改进设计、使用清洁的能源和原料、采用先进的工艺技术和设备、改善管理、综合利用等措施,从源头消减污染,提高资源利用效率,减少或者避免生产、服务和产品使用过程中污染物的产生和排放,以减轻或者消除对人类健康和环境的危害。"

(二)清洁生产的发展

1. 国外清洁生产的发展

清洁生产思想源于美国 20 世纪 80 年代初提出的"废物最小化",1989 年美国环保局提出了"污染预防"的概念,并以之取代"废物最小化"。为了实施污染预防,美国联邦法院 1990 年通过了"污染预防法"。通过立法手段建立以污染预防为主的政策,是工业污染控制战略上的根本性变革,并迅速在世界范围内掀起了热潮。

欧洲最初开展清洁生产的国家是瑞典(1987 年),随后,荷兰、丹麦、奥地利等国也相继开展清洁生产工作。欧盟委员会也通过了一些法规以在其成员国内促进清洁生产的推行,例如 1996 年通过的《综合的污染预放和控制法令》(LPPC)。

欧洲除了开展清洁生产比较早的北欧、西欧国家外,中东欧几乎所有国家也都计划在 1998 年之前实施清洁生产。其他国家也纷纷注入资金建立清洁生产中心、地区性国际清洁生产网络,进行清洁生产培训。

1994 年,联合国工业发展组织和联合国环境署在部分国家启动了清洁生产试点示范项目,将清洁生产这一预防性的环境战略引入这些国家并加以实践验证。在这些清洁生产试点项目取得成功之后,联合国工业发展组织和联合国环境署共同启动了建立国家清洁生产中心的项目。在瑞士、奥地利政府以及其他双边和多边资助方的支持下,联合国工业发展组织和联合国环境署已通过"建立国家清洁生产中心"项目计划帮助47个发展中国家建立了国家和地区级清洁生产中心,这种需求现在依然与日俱增。我国作为首批八个国家之一参加了项目,于1995年正式成立了"中国国家清洁生产中心"。

2009年,联合国工业发展组织和联合国环境署在原有国家清洁生产中心项目的基础上,启动了新一轮的全球性清洁生产项目"资源高效利用与清洁生产"项目。

联合国工业发展组织和联合国环境署每两年召开一次国家清洁生产中心主任年会,交流经验,共谋未来。2010年6月8~9日,联合国环境署与联合国工业发展组织在斯里兰卡联合举办了"高校资源与责任生产地区研讨会",来自柬埔寨、中国、哥伦比亚等9个国家的约50名代表参加了此次研讨会。

2. 国内清洁生产的发展

1993年,我国通过世界银行技术援助项目"推进中国清洁生产",正式将清洁生产引入国内。经过20多年的推行与实践,我国已经逐步建立并日益完善了清洁生产的推行体系,包括政策法规体系,技术支撑体系,组织管理体系,教育培训体系,企业清洁生产审核、评估、验收体系。

2003年我国正式颁布并实施了《清洁生产促进法》(以下简称《促进法》),确立了清洁生产在我国的法律地位,标志着我国清洁生产纳入法制化轨道。2004年8月16日国家发展和改革委员会、国家环境保护总局联合发布了《清洁生产审核暂行办法》,创新性地提出了强制性清洁生产审核的概念与要求,再一次重申和明确了这两类企业必须进行清洁生产审核。原国家环保总局于2005年年底出台了《重点企业清洁生产审核程序的规定》(环发〔2005〕151号);2008年环境保护部颁发了《关于进一步加强重点企业清洁生产审核工作的通知》(环发〔2008〕60号),明确了环保部在重点企业清洁生产审核工作中的职责和作用,扩展了重点企业的概念,首次提出了在企业进行清洁生产审核之后,政府部门应对其进行评估和验收的要求。2010年环境保护部结合重金属污染以及产能过剩的问题,颁布了《关于深入推进重点企业清洁生产的通知》(环发〔2010〕54号),列出了重金属污染、产能过剩等各个行业分类管理目录,制定了"十二五"期间的审核年度计划,环保部将对实施清洁生产的企业进行公告。

在技术方面,我国已经建立起具有中国特色的清洁生产技术支撑体系,包括企业清洁生产审核方法学,行业清洁生产审核指南,清洁生产标准,清洁生产评价指标体系,国家重点行业清洁生产技术导向目录,重点行业清洁生产技术推行方案等。到目前为止,生态环境部颁发了50多个行业的清洁生产标准,国家发展和改革委员会已组织编制并颁布了包括氮肥、电镀和钢铁等行业在内的20多个行业清洁生产评价指标体系。

(三)环境影响评价中引入清洁生产

1. 建设项目环境影响评价中引入清洁生产评价

环境影响评价在发挥其重要作用的同时也存在着一些问题,即建设项目的环境影响评价关注的重点往往是污染产生以后对环境的影响,而不是预防污染的产生,因此,环境影响评价中提出的污染控制措施一旦未能有效执行,环境影响评价就失去了其有效性。

通过对进行末端处理的企业的调查发现,只有大约1/3企业的末端处理设施运行良好,1/3企业的末端处理设施在通过验收后停止了使用,还有1/3企业的末端处理设施正在使用,但未能按照原设计要求运转。其中最主要的原因是末端处理费用太高,很多企业负担不了。而这些企业往往又是大型企业,为了避免其他的社会问题,很难被强行关闭。在建设项目环境影响评价中往往很少考虑企业是否负担得起高昂的末端处理费用的问题。

清洁生产是一种新的污染防治战略。清洁生产是从资源节约和环境保护两个方面对工业产品的生产从设计开始,到产品使用后直到最终处置都给予了全过程的考虑并提出了要求。它不仅对生产,而且对服务也要求考虑对环境的影响。因此,清洁生产可提高企业的生产效益和经济效益,与末端处理相比,更受企业欢迎。

目前我国的环境影响评价工作中,正在逐渐引入清洁生产的概念,并以此强化项目的工程分析,这将大大提高环境影响评价的质量。

环境影响评价工作中引入清洁生产有如下几个方面的好处:

(1)减轻建设项目的末端处理负担

将建设项目预测的污染物削减在产生之前,则会减轻末端处理的费用,也大大提高了建设项目的环境可靠性。

(2)提高建设项目的市场竞争力

清洁生产往往通过提高利用效率来达到,因而在许多情况下将直接降低生产成本,提高产品质量,提高市场竞争力。

(3)降低建设项目的环境责任风险

在环境法律、法规日趋严格的今天,企业很难预料将来面临的环境风险,最好的规避方法就是通过清洁生产减少污染物的产生。

2. 环境影响评价中的清洁生产与清洁生产审核的关系

企业清洁生产审核是对一个现有企业进行污染预防评估,按照一定程序对生产和服务过程进行调查和诊断,找出能耗高、物耗高、污染重的原因,提出减少有毒有害原料的使用、产生,降低能耗、物耗以及废物产生的方案,进而选定技术经济及环境可行的清洁生产方案的过程。

环境影响评价中的清洁生产评价,是对一个未来的建设项目进行污染预防工作的评估,即根据提供的设计方案,建设项目建成后采用的技术、工艺路线,使用的原辅材料、设备和相应的操作规程和管理规定等信息,对比现有类似的工程情况对其进行污染预防的分析和评价,评价的依据是原环境保护部颁发的清洁生产标准,要求达到同行业国内清洁生产先进水平(清洁生产标准的二级水平),找出相对不清洁的生产环节,进而提出有针对性的清洁生产方案。这里要强调的是,清洁生产审核的对象是现有企业,企业的先进程度参差不齐,在审核中,参考的清洁生产标准也因企业而异,强调的是更清洁的生产。而环境影响评价的对象是新建的项目,所以它的起点要高,要求要严,须达到国内先进水平所要求的最基本条件。

3. 建设项目环境影响评价中清洁生产分析的基本要求

环境影响评价和清洁生产是环境保护的重要组成部分,均与环境污染的预防相关。环境影响评价的目的主要是帮助业主使他们的建设项目的污染物的排放能达到浓度排放标准和总量控制要求,因此,通常借助的工具是末端治理;清洁生产则完全不同,它预防污染物的产生,即从源头和生产过程防止污染物的产生。

为提高环评的有效性,在进行环境影响评价时转变观念尤为重要,即转变被动地在工程设计的基础上开展环境影响评价工作的做法，转变所提环保措施建议着重于末端治理的观念。如果一个建设项目设计不合理，它可能存在先天的不足，该项目在整个生命期内会向环境排放更多的污染物，给末端治理带来很大的压力。所以，评价一个项目，应考虑生产工艺和装备选择是否先进可靠，资源和能源的选取、利用和消耗是否合理，产品设计、产品的寿命、产品报废后的处置等是否合理，对在生产过程排放出来的废物是否做到尽可能地循环利用和综合利用，从而实现从源头消灭环境污染问题。清洁生产所提环保措施建议，应是从源头围绕生产过程的节能、降耗和减污的清洁生产方案。

应掌握行业清洁生产技术信息，为建设项目从源头减少废物的产生，提出行业先进工艺技术、设备、清洁的原材料和能源等可操作的技术方案和建设项目可能采用的清洁生产措施，可参考国家发展和改革委员会不定期公布的《国家重点行业清洁生产技术导向目录》，工业和信息化部近年陆续发布的行业清洁生产技术推行方案。

在环境影响评价中进行清洁生产的分析是对计划进行的生产和服务进行预防污染的分析和评估。因此，在进行清洁生产分析时应判明废物产生的部位，分析废物产生的原因，提出和实施减少或消除废物的方案。

建设项目的清洁生产分析应从一个产品的整个生命周期全过程来分析其对环境的影响，虽然环境影响评价工作评价的是一个建设项目，但一个建设项目可影响到它的上游原材料的开采和加工过程，它的下游产品的使用（消费者）以及产品报废后的处理和处置。因此，清洁生产分析工作应从产品的生命周期全过程考虑，不仅考虑项目本身，还要考虑在工艺技术选择时的先进性，建设项目投产后，所使用的原辅材料和能源的开采、加工过程应是节能、降耗、保护环境的，它所生产出的产品在使用者手里应是高效的、利用率最佳的，在产品结束寿命后应是易于拆解、重复使用和综合利用的。

要做好环境影响评价中的清洁生产分析工作，应对评价项目所涉及的原辅材料、生产工艺过程、产品等非常熟悉，这样才能够主动地发现问题，从而提出清洁生产的解决方案，从源头消除污染物的产生。

二、清洁生产的内容

清洁生产的内容，可归纳为"三清一控制"，即清洁的原料与能源、清洁的生产过程、清洁的产品，以及贯穿于清洁生产的全过程控制。

1. 清洁的原料与能源

清洁的原料与能源，是指在产品生产中能被充分利用而极少产生废物和污染的原材料和能源。因此，采用以下措施：① 少用或不用有毒、有害及稀缺原料，选用品位高的较纯洁的原材料；② 清洁利用常规能源，采用清洁煤技术，逐步提高液体燃料、天然气的使用比例；③ 开发新能源，如太阳能、生物能、风能、潮汐能、地热能的开发利用；④ 采用各种节能技术和措施等，如在能耗大的化工行业采用热电联产技术，提高能源利用率。

2. 清洁的生产过程

生产过程就是物料加工和转换的过程，清洁的生产过程，要求选用一定的技术工艺，将废物减量化、资源化、无害化，直至将废物消灭在生产过程之中。

3. 清洁的产品

清洁的产品是指有利于资源的有效利用，在生产、使用和处置的全过程中不产生有害影响的产品。清洁产品又叫绿色产品、可持续产品等。为使产品有利于资源的有效利用，产品的设计工艺应使产品功能性强，既满足人们需要又省料耐用。为此应遵循三个原则：精简零件、容易拆卸；稍经整修即可重复作用；经过改进能够实现创新。为使产品避免危害人和环境，在设计产品时应遵循下列三原则：产品生产周期的环境影响最小，争取实现零排放；产品对生产人员和消费者无害；最终废弃物易于分解成无害物。

4. 全过程控制

贯穿于清洁生产中的全过程控制，包括两方面的内容，即生产原料或物料转化的全过程控制和生产组织的全过程控制。生产原料或物料转化的全过程控制，也称为产品的生命周期的全过程控制。它是指从原料的加工、提炼到生产出产品、产品的使用直到报废处置的各个环节所采取的必要的污染预防控制措施。生产组织的全过程控制，也就是工业生产的全过程控制。它是指从产品的开发、规划、设计、建设到运营管理，所采取的防止污染发生的必要措施。应该指出，清洁生产是一个相对的、动态的概念，所谓清洁生产的工艺和产品，是和现有的工艺相比较而言的。推行清洁生产，本身是一个不断完善的过程，随着社会经济的发展和科学技术的进步，需要适时地提出更新的目标，不断采取新的方法和手段，争取达到更高的水平。

三、建设项目清洁生产评价指标

建设项目清洁生产评价指标的选取原则有：从产品生命周期全过程考虑；体现污染预防思想；容易量化；满足政策法规要求，符合行业发展趋势。清洁生产评价指标应覆盖原材料、生产过程和产品的各个主要环节，尤其是对生产过程既要考虑对资源的使用，又要考虑污染物的产生。因而环境影响评价中的清洁生产评价指标可分为六大类，生产工艺与装备要求、资源能源利用指标、产品指标、污染物产生指标、废物回收利用指标、环境管理要求。六类指标既有定性指标也有定量指标，资源能源利用指标和污染物产生指标属于定量指标，其余四类指标属于定性指标或者半定量指标。

（一）生产工艺与装备要求

对于建设项目的环评工作，选用先进、清洁的生产工艺和设备，淘汰落后的工艺和设备，是推行清洁生产的前提。这类指标主要从规模、工艺、技术、装备几方面体现，考虑的因素有毒性、控制系统、循环利用、密闭、节能、减污、降耗、回收、处理、利用等。

（二）资源能源利用指标

从清洁生产的角度看，资源、能源指标的高低反映一个建设项目的生产过程在宏观上对生态系统的影响程度，因为在同等条件下，资源能源消耗量越高，对环境的影响越大。清洁生产评价资源能源利用指标包括新水用量指标、能耗指标、物耗指标和原辅材料的选取四类。

1. 新水用量指标

新水用量指标包括单位产品新鲜水用量、单位产品循环用水量、工业用水重复利用率、间接冷却水循环利用率、工艺水回用率和万元产值取水量六个指标。

$$单位产品新用水量 = 年新水总用量 \div 产品产量 \tag{13-2}$$

$$单位产品循环用水量 = 年循环水量 \div 产品产量 \tag{13-3}$$

$$工业用水重复利用率 = \frac{C}{Q+C} \times 100\% \tag{13-4}$$

式中　C——重复利用水量；

　　　　Q——取用水量。

$$间接冷却水循环 = \frac{C_冷}{Q_冷+C_冷} \times 100\% \tag{13-5}$$

式中　$C_冷$——间接冷却水循环量；

　　　　$Q_冷$——间接冷却水系统取水量（补充新水量）。

$$工艺水回用率 = \frac{C_x}{Q_x+C_x} \times 100\% \tag{13-6}$$

式中　C_x——工艺水回用量；

　　　　Q_x——工艺水取水量（取用新水量）。

$$万元产值取水量 = \frac{Q}{P} \tag{13-7}$$

式中　P——年产值。

2. 单位产品能耗

单位产品能耗指生产单位产品消耗的电、煤、蒸汽和油等能源情况，可用综合能耗指标来反映企业的能耗情况。

3. 单位产品物耗

生产单位产品物耗的主要原料和辅料的量，可用产品回收率和转化率间接比较。

4. 原辅材料的选取

原辅材料的选取也是资源能源利用指标的重要内容之一，它反映了资源选取的过程和构成其产品的材料对环境和人类的影响，因而可以从毒性、生态影响、可再生性、能源强度以及可回收利用性五方面建立指标。

一是毒性：原材料所含毒性成分对环境造成的影响程度。

二是生态影响：原材料取用过程中的生态影响程度。

三是可再生性：原材料可再生或可能再生的程度。

四是能源程度：原材料在生产过程中消耗能源的程度。

五是可回收利用性：原材料的可回收利用程度。

（三）产品指标

对产品的要求是清洁生产的一项重要内容，因为产品的质量、包装、销售、使用过程以及报废后的处理处置均会对环境产生影响，有些影响是长期的，甚至是难以恢复的。产品应是我国产业政策鼓励发展的产品。此外，还应考虑产品的包装和使用。过度包装和包装材料的选择都可能对环境产生影响，运输过程、销售环节以及产品报废后都不应对环境造成影响。

（四）污染物产生指标

除资源能源利用指标外，另一类能反映生产过程状况的指标便是污染物产生指标。污染物产生指标较高，说明工艺相对比较落后、管理水平较低。考虑到一般污染问题，污染物产生指标设三类，即废水产生指标、废气产生指标和固体废物产生指标。

1. 废水产生指标

废水产生指标首先要考虑的是单位产品废水产生量,因为该项指标最能反映废水产生的总体情况。但是,许多情况下单纯的废水量并不能完全代表产污状况,因为废水中所含的污染物量的差异也是生产过程状况的一种直接反映。因而对废水产生指标又可细分为两类,即单位产品废水产生量指标和单位产品主要污染物产生量指标。

$$单位产品废水排放量 = \frac{年排入环境废水总量}{产品产量} \tag{13-8}$$

$$单位产品\ COD\ 排放量 = \frac{全年\ COD\ 排放总量}{产品产量} \tag{13-9}$$

$$污水回用率 = \frac{C_{污}}{C_{污} + C_{直污}} \times 100\% \tag{13-10}$$

式中 $C_{污}$——污水回用量;

$C_{直污}$——直接排入环境的污水量。

2. 废气产生指标

废气产生指标和废水产生指标类似,也可细分为单位产品废气产生量指标和单位产品主要大气污染物产生量指标。

$$单位产品废气产生量 = \frac{全年废气产生总量}{产品产量} \tag{13-11}$$

$$单位产品\ SO_2\ 排放量 = \frac{全年\ SO_2\ 排放量}{产品产量} \tag{13-12}$$

3. 固体废物产生指标

对于固体废物产生指标,情况则简单一些,因为目前国内还没有像废水、废气那样具体的排放标准,因而指标可简单地定为单位产品主要固体废物产生量和单位固体废物综合利用量。

(五)废物回收利用指标

在现阶段,生产过程不可能完全避免产生废水、废料、废渣、废气(废汽)、废热,然而,这些"废物"只是相对的概念,在某一条件下是造成环境污染的废物,在另一条件下就可能转化为宝贵的资源。对于生产企业应尽可能地回收和利用废物,而且应该是高等级的利用,逐步降级使用,然后再考虑末端治理。

(六)环境管理要求

从五个方面提出要求,即环境法律法规标准、废物处理处置、生产过程环境管理、环境审核、相关方环境管理。

1. 环境法律法规标准

要求生产企业符合国家和地方有关环境法律、法规,污染物排放达到国家和地方排放标准、总量控制和排污许可证管理要求,这一要求与环境影响评价工作内容相一致。

2. 废物处理处置

要求对建设项目的一般废物进行妥善处理处置,对危险废物进行无害化处理。这一要求与环评工作内容相一致。

3. 生产过程环境管理

对建设项目投产后可能在生产过程产生废物的环节提出要求,例如要求企业有原材料质检制度和原材料消耗定额,对能耗、水耗有考核,对产品合格率有考核,各种人流、物流包括人的活动区域、物品堆放区域、危险品等有明显标识,对"跑冒滴漏"现象能够控制等。

4. 环境审核

对项目的业主提出两点要求:第一,按照行业清洁生产审核指南的要求进行审核;第二,按照 ISO 14001 建立并运行环境管理体系,环境管理手册、程序文件及作业文件齐备。

5. 相关方环境管理

为了环境保护的目的,在建设项目施工期间和投产使用后,对于相关方(如原材料供应方、生产协作方、相关服务方)的行为提出环境要求。

四、清洁生产评价方法

清洁生产指标涉及面广,有定量指标也有定性指标。为此清洁生产评价方法可分为定性评价法、定量评价法。

(一)定性评价方法-指标对比法

目前在我国建设项目环境影响报告中的清洁生产分析章节,普遍采用的定性评价方法是指标对比法。

指标对比法是采用我国已颁布的相关清洁生产标准,或选用国内外同类装置清洁生产指标,对比分析项目的清洁生产水平。

(二)定量评价方法

指标定量条件下的评价可分为单项评价指数、类别评价指数和综合评价指数。对评价指标的原始数据进行"标准化"处理,使评价指标转换成在同一尺度上可以相互比较的量。

1. 单项评价指数

单项评价指数,是以类比项目相应的单项指标参照值作为评价标准,进行计算而得出。

对指标值越低越符合清洁生产要求的指标,如污染物排放浓度,按下式计算

$$I_i = \frac{C_i}{S_i}(i = 1,2,3,\cdots,n) \tag{13-13}$$

式中　I_i——单项评价指数;

　　　C_i——目标项目某单项评价指标对象值(实际值或设计值);

　　　S_i——类比项目某单项指标参照值。根据评价工作需要可取环境质量标准、排放标准或相关清洁生产技术标准要求的数值。

对指标数值越高越符合清洁生产要求的指标,如资源利用率、水重复利用率等,按下式计算

$$I_i = \frac{S_i}{C_i}(i = 1,2,3,\cdots,n) \tag{13-14}$$

式中符号意义同式(13-13)。

2. 类别评价指数

类别评价指数是根据所属各单项指数的算术平均值计算而得。其计算公式为

$$Z_j = \left(\sum_{j=1}^{n} I_j\right)/n \ (j = 1,2,3,\cdots,n) \tag{13-15}$$

式中　Z_j——类别评价指数;

n——该类别指标下设的单项个数。

3. 综合评价指数

为了评价全面,又能克服个别评价指标对评价结果准确性的掩盖,采用了一种兼顾极值或突出最大值型的计权型的综合评价指数。其计算公式为

$$I_p = (I_{i,M} + Z_{j,a})/2 \tag{13-16}$$

式中 I_p——清洁生产综合评价指数;

$I_{i,M}$——各项评价指数中的最大值;

$Z_{j,a}$——类别评价指数的平均值,按下式计算

$$Z_{j,a} = \left(\sum_{j=1}^{m} I_j\right)/m \quad (j = 1,2,3,\cdots,n) \tag{13-17}$$

式中 m——评价指标体系下设的类别指标数。

如何评价综合评价指数的水平,一般推荐采用分级制的模式,即将综合指数分成五个等级,按清洁生产评价综合指数 I_p 所达到的水平给企业清洁生产定级。具体分级见表 13-4。

表 13-4 企业清洁生产的等级确定

项目	清洁生产	传统先进	一般	落后	淘汰
达到水平	领先水平	先进水平	平均水平	中下水平	行业淘汰水平
综合评价指数 I_p	$I_p \leqslant 1.00$	$1.0 < I_p \leqslant 1.15$	$1.15 < I_p \leqslant 1.4$	$1.4 < I_p \leqslant 1.8$	$I_p > 1.8$

注:清洁生产,指有关指标达到本行业领先水平;传统先进,指有关指标达到本行业先进水平;一般,指有关指标达到本行业平均水平;落后,指有关指标处于本行业中下水平;淘汰,指有关指标均为本行业淘汰水平。

如果类别评价指数(Z_j)或单项评价指数的值(I_i)>1.00 时,表明该类别或单项评价指标出现了高于类比项目的指标,故可以据此寻找原因,分析情况,调整工艺路线或方案,使之达到类比项目的先进水平。

上述评价方法,需参照环境质量标准、排放标准、行业标准或相关清洁生产技术标准数值,因此选取目标值最为关键。

五、清洁生产评价程序

(1) 收集相关行业清洁生产资源,包括清洁生产技术导向目录、淘汰的落后生产工艺技术和产品的名录、清洁生产技术推行方案、清洁生产标准或选取和确定的清洁生产指标和二级指标数值。

如果有相关行业清洁生产标准,只需收集相关标准。否则,根据建设项目的实际情况,按照清洁生产指标选取方法来确定项目的清洁生产指标,基本包括工艺装备要求、资源能源利用指标、产品指标、污染物生产指标、废物回收利用指标和环境管理要求。每一类指标所包括的各项指标要根据项目的实际需要慎重选择。在收集大量基础数据的基础上,确定清洁生产二级指标数值。

(2) 预测项目的清洁生产指标数值。根据建设项目工程分析结果,并结合对资源消耗、生产工艺、产品和废物的深入分析,确定建设项目相应各类清洁生产指标数值。

(3) 进行清洁生产指标评价。通过与同行业清洁生产标准对比,评价建设项目的清洁

生产指标。

（4）给出建设项目清洁生产评价结论。

（5）提出建设项目的清洁生产方案或建议。在对建设项目进行清洁生产分析的基础上，确定存在的主要问题，并提出相应的解决方案和合理化建议。

六、清洁生产评价等级

目前，以原环境保护部颁布的清洁生产标准作为环评工作中清洁生产标准，根据建设项目的设计情况，分为三级：

（1）一级代表国际清洁生产先进水平。当一个建设项目全部指标达到一级标准，说明该项目在工艺、装备选择，资源能源利用，产品设计和使用，生产过程的废弃物产生量，废物回收利用和环境管理等方面做得非常好，达到国际先进水平，从清洁生产角度讲，该项目是一个很好的项目，可以接受。

（2）二级代表国内清洁生产先进水平。当一个建设项目全部指标达到二级标准，说明该项目在工艺、装备选择，资源能源利用，产品设计和使用，生产过程的废弃物产生量，废物回收利用和环境管理等方面做得好，达到国内先进水平，从清洁生产角度讲，该项目是一个好项目，可以接受。

（3）三级代表国内清洁生产基本水平。一个建设项目全部指标达到二级标准，说明该项目在工艺、装备选择，资源能源利用，产品设计和使用，生产过程的废弃物产生量，废物回收利用和环境管理等方面做得一般，作为新建项目，需要在设计等方面作较大的调整和改进，使之能达到国内先进水平。当一个建设项目全部指标未达到三级标准，从清洁生产角度讲，该项目不可以接受。

第三节 公众参与

一、公众参与目的及程序

（一）公众参与的目的

（1）维护公众合法的环境权益，在环境影响评价中体现以人为本的原则。

（2）更全面地了解环境背景信息，发现潜在环境问题，提高环境影响评价的科学性和针对性。

（3）通过公众参与，提高环保措施的合理性和有效性。

环境影响评价中公众参与的目的是为了让公众了解项目，集思广益，使项目建设能被当地公众认可或接受，并得到公众的支持和理解，以提高项目的社会经济效益和环境效益。公众参与程序可使环境影响评价制定的环保措施更具合理性、实用性和可操作性。公众参与过程也体现了环境影响评价工作和有关部门对公众利益和权利（如居住权）的尊重，有利于提高人民群众的环境意识。

（二）公众参与的原则

1. 知情原则

信息公开应在调查公众意见前开展，以便公众在知情的基础上提出有效意见。

2．公开原则

在公众参与的全过程中，应保证公众能够及时、全面并真实地了解建设项目的相关情况。

3．平等原则

努力建立利害相关方之间的相互信任，不回避矛盾与冲突，平等交流，充分理解各种不同意见，避免主观和片面。

4．广泛原则

设法使不同社会、文化背景的公众参与进来，在重点征求受建设项目直接影响公众意见的同时，保证其他公众有发表意见的机会。

5．便利原则

根据建设项目的性质以及所涉及区域公众的特点，选择公众易于获取的信息公开方式和便于公众参与的调查方式。

（三）公众参与的作用与意义

公众参与是项目建设方或者环评方同公众之间的一种双向交流，建立公众参与环境监督管理的正常机制，可使项目影响区的公众能及时了解关于环境问题的信息，通过正常渠道表达自己的意见。让公众帮助辨析项目可能引起的重大尤其是许多潜在环境问题，了解公众关注的保护目标或问题，以便采取相应措施，使敏感的保护目标得到有效的保护。

多年实践证明，公众参与在我国的环境影响评价工作中起到了相当大的作用，主要体现在以下4个方面：

（1）保障了公众的知情权，也体现了环评工作和有关部门对公众利益和权利的尊重。环保措施实施后直接受影响的人有权充分了解周围的环境现状，了解项目对自身居住环境的影响状况和环境发展的影响趋势。

（2）有利于环评工作组制定出最佳的环保措施，使环保措施更具合理性、实用性和可操作性，增加环境影响评价的有效性。因为公众作为环境资源的使用者，对本地区的资源很了解，他们的有效介入可大大充实环评组织的实力。因此要保证他们在评价中的主体地位，而不能仅被视为收集意见的对象。

（3）可对环评工作进行有效的监督，增加项目审批等环保工作的透明度，建立健全的环境管理体制。其中公众监督包括两方面的内容，即监督工商企业经营者认真贯彻执行环境保护相关法律和监督环保管理人员的行政行为。

（4）有利于环境保护法律的普及，提高全社会的环境保护意识和增强法制观念。公众通过亲身的参与，可以从对环境由本能、自发的关注转变为主动、自觉的参与。

（四）公众参与工作程序

公众参与是环境影响评价过程的一个组成部分，其工作程序及与环境影响评价程序的关系如图13-2所示。

（五）公众的范围

1．建设项目的利益相关方

建设项目的利益相关方指所有受建设项目影响或可以影响建设项目的单位和个人是环境影响评价中广义的公众范围，包括以下几个方面：

（1）受建设项目直接影响的单位和个人。如居住在项目环境影响范围内的个人；在项

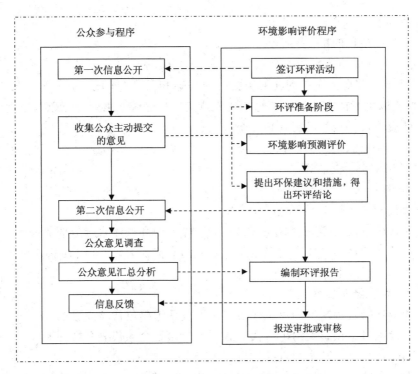

图 13-2　环境影响评价中公众参与工作程序

目环境影响范围内拥有土地使用权的单位和个人;利用项目环境影响范围内某种物质作为生产生活原料的单位和个人建设项目实施后,因各种客观原因需搬迁的单位和个人。

（2）受建设项目间接影响的单位和个人。如移民迁入地的单位和个人;拟建项目潜在的就业人群、供应商和消费者;受项目施工、运营阶段原料及产品运输、废弃物处置等环节影响的单位和个人;拟建项目同行业的其他单位或个人;相关社会团体或宗教团体。

（3）有关专家。特指因具有某一领域的专业知识,能够针对建设项目某种影响提出权威性参考意见,在环境影响评价过程中有必要进行咨询的专家。

（4）关注建设项目的单位和个人。如各级人大代表、各级政协委员、相关研究机构和人员、合法注册的环境保护组织。

（5）建设项目的投资单位或个人。

（6）建设项目的设计单位。

（7）环境影响评价单位。

（8）环境行政主管部门。

（9）其他相关行政主管部门。

2. 环境影响评价的公众范围

环境影响评价的公众范围指所有直接或间接受建设项目影响的单位和个人,但不直接参与建设项目的投资、立项、审批和建设等环节的利益相关方,是环境影响评价中狭义的公众范围,包括以下方面:

（1）受建设项目直接影响的单位和个人。

（2）受建设项目间接影响的单位和个人。

（3）有关专家。

（4）关注建设项目的单位和个人。

3. 环境影响评价涉及的核心公众群

建设项目环境影响评价应重点围绕主要的利益相关方（即核心公众群）开展公众参与工作，保证他们以可行的方式获取信息和发表意见。核心公众群众包括以下方面：

（1）受建设项目直接影响的单位和个人。

（2）项目所在地的人大代表和政协委员。

（3）有关专家。

4. 公众代表的组成

（1）公众代表主要从核心公众群中产生。

（2）个人代表应优先考虑少数民族、妇女、残障人士和低收入者等弱势群体。

（3）根据建设项目的具体影响确定相应领域的专家代表，专家代表不应参与项目投资、设计、环评等任何与项目关联的事务。

5. 核心公众的代表数量

（1）受建设项目直接影响的单位代表名额不应低于单位代表总数的85%。

（2）受建设项目直接影响的个人代表名额不应低于个人代表总数的90%。

（3）核心公众代表的基本数量要求见表13-5。

（4）线性工程选择线路经过的、有代表性的人口密集区域，按照上述原则确定核心公众代表。

表 13-5　　　　　　　　**核心公众代表的基本数量要求**

公众类型	受影响群众总数	代表数量
受直接影响的单位代表	单位总数≤50	实际单位数量
	50<单位总数≤100	总数的75%，但不少于50个
	100<单位总数≤200	总数的50%，但不少于75个
	单位总数≥200	不少于100个
受直接影响的个人代表	总数≤100	实际人数
	100<总数≤10 000	总数的30%，但不少于100人
	10 000<总数≤50 000	总数的15%，但不少于300人
	总数≥50 000	不少于500人
人大代表政协委员	—	不少于5人
专家	—	每个领域的专家不少于3人

二、公众参与内容

（一）公众参与计划

1. 公众参与计划内容

公众参与计划应明确公众参与过程的相关细节，具体包括如下内容：

（1）公众参与的主要目的。

（2）执行公众参与计划的人员、资金和其他辅助条件的安排，公众参与工作时间表。

（3）核心公众的地域和数量分布情况。

（4）公众代表的选取方式、代表数量或代表名单。

（5）拟征求意见的事项及其确定依据。

（6）拟采用的信息公开方式。

（7）拟采用的公众意见调查方式。

（8）信息反馈的安排。

2. 公众参与计划有效性的影响因素

公众参与计划的可行性受多方面因素影响，应在制订计划的过程中予以充分考虑。其中，重要的影响因素包括以下内容：

（1）核心公众的基本情况，如年龄、性别、民族、文化程度、对环境知识的了解程度和社会背景等。

（2）当地的宗教、文化背景和管理体制。

（3）所需传达信息的情况，尤其是技术性信息的专业程度和理解的难易程度。

（4）执行公众参与计划人员的技术水平，如组织能力、沟通技巧、演讲水平和对特殊方法的掌握程度等。

（5）可用于公众参与的资金和其他辅助条件的情况。

（二）信息公开

1. 信息公开次数、时间和形式

信息公开次数、时间和形式的具体要求见表 13-6。

表 13-6　　　　　　　　　　信息公开次数、时间和形式

次数	时　　间	形　式
第一次	建设单位确定承担环境影响评价工作的环境影响评价机构后 7 日内	信息公告
第二次	完成影响预测评价至报告书报送审批或重新审核前确保能够完成公众意见调查、公众参与篇章编写和信息反馈等工作内容的合理时间，最迟于环境影响报告书报送审批或审核前 10 日	信息公告，环境影响报告书简本

2. 信息公告的内容

（1）第一次信息公告

第一次信息公告所含信息应包括：建设项目名称；建设项目业主单位名称和联系方式；环境影响评价单位名称和联系方式；环境影响评价工作程序、审批程序以及各阶段工作初步安排；备选的公众参与方式。

（2）第二次信息公告

第二次信息公告的内容包括：建设项目情况简述；建设项目对环境可能造成影响的概述；环境保护对策和措施的要点；环境影响报告书提出的环境影响评价结论的要点；公众查阅环境影响报告书简本的方式和期限，以及公众认为必要时向建设单位或者其委托的环境影响评价机构索取补充信息的方式和期限；征求公众意见的范围和主要事项；征求公众意见的具体形式；公众提出意见的起止时间。

3. 信息公开的方式

(1) 信息公告的方式

信息公告的范围应能涵盖所有受到直接和间接影响公众所处的地域范围,并应采用便于公众获得的方式,保证信息准确、及时和有效地传播。常用的发布信息公告的方式有:在建设项目所在地的公共媒体(如报纸、广播、电视、公共网站等)发布公告;公开免费发放包含有关公告信息的印刷品;其他便于公众知情的信息公告方式。

(2) 环境影响报告书简本公开的方式

环境影响报告书简本公开的方式应便于受到直接影响的公众获取,可以采用以下一种或多种方式进行公开:在特定场所提供环境影响报告书简本;制作包含环境影响报告书简本的专题网页;在公共网站或者专题网站上设置环境影响报告书简本的链接;其他便于公众获取环境影响报告书简本的方式。

(三) 公众意见调查内容

(1) 公众对建设项目所在地环境现状的看法。

(2) 公众对建设项目的预期。

(3) 公众对减缓不利环境影响的环保措施的意见和建议。

(4) 根据建设项目的具体情况,必要时还应针对特定的问题进行补充调查。同时,应允许公众就其感兴趣的个别问题发表看法。

(四) 公众意见调查方法

1. 问卷调查

(1) 问卷调查的基本原则

问卷调查可分为书面问卷调查和网上问卷调查。书面问卷调查是征求核心公众代表意见的方法之一,适合于征求个人代表的意见;网上问卷调查主要适用于大范围征求公众主动提交的意见,或作为征求核心公众代表意见时的辅助方法。调查问卷所设问题应简单明确、通俗易懂,避免容易产生歧义或误导的问题;对于可以简单回答"是"或"否"的问题,应进一步询问答案背后的原因;应给被咨询人足够的时间了解相关信息和填写问卷。

(2) 调查问卷的内容

① 调查问卷标题。应在调查问卷封面处明示调查问卷的标题内容,具体格式可参照《环境影响评价技术导则 公众参与》(征求意见稿)。

② 建设项目相关信息。问卷应简单介绍建设项目的基本情况、主要环境影响、污染控制和环境保护目标、环保措施和环评结论。同时,应注明公众查阅环境影响报告书简本的时间、地点和方式。

③ 被咨询人的信息。可根据建设项目的特征、公众参与的主要目的、调查的主要内容和公众意见的统计分析方法等因素,考虑设置姓名、性别、年龄、民族、职业、文化程度、可能受到的影响类别、住址、联系方式等内容。

④ 调查题目。调查问卷的主体部分,即以提问的形式,罗列需要征求公众意见的议题或事项。

⑤ 问卷回收时间和方式。应在调查问卷封面处,明确告知被咨询人员在哪一个具体日期前、以何种形式提交调查问卷,并在封底重复提示上述信息。

⑥ 调查问卷执行单位和执行人的信息。应在调查问卷封面处,给出建设项目的建设单

位和环评单位等调查问卷执行单位的地址、邮编、电话和传真等信息。同时,在封底处给出调查问卷具体执行人的姓名、所属的单位,并附执行人签字。

2. 座谈会

(1)座谈会是建设项目利益相关方之间沟通信息、交换意见的双向交流过程。

(2)座谈会讨论的内容应与公众意见调查的主要内容一致。

(3)可按照核心公众群的地区分布情况和核心公众代表的数量来确定座谈会的召开次数和地点。

(4)座谈会主要参加人以受直接影响的单位和个人代表为主,可邀请相关领域的专家、关注项目的研究机构和民间环境保护组织中的专业人士出席会议。

(5)座谈会的主持人可由建设项目的投资单位或个人、建设项目的设计单位和环境影响评价单位等担任。上述单位还应派代表出席,在座谈会开始前介绍项目情况,并在会议期间回答参会代表关于建设项目相关情况的疑问。

(6)座谈会主办单位应在会前5日书面告知参加人座谈会的主要内容、时间、地点和主办单位的联系方式。

(7)座谈会主办单位应在会后5日内准备会议纪要,描述座谈会的主要内容、时间、地点、参会人员、会议日程和公众代表的主要意见。

3. 论证会

(1)论证会是针对某种具有争议性的问题而进行的讨论和(或)辩论,并力争达成某种程度上的意见一致的过程。

(2)论证会应设置明确的议题,围绕核心议题展开讨论。论证会的次数应根据需讨论议题的数量和深度来确定。

(3)论证会的参加人主要为相关领域的专家、关注项目的研究机构、民间环境保护组织中的专业人士和具有一定知识背景的受直接影响的单位和个人代表。

(4)建设项目的投资单位或个人、建设项目的设计单位和环境影响评价单位应派代表出席论证会,在论证开始前介绍项目情况,并在会议期间回答参会代表关于与论证议题相关的项目情况的疑问。

(5)论证会的主持人可由建设项目的投资单位或个人、建设项目的设计单位和环境影响评价单位等担任。主持人应在会议开始时重申会议议题,介绍参会代表。

(6)论证会的规模不应过大,以15人以内为宜。

(7)论证会主办单位应在会前7日书面告知论证会参加人论证会的议题、时间、地点、参会代表名单、论证会主持人和主办单位的联系方式。

(8)论证会主办单位应准备会议笔录,尤其要如实记录不同意见,并应得到80%以上的参会代表签名确认。会后5日内应制作会议纪要,描述论证会的议题、时间、地点、参会人员、发言的主要内容和论证会结论。

4. 听证会

(1)环境影响评价过程中的听证会是上述3种常规公众意见调查方法的补充,主要是针对某些特定环境问题公开倾听公众意见并回答公众的质疑,为有关的利益相关方提供公开和平等交流的机会。

(2)出现下列某种或几种情况时,可考虑组织召开听证会:建设项目位于环境敏感区,且原料、产品和生产过程中涉及有害化学物质,并存在严重污染土壤、地下水、地表水或大气的潜在风险;建设项目位于环境敏感区,且具有引起某种传染病传播和流行的潜在风险;建设单位或环境影响评价单位认为有必要针对有关环境问题进一步公开与公众进行直接交流;有关行政主管部门提出听证会要求。

（五）公众意见的汇总分析和信息反馈

1. 公众意见的收集

（1）公众参与期间,应设专人负责收集和整理公众发来的传真、电子邮件和问卷调查表等,并记录有关信息。

（2）上述传真、电子邮件打印件（应含电子邮件地址、时间等信息）、信函、调查问卷和会议纪要等,实施公众参与的单位应存档备查。

2. 公众意见的统计分析

（1）在进行统计分析前,应对有效的公众意见进行识别。环境影响评价中公众参与的有效意见包括与建设项目的环境影响评价范围、方法、数据、预测结果和结论、环保措施等有关意见和建议。

（2）某些具有建设性或意义重大的非有效公众意见和建议,如针对行政审批程序的建议、原有重大社会问题的披露等,公众参与的执行单位可将这些意见转交给相关部门。

（3）识别出有效公众意见后,应根据具体情况进行分类统计,以便对公众意见进行归纳总结,提供采纳与否的判断依据。分类可包括:年龄分布及各年龄段关注的问题;性别分布及其关注的问题;不同文化程度人群比例及其所关注的问题;不同职业人群分布及其关注的问题;少数民族所占比例及其关注的问题;宗教人士和特殊人群所占比例及其意见;受建设项目不同影响的公众的意见;主要意见的分类统计结果。

（4）本着侧重考虑直接受影响公众意见和保护弱势群体的原则,在综合分析上述公众意见、国家或地方有关规定和政策、建设项目情况以及社会文化经济条件等因素的基础上,应对各主要意见采纳与否,以及如何采纳做出说明。

3. 信息反馈

环境影响报告书报送环境保护行政主管部门审批或者重新审核前,应以适当的形式将公众意见采纳与否的信息及时反馈给公众,这些方式包括:信函;在建设项目所在地的公共场所张贴布告;在建设项目所在地的公共媒体上公布被采纳的意见、未被采纳意见及不采纳的理由;在特定网站上公布被采纳的意见、未被采纳意见及不采纳的理由。

第四节　环境影响后评价

《环境影响评价法》中规定:在项目建设、运行过程中产生不符合经审批的环境影响评价文件的情形的,建设单位应当组织环境影响的后评价,采取改进措施,并报原环境影响评价文件审批部门和建设项目审批部门备案;原环境影响评价文件审批部门也可以责成建设单位进行环境影响的后评价,采取改进措施。

所谓建设项目环境影响后评价,就是对建设项目实施后的环境影响以及防范措施的有效性进行跟踪监测和验证性评价,复核项目对环境影响实际发生情况和预测评价成果的差异,以检测环境影响预测成果和环保设计的合理性,并对工程建成后的环境质量进行评价,同时提出补救方案或措施,实现项目建设与环境相协调的方法与制度。

一、环境影响后评价的基本构成和工作程序

(一)环境影响后评价的基本构成

环境影响后评价由监测、评价和管理三个部分组成。

1. 监测

监测包括合格性监测、实际影响监测和现状监测。合格性监测的目的在于了解项目的环境管理状态以及是否满足规定的环境标准要求;实际影响监测主要是获取由于项目施工和运行引起的环境要素真实变化的信息;现状监测在于掌握项目建设前的环境状况。

2. 评价

评价包括项目环境管理行为和环保措施的有效性分析。项目环境管理行为的有效性涉及项目的环境管理体系和运转状况以及 EIA 的有效性;环保措施的有效性主要涉及环保措施、设施的应用和运转情况。

3. 管理

管理即根据监测、评估分析的结果,提出改进项目环保措施、改进环境管理的建议和要求,包括改进项目的运行、环保措施及运行的建议,改进环境管理行为的建议,修改营业执照内容和排污许可证条款的建议,以及对项目环境影响后序评估计划的调整等。

(二)环境影响后评价工作程序

建设项目环境影响后评价工作程序如图 13-3 所示。

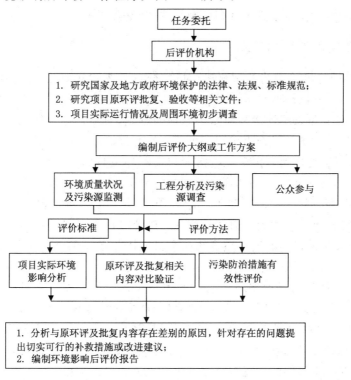

图 13-3　环境影响评价后评价工作程序

二、环境影响后评价的内容

（1）环评报告及环保设施竣工验收回顾。

（2）工程分析的后评价。包括工程的厂址位置、生产规模、生产工艺、产品方案、原材料来源及消耗、运行时数等基本情况，环境影响的来源、方式及强度等。

（3）环境现状、区域污染源及评价区域环境质量后评价。

（4）环境影响报告书选择的环境要素后评价。

（5）环境影响预测的后评价。一般情况下，可选择重要且计算方法成熟的评价要素进行后评价。

（6）污染防治措施有效性的后评价。包括环境影响评价报告书规定的环境保护措施是否合理、适用、有效，能否满足达标排放、污染物排放总量控制等要求，工程实际采纳状况等。了解和验收工程环保设施的设计、建设、运行管理和维护制度，环保设施达到的净化效果、运转率及运转负荷等状况，环评报告书中环保投资费用效益分析与实际投入水平的对比等。

（7）公众意见调查。这是公众参与制度在后评价工作中的重要体现。

（8）环境管理与监测后评价。包括环境影响报告书中规定的监测时段、采样频率及采样方法是否按国家有关技术规范执行，分析方法是否采用环境标准中相应的分析方法，所得到的数据是否有代表性、准确性、精密性和完整性，管理措施是否可行等。

（9）后评价结论。项目进行环境影响后评价之后，要求做成环境影响评价文件，文件中参数及数据应详尽，环保措施要求具有可操作性、结论要明确。

三、环境影响后评价的技术方法

环境影响后评价可采用统计预测法、对比分析法、逻辑框架法、经济效益评价法、成功度评价法和多目标综合分析评价法等，这些方法已经在实践中得到了广泛的应用。

（1）统计预测法是以统计学和预测学原理为基础，对项目已经发生的环境事实进行总结，对项目未来环境发展前景作出预测。可选用定性预测法和定量预测法。

（2）对比分析法是把项目预定环境指标与实测环境数据进行比较，以达到认识项目环境变化的本质和规律并作出正确的评价。通过综合分析，对工程建成后的环境质量进行评价，确定项目实际存在的有利影响和不利影响因素，提出进一步发挥工程的有利影响和减小不利影响的措施，可以选用绝对数比较和相对数比较两类方法。

（3）逻辑框架法是将影响项目环境的多个具有因果关系的动态因素组合起来，用一张简单的框图，从核心问题入手，向上逐级展开，得到其影响及后果，向下逐层推演找出其引起的原因，得到"问题树"；然后将问题描述的因果关系转换为相应的目标关系，通过"规划矩阵"分析其内涵和关系，以评价项目实际环境问题成因的方法。

以上方法既可以单独使用，也可以组合使用，其目的在于能够全面深入准确地评价建设项目实施后的真实环境影响，评估项目污染防治措施的有效性，提出补救方案或改进措施，进而为环境保护主管部门进行有效监管提供充分必要的数据。

思　考　题

1. 什么是清洁生产？
2. 建设项目清洁生产评价指标都有哪些类别？
3. 什么是环境风险评价？环境风险评价与环境影响评价的主要区别是什么？
4. 环境风险评价划分为几级？划分依据是什么？
5. 简述公众参与的作用与意义。
6. 什么是环境影响后评价？其基本构成是什么？

第十四章　规划环境影响评价

第一节　规划环境影响评价概述

一、规划环境影响评价的概念与特点

（一）概念

规划环境影响评价是指在规划编制阶段，对规划实施可能造成的环境影响进行分析、预测和评价，并提出预防或者减轻不良环境影响的对策和措施，进行跟踪监测的方法与制度。

（二）特点

规划开发活动具有建设规模大、范围广、开发强度高等特点，通常会在较短的时间内对规划区域的自然、社会、经济、生态环境产生较大、较复杂的影响。规划环境影响评价与项目环境影响评价相比，规划环评更具有前瞻性和全局性。实施规划环评，能从源头上防止环境污染，防止高耗能高污染项目的盲目实施，避免城市产业发展布局重合，改变流域和区域开发条块分割，具体如下：

1. 广泛性和复杂性

规划环境影响评价范围广、内容复杂，其范围在地域上、空间上、时间上都远超过建设项目对环境的影响，一般小至几十平方千米，大至一个地区、一个流域，它的影响评价涉及区域内所有规划及其对规划区域以外的自然、社会、经济和生态环境的全面影响。

规划环评的关注问题属于宏观问题，如生态系统完整性与稳定性；区域环境质量变化趋势，环境容量是否可继续承载规划实施，规划实施后能否满足环境功能区要求；环境保护目标能否得到有效保护，有哪些制约因素。

2. 不确定性

不确定性是指规划编制及实施过程中可能导致环境影响预测结果和评价结论发生变化的因素，主要来源于两个方面：一是规划方案本身在某些内容上不全面、不具体或不明确；二是规划编制时设定的某些资源环境基础条件，在规划实施过程中发生不能够预期的变化。

3. 累积性

累积性是指评价的规划及与其相关的规划在一定时间和空间范围内对环境目标和资源环境因子造成的复合、协同、叠加影响。规划环境影响评价须综合考虑规划区域内的环

境累积影响,把区域排污总量的控制指标落实到具体的规划上,从而将区域发展规模控制在环境容量许可的范围内。

　　4. 跟踪评价

　　跟踪评价是指在规划的实施过程中对规划以及正在造成的环境影响进行实地的监测、分析和评价的过程,用以检验规划环境影响评价的准确性以及不良环境影响减缓措施的有效性,并根据评价结果,提出不良环境影响减缓措施的改进意见,以及规划方案修订或终止其实施的建议。规划环境影响评价与建设项目的环境影响评价之间的比较见表14-1。

表 14-1　　　　　　规划环境影响评价与建设项目的环境影响评价之间的比较

评价内容	规划环境影响评价	建设项目环境影响评价
评价对象	包括规划方案中的所有拟开发建设行为,项目多、类型复杂	单一或几个建设项目,具有单一性
评价范围	地域广、范围大、属区域性或流域性	地域小、范围小、属局域性
评价时间	在规划方案确定之前进行,超前于开发活动	与建设项目的可行性研究同时进行,与建设项目同步
评价方法	多样性	单一性
评价任务	调查规划范围内的自然、社会和环境状况,分析规划方案中拟开发活动对环境的影响,论述规划布局、结构、资源的配置合理性,提出规划优化布局的整体方案和污染综合防治措施,为制定和完善规划提供宏观的决策依据	根据建设项目的性质、规模和所在地区的自然、社会和环境状况,通过调查分析、预测项目建设对环境的影响程度,在此基础上做出项目建设的可行性结论,提出污染防治的具体对策建议
评价指标	反应规划范围内环境与经济协调发展的环境、经济、生活质量的指标体系	水、大气、声环境质量指标等
评价精度	规划项目具有不确定性,只能采用系统分析方法进行宏观分析,认证规划方案的合理性,难以进行细化,评价精度要求不高	确定的建设项目,评价精度要求高,预测计算结果准确

二、规划环境影响评价的目的与原则

（一）评价目的

　　通过评价,提供规划决策所需的资源与环境信息,识别制约规划实施的主要资源(如土地资源、水资源、能源、矿产资源、旅游资源、生物资源、景观资源和海洋资源等)和环境要素(如水环境、大气环境、土壤环境、海洋环境、声环境和生态环境),确定环境目标,构建评价指标体系,分析、预测与评价规划实施可能对区域、流域、海域生态系统产生的整体影响及对环境和人群健康产生的长远影响,论证规划方案的环境合理性和对可持续发展的影响,论证规划实施后环境目标和指标的可达性,形成规划优化调整建议,提出环境保护对策、措施和跟踪评价方案,协调规划实施的经济效益、社会效益与环境效益之间以及当前利益与长远利益之间的关系,为规划和环境管理提供决策依据。

（二）评价原则

　　根据中华人民共和国环境保护行业标准《规划环境影响评价技术导则 总纲》(HJ 130—

2014），规划的环境影响评价应遵循以下原则：

1. 全程互动

评价应在规划纲要编制阶段（或规划启动阶段）介入，并与规划方案的研究和规划的编制、修改、完善全过程互动。

2. 一致性

评价的重点内容和专题设置应与规划对环境影响的性质、程度和范围相一致，应与规划涉及领域和区域的环境管理要求相适应。

3. 整体性

评价应统筹考虑各种资源与环境要素及其相互关系，重点分析规划实施对生态系统产生的整体影响和综合效应。

4. 层次性

评价的内容与深度应充分考虑规划的属性和层级，并依据不同属性、不同层级规划的决策需求，提出相应的宏观决策建议以及具体的环境管理要求。

5. 科学性

评价选择的基础资料和数据应真实、有代表性，选择的评价方法应简单、适用，评价的结论应科学、可信。

6. 公众参与原则

《规划环境影响评价技术导则 总纲》（HJ 130—2014）中提出对可能造成不良环境影响并直接涉及公众环境权益的专项规划，应当公开征求有关单位、专家和公众对规划环境影响评价实施方案和环境影响报告书的意见。在规划环境影响评价过程中鼓励和支持公众参与，充分考虑社会各方面利益。

第二节　规划环境影响评价的管理程序

一、规划环境影响评价的适用范围和评价要求

（一）适用范围

《中华人民共和国环境影响评价法》第七条第一款规定："国务院有关部门、设区的市级以上地方人民政府及其有关部门，对其组织编制的土地利用的有关规划，区域、流域、海域的建设、开发利用规划，应当在规划编制过程中组织进行环境影响评价，编写该规划有关环境影响的篇章或者说明。"第八条规定："国务院有关部门，设区的市级以上地方人民政府及其有关部门，对其组织编制的工业、农业、畜牧业、林业、能源、水利、交通、城市建设、旅游、自然资源开发的有关专项规划（以下简称专项规划），应当在该专项规划草案上报审批前，组织进行环境影响评价，并向审批该专项规划的机关提出环境影响报告书。前款所列专项规划中的指导性规划，按照本法第七条的规定进行环境影响评价。"

"国务院有关部门"是指国务院组成部门、直属机构、办事机构、直属事业单位和部委管理的国家局。"设区的市级以上地方人民政府及其有关部门"是指各省、自治区、直辖市人民政府和设区的市（通常为省辖市、州、盟）人民政府及其组成部门、直属机构和特设机构及政府议事协调机构的常设办事机构。《中华人民共和国环境影响评价法》只对这些政府和

部门组织编制的有关规划提出了开展规划环境影响评价的要求,"一地三域"是指土地利用的有关规划,区域、流域及海域的建设开发利用规划;"十个专项"即工业、农业、畜牧业、林业、能源、水利、交通、城市建设、旅游、自然资源开发的有关专项规划,又分为指导性规划和非指导性规划。对于县级(含县级市)人民政府组织编制的规划是否应进行环境影响评价,法律没有强求一律。至于县级人民政府所属部门及乡、镇级人民政府组织编制的规划,法律没有规定进行环境影响评价。

《中华人民共和国环境影响评价法》第九条规定:"依照本法第七条、第八条的规定进行环境影响评价的规划的具体范围,由国务院环境保护行政主管部门会同国务院有关部门规定,报国务院批准。"依据此项规定,经国务院批准,国家环保总局 2004 年 7 月 3 日颁布了《关于印发〈编制环境影响报告书的规划的具体范围(试行)〉和〈编制环境影响篇章或说明的规划的具体范围(试行)〉的通知》(环发[2004]98 号),对编制环境影响报告书的规划和编制环境影响篇章或说明的规划划定了具体范围,如表 14-2 和表 14-3 所示。

表 14-2   编制规划环境影响报告书的具体范围

规　　划	范　　围
工业的有关专项规划	省级及区设的市级工业各行业规划
农业的有关专项规划	(1) 设区的市级以上种植业发展规划 (2) 省级及设区的市级渔业发展规划 (3) 省级及设区的市级乡镇企业发展规划
畜牧业的有关专项规划	(1) 省级及设区的市级畜牧业发展规划 (2) 省级及设区的市级草原建设、利用规划
能源的有关专项规划	(1) 油(气)田总体开发方案 (2) 设区的市级以上流域水电规划
水利的有关专项规划	(1) 流域、区域涉及江河、湖泊开发利用的水资源开发利用综合规划和供水、水力发电等专业规划 (2) 设区的市级以上跨流域调水规划 (3) 设区的市级以上地下水资源开发利用规划
交通的有关专项规划	(1) 流域(区域)、省级内河航运规划 (2) 国道网、省道网及设区的市级交通规划 (3) 主要港口和地区性重要港口总体规划 (4) 城际铁路网建设规划 (5) 集装箱中心站布点规划 (6) 地方铁路建设规划
城市建设的有关专项规划	直辖市及设区的市级城市专项规划
旅游的有关专项规划	省及设区的市级旅游区的发展总体规划
自然资源开发的有关专项规划	(1) 矿产资源:设区的市级以上矿产资源开发利用规划 (2) 土地资源:设区市级以上土地开发整理规划 (3) 海洋资源:设区的市级以上海洋自然资源开发利用规划 (4) 气候资源:气候资源开发利用规划

表 14-3   编制规划环境影响篇章或说明的具体范围

规划	范围
土地利用的有关规划	设区的市级以上土地利用总体规划
区域的建设、开发利用规划	国家经济区规划
流域的建设、开发利用规划	(1) 全国水资源战略规划 (2) 全国防洪规划 (3) 设区的市级以上防洪、治涝、灌溉规划
海域的建设、开发利用规划	设区的市级以上海域建设、开发利用规划
工业指导性专项规划	全国工业有关行业发展规划
农业指导性专项规划	(1) 设区的市级以上农业发展规划 (2) 全国乡镇企业发展规划 (3) 全国渔业发展规划
畜牧业指导性专项规划	(1) 全国畜牧业发展规划 (2) 全国草原建设、利用规划
林业指导性专项规划	(1) 设区的市级以上商品林造林规划(暂行) (2) 设区的市级以上森林公园开发建设规划
能源指导性专项规划	(1) 设区的市级以上能源重点专项规划 (2) 设区的市级以上电力发展规划(除流域水电规划) (3) 设区的市级以上煤炭发展规划 (4) 油(气)发展规划
交通指导性专项规划	(1) 全国铁路建设规划 (2) 港口布局规划 (3) 民用机场总体规划
城市指导性专项规划	(1) 直辖市及设区的市级城市总体规划(暂行) (2) 设区的市级以上城镇体系规划 (3) 设区的市级以上风景名胜区总体规划
旅游建设指导性专项规划	全国旅游区的总体发展规划
自然资源开发指导性专项规划	设区的市级以上矿产资源勘查规划

(二)评价要求

1. 内容和依据

规划编制机关应当在规划编制过程中对规划组织进行环境影响评价,应当分析、预测和评估以下内容:① 规划实施可能对相关区域、流域、海域生态系统产生的整体影响;② 规划实施可能对环境和人群健康产生的长远影响;③ 规划实施的经济效益、社会效益与环境效益之间以及当前利益与长远利益之间的关系。对规划进行环境影响评价,应当遵守有关环境保护标准以及环境影响评价技术导则和技术规范。目前已发布实施的规划环境影响评价技术导则主要有《规划环境影响评价技术导则 总纲》(HJ 130—2014)、《规划环境影响评价技术导则 煤炭工业矿区总体规划》(HJ 463—2009)。

规划环境影响评价文件的具体形式有两种,对综合性规划和专项规划中的指导性规划编制环境影响篇章或说明,对其他专项规划编制环境影响报告书。

环境影响篇章或者说明应当包括下列内容:① 规划实施对环境可能造成影响的分析、预测和评估。主要包括资源环境承载能力分析、不良环境影响的分析和预测以及与相关规划的环境协调性分析。② 预防或减轻不良环境影响的对策和措施。主要包括预防或者减轻不良环境影响的政策、管理或技术等措施。环境影响报告书除包括上述内容外,还应包括环境影响评价结论。主要包括规划草案的环境合理性和可靠性,预防或者减轻不良环境影响的对策和措施的合理性和有效性,以及规划草案的调整建议。

2. 公众参与

《中华人民共和国环境影响评价法》第五条规定:"国家鼓励有关单位、专家和公众以适当方式参与环境影响评价。"《规划环境影响评价条例》第十三条规定:"规划编制机关对可能造成不良环境影响并直接涉及公众环境权益的专项规划,应当在规划草案报送审批前,采取调查问卷、座谈会、论证会、听证会等形式,公开征求有关单位、专家和公众对环境影响报告书的意见。但是,依法需要保密的除外。有关单位、专家、公众的意见与环境影响评价结论有重大分歧的,规划编制机关应当采取论证会、听证会等形式进一步论证。规划编制机关应当在报送审查的环境影响报告书中附具对公众意见采纳与不采纳情况及其理由的说明。"

法律仅规定了编制环境影响报告书的专项规划环境影响评价需要进行公众参与,不包括编写篇章或说明书的规划。公众参与的实施主体是规划编制机关,公众参与的时间是规划草案报送审批机关审批前,公众参与的对象是规划的环境影响报告书草案,公众参与的形式包括调查问卷、座谈会、论证会、听证会或其他形式。组织编制规划的政府及其有关部门,在征求有关单位、专家和公众对环境影响报告书的意见后,要认真予以考虑,对环境影响报告书草案进行修改完善,并应当在向规划的审批机关报送环境影响报告书时附具对公众意见已采纳或者不采纳的说明,采纳的要说明,不采纳的也要说明,供审批机关充分考虑各个方面的意见,做出正确的决策。有些规划涉及国家机密,不能公开,或因其他原因,国家规定需要保密的,不宜公开的专项规划,则规划编制过程中不实行公众参与。

二、规划环境影响评价的审查

环境影响评价政策性和技术性较强,上级审批机关很难对与规划草案一起报送的环境影响报告书进行细致的专业审查。为了不使规划审批机关对规划草案环境影响报告书的审查流于形式,法律规定由有关部门的代表和专家组成审查小组先行把关,从专业技术角度对环境影响报告书提出审查意见。

(一)审查的主题和程序

设区的市级以上人民政府在审批专项规划草案做出决策前,由其环境保护主管部门召集有关部门代表和专家组成审查小组,对环境影响报告书进行审查。审查小组应当提出书面审查意见。审查小组专家,应当从按照国务院环境保护行政主管部门的规定设立的专家库内的相关专业的专家名单中,以随机抽取的方式确定。但是,参与环境影响报告书编制的专家,不得作为该环境影响报告书审查小组的成员。审查小组中专家人数不得少于审查小组总人数的二分之一;少于二分之一的,审查小组的审查意见无效。

由省级以上人民政府有关部门负责审批的专项规划,其环境影响报告书审查办法,由国务院环境保护行政主管部门会同国务院有关部门制定。专项规划的审批机关在做出审批专项规划草案的决定前,应将规划环境影响报告书送同级环境保护行政主管部门,由其会同专项规划的审批机关对环境影响报告书进行审查。环境保护行政主管部门应当自收到专项规划环境影响报告书之日起 30 日内,会同专项规划审批机关召集有关部门代表和专家组成审查小组,对专项规划环境影响报告书进行审查,并在审查小组提出书面审查意见之日起 10 日内将审查意见提交专项规划审批机关。

（二）审查的内容和效力

审查小组应当对环境影响报告书的基础资料、数据、评价方法、分析、预测和评估情况,提出的对策和措施,公众意见情况,环境影响评价结论等六个方面的内容进行审查。发现规划存在重大环境问题,审查小组应提出不予通过环境影响报告书的意见;发现规划环境影响报告书质量存在重大问题的,审查小组应当提出对环境影响报告书进行修改并重新审查的意见。审查意见应当经审查小组四分之三以上成员签字同意。

设区的市级以上人民政府或者省级以上人民政府有关部门在审批专项规划草案时,应当将环境影响报告书结论以及审查意见作为决策的重要依据。规划审批机关对环境影响报告书结论以及审查意见不予采纳的,应当逐项就不予采纳的理由做出书面说明,并存档备查。有关单位、专家和公众可以申请查阅;但是,依法需要保密的除外。

三、规划环境影响评价的跟踪评价

由于人类的认知水平有限,社会经济生活及自然条件的不断变化,即使规划编制者对规划做出了详尽的环境影响评价,仍然难以保证规划实施后不会产生新的环境问题,因此,规划编制机关应当进行规划环境影响的跟踪评价,有助于及时发现规划实施后出现的环境问题,并采取相应措施加以解决。

对环境有重大影响的规划实施后,规划编制机关应当及时组织环境影响的跟踪评价,应当采取调查问卷、现场走访、座谈会等形式征求有关单位、专家和公众的意见,并将评价结果报告审批机关;发现有明显不良环境影响的,应当及时提出改进措施。规划环境影响的跟踪评价应当包括下列内容:① 规划实施后实际产生的环境影响与环境影响评价文件预测可能产生的环境影响之间的比较分析和评估;② 规划实施中所采取的预防或减轻不良环境影响的对策和措施有效性的分析和评估;③ 公众对规划实施所产生的环境影响的意见;④ 跟踪评价的结论。

环境保护主管部门发现规划实施过程中产生重大不良环境影响的,应当及时进行核查。经核查属实的,向规划审批机关提出采取改进措施或者修订规划的建议。规划审批机关在接到规划编制机关的报告或者环境保护主管部门的建议后,应当及时组织论证,并根据论证结果采取改进措施或者对规划进行修订。规划实施区域的重点污染物排放总量超出国家或者地方规定的总量控制指标的,应当暂停审批该规划实施区域内新增该重点污染物排放总量的建设项目的环境影响评价文件。

第三节　规划环境影响评价的工作程序与内容

一、规划环境影响评价的工作程序

规划环境影响评价的工作程序如图 14-1 所示。

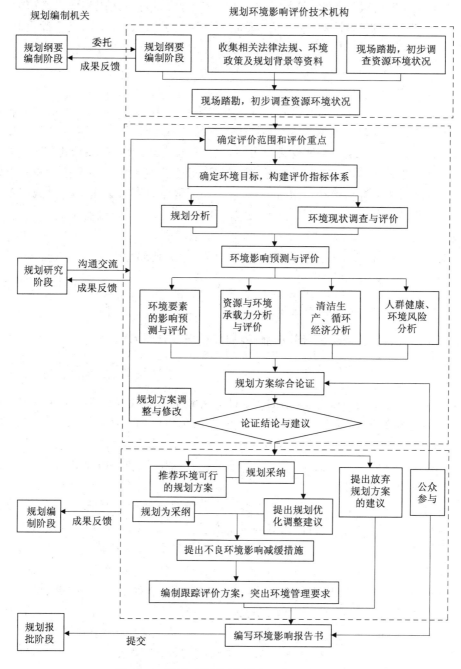

图 14-1　规划环境影响评价的工作程序图

（一）规划纲要编制阶段

在规划纲要编制阶段,通过对规划可能涉及内容的分析,收集与规划相关的法律、法规、环境政策和产业政策,对规划区域进行现场踏勘,收集有关基础数据,初步调查环境敏感区域的有关情况,识别规划实施的主要环境影响,分析提出规划实施的资源和环境制约因素,并反馈给规划编制机关,同时确定规划环境影响评价方案。

（二）规划的研究阶段

在规划的研究阶段,评价可随着规划的不断深入,及时对不同规划方案实施的资源、环境、生态影响进行分析、预测和评估,综合论证不同规划方案的合理性,提出优化调整建议,并反馈给规划编制机关,供其在不同规划方案的比选中参考与利用。

（三）规划的编制阶段

在规划的编制阶段:

（1）应针对环境影响评价推荐的环境可行的规划方案,从战略和政策层面提出环境影响减缓措施。如果规划未采纳环境影响评价推荐的方案,还应重点对规划方案提出必要的优化调整建议。编制环境影响跟踪评价方案,提出环境管理要求,反馈给规划编制机关。

（2）如果规划选择的方案资源环境无法承载、可能造成重大不良环境影响且无法提出切实可行的预防或减轻对策和措施,以及对可能产生的不良环境影响的程度或范围尚无法做出科学判断时,应提出放弃规划方案的建议,并反馈给规划编制机关。

（四）规划上报审批阶段

在规划上报审批前,应完成规划环境影响报告书(规划环境影响篇章或说明)的编写与审查,并提交给规划编制机关。

二、规划环境影响评价的主要内容

中华人民共和国环境保护行业标准《规划环境影响评价技术导则 总纲》中规定规划环境影响评价的内容为:

（一）规划分析

规划分析应包括规划概述、规划的协调性分析和不确定性分析等。通过对多个规划方案具体内容的解析和初步评估,从规划与资源节约、环境保护等各项要求相协调的角度,筛选出备选的规划方案,并对其进行不确定性分析,给出可能导致环境影响预测结果和评价结论发生变化的不同情景,为后续的环境影响分析、预测与评价提供基础。

（二）现状调查与评价

通过调查与评价,掌握评价范围内主要资源的赋存和利用状况,评价生态状况、环境质量的总体水平和变化趋势,辨析制约规划实施的主要资源和环境要素。现状调查与评价一般包括自然环境状况、社会经济概况、资源赋存与利用状况、环境质量和生态状况等内容。实际工作中应遵循以点带面、点面结合、突出重点的原则。

现状调查可充分收集和利用已有的历史(一般为一个规划周期,或更长时间段)和现状资料。资料应能够反映整个评价区域的社会、经济和生态环境的特征,能够说明各项调查内容的现状和发展趋势,并注明资料的来源及其有效性;对于收集采用的环境监测数据,应给出监测点位分布图、监测时段及监测频次等,说明采用数据的代表性。当评价范围内有需要特别保护的环境敏感区时,需有专项调查资料。当已有资料不能满足评价要求,特别是需要评价规划方案中包含的具体建设项目的环境影响时,应进行补充调查和现状监测。对于尚未进行环境功能区或生态功能区划分的区域,可按照《声环境功能区划分技术规范》(GB/T 15190—2014)、《环境空气质量功能区划分原则与技术方法》(HJ/T 14—1996)、《近岸海域环境功能区划分技术规范》(HJ/T 82—2001)或《生态功能区划暂行规程》中规定的原则与方法,先划定功能区,再进行现状评价。基于上述现状评价和规划分析结果,结合环境影响回顾与环境变化趋势分析结论,重点分析评价区域环境现状和环境质量、生态功能与环境保护目标间的差距,明确提出规划实施的资源与环境制约因素。

（三）环境影响识别与评价指标体系构建

按照一致性、整体性和层次性原则,识别规划实施可能影响的资源与环境要素,建立规划要素与资源、环境要素之间的关系,初步判断影响的性质、范围和程度,确定评价重点。并根据环境目标,结合现状调查与评价的结果,以及确定的评价重点,建立评价的指标体系。

（四）环境影响预测与评价

系统分析规划实施全过程对可能受影响的所有资源、环境要素的影响类型和途径,针对环境影响识别确定的评价重点内容和各项具体评价指标,按照规划不确定性分析给出的不同发展情景,进行同等深度的影响预测与评价,明确给出规划实施对评价区域资源、环境要素的影响性质、程度和范围,为提出评价推荐的环境可行的规划方案和优化调整建议提供支撑。

（五）规划方案综合论证和优化调整建议

依据环境影响识别后建立的规划要素与资源、环境要素之间的动态响应关系,综合各种资源与环境要素的影响预测和分析、评价结果,论证规划的目标、规模、布局、结构等规划要素的合理性以及环境目标的可达性,动态判定不同规划时段、不同发展情景下规划实施有无重大资源、生态、环境制约因素,详细说明制约的程度、范围、方式等,进而提出规划方案的优化调整建议和评价推荐的规划方案。

规划方案的综合论证包括环境合理性论证和可持续发展论证两部分内容。其中,前者侧重于从规划实施对资源、环境整体影响的角度,论证各规划要素的合理性;后者则侧重于从规划实施对区域经济、社会与环境效益贡献,以及协调当前利益与长远利益之间关系的角度,论证规划方案的合理性。

（六）环境影响减缓对策与措施

规划的环境影响减缓对策和措施是对规划方案中配套建设的环境污染防治、生态保护和提高资源能源利用效率措施进行评估后,针对环境影响评价推荐的规划方案实施后所产生的不良环境影响,提出的政策、管理或者技术等方面的建议。环境影响减缓对策和措施应具有可操作性,能够解决或缓解规划所在区域已存在的主要环境问题,并使环境目标在相应的规划期限内可以实现。

（七）环境影响跟踪评价

对于可能产生重大环境影响的规划,在编制规划环境影响评价文件时,应拟定跟踪评价方案,对规划的不确定性提出管理要求,对规划实施全过程产生的实际资源、环境、生态影响进行跟踪监测。跟踪评价取得的数据、资料和评价结果应能够为规划的调整及下一轮规划的编制提供参考,同时为规划实施区域的建设项目管理提供依据。

（八）公众参与

对可能造成不良环境影响并直接涉及公众环境权益的专项规划,应当公开征求有关单位、专家和公众对规划环境影响报告书的意见。依法需要保密的除外。公开的环境影响报告书的主要内容包括:规划概况、规划的主要环境影响、规划的优化调整建议和预防或者减轻不良环境影响的对策与措施、评价结论。

公众参与可采取调查问卷、座谈会、论证会、听证会等形式进行。对于政策性、宏观性较强的规划,参与的人员可以规划涉及的部门代表和专家为主;对于内容较为具体的开发建设类规划,参与的人员还应包括直接环境利益相关群体的代表。处理公众参与的意见和建议时,对于已采纳的,应在环境影响报告书中明确说明修改的具体内容;对于不采纳的,应说明理由。

（九）评价结论

评价结论是对整个评价工作成果的归纳总结,应力求文字简洁、论点明确、结论清晰准确。在评价结论中应明确给出:

（1）评价区域的生态系统完整性和敏感性、环境质量现状和变化趋势,资源利用现状,明确对规划实施具有重大制约的资源和环境要素。

（2）规划实施可能造成的主要生态、环境影响预测结果和风险评价结论;对水、土地、生物资源和能源等的需求情况。

（3）规划方案的综合论证结论,主要包括规划的协调性分析结论,规划方案的环境合理性和可持续发展论证结论,环境保护目标与评价指标的可达性评价结论,规划要素的优化调整建议等。

（4）规划的环境影响减缓对策和措施,主要包括环境管理体系构建方案、环境准入条件、环境风险防范与应急预案的构建方案、生态建设和补偿方案、规划包含的具体建设项目环境影响评价的重点内容和要求等。

（5）跟踪评价方案,跟踪评价的主要内容和要求。

（6）公众参与意见和建议处理情况,不采纳意见的理由说明。

第四节　规划环境影响评价方法

目前在规划环境影响评价中采用的技术方法大致分为两大类别,一类是在建设项目环境影响评价中采取的,可适用于规划环境影响评价的方法,如:识别影响的各种方法（核查表、矩阵分析、网络分析）、环境影响预测模型等;另一类是在经济部门、规划研究中使用的,可用于规划环境影响评价的方法,如:各种形式的情景和模拟分析、区域预测、投入产出分析、地理信息系统、费用效益分析、环境承载力分析等。表14-4列出了规划环境影响评价中不同评价阶段常用的方法。

表 14-4 规划环境影响评价中不同评价阶段常用的方法

评价环节	方法名称
规划分析	核查表、叠图分析、矩阵分析、情景分析、类比分析、系统分析、博弈论
环境现状调查与评价	现状调查:资料收集、现场踏勘、环境监测、生态调查、问卷调查、座谈会 现状分析与评价:专家咨询、指数法、类比分析、叠图分析、生态学分析法、灰色系统分析法
环境影响识别与评价指标确定	核查表、矩阵分析、网络分析、系统流图、叠图分析、灰色系统分析法、层次分析、情景分析、专家咨询、类比分析、压力-状态-响应分析
规划开发强度估算	专家咨询、情景分析、负荷分析、趋势分析、弹性系数法、类比分析、对比分析、投入产出分析、供需平衡分析
环境要素影响预测与评价	类比分析、对比分析、负荷分析、弹性系数法、投入产出分析、供需平衡分析、数值模拟、环境经济学分析、综合指数法、生态学分析法、灰色系统分析法、叠图分析、情景分析、相关性分析、剂量-反应关系评价
环境风险评价	灰色系统分析法、模糊数学法、数值模拟、风险概率统计、事件树分析、生态学分析法、类比分析
累积影响评价	矩阵分析、网络分析、系统流图、叠图分析、情景分析、数值模拟、生态学分析法、灰色系统分析法、类比分析
资源与环境承载力评估	情景分析、类比分析、供需平衡分析、系统动力学法、生态学分析法

一、系统流程图法

系统流程图法(System Diagrams)是利用物质、能量与信息的输入、传输、输出的通道,来描述该系统与其他系统的联系。通过分析环境要素之间的联系来识别二级、三级或更多级的环境影响的方法,是识别与描述规划环境影响的常用方法。通过系统流图法,可在较短时间内得出初步的评价结论,其结果表现形式较为简单,即将环境系统中基本变量或符号有机组合后直观表示在图上,可作为其他系统学评价方法(如系统动力学、灰色系统分析法)的基础。但其为定性评价方法,主观性较强,不适用于复杂的系统。该方法适用于行业规划、较小空间尺度(如各类开发区)的综合性规划的环境影响评价,主要用于环境影响识别、评价指标确定和累积影响评价。

二、情景分析法

情景分析法(Scenario Analysis)通过对规划方案在不同时间和资源环境条件下的相关因素进行分析,设计出多种可能的情景,并评价每一情景下可能产生的资源、环境、生态影响的方法。情景分析法可反映出不同规划方案、不同规划实施情景下的开发强度及其相应的环境影响等一系列的主要变化过程。该法普遍适用于各类规划的环境影响评价、累积影响评价和资源与环境承载力评估。情景分析法只是建立了进行环境影响预测与评价的思想方法或框架,分析、预测不同情景下的环境影响还需借助于其他技术方法,如系统动力学模型、数学模型、矩阵法或 GIS 技术等。

三、投入产出分析

在国民经济部门,投入产出分析(Input Output Analysis)主要是编制棋盘式的投入产出表和建立相应的线性代数方程体系,构成一个模拟现实的国民经济结构和社会产品再生产过程的经济数学模型,借助计算机,综合分析和确定国民经济部门间错综复杂的联系和再生产的重要比例关系。投入是指产品生产所消耗的原材料、燃料、动力、固定资产折旧和劳动力;产出是指产品生产出来后所分配的去向、流向,即使用方向和数量,例如用于生产消费、生活消费和积累。

在规划环境影响评价中,投入产出分析可以用于拟定规划引导下,区域经济发展趋势的预测与分析,也可以将环境污染造成的损失作为一种"投入"(外在化的成本),对整个区域经济环境系统进行综合模拟。该法适用于区域发展、经济和产业发展类规划的环境影响评价,主要用于规划开发强度估算和环境要素影响预测与评价。

四、加权比较法

加权比较法(Weighted Comparison)是对规划方案的环境影响评价指标赋予分值,同时根据各类环境因子的相对重要程度予以加权;分值与权重的乘积即为某一规划方案对于该评价因子的实际得分;所有评价因子的实际得分累计加和就是这一规划方案的最终得分;最终得分最高的规划方案即为最优方案。分值和权重的确定可以通过专家调查法(Delphy)进行评定,权重也可以通过层次分析法(AHP法)予以确定。

五、对比评价法

(一) 前后对比分析法

该方法是将规划执行前后的环境质量状况进行对比,从而评价规划环境影响。其优点是简单易行,缺点是可信度低,因为难以确定这些变化(环境效益)是否由该规划引起,以至于难以确定对比法所确定的环境影响就是规划"净"影响。

(二) 有无对比法

该方法是指将规划环境影响预测情况与若无规划执行这一假设条件下的环境质量状况进行比较,以评价规划的真实或净环境影响。确定无规划执行这一假设条件下的环境状况可以通过趋势类推预测法、类比预测法进行。趋势类推预测法是预测评价战略实施后某一时刻的社会经济环境状况,同时预测假设没有该战略实施同一时刻的社会经济环境状况,两者的差值即为评价战略的"净"环境影响。类比预测法是选择与评价区域有共同或类似之处,以不实施评价地区战略的地区作为对照区,预测评价战略实施后评价区域的社会、经济和环境变化情况,同时,考察对照区的社会、经济和环境的变化,以两者之差作为评价战略的"净"影响。有无对比法的优点能更为客观、准确地反映"净"影响;但是,合适的对照点的选择很难,对照点选择不当会造成评价结论出现较大偏差。

六、环境承载力分析法

环境承载力指的是在某一时期,某种状态下,某一区域环境对人类社会经济活动的支持能力的阈值。环境所承载的是人类行动,承载力的大小可用人类行动的方向、强度、规模等来表示。环境承载力的分析方法的一般步骤为：

（1）建立环境承载力指标体系，一般选取的指标与承载力的大小呈正比关系；

（2）确定每一指标的具体数值（通过现状调查或预测）；

（3）针对多个小型区域或同一区域的多个发展方案对指标进行归一化。m 个小型区域的环境承载力分别为 $E_1, E_2, \cdots, E_m$，每个环境承载力由 n 个指标组成：

$$E_j = \{E_{1j}, E_{2j}, \cdots, E_{nj}\}, j = 1, 2, \cdots, m \tag{14-1}$$

（4）第 j 个小型区域的环境承载力大小用归一化后的矢量的模来表示：

$$|\widetilde{E_j}| = \sqrt{\sum_{i=1}^{n} E_{ij}^2} \tag{14-2}$$

（5）根据承载力大小来对区域生产活动进行布局或选择环境承载力最大的发展方案作为优选方案。

第五节　规划环境影响评价文件的编制

规划环境影响评价文件应图文并茂、数据翔实、论据充分、结构完整、重点突出，结论和建议明确。

一、规划环境影响报告书的编写要求

规划环境影响报告书至少包括 11 个方面的内容：总则、规划分析、环境现状调查与评价、环境影响识别与评价指标体系构建、环境影响预测与评价、规划方案综合论证和优化调整建议、环境影响减缓措施、环境影响跟踪评价、公众参与、评价结论、附件。

（一）总则

（1）概述任务由来，说明与规划编制全程互动的有关情况及其所起的作用。明确评价依据，评价目的与原则，评价范围（附图），评价重点。

（2）附图、列表说明主体功能区规划、生态功能区划、环境功能区划及其执行的环境标准对评价区域的具体要求，说明评价区域内的主要环境保护目标和环境敏感区的分布情况及其保护要求等。

（二）规划分析

（1）概述规划背景，明确规划层级和属性。

（2）规划与上、下层次规划（或建设项目）的关系和符合性分析。

（3）规划目标与其他规划目标、环保规划目标的关系和协调性分析。

（4）进行规划的不确定性分析，给出规划环境影响预测的不同情景。

（三）环境现状调查与评价

（1）概述环境现状调查情况。

（2）对已开发区域进行环境影响回顾性评价，明确现有开发状况与区域主要环境问题间的关系。

（3）明确提出规划实施的资源与环境制约因素。

（四）环境影响识别与评价指标体系构建

（1）识别规划实施可能影响的资源与环境要素及其范围和程度，建立规划要素与资源、环境要素之间的动态响应关系。

（2）论述评价区域环境质量、生态保护和其他与环境保护相关的目标和要求，确定不同规划时段的环境目标，建立评价指标体系，给出具体的评价指标值。

（五）环境影响预测与评价

（1）说明资源、环境影响预测的方法，包括预测模式和参数选取等。

（2）估算不同发展情景对关键性资源的需求量和污染物的排放量，给出生态影响范围和持续时间及主要生态因子的变化量。

（3）预测与评价不同发展情景下区域环境质量能否满足相应功能区的要求，对区域生态系统完整性所造成的影响，对主要环境敏感区和重点生态功能区等环境保护目标的影响性质与程度。

（4）根据不同类型规划及其环境影响特点，开展人群健康影响状况评价、事故性环境风险和生态风险分析、清洁生产水平和循环经济分析。

（5）预测和分析规划实施与其他相关规划在时间和空间上的累积环境影响。

（6）评价区域资源与环境承载能力对规划实施的支撑状况。

（六）规划方案综合论证和优化调整建议

（1）综合各种资源与环境要素的影响预测、分析和评价结果。

（2）分别论述规划的目标、规模、布局、结构等规划要素的环境合理性。

（3）说明环境目标的可达性和规划对区域可持续发展的影响。

（4）明确规划方案的优化调整建议，并给出评价推荐的规划方案。

（七）环境影响减缓措施

（1）详细给出针对不良环境影响的预防、最小化及对造成的影响进行全面修复补救的对策和措施。

（2）论述对策和措施的实施效果。

（3）规划方案中包含有具体的建设项目，还应给出重大建设项目环境影响评价的重点内容和基本要求（包括简化建议）、环境准入条件和管理要求等。

（八）环境影响跟踪评价

（1）详细说明拟定的跟踪评价方案。

（2）论述跟踪评价的具体内容和要求。

（九）公众参与

（1）公众参与概况。

（2）概述与环境评价有关的专家咨询、收集的公众意见与建议。

（3）专家咨询、公众意见与建议的落实情况。

（十）评价结论

（1）归纳总结评价工作成果。

（2）明确规划方案的合理性和可行性。

（十一）附件

附必要的表征规划发展目标、规模、布局、结构、建设时序以及表征规划涉及的资源与环境的图、表和文件，给出环境现状调查范围、监测点位分布等图件。

二、规划环境影响篇章(或说明)的编写要求

规划环境影响篇章至少包括5个方面的内容:前言、环境影响分析依据、环境现状评价、环境影响分析预测与评价、环境影响减缓措施。

(一)环境影响分析依据

重点明确与规划相关的法律法规、环境经济与技术政策、产业政策和环境标准。

(二)环境现状评价

(1)明确主体功能区规划、生态功能区划、环境功能区划对评价区域的要求。

(2)说明环境敏感区和重点生态功能区等环境保护目标的分布情况及其保护要求。

(3)评述资源利用和保护中存在的问题,评述区域环境质量状况,评述生态系统的组成、结构与功能状况、变化趋势和存在的主要问题。

(4)评价区域环境风险防范和人群健康状况,明确提出规划实施的资源与环境制约因素。

(三)环境影响分析预测与评价

(1)根据规划的层级和属性,分析规划与相关政策、法规、上层位规划在资源利用、环境保护要求等方面的符合性。

(2)评价不同发展情景下区域环境质量能否满足相应功能区的要求,对区域生态系统完整性所造成的影响,对主要环境敏感区和重点生态功能区等环境保护目标的影响性质与程度。

(3)根据不同类型规划及其环境影响特点,开展人群健康影响状况分析、事故性环境风险和生态风险分析、清洁生产水平和循环经济分析。

(4)评价区域资源与环境承载能力对规划实施的支撑状况,以及环境目标的可达性。

(5)给出规划方案的环境合理性和可持续发展综合论证结果。

(四)环境影响减缓措施

(1)详细说明针对不良环境影响的预防、减缓(小化)及对造成的影响进行全面修复补救的对策和措施。

(2)规划方案中包含有具体的建设项目,还应给出重大建设项目环境影响评价要求、环境准入条件和管理要求等。

(3)给出跟踪评价方案,明确跟踪评价的具体内容和要求。

根据评价需要,在篇章或说明中附必要的图、表。

思 考 题

1. 什么是规划环境影响评价?与建设项目环境影响评价相比,其有什么特点?

2. 简要说明规划环境影响评价的主要内容。

第十五章　环境影响评价成果总结

第一节　环境影响评价文件的类型

根据原环境保护部颁布的《建设项目环境影响评价分类管理名录》，按照建设项目对环境的影响程度，将建设项目环境影响评价及环境影响评价文件类型分为三类。

一、须编制环境影响报告书的项目

建设项目对环境可能造成重大影响的，应当编制环境影响报告书，对建设项目产生的污染和对环境的影响进行全面详细的评价。对环境可能造成重大影响的项目是指：

（1）原料、产品或生产过程中涉及的污染物种类多、数量大或毒性大、难以在环境中降解的项目。

（2）可能造成生态系统结构重大变化、重要生态结构改变或生物多样性明显减少的项目。

（3）可能对脆弱生态系统产生较大影响或可能引发和加剧自然灾害的项目。

（4）容易引起跨行政区环境影响纠纷的建设项目。

（5）所有流域开发、开发区建设、城市新区建设和旧区改建等区域性开发活动或建设项目。

二、须编制建设项目环境影响报告表的项目

建设项目对环境可能造成轻度影响的，应当编制建设项目环境影响报告表，对项目产生的污染和对环境的影响进行分析或者专项评价。对环境可能造成轻度影响的项目是指：

（1）污染因素单一，而且污染物种类少、产生量小或毒性较低的项目。

（2）对地形、地貌、水文、土壤、生物多样性等有一定影响，但不改变生态系统结构和功能的项目。

（3）基本不对环境敏感区造成影响的小型建设项目。

三、填报环境影响登记表的项目

建设项目对环境影响很小的，不需要进行环境影响评价，应填报环境影响登记表。该

项目是指：

（1）基本不产生废水、废气、废渣、粉尘、恶臭、噪声、震动、热污染、放射性、电磁波等不利环境影响的建设项目。

（2）基本不改变地形、地貌、水文、土壤、生物多样性等，不改变生态系统结构和功能的建设项目。

（3）不对环境敏感区造成影响的小型建设项目。

第二节　环境影响评价文件的编制

一、建设项目环境影响报告书的编制

（一）环境影响评价报告书编制要求

环境影响报告书是环境影响评价程序和内容的书面表达形式之一，是环境影响评价的最终文件。在编写环境影响报告书时，应遵循下列要求：

（1）应概括地反映环境影响评价的全部工作，环境现状调查应全面、深入，主要环境问题应阐述清楚，做到重点突出，论点明确，环境保护措施可行有效，评价结论明确。

（2）文字应简洁准确，文本应规范，计量单位应标准化，数据应可靠，资料应翔实，并尽量采用能反映需求信息的图表和照片。

（3）资料表述应清楚，利用阅读和审查，相关数据、应用模式须编入附录，并说明引用来源；所参考的主要文献应注意时效性，并列出目录。

（4）对于跨行业建设项目的环境影响评价，或评价内容较多时，其环境影响报告书中各专项评价根据需要可繁可简，必要时，其重点专项评价应另编专项评价报告，特殊技术问题另编专题技术报告。

（二）专项设置内容

根据工程特点、环境特征、评价级别、国家和地方的环境保护要求，选择下列但不限于下列全部或部分专项评价。

以污染影响为主的建设项目，一般应包括功能分析，周围地区的环境现状调查与评价，环境影响预测与评价，清洁生产分析，环境风险评价，环境保护措施及其经济技术论证，污染物排放总量控制，环境影响经济损益分析，环境管理与监测计划，评价结论和建议等专题。以生态影响为主的建设项目还应设置施工期、环境敏感区、珍稀动植物、社会等影响专题。

（三）建设项目环境影响报告书的编制内容

1. 前言

简要说明建设项目的特点、环境影响评价的工作过程、关注的主要环境问题及环境影响报告书的主要结论。

2. 总则

（1）编制依据。须包括建设项目应执行的相关法律法规、相关政策及规划、相关导则及技术规范、有关技术和工作文件，以及环境影响报告书编制中引用的资料等，其中包括项目建议书、评价委托书（合同）或任务书、建设项目可行性研究报告等。

（2）评价因子与评价标准。分列现状评价因子和预测评价因子,给出各评价因子所执行的环境质量标准、排放标准、其他有关标准及具体限值。

（3）评价工作等级和评价重点。说明各专项评价工作等级,明确重点评价内容。

（4）评价范围及环境敏感区。以图、表形式说明评价范围和各环境要素的环境功能类别或级别,各环境敏感区和功能及其与建设项目的相对位置和关系等。

（5）相关规划及环境功能区划。附图列表说明建设项目所在城镇、区域或流域发展总体规划、环境保护规划、生态保护规划、环境功能区划或保护区规划等。

3. 建设项目概况与工程分析

采用图表及文字结合方式,概要说明建设项目的基本情况、组成、主要工艺路线、工程布置及与原有工程和在建工程的关系。

对建设项目的全部组成和施工期、运营期、服务期满后所有时段的全部行为过程的环境影响因素及其影响特征、程度、方式等进行分析与说明,突出重点;从保护周围环境、景观及环境保护目标要求出发,分析总图及规划布置方案的合理性。

工程分析的内容包括工程基本数据,污染影响因素分析,生态影响因素分析,原辅材料、产品、废物的贮运,交通运输,公用工程,非正常工程分析,环境保护措施和设施,污染物排放统计汇总。包括但不限于主要原料、燃料及其来源和贮运,物料平衡,水的用量与平衡及回用情况,工艺流程(附工艺流程图);废水、废气、废渣、放射性废物等的种类、排放量和排放方式以及所含污染物种类、性质、排放浓度;产生的噪声、振动的特性以及数值等;废弃物的回收利用、综合利用和处理、处置方案;交通运输情况及厂地的开发利用等。

工程分析的方法主要有类比分析法、实测法、实验法、物料平衡计算法、参考资料分析法等。

4. 环境现状调查与评价

根据当地环境特征、建设项目特点和专项评价设置情况,从自然环境、社会环境、环境质量和区域污染源等方面选择相应内容进行现状调查与评价。根据建设项目污染源及所在地区的环境特点,结合各专项评价的工作等级和调查范围,筛选出应调查的有关参数。

充分收集和利用现有的有效资料,当现有资料不能满足要求时,需进行现场调查和测试,并分析现状监测数据的可靠性和代表性。对与建设项目密切相关的环境状况应全面、详细调查,给出定量的数据并做出分析和评价;对一般自然环境与社会环境的调查,应根据评价地区的实际情况适当增减。

目前,常用的调查与评价法主要有资料收集法、现场调查法、遥感和地理信息系统分析方法等。

（1）自然环境现状调查与评价　包括地理地质概况、地形地貌、气候与气象、水文、土壤、水土流失、生态、水环境、大气环境、声环境等调查内容。根据专项评价的设置情况选择相应内容进行详细调查。

（2）社会环境现状调查与评价　包括人口(少数民族)、工业、农业、能源、土地利用、交通运输等现状及相关发展规划、环境保护规划的调查。当建设项目拟排放的污染物毒性较大时,应进行人群健康调查,并根据环境中现有污染物及建设项目排放污染物的特性选定调查指标。

（3）环境质量和区域污染调查与评价　根据建设项目特点、可能产生的环境影响和当地环境特征选择环境要素进行调查与评价；调查评价范围内的环境功能区划和主要的环境敏感区，收集评价范围内各例行监测点、断面或站位的近期环境监测资料或背景值调查资料，以环境功能区为主兼顾均匀性和代表性布设现状监测点位；确定污染调查的主要对象。选择建设项目等排放量较大的污染因子、影响评价区环境质量的主要污染因子和特殊因子以及建设项目的特殊污染因子作为主要污染因子，注意点源和非点源的分类调查；采用单因子污染指数法或相关标准规定的评价方法对选定的评价因子及环境要素的质量现状进行评价，并说明环境质量的变化趋势；根据调查和评价结果，分析存在的环境问题，并提出解决问题的方法或途径。

（4）其他环境现状调查　　根据当地环境状况及建设项目特点，决定是否进行放射性、光与电磁辐射、振动、地面下沉等环境状况的调查。

5. 环境影响预测与评价

给出预测时段、预测内容、预测范围、预测方法及预测结果，并根据环境质量标准或评价指标对建设项目的环境影响进行评价。

对建设项目的环境影响进行预测，是指对能代表评价区环境质量的各种环境因子变化的预测，分析、预测和评价的范围、时段、内容及方法均应根据其评价工作等级、工程与环境特性、当地的环境保护要求而定。预测和评价的环境因子应包括反映评价区一般质量状况的常规因子和反映建设项目特征的特征因子两类。须考虑环境质量背景与已建的和在建的建设项目同类污染物环境影响的叠加，对于环境质量不符合环境功能要求的，应结合当地环境整治计划进行环境质量变化预测。

预测环境影响时应尽量选用通用、成熟、简便并能满足准确度要求的方法，目前使用较多的预测方法有数学模式法、物理模式法、类比调查法和专业判断法等。

环境影响预测与评价包括以下内容：

（1）建设项目的环境影响，按照建设项目实施过程的不同阶段，可以划分为建设阶段的环境影响、生产运行阶段的环境影响和服务期满后的环境影响，除此之外还应分析不同选址、选线方案的环境影响。

（2）当建设阶段的噪声、振动、地表水、地下水、大气、土壤等的影响程度较重、影响时间较长时，应进行建设阶段的环境影响预测。

（3）应预测建设项目生产运行阶段正常排放和非正常排放、事故排放等情况的环境影响。

（4）应进行建设项目服务期满的环境影响评价，并提出环境保护措施。

（5）进行环境影响评价时，应考虑环境对建设项目影响的承载能力。一般情况下应该考虑两个时段：环境影响承载能力最差的时段（对环境污染的项目来说环境承载能力最差的时段就是环境净化能力最低的时段）；环境影响的承载能力一般的时段。如果评价时间较短，评价工作等级较低时，可只预测环境影响承载能力最差的时段。

（6）涉及有毒有害、易燃、易爆物质生产、使用、贮存，存在重大危险源，存在潜在事故并可能对环境造成危害，包括健康、社会及生态风险（如外来生物入侵的生态风险）的建设项目，需进行环境风险评价。

（7）分析所采用的环境影响预测方法的适用性。

环境影响预测的范围取决于评价工作的等级、工程特点和环境特性以及敏感保护目标分布等情况。一般预测范围等于或略小于现状调查的范围,在预测范围内应布设适当的预测点(或断面),通过预测这些点(或断面)所受的环境影响,由点及面反映该范围所受的环境影响。具体规定参阅各单项影响评价的技术导则。

6. 社会环境影响评价

明确建设项目可能产生的社会环境影响,定量预测或定性描述社会环境影响评价因子的变化情况,提出降低影响的对策与措施。

社会环境影响评价内容包括:

(1)征地拆迁、移民安置、人文景观、人群健康、文物古迹、基础设施(如交通、水利、通信)等方面的影响评价。

(2)收集反映社会环境影响的基础数据和资料,筛选出社会环境影响评价因子,定量预测或定性描述评价因子的变化。

(3)分析正面和负面的社会环境影响,并对负面影响提出相应的对策和措施。

7. 环境风险评价

根据建设项目环境风险识别、分析情况,给出环境风险评估后果、环境风险的可接受程度,从环境风险角度论证建设项目的可行性,提出具体可行的风险防范措施和应急预案。

8. 环境保护措施及其经济技术论证

明确建设项目拟采取的具体环境保护措施;结合环境影响评价结果,论证建设项目拟采取环境保护措施的可行性,并按技术先进、适用、有效的原则,进行多方案比选,推荐最佳方案。

按工程实施的不同时段,分别列出其环境保护投资额,并分析其合理性,给出各项措施及投资估算一览表。

9. 清洁生产分析和循环经济

量化分析建设项目清洁生产水平,提高资源利用率,优化废物处置途径,提出节能、降耗、提高清洁生产水平的措施与建议。

国家已发布行业清洁生产规范性文件和相关技术指南的建设项目,应按所发布的规定内容和指标进行清洁生产水平分析,必要时提出进一步的改进措施和建议;国家未发布行业清洁生产规范性文件和相关技术指南的建设项目,结合行业及工程特点,从资源能源利用、生产工艺与设备、生产过程、污染物产生、废物处理与综合利用、环境管理要求等方面确定清洁生产指标和开展评价。从企业、区域或行业等不同层次进行循环经济分析,提高资源利用率和优化废物处置途径。

10. 污染物排放总量控制

根据国家和地方总量控制要求、区域总量控制的实际情况及建设项目主要污染物排放指标分析情况,提出污染物排放总量控制指标建议和满足指标要求的环境保护措施。

在建设项目正常运行、满足环境质量要求、污染物达标排放及清洁生产的前提下,按照节能减排的原则给出主要污染物的排放量。根据国家实施主要污染物排放总量控制的有关要求和地方环境保护行政主管部门对污染物排放总量控制的具体指标,分析建设项目污染物排放是否满足污染物排放总量控制指标要求,并提出建设项目污染物总量控制指标建议。主要污染物排放总量必须纳入所在地区的污染物排放总量控制计划,必要时提出具体可行的区域平衡方案或削减措施,确保区域环境质量满足功能区和目标管理要求。

11．环境影响经济损益分析

根据建设项目环境影响所造成的经济损失与效益分析结果，提出补偿措施与建议。

从建设项目产生的正负两方面环境影响，以定性与定量相结合的方式，估算建设项目所引起环境影响的经济价值，并将其纳入建设项目的费用效益分析中，作为判断建设项目环境可行性的依据之一。以建设项目实施后的影响预测与环境现状进行比较，从环境要素、资源类别、社会文化等方面筛选出需要或者可能进行经济评价的环境影响因子，对量化的环境影响进行货币化，并将货币化的环境影响价值纳入建设项目的经济分析。

12．环境管理与环境监测

根据建设项目环境影响情况，提出设计期、施工期、运营期的环境管理及监测计划要求，包括环境管理制度、机构、人员、监测点位、监测时间、监测频次、监测因子等。

应按建设项目建设和运营的不同阶段，有针对性地提出具有可操作性的环境管理措施、监测计划及建设项目不同阶段的竣工环境保护验收目标。结合建设项目影响特征，制订相应的环境质量、污染源、生态以及社会环境等方面的跟踪监测计划。对于非正常排放和事故排放，特别是事故排放时可能出现的环境风险问题，应提出预防与应急处理预案，施工周期长、影响范围广的建设项目还应提出施工期环境监理的具体要求。

13．方案比选

建设项目的选址、选线和规模，应从是否与规划相协调、是否符合法规要求、是否满足环境功能区要求、是否影响环境敏感区或造成重大资源经济和社会文化损失等方面进行环境合理性论证。当要进行多个选址或选线方案的优选时，应对各选址或选线方案的环境影响进行全面比较，从环境保护角度，提出选址、选线意见。

对于同一建设项目多个建设方案从环境保护角度进行比选。重点进行选址或选线、工艺、规模、环境影响、环境承载能力和环境制约因素等方面的比选。对于不同比选方案，必要时应根据建设项目进展阶段进行同等深度的评价，给出推荐方案，并结合比选结果提出优化调整建议。

14．环境影响评价结论

环境影响评价结论是全部评价工作的结论，应在概括全部评价工作的基础上，简洁、准确、客观地总结建设项目实施过程、各阶段的生产和生活活动与当地环境的关系，明确一般情况下和特定情况下的环境影响，规定采取的环境保护措施，从环境保护角度分析得出建设项目是否可行的结论。

环境影响评价的结论一般包括建设项目的建设概况、环境现状与主要环境问题、环境影响预测与评价结论、建设项目建设的环境可行性、结论与建议等内容，可有针对性地选择其中的全部或部分内容进行编写。环境可行性结论应从与法规政策及相关规划一致性、清洁生产和污染物排放水平、环境保护措施可靠性和合理性、达标排放稳定性、公众参与接受性等方面分析得出。

15．附录和附件

将建设项目依据文件、评价标准和污染物排放总量批复文件、引用的文献资料、原燃料品质等必要的有关文件、资料附在环境影响评价报告书后。

二、环境影响报告表的编写

1. 建设项目基本情况

建设项目基本情况包括项目名称、建设单位、建设地点、建设性质、行业类别、占地面积、总投资、环境保护投资评价经费、预期投产日期、工程内容及规模、与本项目有关的原有污染情况及主要环境问题等。

2. 建设项目所在地自然环境、社会环境简况

(1) 自然环境简况:地形、地貌、地质、气候、气象、水文、植被、生物多样性等。

(2) 社会环境简况:社会经济结构、教育、文化、文物保护等。

3. 环境质量状况

(1) 建设项目所在地区域环境质量现状及主要环境问题(环境空气、地表水、地下水、声环境、生态环境等)。

(2) 主要环境保护目标是指项目区周围一定范围内集中居民住宅区、学校、医院、保护文物、风景名胜区、水源地和生态敏感点等,应列出名单及保护等级。

4. 评价适用标准

评价适用标准包括环境质量标准、污染物排放标准和总量控制指标。

5. 建设项目工程分析

建设项目工程分析包括工艺流程简述、主要污染工序等。

6. 项目主要污染物产生及预计排放情况

项目主要污染物产生及预计排放情况主要包括大气、水、固体废物、噪声等的污染源、污染物名称,处理前产生浓度及产生量、排放浓度及排放量,以及主要生态影响。

7. 环境影响分析

环境影响分析包括施工期和营运期环境影响简要分析。

8. 建设项目拟采取的防治措施及预期治理效果

建设项目拟采取的防治措施主要包括大气、水、固体废物、噪声等的排放源、污染物名称、防治措施、预期处理效果,以及生态保护措施及具体效果。

9. 结论与建议

给出本项目清洁生产、达标排放和总量控制的分析结论,确定污染防治措施的有效性,说明本项目对环境造成的影响,给出建设项目环境可行性的明确结论,同时提出减少环境影响的其他建议。

三、环境影响登记表的编写

1. 项目概况

项目概况主要包括:项目名称、建设单位、建设地点、建设性质、行业类别、占地面积、总投资、环境保护投资、预期投产日期、工程内容及规模。

2. 工程分析

工程分析主要包括:项目生产工艺过程,建设内容,厂区平面布置,各类污染物的排放位置、排放量、排放方式及排放总量。改扩建、技改项目还应说明原有生产项目的内容、规模、污染排放情况、主要环境问题等。

（1）项目建设单位，建设性质（新建、改扩建、技改等），工程规模及占地面积，建设地点，总投资及环境投资，原辅材料的名称、用量，能源（电、燃煤、燃油、燃气）消耗量，用水（蒸汽）量，排水去向，职工人数等。

（2）原辅材料（包括名称、用量）及主要设置规格数量（包括锅炉、发电机等）。

（3）水及能源消耗量。

（4）废水（工业废水、生活污水）排水量及排放去向。

（5）周围环境简况（可附图说明）。

（6）生产工艺流程简述（如有废水、废气、废渣、噪声产生，须明确产生环节并说明污染物产生的种类数量、排放方式、排放去向）。

（7）与项目相关的老污染源情况（各污染源排放情况、治理措施、排放达标情况）。

（8）拟采取的防治污染措施（建设期、运营期及原有污染治理）。

（9）当地环境保护部门审查意见（项目执行的环境保护标准）。

3. 拟建地区环境概况

拟建地区环境概况主要包括：项目的地理位置，当地环境保护规划，当地水文、气象与气候情况，主要环境保护目标（生活居住区、自然保护区、风景游览区、名胜古迹疗养区、重要的政治文化设施等），空气、地表水、地下水、土壤及声环境质量现状、主要环境问题。

4. 环境影响分析

根据拟采取的污染防治措施及预期治理效果，简单说明建设项目污染排放达标情况及对周围环境中主要环境保护目标可能造成的影响程度。

思　考　题

1. 建设项目环境影响评价的文件类型有哪些？

2. 简要总结建设项目环境影响报告书和报告表的编制内容。

参 考 文 献

[1] 蔡艳荣,顾佳丽.环境影响评价[M].第 2 版.北京:中国环境出版社,2016.

[2] 陈广洲,徐圣友.环境影响评价[M].合肥:合肥工业大学出版社,2015.

[3] 陈怀满.环境土壤学[M].北京:科学出版社,2005.

[4] 陈家良,邵振杰,秦勇.能源地质学[M].徐州:中国矿业大学出版社,2004.

[5] 崔可锐.水文地质学基础[M].合肥:合肥工业大学出版社,2010.

[6] 何德文,李铌,柴立元.环境影响评价[M].北京:科学出版社,2008.

[7] 何新春.环境影响评价案例分析基础过关 30 题[M].北京:中国环境科学出版社,2009.

[8] 胡辉,杨家宽.环境影响评价[M].武汉:华中科技大学出版社,2010.

[9] 环境保护部环境工程评估中心.环境影响评价技术导则与标准[M].北京:中国环境科学出版社,2011.

[10] 环境保护部环境工程评估中心.建设项目环境影响评价培训教程[M].北京:中国环境科学出版社,2011.

[11] 环境保护部环境工程评估中心.环境影响评价技术方法[M].北京:中国环境出版社,2014.

[12] 黄健平,宋新山,李海华,等.环境影响评价[M].北京:化学工业出版社,2013.

[13] 贾建丽.环境土壤学[M].第 2 版.北京:化学工业出版社,2016.

[14] 贾生元.环境影响评价案例分析试题解析[M].北京:中国环境出版社,2013.

[15] 金腊华.环境影响评价[M].北京:化学工业出版社,2015.

[16] 李淑芹,孟宪林.环境影响评价[M].北京:化学工业出版社,2011.

[17] 李松营,张春光,杨培,等.水文地质条件时空差异与防治水对策研究[M].北京:煤炭工业出版社,2016.

[18] 李有,刘文霞,吴娟.环境影响评价实用教程[M].北京:化学工业出版社,2015.

[19] 刘晓冰.环境影响评价[M].北京:中国环境科学出版社,2007.

[20] 刘志斌,马登军.环境影响评价[M].徐州:中国矿业大学出版社,2007.

[21] 骆永明.土壤环境与生态安全[M].北京:科学出版社,2009.

[22] 马太玲,张江山.环境影响评价[M].第 2 版.上海:华中科技大学出版社,2012.

[23] 钱家忠.地下水污染控制[M].合肥:合肥工业大学社出版,2009.

[24] 沈洪艳.环境影响评价教程[M].北京:化学工业出版社,2016.

[25] 王大纯.水文地质学基础[M].北京:地质出版社,1995.

[26] 王罗春.环境影响评价 [M].北京:冶金工业出版社,2012.

[27] 王宁,孙世军,张雪花,等.环境影响评价[M].北京:北京大学出版社,2013.

[28] 王喆,吴犇.环境影响评价[M].天津:南开大学出版社,2014.

[29] 杨永利.环境影响评价案例分析[M].天津:天津大学出版社,2013.

[30] 章丽萍,何绪文.环境影响评价[M].北京:煤炭工业出版社,2016.

[31] 赵庆彪.华北型煤田深部煤层开采区域防治水理论与成套技术[M].北京:科学出版社,2016.

[32] 张征.环境评价学[M].北京:高等教育出版社,2004,7.

[33] 郑西来.地下水污染控制[M].武汉:华中科技大学社出版,2009.

[34] 朱世云,林春绵,何志桥,等.环境影响评价[M].北京:化学工业出版社,2013.

[35] 李慧,王茂春,潘永宝,等.地下水环境影响评价新旧导则对比[J].资源节约与环保,2016(4):105-106.

[36] 梁鹏,周俊.优化评价内容严控新增污染——《环境影响评价技术导则 地下水环境》解读[J].环境影响评价,2016,38(4):18-21.

[37] 王毅.声环境影响评价技术导则应用探讨 [J].环境影响评价,2015,37(3):61-64.

[38] 李文丹,等.声环境影响评价新导则应用研究[J].环境工程,2013,31(1):95-97.

[39] 肖强,王海龙.环境影响评价公众参与的现行法制度设计评析[J].法学杂志,2015,36(12):60-70.

[40] 李小梅,沙晋明,李家兵,等.环境影响评价的尺度约束性及技术框架[J].生态学报,2015,35(20):6788-6797.

[41] 马卫军,王海荣.关于生态环境影响的预测及评价[J].北方环境,2011,11:229-237.

[42] 董重,王冲,高伟亮,等.地下水环境影响评价问题探讨[J].环境与发展,2018(1):29-30.

[43] 李建金.地下水环境影响评价中水文地质勘察工作的内容和方法[J].建材与装饰,2018(7).

[44] 陈强,吴焕波.固定源排放污染物健康风险评价方法的建立[J].环境科学,2016,37(5):1646-1652.

[45] 陈祥,李静,张雷.河道治理类工程环境影响评价及环保方法[J].资源节约与环保,2018(2):19-20.

[46] 王恩泽.环境噪声评价及治理措施优选方法初探[J].玻璃,2015,42(7):47-50.

[47] 田瑞青.新形势下环境影响评价发展研究[J].环境与发展,2018(1):18-18.

[48] 顾慰祖.在城市化进程中大气污染的环境影响评价分析[J].资源节约与环保,2018(2):73-76.

[49] WEI G,LI S H,Liang M,et al. A Model for Environmental Impact Assessment of Land Reclamation[J]. 中国海洋工程(英文版),2007,21(2):343-354.

[50] GU L J,LIN B R,GU D J,et al. An endpoint damage oriented model for life cycle environmental impact assessment of buildings in China[J]. Chinese Science Bulle-

tin,2008,53(23):3762-3769.

[51] YAO L Y,WANG W,FAN L I,et al. Discussion on the Implementation of Space Control in Planning Environmental Impact Assessment[J]. Environmental Impact Assessment,2017,23(3):2573-2575.

[52] KÖNING H J,UTHES S,SCHULER J,et al. Regional impact assessment of land use scenarios in developing countries using the FoPIA approach:Findings from five case studies[J]. Journal of Environmental Management,2013,127(127):S56-S64.

[53] LEE Y D,AHN K Y,MOROSUK T,et al. Environmental impact assessment of a solid-oxide fuel-cell-based combined-heat-and-power-generation system[J]. Energy, 2015,79:455-466.

[54] SUMIICHINOSE C,ICHINOSE H,METZGER D,et al. The Environmental and Social Impact Assessment (ESIA):a further step towards an integrated assessment process[J]. Journal of Cleaner Production,2015,108(Fast Track 2):965-977.

[55] LIU J,YE J,YANG W,et al. Environmental Impact Assessment of Land Use Planning in Wuhan City Based on Ecological Suitability Analysis[J]. Procedia Environmental Sciences,2010,2(1):185-191.